中国社会科学院老年学者文库

中国社会科学院老年学者文库

逻辑学若干问题研究

诸葛殷同/著

社会科学文献出版社
SOCIAL SCIENCES ACADEMIC PRESS (CHINA)

他序一

张家龙*

诸葛殷同研究员是我尊敬的师兄，我俩同是北京大学哲学系的逻辑学研究生，师从王宪钧教授。我俩曾在吴允曾先生和晏成书先生主持的数理逻辑讨论班学习，教材是胡世华先生在北大数学系的《数理逻辑讲义》。他在20世纪60年代初研究生毕业后，先我5年分配到哲学研究所逻辑室工作。

我俩在逻辑室半个多世纪的共同研究和相处中，结成了深厚的友谊，共同参与了《形式逻辑原理》《中国大百科全书·哲学》《逻辑百科词典》《金岳霖思想研究》等著作的撰写工作，他对工作的精益求精的学风给我留下了难忘的印象。《形式逻辑原理》一书，主要是他策划的，他是第一作者和主要统稿者，1982年由人民出版社出版，1993年荣获中国社会科学院首届优秀科研成果奖，2004年荣获中国逻辑学会首届优秀科研成果奖，2007年建院30周年时纳入“中国社会科学院文库”重印出版，这部书对中国的逻辑教学和研究的现代化起了重要的推动作用。诸葛殷同在胡绳主编的《中国大百科全书·哲学》中是综合编写组副主编和逻辑学编写组成员，为全书的定稿、出版做出了重要贡献；这部书于1987年由中国大百科全书出版社出版，1993年荣获中国社会科学院基金优秀科研成果奖荣誉奖。他参与了周礼全主编的《逻辑百科词典》的撰写工作并担任编委，此书1994年由四川教育出版社出版，1996年荣获中国社会科学院第二届优秀科研成果

---

* 张家龙，江苏人，1938年6月生，中国社会科学院哲学研究所研究员。

奖，1999 年荣获国家社会科学基金优秀科研成果三等奖，2004 年荣获中国逻辑学会首届优秀科研成果奖。他在刘培育主编的《金岳霖思想研究》一书中，担负了其中一个重要部分“逻辑论”的写作，对金岳霖先生的逻辑思想做了全面系统的研究。这部书在 2004 年由中国社会科学出版社出版，2005 年荣获金岳霖学术奖一等奖，2008 年荣获中国社会科学院离退休干部优秀科研成果三等奖。他还参与了周礼全先生主编的《逻辑——正确思维和有效交际的理论》的撰写工作，此书于 1994 年由人民出版社出版，1999 年荣获国家社会科学基金优秀科研成果三等奖。

诸葛殷同为人真诚、坦率，对同事和朋友总是嘴对着心，表里一致，与他交往你会觉得很轻松。我俩在半个多世纪以来的个人相处中是很和谐的，从未因个人问题红过脸，这实在难能可贵！我俩的学术观点并不完全一致，经常争论，有时吵得非常厉害，面红耳赤，嗓门震动整个楼道。逻辑研究室的邻居——《哲学研究》编辑部受不了，派人不断敲门“抗议”说：“你们在制造声音污染！”2017 年 4 月，逻辑研究室举行了一个小会为我庆祝 80 岁生日（79 周岁）。诸葛殷同和夫人现住在太阳宫的一个养老院里，他得知后特地给我寄了一张精美的生日贺卡表示祝贺，并写道：“因体弱不能参加庆贺活动，甚歉！”这叫我怎能不感动？正如苏格兰民歌所言：“旧日朋友岂能相忘，友谊地久天长。”

诸葛殷同的重点研究方向是坚持用现代逻辑观点研究传统形式逻辑，并兼及其他。这部文集收集了论文 60 多篇，主要有以下九个方面：

（1）论述了形式逻辑的性质是“只管形式，不管内容”，揭示了演绎推理的特点，批评了一些哲学家对形式逻辑性质的曲解；

（2）指出了命题中的周延问题不能根据命题的内容来决定；

（3）阐述了逻辑证明和实践证明的区别和联系；

（4）用现代逻辑方法分析了各种命题形式；

（5）对传统逻辑中所缺乏的关系逻辑从日常语言角度做了分析；

（6）提出了辩证逻辑属于哲学而不属于逻辑这门基础学科的观点，对辩证逻辑研究中出现的“诡辩”倾向进行了科学的批评；

（7）研究了中国逻辑史中的一些问题，批评了研究中的比附之风；

（8）全面系统地阐述了金岳霖的逻辑思想，科学地评价了金岳霖对现代中国的逻辑学发展所做的重大贡献以及逻辑观点上的一些失误。直到今天，对金岳霖逻辑思想的研究还无人能出其右；

（9）概括了当代中国（1949～1999）逻辑教学和研究的进展情况，为研究这50年的逻辑史奠定了基础。

诸葛殷同的这些论文在今天也具有重要的现实意义。现在“国考”“司法考试”以及MBA等考试中都有逻辑题，各种辅导班应运而生，其中鱼龙混杂，有的教师和教材编写者根本没有学过逻辑学，胡编乱讲，误人子弟。在这种情况下，出版这部文集是一件功德无量的事情。

本文集是由年轻同事夏素敏帮助录入、编辑的，谨在此向她这种“老吾老以及人之老”的精神点赞。

是为序。

2017年8月

于中国社会科学院哲学研究所

他序二

王 路*

诸葛殷同研究员一直从事逻辑学研究，特别是逻辑学基础的研究。他对现代逻辑学在我国的传播和发展做出了重要贡献。

他的论文大致可以分为几类。

一类是关于逻辑学基础问题的研究。在这些研究中，他总是给出精细的分析，并在此基础上提出自己的观点和看法，富有启示。

另一类涉及逻辑学教材和教学中的基本问题。他从现代逻辑的观点出发，指出传统逻辑学教材中的一些问题和错误，并予以纠正。他的这些观点在国内学界引起强烈而广泛的反响。

还有一类与逻辑的应用相关。他不遗余力地宣传现代逻辑的重要性，提倡用现代逻辑的理论和方法解决具体问题，并且把这种观点和看法付诸实践，在学界影响很大。

最后还有一类是关于一般哲学问题的探讨。

在这些论文中，有的从字面上可以看出与逻辑的关系，有的则是通过对问题的分析显示出对逻辑的逻辑，充分显示了深厚的逻辑功底。这些文章对缺乏逻辑训练的人而言，可以成为范本：学习和体会如何在哲学分析中运用逻辑学的理论和方法，从而可以使人认识到，逻辑对哲学的重要性。

我认为，诸葛殷同研究员的这部《逻辑学若干问题研究》是高水平的，将会对学界产生有益的重大的影响，特别值得出版。特此郑重推荐。

---

* 王路，北京人，1955 年 2 月生，清华大学人文学院哲学系教授。本序是王路为诸葛殷同的“中国社会科学院老年科研基金”出版项目申请所写的专家推荐意见。

编辑出版说明

《逻辑学若干问题研究》是一部时间跨度较大的、带有一定史料价值的文集，具有一定特殊性。生于1932年的作者诸葛殷同先生，师从金岳霖，一直从事逻辑学研究，特别是逻辑学基础的研究，对现代逻辑学在我国的传播和发展做出了重要贡献。本文集收录的60多篇文章，皆为作者已发表的逻辑学研究的论文等，时间跨度从1957到2006年。这些在不同年代发表的学术文章/出版的著作，语言文字规范与今天有一定差异，体例规则也各不相同，与现在要求的出版格式体例规范有较大出入。但其学术研究文章的行文用语风格及体例格式均带有明显的时代特点和历史印痕，且具有一定的史料价值。因此，不适合以现行的常规出版的语言文字规范及格式体例规范对本文集做统一要求。鉴于此，本文集在编辑加工时尽量尊重原貌，仅对常识性错误做修改和调整，以保持文集资料之原始性为原则，尽量为研究者提供真实、原始的参考资料，以发挥文集的最大参考价值和史料价值。

具体编辑规则如下。

1. 语言文字规范方面：尊重作者语言习惯和行文风格，文中遇有错句或文理不通之处，无歧义则尽量保持原状，仅对常识性错误之处稍加修改。需单独说明之处，以“编者注”的形式做注解。

2. 注释等格式体例规范方面：采取单篇统一原则，仅在单篇文章范围内对原文进行局部调整。

3. 一般笔画讹舛、字形混同等明显误刻，径予改正。

4. 在同一篇文章之内前后格式、字形等前后不一致的，则调整为统一格式。

5. 标点符号不符合要求、错漏之处等，以现行出版规范要求为准，重新整理。

6. 因报刊、出版社及作者、发表/出版时间等不同而对同一事物、词语有多种写法、译名的，数字用法不同的，全书不做统一处理。一些人名及固定词语等的用法，保持原状，未按照现代汉语标准做统一改动，以忠于原稿，保持当时的行文特点和语言风格。

凡例如下（保持原状，不做修改）。

（1）“解放前”“解放后”，皆是以 1949 年中华人民共和国成立为时间节点。

（2）“本世纪”多指 20 世纪，“上世纪”多指 19 世纪，皆可通过上下文及文章发表时间很容易地判断出来，不会使读者产生混淆。

（3）“1930 ~ 1940 年代”未改为“20 世纪三四十年代”。“1950 年代”未改为“20 世纪 50 年代”。

（4）具有文章发表时的时代特点的文字表述不改，仅做单篇统一。例如：“涵义”与“含义”，“那末”与“那么”，“繁琐”与“烦琐”，“报道”与“报导”，“象”与“像”，“分”与“份”，“需”与“须”，“选言肢”与“选言支”，“惟一”与“唯一”，“工夫”与“功夫”，“联结词”、“联接词”与“连接词”，等等。

7. 本文集的编辑方法仍有不足之处，诚请各位研究者、专家批评指正！

目　录
CONTENTS

第一部分　传统逻辑的局限
——演绎推理的基本问题

第二部分　讲逻辑要合乎逻辑

——逻辑教学、教材中的问题

第三部分　当代中国的逻辑学

——逻辑思想与逻辑史

第四部分 寻觅了半个世纪的辩证逻辑

——有关辩证逻辑

第五部分 关于逻辑知识的意见

——商榷与述评

第六部分　附录

第一部分

传统逻辑的局限

——演绎推理的基本问题

矛盾律是否可以违反？*

近几年来关于逻辑问题的讨论很多。形式逻辑规律之一矛盾律的性质问题特别引起了大家的注意。但是，在争论中间问题没有提得很明确。其实问题不在于“以形式逻辑的方法是否能够在意识中反映运动、变化和发展的事变呢?”[①] 问题也还不在于要把“矛盾律在议论中、在证明中及在理论体系中的效力和它们在一般认识方法上应用于现象上的效力区别开来”[②]。如果运用形式逻辑的逻辑工具，一点也不能反映现实的发展的话，那么它还有什么用处呢？谁也不否认形式逻辑作为认识方法是不够的。即使在议论和证明中，在建立理论体系时，仅仅依靠形式逻辑的逻辑工具，同样也还是不够的。作为一门具体学科所研究的规律，形式逻辑规律的作用范围必须是有限的。它的效力不可能是万能的，依靠矛盾律当然不能认识和掌握现实矛盾——对立面的统一和斗争。一切议论、证明和建立理论体系实际上就是去认识现实对象，就是主观去把握客观。形式逻辑在议论、证明和建立理论体系方面和在认识对象方面的应用，不应该有原则上的区别。那么，问题在哪儿呢？问题应该是这样的：思维是否可以违反矛盾律？

矛盾律是说：矛盾判断是不能同真的。逻辑矛盾就是指一对矛盾判断。最简单的矛盾判断的形式是“S 是 P”和“S 不是 P”。一个具有“S 不是 P”形式的判断是对具有“S 是 P”形式的判断的否定。这里应该指出，这

---

* 原载《光明日报》1957 年 4 月 24 日第 3 版。有删改。

① 切尔凯索夫：《辩证逻辑的概念理论的几个问题》，《学习译丛》1956 年第 9 期第 18 页。

② 江天骥：《介绍苏联和民主德国关于逻辑问题的讨论》，《人民日报》1957 年 2 月 21 日第 7 版。

两个判断必须是对于同一对象，在同一的时间、地点和条件下的肯定或否定的针锋相对的断定。不是在同一时间、地点和条件下对同一对象的判断，即使具有“S是P”和“S不是P”的形式，也不应当被认为是矛盾判断。譬如，一个人说某甲胖，另一个人说某甲不胖。这两个人的意见并不一定构成逻辑矛盾，他们二人说的不一定就是一对矛盾的判断。可能第一个人说的是某甲现在是胖的，而第二个人说的是三年前的某甲是不胖的。如果第二个人要反驳第一个人的意见，那么他必须在同样的条件下，提出一个具有“S不是P”的判断来和第一个人提出来的判断相矛盾。现在我们要讨论的问题就是矛盾判断是不是一定不可以同真。

直接而公开认为辩证思维可以违反矛盾律的意见很少见。但是许多同志在讨论机械运动的性质问题时，一般都没有说明白究竟“在同一瞬间既在这一个地方又不在这一个地方”这样一个判断是否违反矛盾律。有些同志似乎认为这个判断是违反矛盾律的，而判断本身是真的。也有人说没有违反矛盾律，并且用了各种办法来证明自己的论点。

有的同志说，在辩证思维的当儿，也不可以违反矛盾论，但究竟为什么没有违反，他们却没有说出充足的理由来，他们只是说现实的矛盾和逻辑的矛盾不同。谁不承认这一点？摆在我们面前的问题是我们正确地反映现实矛盾时，矛盾律是不是可能被违反？是不是可以允许逻辑矛盾？

近年来有些同志是这样来解决这个问题的。他们把“在同一个地方又不在同一个地方”作为一个宾词，造出两个判断来：“运动是物体在同一瞬间既在同一个地方，又不在同一个地方”和“运动不是物体在同一瞬间既在同一个地方，又不在同一个地方”①。然后说这两个判断是不能同真的。这里，他们承认矛盾判断“S是P”和“S不是P”二者是不能同真的。但是，“运动是物体在同一瞬间在同一地方”“运动是物体在同一瞬间不在同一地方”这也是具有“S是P”和“S不是P”形式的两个判断，它们是不是可以同真呢？为什么一定要照第一个办法来分析，而不能照现在提出的第二种办法来分析呢？在“运动是物体在同一瞬间既在同一地方，又不在

① 李世繁：《形式逻辑的思维规律》，《光明日报》1957年2月2日。并请参阅苏联科学院《逻辑》俄文版一章二节。

同一地方”这个复杂命题中间，是不是已经包含了逻辑矛盾呢？这一种企图解决问题的办法，实质上并没有解决问题。

矛盾律可以违反的例子还没有找到。说违反矛盾律的思维是正确的，那只是说诡辩是正确的。我们下面就从分析几个例子来着手论证这论点。

我们能不能说民主共和国在各方面都好或是在各方面都坏呢？不，不能这样说！为什么呢？因为民主共和国只有从一方面看，即当它破坏封建制度的时候，才是好的，而从另一方面看，即当它巩固资产阶级制度的时候，却是坏的。因此我们说：“民主共和国既然破坏封建制度，所以它是好的，我们就要为它而奋斗；但是民主共和国既然巩固资产阶级制度，所以它是坏的，我们就要和它作斗争。由此可见，同一个民主共和国同时既‘好’又‘坏’，既‘是’又‘非’。”“……既然生活总在变化，总在运动，那末任何一种生活现象都有两种趋势，即肯定的趋势与否定的趋势；我们应当维护前一种趋势，反对后一种趋势。”[①] 民主共和国是好的又是坏的（不是好的）这个处理，从思想内容上来说首先要肯定是正确的。再从判断的形式上看，事情怎样呢？粗看起来，这是违反矛盾律的。但是只要仔细一分析，就可以发现这个判断并没有违反矛盾律，因为斯大林说得非常清楚，从一方面看民主共和国是好的，从另一方面看，它不是好的。显然不是在各方面民主共和国都是好的又不是好的。不能抽象地谈论民主共和国。在一定条件下，有它的好处，在另一条件下，却有它的坏处。好的是好的，坏的是坏的。好的一面绝不能说是坏的，同样也不能把坏的一面说成是好的。无产阶级在反对封建制度时可以拥护民主共和国的好的一面，而绝不是拥护它坏的一面；可是在反对资产阶级本身时，就要反对民主共和国了。如果认为好的一面又是坏的，坏的一面也是好的，就混淆了事物的肯定趋势和否定趋势，就是混淆了我们所要拥护的和反对的。在一定的历史条件下，无产阶级对民主共和国的态度，决不可以是模棱两可的。民主共和国是好的，是指的它的一方面；民主共和国不是好的，是指的它的另一方面。好的和坏的不是指的同一方面，因此这个判断并没有违反矛盾律。从不同

---

① 《斯大林全集》第1卷，人民出版社，1953，第282~283页。

的方面来研究民主共和国，而得出的两个具有“S 是 P”和“S 不是 P”形式的判断，不能认为就是矛盾判断。

“运动着的物体，在同一个瞬间既在同一地方又不在同一地方。”这判断揭示了机械运动的现实矛盾，揭示了机械运动的辩证法。这是就判断的内容方面来说的。从判断的形式来看（如果不加仔细研究和分析的话），这个判断似乎是两个互相矛盾的判断联合起来的，因此是假的。但是不加仔细研究和分析是不对的。如果这个判断根据矛盾律来说是假的话，那么形式逻辑和辩证法就要不相容了。我们应进一步研究和分析。事实上用“在”来说明运动，就是用静止来说明运动，是有困难的，措辞是不很确切的。从机械运动的客观情况来说，在同一瞬间，运动着的物体是既到达，又离开同一点。而“在”某一点，一般说来是表示处于、停留在某一点，是难于说明运动的。这个判断说的既在又不在同一点的意义，是既到达又离开同一点。也就是说曾经“在”过这一点，但立即又离开了这一点，就不再“在”这一点了。“在”和“不在”的意义是“到达”和“离开”。因此“物体在同一瞬间既在同一地方又不在同一地方”实在不是矛盾判断，把话说明白了，是“物体在同一瞬间既到达同一地方又离开同一地方”。这里不是意味着物体经过某一点，却同时又断定它没有经过这一点；不是意味着物体已经离开某一点，却又说它没有离开某一点。也不是意味着物体停留在某一点又不停留在某一点。把“在”的意义弄明白了，就可以知道，这里根本不是一对矛盾判断。

“每一有机体常常是这个，而同时又不是这个。”好像这里又有一对违反矛盾律的矛盾判断。要弄清楚这个问题，应该多引一些恩格斯的话。“每一有机体在某一瞬间既是这，又不是这；在每一瞬间，它消化着那些从外界吸取来的物质，而排泄别种物质；在每一瞬间，它的机体的一些细胞死亡着，而另一些新的细胞则又产生着。所以在经过或长或短的时间之后，这个机体的体质，是完全更新了，为别的原子的构造所代替了。因之每一有机体常常是这个，而同时又不是这个。”[①] 恩格斯在这里绝不是说，每一

① 恩格斯：《反杜林论》，人民出版社，1956，第 20～21 页。

个有机体，譬如一只猫，它同时是猫，却同时又不是猫，而是一只什么别的东西。恩格斯是说，每一个有机体当它活着的时候，每时每刻都在进行着毫不中断的新陈代谢，它的一些细胞死亡了，排泄出体外，这部分细胞就不是该有机体的一部分了；而同时它又以从外界得来的养料来补充自己，产生新的细胞，把不是自己的东西变成自己的一部分。这是有机体和外界的交流、统一。恩格斯说的“有机体……同时又不是这个”，并不是否认他自己说的前半句话“有机体常常是这个”。因此恩格斯并没有作出一个逻辑矛盾。

上面三个例子中好像都有一对矛盾判断，其实都不是矛盾判断。它们尽可能同真，却不足以证明矛盾律是可以违反的。事实上矛盾律作为思维规律，是不能违反的。

为什么矛盾律是不可违反的呢？这要从矛盾律的客观基础来看。矛盾律的客观基础就是事物的一种简单情况，即在同一时间、地点和条件下，一事物如果有某属性，就不会没有这属性；一事物如果的确存在着的话，就不能不存在；如果没有的话，就不能有。无论在什么情况下，事物的这种简单性质，总是这样的。事物有其内在的矛盾、对立的方面，但是在同一方面不会既有又没有某一属性。在一定的条件下，民主共和国有好的地方，它绝不可能没有这种好处；在不同的条件下，民主共和国已经没有好处，而且有坏处，那么它绝不会有好处，绝不会没有坏处。运动着的物体在某一瞬间曾经“在”过、到达某一定点的话，那么它就不能没有“在”过，到达这一定点，同时运动着的物体已经“不在”、离开这一定点是确实的话，它就不能还“在”，没有离开这一定点。运动着的物体在同一瞬间可以“在”和“不在”，到达和离开一定点，但却不能既曾又没有到达一定点，既曾又没有离开一定点。

本文中考虑到的一些“好又不好”之类的例子，都不能说明矛盾律是可以违反的。但是对于对问题不加思考，或者热衷于贬低形式逻辑的意义的人来说，他们的意见也许是相反的。他们也许认为矛盾律是可以违反的。这种“好又不好”的提法会使他们产生一些误会。那么为什么还一定要采取这种可能引起误会的说法呢？有两点理由可以说明这种“好又不好”的提法的好处。误会尽可以产生，责任究竟[①]在误会者方面。第一，这种提法是一种总结、结论，是概括了许多内容的一个认识过程的终点（当然不是最后的终点）。“好又是不好的”“是又不是”的提法首先要求人们分析事物的各个方面，要求人们全面地考虑问题，要求人们找出事物的现实的、内在的矛盾，从对立的两方面中分别出肯定的趋势和否定的趋势。要拥护好的，反对坏的，拥护肯定的，反对否定的。这种提法防止人们片面、孤立和静止地去观察事物。第二，好的和不好的，非但是同时存在着和对立着的，在一定条件下面，又是可以互相转化的。我们要争取坏的转化为好的，防止好的转化为坏的。如企业管理中的一长制，在一定条件下，在苏联，是好的；但在我们中国目前的条件下，未必是好的。这种提法是辩证思维的典范，显然不是用形式逻辑得出来的结论。但是也并没有违反形式逻辑规律，也就是说，在辩证思维的时候，遵守形式逻辑的规律，仍旧是必要的。

① “究竟”应为“终究”。——编者注

从什么是三段论谈到演绎推理应包括哪些推理形式*

对三段论应下什么定义，能听到、见到的意见还不大一致。一种最广的定义认为演绎推理就是三段论。如郑毅男和马佩合著的《形式逻辑讲义》说："演绎推论是采取三段论式的形式进行推论的，即它们总是以已有的两个判断为前提，推出新的第三个判断（结论）。"（第12页）这种意见把演绎推理看成有而且仅有三个判断。有人并认为演绎推理之所以称为三段论，就是因为"推理过程前后共有三个判断，所以又叫作三段论推理"。（汪涤尘《逻辑通信集》，第51页）但是，有些推理形式却只有一个前提，如直接推理，而有的演绎推理，却不只有两个前提。二难推理以至多难推理都有二个以上的前提，它们也是演绎推理。如果把具有二个以上前提的演绎推理，硬合并成两个前提，是很生硬别扭的；并且我们还可以把二个前提再合并使之仅存一个前提，这又有何不可呢？反之如归纳法，也可以只由二个前提得出结论来，而却无论如何不是演绎推理。总之，推理前提的多少不是演绎推理的主要特征，而是一个次要的特征，因为归纳法不能只由一个前提得结论。在通常的情况下，归纳法的前提远较演绎推理为多。

三段论有并仅有三个判断，而且有并仅有三个不同的概念，只由三个不同的概念组成，这一点非常重要和明显。有些演绎推理也有并仅有三个判断，但有三个以上不同的概念，这就不是三段论了。这道理十分简单，不多举例了。这种推理往往是有四个不同的概念。这就不是通过大项、小

---

* 原载《光明日报》1958年4月20日第6版。有删改。

项和中项的媒介得出结论的。而这一点却是三段论所以成立的关键所在。可见有一些演绎推理有并仅有三个判断，但却不见得就是三段论，首先因为从结构上说它可能包含了三个以上不同的概念。

把三段论和演绎推理等同起来，还有一个严重的缺点是混淆了各种演绎推理的本质差别——推理方式的不同。三段论（直言三段论）和选言推理（选言三段论）、假言推理（假言三段论）等推理形式，都是根本不同的。这几种推理形式的客观基础是完全不同的。三段论的客观基础是类的包含关系和属性的含属关系。选言推理的客观基础是事物的多种多样的可能性。假言推理的客观基础是事物之间的充足条件联系。由于客观基础的不同，推理形式的组成就是各异的，组成推理的判断形式就不一样。它们的联结词不一样，它们不是一概而论的主宾项关系，因而这些推理形式和组成结构就不相同了。由此，推理进行的方式也就大不相同。不是像三段论那样，都是通过中项的媒介得结论的。一般说的三段论的公理、格、式和规则都仅仅适用于“直言三段论”，而不适用于其他推理形式。因之把各种具有三个判断的推理都称为三段论，把演绎推理和三段论等同起来，是不正确的。

苏联高尔斯基和塔瓦涅茨主编的《逻辑》正确地把选言推理、假言推理和三段论分开了。在这本书里，除了一般的三段论而外，又举出下列四种三段论的形式（参见第160、161页）。

（一）每一个戊都大于己，
甲是戊，
所以，甲大于己。

（二）所有的戊是己和庚，所有的申是戊，
所以，所有的申是己和庚。

（三）所有的戊是己或庚，所有的申是戊，
所以，所有的申是己或庚。

（四）如果戊是己，则戊是庚，
辛是戊，

所以，如果辛是己，则辛是庚。

其中，例（一）是比较特殊的，它是一个关系推理（也是演绎推理）。这个形式除了服从三段论的各种规则以外，还有它的特殊的规则，不为三段论所具有的规则。我们可以进行这样的推理：

所有戊与己有申关系，
甲是戊，
所以，有些己与甲有申反关系。

我们能发现例（二）和（三）两式和三段论是没有任何区别的。只要把“己和庚”与“己或庚”看成是一个复合概念，选言前提和假言前提都可以看成是直言前提。其中的联言联结词和选言联结词在推理过程中是不起任何作用的。

至于例（四）和普通三段论不同的就是可以得到这样的结论：如果辛是非庚，则辛是非己。这是根据假言推理的规则得来的。

在《形式逻辑讲义》里还有一种“纯粹假言三段论”（参见第127页），其形式是：

如果戊是己，则庚是辛；
如果庚是辛，则壬是癸；
所以，如果戊是己，则壬是癸。

这形式可以简化为：

如果戊则己，
如果己则庚，
所以，如果戊则庚。

这实质上是假言联锁推理（高尔斯基、塔瓦涅茨的书中称之为假言推理，而称本文所谓的假言推理为假言直言推理）。假言联锁推理的前提可以不断增加，并且可以得到以最后一个前提的后件的负概念作前件，以第一个前提的前件的负概念作后件的结论。如果我们认为假言推理不是三段论，那么假言联锁推理就更不是三段论了。

总上所述，所谓三段论，其意义仅限于“直言三段论”是最确切的。三段论的定义是：由而且仅由三个直言判断构成的推理，它有而且仅有三个不同的概念。这个定义没有指出三段论是演绎推理，但是任何归纳推理是不可能由三个判断组成，而且只有三个不同的概念的。或者说三段论是由三个直言判断构成，它从二个由一个共同媒介词联系着的前提得出结论的推理形式。（参见康达可夫《逻辑》1954 年俄文版，第 214 页）这里后半句话是和前面一种定义的后半句话相等的。

现在我们来大略地讨论一下，除了上面提到的一些推理形式而外，还有哪些推理形式是属于演绎推理范围的。

本文所说的直接推理有些书上根本不称之为推理，而称为判断的变形。有的则把直接推理排斥于演绎推理和归纳法之外，另作一种基本类型的推理处理。如，1959 年李世繁的《形式逻辑讲话》（参见第 100 ~ 102 页），又如 1957 年郑毅男的《形式逻辑讲义》，都持这一种意见。塔瓦涅茨已经对不承认直接推理是推理的意见，进行了极为中肯的批评。兹引述如下：“既然直接推理中我们把不明显的东西变成明显的东西，把未意识到的变成已被意识到东西，那么在这个意义上说来，直接推理是给我们以新知识的。因而就不能同意那些根本不把直接推理看作是推理的那些逻辑学家，他们的理由就是：与出发判断中已有的东西相比，直接推理的结论并未提供什么新的东西。不能同意这种理由，是因为如果真是这样的话，那就得说连间接推理也都不是推理了。难道说在间接推理中我们所推出来的不也是前提的总和中客观地包括的东西吗？”（高尔斯基、塔瓦涅茨主编《逻辑》，第 152 页）

演绎推理包括了直接推理，当然就包括戾换法，尽管这个推理形式有比较多的限制。戾换法在一般的书中现在都避免提到。

什么是直接推理，一般是说“所谓直接推理是指其结论只由一个前提所作出来的推理”（高尔斯基、塔瓦涅茨主编《逻辑》，第148页）。但事实上还有许多由一个前提得出结论的演绎推理，人们却并不称之为直接推理。如假言易位推理、反三段论、附性法，等等。所谓直接推理，是仅指只具有一个以直言判断为前提，结论和前提的主宾项相同或相反，或以前提的主项或宾项的负概念作主项的种种推理形式。其中包括通过逻辑方阵里判断间的关系的推理和换质、换位、换质位和戾换。

此外要提到的是归谬法。它的形式是：

如果非戊则己并且非己，
所以，戊。

归谬法的前提也可以分解为二个。另外一种归谬法更为简单，仅有一个前提，其形式为：

如果非戊则戊，
所以，戊。

归谬法在数学里应用极为广泛。甚至是不可缺少的一种推理形式。可惜在形式逻辑书中，很少提起。让归谬法也占一席之地，就可让读者更熟知这个经常运用的重要的推理形式。

再要讨论的是二难推理（有的书上称为选定假言推理），这也是一种演绎推理。这种推理是由假言推理和选言推理联合而成的。其推理过程完全服从假言推理和选言推理的规则。没有必要另立新的规则，斯特罗果维契的《逻辑》中指出二难推理的规则有两条。“（1）大前提中应当正确地表现理由和推断间的联系；（2）小前提中应当穷尽对于问题的一切可能的解决，一切选言肢。”（人民出版社版，1952，第233页）这里我们不再讨论二难推理是否有大前提和小前提，而把斯特罗尔维契所称的大前提称作二个假言前提，把小前提称作选言前提。这二条规则不是形式的，而是实质的、关于组成前提的判断的内容的。推理的前提，我们始终要求是真的，我们认为以假的判断作前提来讲推理形式，是错误的。既然这样，这二条规则就已经被保证了。我们在讨论假言推理时，不讲这里的第一条规则；我们谈选言推理时，也不必另立这二条没有必要的推理规则。

还有一些逻辑学家给二难推理另加上一条规则，说如果能为一个二难推理构造一个反二难推理的话，那个二难推理是假的。这一条也很模糊，对正确的二难推理来说，是不可能构造出一个反二难推理来的。只有某种不正确的二难推理，才可以构造出一个也同样不正确的反二难推理。这类例子很多，具体的不赘举了，可参见维诺格拉多夫、库兹明的《逻辑学》中练习题推理二十六。（人民教育出版社，1955，第172页）反二难推理只有在一个不正确的二难推理，它的选言前提是真的（即穷尽的）和假言前提是假的情况下，才可能构造出来，这一条也是和推理形式无关的。

从历史上看，亚里士多德只提出主宾项式的直言判断和模态判断。现今说的直接推理，亚里士多德称之为判断的变形。至于演绎推理，亚里士多德只讲到“直言三段论”即严格意义上三段论。假言判断、选言判断以至假言推理和选言推理，是斯多噶派①的学者提出来的。亚里士多德的三段论定义是“三段论就是一段话，陈说了某一定的事物之后，不须另加什么一个词，就由之必然地推出另一事实”。（参见韦卓民《亚里士多德逻辑》，第105页）亚里士多德心目之中是把三段论当作推理看的，甚至还包括了归纳法。因为亚里士多德认为归纳法是求大项、小项和中项的联系的方法。总之，亚里士多德认为三段论就是推理，他的定义尚未完善，何况当时他又没有发现非三段论的演绎推理形式。

后人发现了假言推理和选言推理，也就称之为三段论。这和亚里士多德原来不完善的定义倒也并不矛盾，问题是如果我们将定义下得更确切，思维形式发现和运用得更多，是不是应该重新考虑什么是三段论这个问题？

从字源上讲，三段论的希腊字义是核算前提的含义而总结出其结论。严复用的是“连珠”来译这个词的。“三段论”是日文的翻译。这个译名也

---

① “斯多噶派”现称“斯多葛派”。——编者注

许会使人望文生义，认为凡是由三个判断组成的任何推理，就都是三段论了。

在中世纪的经院哲学家手中，形式逻辑开始愈来愈繁琐。许多逻辑学家将一切演绎推理费尽心机套在三段论的框子里。把生动活泼、多样化的思维形式变成死板别扭的唯一种形式，即三段论。这是和他们认为只有直言判断才是最基本的判断的观点联系在一起的。他们抹煞了思维形式的多样性，从而也抹煞了客观事物之间联系的多样性。在这些逻辑学家看来，似乎非此不足以证明三段论推理形式的可靠性。他们把三段论各格的可靠性寄托在第一格的公理上；又把一切演绎推理的可靠性通过可以还原为三段论，而间接地寄托在第一格的公理上。这种做法是形而上学的，并且是唯心主义的。因为他们否认了推理形式的多样性，否认了各种推理形式都有它的客观基础，即它所反映的客观的某种联系；否认了各种推理形式的所以正确，是经过人的亿万次实践而证明的。

近代出现了关系逻辑。它又遭受过二种攻击。有些资产阶级逻辑学家认为关系推理不是演绎推理，认为关系推理不是把特殊情况归诸普遍原则，而是特殊推到特殊。这一点显然是十分错误的。本文中所举过的一个关系推理的例子，就可以说明关系推理同样是演绎的。另一方面是关系逻辑一出现，就被唯心主义歪曲利用了，资产阶级哲学家拿关系逻辑来为自己的唯心主义作论证。因之有些唯物主义的哲学家就在反对唯心主义的同时，把关系逻辑全盘否定了。在我们的思维活动中，关系判断和关系推理是经常使用着的，可是他们却要把关系判断还原为非关系判断。且不说这种还原在许多场合下，是无法进行的，在数学中尤其不能取消关系推理。这种否定关系逻辑的偏向，已经得到纠正。关系推理是演绎推理已经得到承认。

除了三段论以外，演绎推理还包括直接推理、归谬法、假言推理、选言推理、二难推理和另一只演绎推理——关系推理等等不同推理形式。讨论到这里就可以问，演绎推理的主要特征究竟是什么？

高尔斯基、塔瓦涅茨的《逻辑》指出："在演绎推理中，推论是由具有一定程度的一般性的知识（即由关于一类对象的知识）过渡到一般性程度较小的新的知识（即过渡到关于该类中的个别对象的知识）。"（第 147 页）

李世繁的《形式逻辑讲话》指出："演绎推理有以下二个主要特点：第一，它是从一般原理推出特殊事实。……第二，它是从二个正确前提必然地推出一个正确结论。"（第 118 页）前面一种意见是正确的，但还不够完善。后面一种意见中的第二点，在上面已经批判过了。而第一点是和前面一种意见一致的。演绎推理可以从一般推到同样程度的一般，如全称否定判断的换位，例"所有不合规格的产品都不能出厂"推到"所有能出厂的产品都不是不合格的"；可以从较大程度的一般，推到较小程度的一般，如三段论的第一格的第一个式子，例"凡正直的公民都热爱党，张三是正直的公民"推出"张三热爱党"；可以从特殊推到特殊，如特称判断的直接推理，例"有些植物是会捕食昆虫的"推到"有些会捕食昆虫的是植物"。综合这四种情况看来，演绎推理的主要特征是结论所断定的范围，不超过前提所断定的范围。演绎推理的特性就是结论可以从前提中必然地推出。正因为这样，演绎推理才不同于归纳推理。最后总结一句：凡结论可以必然地从前提中推出，结论断定的范围不超出前提的断定的范围的推理，其中包括三段论，就是演绎推理。

怎样明确概念*

在思考问题的过程中，概念不明确，思想就会陷入混乱，因而也不能达到正确认识客观事物的目的。此外，正确的思想，如果表达得不恰当，含有语法修辞上的错误、逻辑上的错误，因而概念不明确，那也不能把正确的思想传达给别人。

所以无论在思维过程中或是在表达方面，概念都要明确。概念不明确的毛病大约有三种：第一，语言方面的问题；第二，逻辑方面的问题；第三，认识方面的问题。当然这三方面是互相有关的。但我们还是可以大致地作这三种分别，便于研究。

先谈语言方面的问题。

不熟悉的，一知半解的甚至是根本不懂的词汇就不应当乱用。否则别人听了或看了就会引起误会或是不懂。

对意义相近、字相近的词意混淆不清，也会词不达意，造成概念上的不明确，例如许多人分不清“发现”和“发明”。

由于不了解词意而引起的概念不明确，解决的办法就是要了解词意，多掌握一些词汇。要学习人民的语言，学习一点语法和文学。

生造除了自己之外谁也不懂的词汇①，是一种恶劣的文风。有些人是矫揉造作，以掩饰自己的空虚。也有是故意玩这把戏，把文章写得高深莫测好吓唬人，或者乘机偷运一点修正主义。冯雪峰就是这样的人，什么“肉搏着

---

* 原载《光明日报》1959 年 3 月 29 日第 5 版。有删改。

① “词汇”应为“词语”。——编者注

艺术”“经由艺术的追求而追求人生”“主观战斗力”“主观文艺力”……都是他生造出来的，这些概念根本无法明确得了。当然，冯雪峰的错误首先不在于语法修辞上的错误。

其次谈谈由于不合逻辑而引起的概念不明确。形式逻辑中称为“偷换概念”的错误，就是这种情况之一。在辩论中常会不自觉地偷换概念。开始大家在争论某个问题，可是说着说着，发言的人就扯到另外一个问题上去了。这种情况是无意地发生的。至于阶级敌人，则经常故意地偷换概念来混淆是非。有的右派分子曾说，“‘存在决定意识’这个论点的正确性就是值得怀疑的，因为认识本身也是存在”。谁都知道，“存在决定意识”是说，社会存在决定社会意识，社会存在首先是社会的物质资料生产方式。右派分子把宇宙间存在的一切，不论是物质还是意识，笼而统之，名之曰“存在”，并用这个“存在”顶替“社会存在”这个科学概念。这就是右派分子玩弄偷换概念的伎俩。

简称也应该简得得当，不得当也会引起混乱，譬如在新闻中把“无原子武器区域”简称为“无原子区”。按字面上的意义讲，前者是说不装备原子武器的区域，后者是说没有原子的地方。这种不得当的一简化就改变了原来概念的意义。

从认识上去明确概念首要的是实践。概念明确与否主要是认识的问题。我们对事物认识还不够的话，就不能对这事物构成明确的概念。“概念这种东西已经不是事物的现象，不是事物的各个片面，不是它们的外部联系，而是抓着了事物的本质，事物的全体，事物的内部联系了。”（《毛泽东选集》第一卷，人民出版社，1952，第 274 页）所以，只有掌握了事物的本质、全体和内部联系，才能有很明确的概念，才能指导实践和改变事物。概念不明确就是没有深刻地认识事物。

概念的形成过程和概念的发展过程就是认识发展的过程，这个过程是不能离开实践的。离了实践，也就不能把握事物的本质，不能得到明确的概念。

概念总是有意义的，要明确一个概念就要了解概念的意义（或称为概念的内涵），明确概念的意义的方法就是给概念下定义。如说辩证法是关于自然、社会和人的思维的普遍发展的规律的科学，这就是给辩证法下定义。

但定义只能揭示概念的最基本的含义，揭示事物的本质属性。短短的定义不可能，也不必要揭示事物的丰富的属性。此外，定义所能告诉我们的，仅是抽象的道理。要真正懂得定义说的是什么，不能满足于抽象的定义，而要掌握具体生动的内容，从而使概念更明确。这就必须有实践，从书本子上明确了阶级和阶级斗争的概念，并不见得在实际生活中也能明确什么问题是阶级立场问题，什么是阶级斗争。就拿学数学来说，光背熟了一个概念的定义，而不去做习题，是不可能真正掌握这个概念的。

其次，除了说明概念这个意义之外，还可以指出概念所反映的事物（或称概念的外延），来明确概念，例如我们可以举出哪些矛盾属于人民内部矛盾来使“人民内部矛盾”这个概念更明确。但这一工作绝不是“纸上谈兵”式的概念分析所能胜任的，只有在革命过程中和社会主义建设中总结了各种活生生的矛盾之后，才能得到“人民内部矛盾”的概括，才能把现阶段的人民内部矛盾概括为几类。毛泽东同志总结了中国的革命和建设实践，他指出：“在我国现在的条件下，所谓人民内部的矛盾，包括工人阶级内部的矛盾，农民阶级内部的矛盾，知识分子内部的矛盾，工农两个阶级之间的矛盾，工人、农民同知识分子之间的矛盾，工人阶级和其他劳动人民同民族资产阶级之间的矛盾，民族资产阶级内部的矛盾，等等。我们的人民政府是真正代表人民利益的政府，是为人民服务的政府，但是它同人民群众之间也有一定的矛盾。这种矛盾包括国家利益、集体利益同个人利益之间的矛盾，民主同集中的矛盾，领导同被领导之间的矛盾，国家机关某些工作人员的官僚主义作风同群众之间的矛盾。这种矛盾也是人民内部的一个矛盾。一般说来，人民内部的矛盾，是在人民利益根本一致的基础上的矛盾。”（《关于正确处理人民内部矛盾的问题》①）

还可以描述一个对象，使反映这个对象的概念更明确。如描述电子计算机，指出它的功用、性能、构造的简单情况等。也可以形象地来表现对象，使反映这个对象的概念更明确、生动。“至死不变、愿意带着花岗岩头

---

① 见《毛泽东哲学著作学习文件汇编》（下册），中国人民大学出版社，1958，第1262页。——编者注

脑去见上帝的人，肯定有的，那也无关大局。”（毛泽东：《介绍一个合作社》，《红旗》1958 年第 1 期）这就是形象地刻画了不愿改造的剥削阶级及其知识分子的本质。

由于各人的社会实践不同，认识不同，概念的明确程度和对明确概念的要求的程度，都是不相同的。例如一般人只要知道“水”是可以喝的，用来煮东西，洗东西，水可以灌溉，水会结冰，煮沸了化成气，等等。这些知识对于日常生活来说是足够了，但对于科学家的工作来说是不够的。因此他们必须对水有更深刻的了解。

下面讨论一下从认识方面来明确概念的一些问题。

（一）数量上要求精确，或者不要求精确的概念

水的冰点、沸点，光速等概念在数量上是要求很精确的。只说当水结冰时的温度就是水的冰点，水的冰点概念还是不明确的。究竟水在什么温度下结冰呢？必须进一步说明。摄氏零度是水的冰点，当然一般人都有这个常识。但是科学上经常需要更精确地来给水的冰点下定义，应当说在一个大气压下，摄氏零度是水的冰点。这就是说，要明确“水的冰点”这个概念就需要在数量上给予精确的描述。

另外一些概念虽然和数量有关，但不可能也不必要在数量上非常精确。企图在数量上精确化，反而会使概念不明确。譬如一只羊一般不算是一群羊，十只羊当然可以称为一群羊。但二只羊是不是一群羊？二只羊不是一群羊的话，三只是不是，四只、五只……九只是不是？究竟有了几只羊，就可称得上一群羊？“群”这个概念虽然和数量有关，但是却不能、除了诡辩以外也没有人要求给“群”下一个数量上精确的定义。

（二）从联系方面来把握概念

概念所反映的是客观事物，客观事物是有联系的，相互制约的，因此概念之间也有着内在联系。

例如，要真正明确“共产党”“人民”“社会主义”这三个不同的概念，就必须从它们的相互联系上去把握，从它们的共同点上去把握。共产党是人民中间最先进、最有组织的力量，是人民的战斗司令部，是人民的领导党。除了人民的利益外，党没有特殊的利益。反对共产党的领导，就是违反了人民的最大利益。离开了共产党，根本谈不上社会主义。离开了社会主义，也就没有人民的真正利益。人民日报社论说得好："社会主义并不是任何阶级任何党派都可以服用的什么药丸。"

明确概念的意义，应从不同的概念中寻找联系和共同点。事物的联系、概念之间的联系，只有在人的实践过程中才能发现。因此明确概念首要的问题还是实践。

（三）从矛盾出发来明确概念

对立者的矛盾的两方面，是相互为条件的。失去一方，他方就不存在。因之反映对立面的概念，也是相互为条件的。不明确一个概念，就不能明确与之相对立的另一个概念。只有从二者相互依存的关系、矛盾关系上去考察它们，才能明确这一对矛盾的概念。不知道"专政"也就无法了解"民主"，不明确"集中"也就不能理解"民主"。

资本主义社会是资产阶级专政的社会，国家机器掌握在资本家手里，作为统治、压迫、剥削劳动人民的工具。劳动人民没有真正的民主，民主只是少数人的，只是资产阶级才能享受的。资产阶级不对劳动人民进行专政，就保不住他们自己的民主。我国人民民主专政，"在人民内部实行民主制度，而由工人阶级团结全体有公民权的人民，首先是农民，向着反动阶级、反动派和反抗社会主义改造和社会主义建设的分子实行专政。所谓公民权，在政治方面，就是说有自由和民主的权利"。（《关于正确处理人民内部矛盾的问题》①）人民内部要有民主，就必须对敌人进行专政；对敌人专政就是为了保障人民的民主不受敌人的破坏。专政和民主是对立的，又是统一的。把二者联系起来，就能够真正了解"民主"和"专政"。

在人民内部有民主，但所谓的民主不是一盘散沙，不是无政府状态。否则人民就得不到真正的民主。有民主则必须要有集中。我们的民主是集中指导下的民主，不是无政府状态。同样，人民内部也不可能只有集中，没有民主；我们的集中是民主基础上的集中。在某些条件下，可能多强调一些民主，或者集中；但在人民内部，民主和集中是不可分割的，我国的

① 见《毛泽东哲学著作学习文件汇编》（下册），中国人民大学出版社，1958，第1264页。——编者注

政治局面是一个又有集中又有民主的，又有纪律又有自由，又有统一意志又有个人心情舒畅的生动活泼的政治局面。必须把民主和集中看成是矛盾的二个对立面，才能明确什么是民主，什么是集中。

（四）概念是变化、发展的

事物是永恒地运动、变化、发展着的，概念也必须是变化、发展着的，才能反映事物的本质；并且，认识也是随着人们的实践活动而逐步深入的，因此没有一成不变的概念。今天很明确的概念，明天也许会是不明确的。固定不变的定义，不能帮助我们认识世界。应该经常在实践中去观察事物的运动、变化、发展，掌握事物不断发展的规律，才能始终保持着以明确的概念去反映客观事物。

总之，明确概念主要就是认识事物的本质，这不仅是文字上的、逻辑上的功夫，更重要的是要在活生生的现实生活中，去把握现实的本质。

从 EAO 能否得结论所想到的一些问题*

杜岫石同志在《"蕴涵"与"推论"不能混淆》(《光明日报》1959 年 6 月 14 日)及《关于直言推理"EAO"式中大、小词之关系问题的探讨》(《光明日报》1959 年 6 月 21 日)二文中提出一个看法,认为"'EAO'式虽然是直言三段论式中的一个正确的形式,但是在运用它时,却不是任意可行的,其大、小词是要受一定的约束的。也就说,EAO 式的大词与小词只能是相容关系的概念,而不能是不相容关系的概念"。杜同志的意思实际上是认为在三段论的第三格和第四格中,是可以有 EAE 式的。而 EAO 式倒不是普遍有效的。我不能对这意见表示赞同。

三段论第三格中的 EAO 式与第四格中的 EAO 式实质上没有什么重要差别,是可以互相变换的。因为所差只在大前提,而 MEP 与 PEM 却是等价的。用文氏图解来表示这二个式,也只有一个图形。为了简便起见,本文就只考虑第三格 EAO,而不讨论第四格的 EAO 了。

现在借助文氏图解来看看 MEP、MAS 二个前提究竟能得什么结论。把 MEP 和 MAS 画到图上去就得出这样的图形。(见下页图——编者注)即没有既是 M 又是 P 的,没有是 M 而不是 S 的。如果 M 与 S 都存在,有 S 的小格就一定不是空的。至于 S 的其余部分,有 1 与 2 的小格空不空不知道。在考虑 S 与 P 的关系时,可以肯定的是:有 S 不是 P。即可得结论 SOP。可见对于 MEP、MAS,则 SOP 不容怀疑。能不能得 SEP 呢?不能。从 MEP 与 MAS 并不能断定没有既是 S 又是 P 的。图上并没有把有 1 的小格用横道划

---

* 原载《光明日报》1959 年 11 月 22 日第 5 版。有删节。

去。因之推不出 SEP。

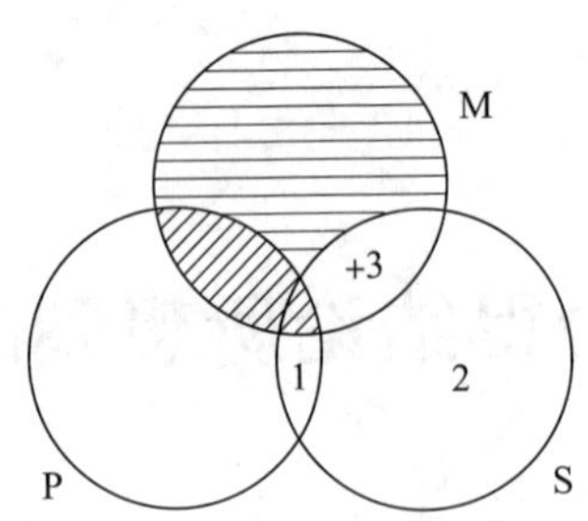

至于根据三段论的规则，从 MEP 和 MAS 只能得 SOP，而不能得 SEP，就不必多说了。

杜同志认为“一切右派分子都不要无产阶级专政；一切右派分子要求绝对民主；所以，有些要求绝对民主的人不要无产阶级专政”这个 EAO 式是错的，应该得的结论是“所有要求绝对民主的人都不要无产阶级专政”。由此可见，杜同志的意思，认为该有 EAE 式。当然，不论根据文氏图解或三段论的规则，EAE 式是错的。但杜同志认为当大词和小词不相容的时候，就可以得出全称的结论来。殊不知要断定大词和小词不相容，就是断定没有 P 是 S，就是断定 PES 或 SEP，就是在 MEP、MAS 之外又加上一个前提 SEP 或 PES。这样，三段论就不成为三段论了，因为三段论者，有并且只有三个概念和三个直言判断之推理也，这是第一。其次，既然前提中有 PES 或 SEP，结论当然会是 SEP，既知 S 与 P 不相容，即已知 SEP，又何必再去推出 SEP 呢？又何必多费手脚加上 MEP、MAS 呢？第三，断定大词与小词不相容，即断定 SEP，断定了 SEP 是不是就不能推出 SOP？从 MEP 和 MAS 可推出 SOP，加上可以推出 SOP 的 SEP，为什么就不能推出 SOP 了呢？杜同志既然说 S 与 P 不相容，就是说 SEP 是真的，即 SEP 真，就不能否认 SOP 之真。最后，不问客观上 S 与 P 相容也罢，不相容也罢，反正 EAO 是普遍有效的，不是 EAO 需要约束，而是加上 S 与 P 不相容这样一个约束，三段论已经不称其为三段论。

EAO 能不能得结论，能得什么样的结论，EAO 式是否正确，已经简要地讨论过了。由于杜同志对一些基本概念的了解有问题，特别是对于特称量词的了解有问题，所以提出了 EAO 能否得出结论的疑问。

当断定 SEP 时，接着就可以断定 SOP。这在杜同志的著作《逻辑学讲话》中也是承认的。“由知道 E 型判断的真实可以推知 O 型判断也必然是真实的，……”（杜著《逻辑学讲话》，第 87 页）故既然“所有要求绝对民主的人都不要无产阶级专政”真，则理所当然“有些要求绝对民主的人不要求无产阶级专政”也真。为什么杜同志的意见前后矛盾呢？因为杜同志把“有些要求绝对民主的人不要求无产阶级专政”认为还意味着“有些要求绝对民主的人要求无产阶级专政”。这就涉及对特称量词的了解了。

“所有 S 是 P”没有问题，对 S 的全部外延有所断定。就是：断定每一个 S 的分子都是 P 的分子。至于“有些 S 是 P”就有问题了。杜同志认为“有些 S 不是 P”是断定“有些 S 不是 P，并且有些 S 是 P”。这个看法是不对的。“有些 S 是 P”只断定至少有一个 S 是 P，究竟多少 S 是 P；是不是部分 S 是 P，而另外一些 S 不是 P；是不是全部 S 都是 P，一概没有断定。在逻辑里，“有些 S 是 P”了解为至少有一个 S 是 P，“有些 S 不是 P”了解为至少有一个 S 不是 P。只有这样才能对语言里各种各样“有些甲是乙”“有些甲不是乙”的语句作逻辑分析。把“有些甲是乙”暗示着同时“有些甲不是乙”的语句分析成 I 和 O 二个判断，而把“有些金属是元素”“有些法律系的学生热爱法律专业”等等，分析成 I 判断。如果把 SOP 了解为“SOP 并且 SIP”，把 SIP 了解为“SIP 并且 SOP”，这样对一些具有“有些甲不是乙”暗示着“有些甲是乙”的语句作逻辑分析也许略为简便一些。但是困难却紧跟着产生了，怎样分析“有些金属是元素”“有些法律系的学生热爱法律专业”等等语句呢？又怎样来区别特称肯定判断与特称否定判断呢？SIP 与 SOP 岂不是没有分别了吗？

杜同志把“有些 P 不是 S”了解为 O 和 I 二个判断，把“有些要求绝对民主的人不要无产阶级专政”了解为 O 和 I 二个判断，从而认为可以从 MEP、MAS 中不仅推出 SOP 来，而且还同时推出 SIP，这样自然 EAO 就不成其为 EAO 了，推理的形式先错了，当然也不能保证结论符合事实。但这都由杜同志自己对特称量词的误解所引起的，和 EAO 的正确性又有何涉？在杜同志讨论 EAO 的文章里，也提到了关于肯定判断宾词的周延问题。因而有必要来谈谈什么是“周延”，特别是什么是“不周延”的问题。

在 SAP、SEP、SIP 和 SOP 四种直言判断中，S 在 SAP 和 SEP 中是周延的，即在 SAP 和 SEP 中我们是对 S 的全部外延有所断定。SEP 和 SOP 中的 P 是周延的，即在 SEP 和 SOP 中我们断定了 P 的全部外延。

通过对特称量词的讨论，可以知道 SIP 和 SOP 分别断定了“至少有一个 S 是 P”和“至少有一个 S 不是 P”。在这二个判断形式里，我们并没有对 S 的全部外延有所断定，也就是说，只断定了 S 的部分外延，断定了至少有一个 S 是或不是 P，而对于其余的 S（假定 S 不只是一个）则无所断定，因而不能认为在 SIP 中，断定了有一部分 S 是 P，而其余部分 S 不是 P。这样其实是在断定 SIP 的同时，也断定了 SOP，如果真是这样的话，实际上 S 就成为周延的了。而不是不周延的，因为我们已经对全部 S 都作了断定，同时作这种了解，当没有不是 P 的 S 时就不能断定 SIP。当没有既是 S 又是 P 的时候就不能断定 SOP。但我们知道在上述二种情况下，SIP 和 SOP 分别是真的，可以断定的。

SAP 断定了所有 S 都是 P，但对所有 S 仅是部分 P 呢，还是所有 S 是全部 P 并未加以断定。SIP 断定了至少有些 S 是 P，但同样地对有些 S 仅是部分 P 呢，还是有些 S 是全部 P 并未加以断定。总之在 SAP 和 SIP 中并没有对 P 的全部外延有所断定；或说它的外延在上述判断中是不确定的；也可以说，对于 P 来说，断定了至少有一个 P 是 S。在 SAP 和 SIP 中也不是断定了，有些 P 是 S，有些 P 不是 S；否则当客观上没有不是 S 的 P 时，SAP 和 SIP 都是假的。但不问客观上有没有不是 S 的 P，只要没有不是 P 的 S，就能断定 SAP；只要有 S 是 P，就能断定 SIP。可见不能认为在肯定判断中对宾项的部分外延有所断定。就是说：我们对宾项的一部分外延作了肯定的断定，而对它其余部分的外延作了否定的断定。但有些同志在承认不问客观上有没有不是 S 的 P，只要没有不是 P 的 S，就能断定 SAP，只要有 S 是 P，就能断定 SIP 的同时，又主张在 SAP 和 SIP 中肯定地断定了 P 的一部分外延，而又否定地断定了 P 的其余部分外延（真部分）。于是他们只能创造出一个“例外论”来应付困难。他们认为当“没有不是 S 的 P”时，在 SAP 和 SIP 中断定了 P 的全部外延。这样就有了肯定判断的宾项可以周延之说。但执这个主张的人忘了，当没有不是 P 的 S 并且没有不是 S 的 P 时，若只作了一个判断 SAP，不能说 P 在 SAP 中是周延的。可以对全部 P 有所断定，但 SAP 并没有断定 P 的全部外延，这里有客观事实和思想认识二层情况，是应该分别清楚的。而且“例外论”若能成立，则 S 在 SIP 及 SOP 中也可周延了。“要求绝对民主的人”在“有些要求绝对民主的人不要无产阶级专政”中不是周延了吗？在肯定判断中没有对宾项的全部外延有所断定，在特称判断中也没有对主项的全部外延有所断定。我们称这种情况为肯定判断的宾项和特称判断的主项都是不周延的。某概念在判断中是不周延的，就是在判断中没有对其全部外延有所断定，也就是对它的部分外延有所断定。说肯定判断的宾项是可以周延的原因就在于把某概念是不周延的看成是在判断中对它的一部分外延作肯定的断定，又对它的其余部分的外延作否定的断定。如果这样，就应该说某概念是周延的，因为我们对它的全部外延有所断定，尽管不是一致的肯定或一致的否定的断定。

假若坚持上面这种不正确的看法，那么传统的直言判断间的对当关系必须重新加以考虑。当然关于三段论的理论也会面目全非了。比如 I 判断和 O 判断就等同了。因之 SAP 也就推不出 SIP，SAP 却能推出 POS。认为肯定判断的宾项可以周延，也必须根本改造传统的三段论理论。三段论的各条规则中有两条出了问题。第一、二格特称前提也可以得结论。除了第三格而外，不论二特称前提皆是肯定的，或一个肯定、一个否定，中词都可有机会在任一前提的宾项中周延，由此如 MIP、SIM，则 SIP 之类的形式就会出现了。第二，前提只有一个是特称，结论不必特称。前提只有一个是特称，在前提中就有三个项可以周延。只要不是第一格和第二格，并且小前提特称，小词即使在小前提中是宾项也是可以周延的，于是小词也可以在结论中周延，故结论可以全称。由此就会有这样的形式，如 PIM、MAS，则 SAP。除凭空添了许多形式外，各格的特殊规则也就发生问题。如第一格，若小前提否定，结论亦必否定，则大词在结论中周延，于是大词在大前提中亦须周延，因大前提只能是肯定判断，而肯定判断的宾项可以周延，所以大词在大前提中可以周延，所以小前提不必肯定，小前提既否定，则中词在小前提中周延，故大前提不必全称。但这一系列的变动都是不能接受的，因为是与特称量词的意义与不周延的定义相违背的。

据说定义的宾项是周延的，其实分析定义应该用两个逻辑形式：SAP和PAS。语法和逻辑本来不是一回事，一个句子不一定表达一个判断，它可能根本不表达任何判断，也可能表达不止一个判断。在SAP中没有断定P的全部外延，因之只用一个形式SAP去分析定义，是不够的。S在从SAP换位而得的PIS中自然也是不周延的。否则PIS仍可换位为SAP，但这是不可能的。客观上有些P是全部S，这是一回事，在PIS中P不周延是另外一回事。至于把“北京是中华人民共和国首都”看为A判断而从此证明SAP的宾项可以周延，也是不妥当的。因为这个单称判断的主宾项都是专名词，同时又是唯一的。实际主项代表的东西等于宾项代表的东西，其判断形式不是一般的SAP。以这样的例子来论证SAP的一般特性，岂不是真正不顾内容而来讨论形式吗?

至此我们已经讨论到另外一个被弄得混乱的问题。这种混乱出现在对客观现实、人的思想、思想的表达者——语言、逻辑形式四者的关系的理解中，这四者的关系被一些人弄得似是而非，把它们混淆起来，从而使人看不到它们之间的真正关系。研究逻辑形式绝不能脱离客观现实、思想过程和语言，但又不能把它们等同起来。

客观现实是可以认识的，却不是一下子就可以全部认识的，认识是一个复杂的过程。人的思想是客观现实的反映。思想正确与否的标准不在思想本身而在于实践，在于是否符合客观现实。语言是思想的表达者，同一的思想可以有不同的语言表达形式。逻辑形式是思维的形式，它是通过对语言的分析从正确的思维过程中抽象出来的，是思维形式结构方面的本质属性的反映，是思维内容的形式，它具有一般性和普遍性。它决定于内容而又不同于内容，它和内容统一而又有相对独立性。逻辑形式也是事物之间联系的反映。客观现实是第一性的，思想是客观现实的反映，语言是思想的表达者，逻辑形式是思维形式结构的本质属性、一般性和普遍性，归根到底是客观现实关系的反映。逻辑形式与客观现实、思想和语言有着密切而极为复杂的关系，但客观现实、思想和语言并不等于逻辑形式。前面已经谈到，客观上尽管没有不是S的P，但思想上断定了SAP和SIP，P在这二个判断中都是不周延的，不能因为能断定PAS而认为P在上面二个判断中周延。前面也谈到了语句和判断是有所区别的，等等。现在要谈谈认为应该有 EAE，而 EAO 不是普遍有效的，原因之一就是在这个问题上有所混淆。

事实上所有要求绝对民主的人都不要无产阶级专政，并且这一点我们完全可以和应该认识得到。而“有些要求绝对民主的人不要无产阶级专政”虽然不错，但在认识上意义不大。杜同志混淆了事实、思想的认识的可能与任务和逻辑形式。他认为承认了上述几点，就可以从“一切右派分子都不要无产阶级专政”和“一切右派分子要求绝对民主”中推出“所有要求绝对民主的人都不要无产阶级专政”，这当然是不对的。这样的结论尽可从别的推理中推出，却不能在这个推理中推出。有这样一个事实：所有要求绝对民主的人都不要无产阶级专政。并且这事实已经被我们认识到了，但它不是通过这个错误的 EAE 的推理可以认识到的。另一方面，我们遇到的这个 EAO 式推理却一点也没有错。它的内容是真实的，形式是正确的。“有些要求绝对民主的人不要无产阶级专政”在反映客观现实方面来说，不及“所有要求绝对民主的人都不要无产阶级专政”深刻而全面，但它仍然是真实的，因为它还是符合客观情况的。在考虑认识方面的意义，而不是考虑逻辑形式，才可以说从认识方面来看没有必要进行这样的推理，这个推理被用作第三格 EAO 的例子是欠考虑的。

“一切右派分子都不要无产阶级专政，一切右派分子都是要绝对民主的；所以，一切要求绝对民主的人都不要无产阶级专政。”杜同志认为这推理形式是对的，当然推理也是正确的，而我们认为尽管这推理的前提和结论都是真实的，但推理本身仍然是错误的，因为它的形式是错误的。这样说来，是不是符合客观现实的思想还可能不是正确的？恰恰相反，这倒是表明了思想正确与否只有看它是否如实地反映了客观现实，逻辑形式之是否正确，在于它是否如实地反映了客观事物之间的联系。这个推理之所以不正确，由于没有完全满足正确推理的二个必要条件：内容真实和形式正确。因为它的形式是不正确的。三段论反映了事物之间的类的包含关系；而这个推理所具的 EAE 式，并没有如实地反映事物之间的类的包含关系，所以它是不正确的。M 类包含在 P 类中，M 类的分子都不包含在 S 类中；

那么有些S类的分子必不包含在P类中；可能有些S类的分子包含在P类中，也可能S类的分子都不包含在P类中。因此从MEP、MAS不能必然地断定SEP，而只能必然地断定SOP。从右派、要无产阶级专政的人和要绝对民主的人三者之间的类的包含关系来看，从右派不包含在要求无产阶级专政的人的类中，右派包含在要求绝对民主的人的类中，不能必然地知道，全部要求绝对民主的人都不包含在要求无产阶级专政的人的类中，虽然事实是如此的；而只能必然地知道，有些要求绝对民主的人不包含在要求无产阶级专政的人中。可见EAE没有正确地反映了右派、要无产阶级专政的人和要绝对民主的人三者之间的类的包含关系，而EAO却正确地反映了事物之间的类的包含关系，不正确的三段论式没有如实地反映了事物之间的类的包含关系，用不正确的三段论形式来推理，虽然其前提和结论都是真实的，但整个推理过程还是错误的。一个推理是正确的，非但其前提和结论都要如实地反映客观现实，而且其推理形式也要如实地反映客观现实之间的联系。可见，由一些正确的思想组成一个推理，其逻辑形式不必是正确的。当然，这个推理也不必是正确的。

谈到客观现实、思想、语言和逻辑形式之间的关系时，有必要再深入一步来讨论特称量词。具有“有些甲是乙”形式的语句，在思想里究竟断定了什么呢？我们先看看下面几句话：第一，“有些中国人在国际性的体育比赛中获得了世界冠军的称号”。第二，“有些金属是元素”。第三，“有些同学考试不及格”。第四，“有些我的朋友看见过人造卫星”。第一句话暂时只断定仅有一个中国人在国际性的体育比赛中获得了世界冠军的称号。第二句话断定了至少有几种金属是元素。第三句话断定了有那么一些同学考试不及格，虽未说明但也断定了除了不及格的同学而外，其他的同学是及格的。第四句话断定了我的朋友中至少有一个人是看见过人造卫星的。究竟我的朋友中有多少人看见过人造卫星，我不知道，也就无法断定。当然可以举出更多的例子来，但这四个已经够了。从这四句话中可以看出，“有些”这个虚词有许多意义，在各种不同的意义中，含义最少的是断定了“至少有一个甲是乙”。“有些”在这四句话中断定得往往比“至少有一个甲是乙”要多一些；但这四句话都起码断定“至少有一个甲是乙”。通过语句，从具体判断中抽象出来的判断形式 SIP 的意义，就取其断定得最少的那一个意义。SIP 的意义是“至少有一个 S 是 P”，事实上可能不止一个 S 是 P，很可能全部 S 是 P，但 SIP 这个逻辑形式并没有也不能断定这些。逻辑形式是思维形式结构的本质属性、一般性和普遍性，它撇开了具体思维的某些个别性。不用说，只有取断定得最少的一种含义来作为逻辑形式的含义，方可能用逻辑形式来分析各种具体思想，前面也已经说到了这一点。既然 SIP 断定了至少有一个 S 是 P，那么具有 SIP 形式的判断就不断定 SOP。当然在不需要话说得很严密的条件下，在日常生活里，可以说“有些同学考试不及格”，不只是断定至少有一个人不及格，而往往是断定得更多，意味着有几个同学不及格，而大部分同学是及格的。也许在有的场合下话需要说得很婉转，说“有些甲不是乙”，而暗示着“有些甲是乙”。但在要求断定很细致精确的科学研究的场合下，“有些甲不是乙”绝不可意味着“有些甲是乙”。这说明了逻辑形式是通过语言，从具体的思维中抽象出来的，思维形式结构的已经撇开了个别性的本质属性、一般性和普遍性，而和具体的思维及语言不是也不必是完完全全一致的。企图否认这种不同而来的“修正”逻辑形式非但不必要而且是错误的，将导致取消逻辑科学。

认为客观上所有要求绝对民主的人都不要无产阶级专政，而且这是已经被认识到的，于是就认为从“一切右派分子都不要无产阶级专政，一切右派分子都是要求绝对民主”中可推出“所有要求绝对民主的人都不要无产阶级专政”。认为 SOP 也断定了“有些 S 是 P”。认为客观上所有 P 都是 S，所以 P 在判断 SAP 中是周延的。是不是在坚持客观现实是可以认识的，思想是客观的反映，逻辑形式是通过对语言的分析抽象出来的同时，把认识过程、思维的辩证法弄得过于简单了呢？认为上述这个推理的前提和结论都是真实的，所以其形式 EAE 也是正确的；认为前提和结论都是虚假的，于是推理形式一定是错误的。是不是承认内容决定形式，内容和形式统一的同时，对内容和形式的辩证法了解得太机械了呢？不要忘记真理只要向看来是同样的方向再前进一步就可能转化为它的反面——谬误。

讨论了 EAO 式能不能得结论之后，不禁使我深切地感到，我们应当更精确地理解逻辑学的基本概念，避免在考虑问题时概念混淆。在通过客观现实、思想和语言来研究逻辑形式时，不要忘掉了它们之间非但有同，而且有异。让我们更深入一步学习和掌握马克思列宁主义的哲学基础——辩证唯物论，用它来作为研究逻辑学的指导思想吧！

关于演绎推理前提假，形式是否正确等问题的一些意见*

演绎推理的前提假，形式是否正确；前提假，是否合逻辑；逻辑管不管真假，如何管真假等，都是引起争论的问题。这些问题是作为修正、改造和发展形式逻辑中的带关键性的问题提出来的。如何处理这些问题，又涉及如何在形式逻辑中贯彻辩证唯物主义的实践观点、内容决定形式观点等基本原理的问题。本文暂不讨论修正、改造和发展形式逻辑的问题，也不讨论如何在形式逻辑中全面地、正确地贯彻辩证唯物主义观点的问题，而是专就上面提出的几个具体问题发表意见。本文所讲的"逻辑"只是"形式逻辑"，特别指形式逻辑的演绎部分。本文所说的"推理"，主要指"演绎推理"。

从人类思维的具体情况出发，必须承认：存在着前提假、形式对的演绎推理。这是思维的实际情况，并非人们的虚构。

有些同志认为在演绎推理中，前提假，形式必错。这是不正确的，他们所提出的理由，是站不住的。现分述如下。

（1）有同志说，"凡金属都是不能熔化的，铁是金属，所以铁不能被熔化的"。（例1）这个推理的形式是不正确的，应该是"凡是金属都不是不能熔化的，铁是金属，所以铁不是不能熔化的"。而这是EAE式。应该用EAE式，现用了AAA式，推理形式不是错了吗？

该不该用AAA式是一个问题。推理形式是否正确是另一个问题。例1

---

* 原载《光明日报》1961年9月29日第4版。有删改。

只能说明前提假，形式对；只能说明金属、不能熔化、铁之间没有 AAA 那样的包含关系，因之不应用 AAA 式。例 1 不能说明用的不是 AAA，而是错误的形式，如 IAA。所谓形式上的错，只能指违反推理规则的错，如 IAA 就是违反规则的、错的形式。AAA 本身是正确的，它不能分成对和错的二种。既然一个推理的形式是 AAA，那它就是对的，根本不可能是错的。前提假，形式不必错，犹之乎帝国主义者说："我们是爱好和平的。"这话的内容虽是荒谬的、欺骗的，但其语言形式未必错，话未必不合语法。

（2）有人又会说，例 1 虽有 AAA 的形式。但这个 AAA 不反映金属、不能熔化、铁之间的包含关系，用它来反映这三者之间的联系，就错了。如果认为这个 AAA 对，那么推理形式岂非成了没有客观基础的，不反映任何东西的空洞的形式了么？

AAA 是从具有这一形式的众多的具体推理中抽象出来的，它反映的是一般的类的包含关系，而不是反映某些事物之间的具体关系，如金属、不能熔化、铁之间的具体关系。AAA 反映存在于金属、能熔化、铁等事物的具体关系之中的普遍的类的包含关系。当人们具有了 AAA 这一形式后，它有相对的独立性。人可以有运用它的能动性，可以把它用之于具有相对应关系的事物之上，或把它用之于不具有相对应关系的事物之上（如例 1）。在后一种情况下，绝不会由于金属、不能熔化、铁之间没有与 AAA 相应的包含关系，AAA 就无所反映，就没有客观基础，它仍然是类的包含关系的反映。

（3）有人说正确的形式不适用于假前提，用了就错。我们要问，究竟什么叫作正确的形式不适用于假前提？如果说，正确形式不能帮助假前提必然地得到真结论；如果说，正确形式不能帮助前提假的推理成为正确的；如果说不断定前提的真，就无法利用正确的形式进行推理，就叫作正确的形式不适用于假前提，大家都会同意的。

但是，提出这个说法的同志的意见却并非如此。而是认为，正确形式用之于假前提，不能必然地得到假结论，所以其性质、作用都变了，并且它变为不正确的形式了。

演绎推理形式反映了前提和结论之间的蕴涵关系。即前提真，结论必真；前提假，结论不定。当前提假时，结论有的真，有的假，这正是演绎推理形式的本性。甲蕴涵乙，当甲假时，乙的真假不定。如果前提真，结论真，前提假，结论假，前提和结论之间就不是蕴涵关系了，而是等值关系了。

演绎推理的前提真，结论必然真，这是演绎推理所具有的逻辑必然性的一个方面。逻辑必然性的另一个方面（或许可说是更重要的一个方面）是从具有某种形式的前提出发，必然推出具有某种形式的结论。如 MAP、SAM 出发推理，结论必然是 SAP。不论 MAP 和 SAM 客观上是真是假，情况都是如此。亚里士多德说："推理是一个论证，在这个论证中，某些东西断定了，其他一些东西就通过它们必然地得出。"（《正位篇》100a25）亚里士多德在这里说的推理是包括了前提假的推理的，然后他认为前提假的推理也有必然地推出的结论。演绎推理的逻辑必然性的两个方面是有联系的，但也是有区别的。前提真结论必真，究竟是什么样的结论必真呢？举例来说，形式是 MAP、SAM 的前提真，具有 SAP 形式的结论必真，而不是具有其他形式的结论必真。正确的形式与假前提结合时，会推出具有什么样形式的结论这一点是必然的，如例 1 的结论必然地为"铁是不能熔化的"，它具 SAP 的形式。不必然的只是结论的真假。其次，正确的形式用之于假前提，虽不能得真结论，但这并不妨碍它与真前提结合，就得真结论。可见，正确的形式与假前提结合，并没有丧失它的性质，逻辑必然性并没有破坏，而要求前提假，结论必假的推理形式，是无法办到的。

推理必须断定前提的真，但主观断定某判断真，与它事实上是否真是二回事。只要主观方面有了断定，依据一定的形式就可以推断。前提客观上的真假，并不会影响推理形式的对错。照某些同志的说法，推理的前提假，形式就错，前提真，形式才可能对，那么对于某些人认为前提真的推理，是不是在他们看来，形式是对的，而在另外一些不承认其前提真的人看来，形式是错的？对于下面二个推理，又如何决定其形式的对错呢？

"老子是唯物论者，我们拥护唯物论；所以我们拥护老子。"

"老子是唯心论者，我们反对唯心论；所以我们反对老子。"

如果前提假，形式就错，那么未证实的假说的推理形式是对的还是错的呢？人们应该如何建立、检验假说呢？

（4）有的同志不是简单地认为正确的形式用之于假的前提是误用，而是认为在“任何国家是爱好和平的，美国是资本主义国家；所以，美国是爱好和平的”（例 2）这一推理中，因为大前提是假的，只是“有些国家是爱好和平的”，因而它就犯了中项不周延的错误。由此可知，当内容假的时候，形式是错误的。

这种说法是不能同意的。我们要问究竟什么是周延？周延性的问题，只是主观方面的问题，不是客观方面的问题。周延性的问题，是概念在判断中出现时，是否断定了其全部外延的问题。譬如说客观上所有帝国主义国家都是不爱好和平的，但人们在思维中断定了“有帝国主义国家是不爱好和平的”。这个判断里，“帝国主义国家”就是不周延的。我们无论如何不能说它是周延的。对仅仅作出“有帝国主义国家是不爱好和平的”判断的人来说，他们能断定“所有帝国主义国家都是不爱好和平的”还需要经过一个提高觉悟的过程，受反面教育的过程。在例 2 中，同样地，思维中断定了“任何国家是爱好和平的”。“国家”在这个判断中就是周延的，而不能说是不周延的。我们知道这个判断是假的。但若“国家”在这个判断中是不周延的话，那么这个判断就不会是假的，而是真的了，概念在判断中出现时，它是否周延的标准是是否被断定了全部外延，而不是客观上该概念所反映的对象是否全部与这一判断的宾项所反映的对象有某种关系。例 2 的推理形式是 AAA，而不是 IAA。

（5）还有一种说法是：三段论的形式分为确实可靠的三段论形式和或然性的三段论形式，前者的前提和结论都是确实可靠的判断，后者有一个前提和结论是或然判断。它们两者各有不同的性质和作用，不能互相代替。以假的判断来作为三段论的前提，如例 1、例 2，用的是或然性的三段论形式，而非确实可靠的三段论形式。因之不能用例 1、例 2 来论证假的前提可以和正确的确实可靠的三段论形式相结合。

三段论的前提是假的，但人们却断定它是真的并进行推理，利用的是一般的三段论形式，而非模态三段论。模态三段论的前提是模态判断。例 1、例 2 的前提皆非模态判断，因之不能认为它们是模态三段论。不能认为断定假前提为真所进行的推理，其形式是模态推理。

演绎推理是必然的推理（或曰确实可靠的推理），归纳推理是或然的推理。（我认为完全归纳法是演绎推理，而非归纳推理）必然的推理前提真、形式对，结论必真。三段论是必然的推理，模态三段论同样是必然的推理。虽然模态三段论的形式不同于一般三段论的形式，但是模态三段论是演绎推理的一种，是必然的，而非或然的。把三段论分为确实可靠的三段论和或然的三段论是没有根据的。亚里士多德说得好："但若没有必然的结论，前提就不能构成三段论。"（《前分析篇》26n7）

由此可见，即使把例1的大前提改为"凡金属都可能不熔解"，它能推出什么结论，还是必然的，而并不是或然的。何况例1的大前提只是实然判断，而不是或然判断。

退一步讲，就算例1、例2是所谓"或然性的三段论"，我们也暂且承认这样的话：当人们假定两个前提中的一个为真（即有一前提客观上是假的，但人们断定它为真）而进行三段论推理，用的是或然性的三段论。后来如果证明结论假，因而证明或然前提假，那并不影响推理形式的性质。那末，这话又怎能和以下的话不冲突呢：无论确实可靠的推理形式和或然性的推理形式，都不适用于虚假前提。

（6）在论述演绎推理前提假，形式就错时援引亚里士多德，并不能帮助这些同志证明自己的正确。恰恰相反，亚里士多德的意见是和他们相反的。

亚里士多德按前提的性质把三段论基本上分为两类。他认为"证明的"三段论的前提是真的，而"辩论的"三段论的前提是二个矛盾判断中间的选择。"证明的"三段论和"辩论的"三段论的区别不在别处，而在前提的性质。这很清楚地表明了亚里士多德并不认为这二种三段论在形式上有什么不同，正确的三段论形式是有可能与假前提结合的。亚里士多德在讨论了"证明的"和"辩论的"前提之后说："但这并不造成这二种情况下三段论产生的不同，因为在说了某些东西属于或不属于其他某些东西之后，证明者和辩论者二者都是三段论地论证。"（《前分析篇》24a26～28）这里，亚里士多德不是论述了不论前提客观上真假如何，推理还是三段论吗？他又说："三段论应在证明之前讨论，因为三段论是更一般的。证明是三段论的一种，而并非一切三段论是证明。"（《前分析篇》25b28～31）"我所谓证明，是能产生科学知识的三段论，是掌握住它就自然而然是科学知识的三段论。假若我对科学认识的本性的论述是正确的，那么证明了的知识的前提必然是真实的、第一性的、直接的、比结论更易知的和在结论之先的，结论像结果对原因一样，是与前提更进一步地关联着的。除非这些条件得到满足，否则基本的真理对结论就不是'合适的'（英译者注：在同一属里），三段论可能的确不具备这些条件，但这种不能产生科学知识的三段论不是证明。"（《后分析篇》71b17～24）从这些引文，可以肯定亚里士多德认为前提假的推理还是推理，但不是证明。因此，认为由假前提不能形成真正的推理这种说法根本不是亚里士多德的原意。这种意见的根据可能是他的这一句话："从真前提不可能得出假结论，但真结论却可能从假前提得来。但这结论的真只是事实方面的真，而不是推理的真实。推理不能靠假前提来建立。"（《前分析篇》53b6～10）关于这段话，有二点我们应该弄清楚。第一，他不认为由假前提得出的真结论不是由前提必然得出的，只是假前提的结论不必然是真实的。每一个具体的前提假的三段论，其结论都是从前提必然地、唯一地推出的。譬如说从"凡石头都是动物，凡人都是石头"，亚里士多德认为必然得出"凡人是动物"（参阅同上53b31～35）。其次，亚里士多德说前提假，结论真，推理并不真实而并没有说前提假，结论真，推理就不是真正的推理。"真实的推理"和"真正的推理"是不同的概念，不能混淆。前者是推理真假的问题，后者是是否名副其实的推理的问题。总之，引用亚里士多德，只能证明这些同志的意见不是亚里士多德的意见。

（7）有同志认为：形式是由内容决定的，有什么内容就有什么样的形式。三段论的形式和内容之间的关系也是这样。又认为：用形式和内容之间联系的观点来看，前提假，形式必错。正确形式不是永远正确的，而是可以变成不正确的。这个意见是错误的。的确，辩证法认为形式是由内容决定的，但是辩证法不能承认"有什么样内容就有什么样形式"。内容和形式有统一的一面，也有矛盾的一面，否认后者是机械论，而不是辩证法。如果说"有什么样的内容就有什么样形式"，那么美国既然有高度发展的生产力（内容），就有与之相适应的生产关系（形式）了！这难道还不荒谬吗？形式和内容的矛盾是客观的。抹煞矛盾，并不等于解决矛盾。前提真、形式错的推理，与前提假、形式对的推理，都是客观存在的事实，绝不能抹煞。

思维的形式结构是思维的内容决定的，推理形式和思想内容的内在联系至少表现在以下几个方面：

第一，什么样的思维内容要求什么样的形式与之相适应。如反映金属、不能熔化、铁的包含关系的推理，要求第一格 EAE 的形式与之相适应。如果用了 AAA，就不相适应，推理就不能是正确的。

第二，正确的形式结构主要是从正确的具体思维中形成、巩固起来的。譬如说 AAA 这个形式是从“凡野兽都怕火，豹子是野兽；所以豹子怕火”（例 3）等等具体的推理中形成和巩固起来的。仅仅从例 1、例 2 等不正确的推理中不能使 AAA 巩固起来。人们自发的利用 AAA 这个形式的能力，是通过实践获得的。人们在实践中亿万次地重复进行了类似例 3 的推理，然后 AAA 的形式才巩固下来，获得了公理性质。当然例 1 那样的错误是难免的，但如果没有例 3 这样的正确推理，而只有例 1 那样的推理，是不能使 AAA 形成和巩固下来的。因为金属、不能熔化、铁之间没有如 AAA 所反映的那种包含关系。人们不能证明前提和结论的真实性，也就无法根据实践证明这种推理的形式的正确性。

第三，推理形式是前提和结论之间真假关系的抽象。演绎推理的形式反映了前提与结论之间的蕴涵关系。从这一点上来看，逻辑研究推理形式并不是根本不谈真假，与真假截然无关的。推理形式是与前提和结论的真假关系密切相关的。说逻辑讲解三段论规则的时候，对真假的结合不像讲解假言推理、选言推理的规则结合得那样密切，是完全缺乏根据的。

但是，推理形式的正确性离不开前提和结论的真假关系，并不意味着逻辑的任务是研究具体推理的前提和结论的真假问题。逻辑研究判断的真假之间的一般的、普遍的关系。

第四，演绎推理形式是有内容的，它不但反映了前提和结论之间的必然联系，而且还反映了客观事物之间的某些关系。三段论就反映了类的包含关系。

第五，思维有一般的推理形式。在特殊的科学领域里，由于思维内容的特殊性，它又有特殊的推理形式。如数学归纳法就是数学所特有的演绎推理的形式。特殊领域的思维，具有特殊的逻辑问题。研究这些特殊的逻辑问题，非但可以使特殊领域的思维更准确，而且有助于更深入地理解一般的逻辑问题。

下面我们来论证形式逻辑是研究思维的形式结构的科学，它不研究思维的具体内容。

对于一个具体的推理，至少有这些问题是可以研究的：一、客观对象的具体情况；二、语音；三、认知方法；四、推理的形式。各门具体科学研究第一方面的问题。语言科学是研究第二方面问题的。第三方面的问题由辩证法、认识论研究。而第四方面的问题，就是逻辑研究的对象。每门科学所研究的都是某种特殊的问题，解决某种特殊的矛盾。逻辑专门提供关于思维的形式结构的知识。逻辑研究推理专门提供规则来检验推理形式的正确性。这就是说，逻辑是解决思维形式的对错问题的科学，逻辑的思维的形式结构为对象，它不研究具体思维的真假。因此，前提假的推理，只要它的形式正确，就合逻辑。所谓合逻辑，就是形式结构方面合乎逻辑所提出的规则。合乎形式逻辑就是合乎“事物的逻辑”。这句话是不对的。“事物的逻辑”是事物的规律。形式结构正确的思想不能与符合事物规律的思想等同起来。逻辑研究思维的形式结构，而不是研究各种各样事物的规律性。也许，有同志认为，仅仅依靠逻辑学的知识，是不能判明推理形式的正确性的。如“四概念”的错误就不是形式结构方面的错误。这里我们应该分清二个情况。一是逻辑形式。如：

$$\frac{\begin{array}{c}\text{MAP}\\ \text{SAM}\end{array}}{\text{SAP}}$$

其中小前提的 M 如果不是 M，而是 N，就犯了“四概念”的错误。逻辑当然能够判明这一点。另一种情况是从具体推理的语言表达中，分析出它的逻辑形式，再进一步判明这个具体推理是否犯有逻辑错误的问题。这当然需要有具体科学的知识和有关语文的知识。如“金属是元素，不锈钢是金属；所以不锈钢是元素”。这里的“金属”是有歧义的。这个推理的“四概念”错误来源于语言方面的问题。假如语言能够精确化到不发生歧义，仅仅依靠逻辑，就可以判明这个推理的形式是错的。当然这一要求是不现实的。语言形式和逻辑形式的差别是不能否认的。从具体思维中抽象出来的推理形式的正确性，是可以由逻辑来判明的。具体推理的形式的正确性，要从该具体推理的语言表达中分析出它的逻辑形式，然后才能由逻辑来判明其对错。当然，从具体推理中分析出逻辑形式，必须具备其他知识。应该肯定：逻辑能够、并且只有逻辑能够判明推理形式的正确性。认为逻辑学知识还不足以判明推理形式的正确性，逻辑必须扩大范围，研究思维的具体内容的意见，是不能令人同意的。

至于思维的具体内容，如金属能不能熔化，不是逻辑研究的对象。逻辑不可能代替别的科学，成为包罗万象的科学。逻辑不能判明推理前提的真假，因之逻辑不能判明整个推理的真假。从这个意义上讲，可以说逻辑是不管真假的。但“逻辑不管真假”是有语病的，容易引起种种误会。我们应当放弃这一句话。

当然，逻辑也不是一切判断的真假都是无法判明的。第一，逻辑判断的真假是可以由逻辑来判明的，但它不是一般推理的前提。第二，形式上矛盾的判断，总是假的。第三，逻辑可以判明某些句子是无意义的。如“如果人，则动物”。

有人会说辩证法是研究思维内容的，但它并不因此而包罗万象。可见逻辑也可以研究思维内容，而又不包罗万象。的确，辩证法不是包罗万象的科学，这就是说它不代替各门具体科学的研究，同时，辩证法也不研究思维的具体内容。它是关于客观世界和主观世界发展的一般规律的科学。逻辑不是辩证法，又不能代替具体科学，却还要研究思维的具体内容，这究竟该作何理解呢？

有的同志说，如果逻辑管不到推理的是否真实，那我们还有什么必要再去研究它呢？假若这里所说如果逻辑管不到推理的是否真实，意即逻辑不以具体推理的前提和结论的真假为研究对象的话，这个说法是不正确的。

逻辑有它自己的任务，就是研究推理形式。为什么一定要它越俎代庖，来研究推理的具体内容呢？为什么形式逻辑不能满足这些同志善良的、但不正确的愿望，就没有存在的根据了呢？就是辩证法，也不以具体的科学问题为研究对象，也解决不了具体推理前提和结论的真假问题，但是谁也没有说辩证法已经不必研究了。

逻辑学研究思维形式结构的对错，不研究思维具体内容的真假，是不是意味着逻辑可以为诡辩服务呢？这里我们又碰到了好些混乱的问题。关键在于什么叫作“为诡辩服务”，是不明确的。如果诡辩是违反逻辑规则的，如模棱两可、偷换概念等等。当然逻辑正好是反对诡辩的武器。如果诡辩是利用假的前提来推理，虽然其推理形式对，逻辑不能把诡辩变成真理。不见得一切诡辩既是内容荒谬的，又是形式不正确的。诡辩可能利用一些逻辑形式来掩饰其虚假的内容，但这种错误迟早会暴露的。

有同志认为帝国主义者的推理在形式上不可能是对的，它是不合逻辑的；否则我们就和帝国主义者一样了。这种顾虑是不必要的。帝国主义者的推理是错误的、反动的，这是推理的具体内容问题，不一定就是形式错、不合逻辑的问题。我们可以从内容上去反驳，主要从内容上去反驳，不一定处处要从形式上去反驳。正如帝国主义者的言论可能是违反语法的，但不一定违反形式。我们断定的内容和帝国主义者的断定是对立的，和他们不一样。但我们不必害怕用同样的判断形式来断定，用同样的推理形式来推理。我们和帝国主义者具有共同的思维形式结构，这并不意味着我们和帝国主义者的立场、观点、方法有任何相同之处。

“根据充足理由律，前提假，形式对，也不合逻辑。”有些同志的意见是这样的。其实前提假，形式对的情况是客观存在，这种客观情况正好是合乎充足理由律的。充足理由律说，只有从真的前提出发，利用对的推理形式，才能得到真的结论。现前提假，形式对，结论的真假不定，不就合乎充足理由律吗？

有的同志认为，逻辑不能在“纯粹状态”下研究思维形式结构。在“纯粹状态”下研究思维形式结构，就是不注意实践工夫，而在“纯理论”地研究逻辑。这是资产阶级的学术方向。

在一定意义上讲，逻辑是不能在“纯粹状态”下研究思维的形式结构的。即不分析具体思维，就无法抽象出思维的形式结构。但是在从具体思维中抽象出了一定的形式结构之后，逻辑的任务就在于“纯粹地”研究思维的形式结构。逻辑在发现了三段论这类形式之后，还要研究它的性质，研究各格各式之间的关系、规则等等。逻辑不仅仅孤立地研究三段论，还要研究别的推理形式，研究整个演绎系统的规律性。这些研究，如果不是在“纯粹状态”下进行，撇开了内容进行，是无法着手的。在“纯粹状态”下研究思维的形式结构，并不就是理论脱离实践地研究逻辑。因为“纯粹的”形式从根本上说，还是通过实践从具体思维中抽象出来的。研究“纯粹的”形式的目的，是为了准确地思维，更好地为实践服务。

研究、讲授、学习逻辑必须联系实践，但必须怎样联系实践呢？实践不外是生产斗争和阶级斗争。一般来说，自然科学必须联系生产斗争的实践，解决生产斗争的问题。社会科学必须联系阶级斗争的实践，解决阶级斗争的问题。逻辑却不以研究具体的生产斗争和阶级斗争为任务。逻辑要联系实践，必须通过语言，研究人们在生产斗争和阶级斗争中所形成的思维的形式结构。逻辑研究思维的形式结构的规律，让人们自觉地运用这些规律，使自己的思维更准确。在一定的条件下，逻辑必须作“纯粹状态”下的研究，否则就无法推动这门科学的前进。只有进行了这种研究，才能深刻地掌握思维的形式结构的规律性，才能使逻辑理论更好地为实践服务。如果把逻辑的对象规定为研究思维的具体内容，那么就会使逻辑学放弃自己的阵地，无法发现思维的形式结构的规律性。这样在实践中提出来的关于思维的形式结构的问题也就无法得到解决。

略论判断形式和形式逻辑的抽象*

几何学上的点是没有长度、面积和高度的，线是没有面积和高度的，面是没有高度的，它们都是抽象的。在物理空间找不到几何学中的点、线、面。但是几何学中的点、线、面是科学的抽象，它们更深刻、更正确、更完全地反映着物理空间的点、线、面，它们是比物理空间的点、线、面更“本质的”，因之，谁也不怀疑这种抽象的正确性，谁也不怀疑几何学是有很大实用价值的科学。可是，人们对于形式逻辑的抽象常常抱有一些怀疑。本文打算谈谈形式逻辑抽象的某些特点。由于这种抽象作用特别明显地表现在形式逻辑关于判断形式的理论中间，因之先从判断形式的一些问题开始讨论。

肯定和否定，全称和特称

肯定判断、否定判断，是形式逻辑的ABC，好像是不成问题的。但是在分析具体的判断时，还是存在着不少问题。“S是P”是肯定判断的形式，“S是非P”仍然是肯定判断的形式，“S不是P”是否定判断的形式，“S不是非P”还是否定判断的形式。“人是动物”是肯定判断，“人是非动物”也是肯定的。“人不是动物”是否定判断，“人不是非动物”也是否定的。肯定或否定由联项“是”和“不是”决定。主谓项是正概念还是负概念，不决定也不影响判断的肯定和否定。这一点与换质的原则有关。“人是动物”“人不是非动物”是真的；“人不是动物”“人是非动物”是假的。判

* 原载《光明日报》1962年7月6日第4版。有删改。

断的真假，不决定也不影响判断是肯定的还是否定的。判断的真假，不决定也不影响判断的形式。

“鱼目焉能混珠”所表达的判断是肯定的还是否定的？这似乎不好回答。于是有些同志就产生了对形式逻辑关于肯定和否定的理论的怀疑。其实答案既不是唯一的，却又是唯一的，而形式逻辑的原则却是推不倒的。“鱼目焉能混珠”相当于“鱼目不能混珠”。“鱼目不能混珠”可以分析为“鱼目不是能混珠的”，或者“鱼目是不能混珠的”，这就是答案不唯一的缘由。但是我们既然分析为“鱼目不是能混珠的”，那么它就是否定的，这一点是唯一的；或者我们作第二种分析，那么它就是肯定的，在这里又的确是唯一的。本来肯定和否定是可以转化的，换质法是正确的。但是已经分析为“鱼目不是能混珠的”，它就无论如何不能再是肯定的了。

“鱼目焉能混珠”也可以说是表达了模态判断“鱼目不可能是混珠的”。若作如此分析，它就不是性质判断（即一般所谓直言判断）。模态判断和性质判断，在一定条件下是可以转化的，但“S 不可能是 P”这形式不能是非模态的。

什么是全称判断，什么是特称判断？碰到具体问题有时似乎也不大好回答。譬如“人人是英雄”是全称的，还是特称的？“人人是英雄”，是说“每一个人都是英雄”，当然是全称的；但是也会有这样的问题，从来没有人说“全世界古往今来的人都是英雄”，这句话当然也不是这个意思，它怎么能是全称的呢？首先要指出，不管有没有人说那样的话，“人人是英雄”表达什么判断，只能就这句话的本身来分析，不能就别的话来分析。其次，是不是中外古今的人都是英雄，这是事实问题。“人人是英雄”是全称的还是特称的，这是判断形式问题。事实如何，不能决定或影响判断的形式。再次，不论“人人”指的是什么人，也许指的是某队的队员，也许指的是某单位的战士……但是，这句话本身并没有说明这一点，我们也不便推测。最后，“人人”具体指的人，可能有一定范围，但是在汉语中“人人”的叠用“个个”的叠用，就是“每一个人”“每一个”的意思，在不同的各种具体场合下，“人人”“个个”总是指某一特定范围内的全体成员，所以它不能不表达全称判断。从这个角度来说，判断的内容不决定或影响判断的形式；思维的内容，不决定或影响思维的形式。判断形式、思维形式是一种带有普遍性的结构，它可以与这种具体内容结合，也可以和那种具体内容结合，而形式本身并不发生任何改变。

特称量项的含义

“有S是P”的含义是“至少有一个S是P”，“有S不是P”的含义是“至少有一个S不是P”。特称量项“有”的含义在形式逻辑中规定为“至少有一个”是因为：第一，在具有“有些……是”“有的是……是……”“至少有一个……是……”形式的一切具体语句中，“至少有一个”是“有些”“有的”“有”“至少有一个”的共同的断定；第二，“至少有一个”是“有些”“有的”“有”“至少有一个”所共同具有的最多断定，那只有在这一点上，“有些”“有的”“有”“至少有一个”的断定完全相同。“至少有一个以上”就不是它们共同具有的断定了。

有人认为一切具有“有些（有的、有）……是（不是）……”形式的语句，都意味着“有些（有的、有）……是（不是）……”，并且有些（有的、有）……不是（是）……”，例如“有些鸟是不会飞的”。我们认为，在日常语言中的确存在着这种情况，但这不是全面的情况。在许多场合下，就是在日常语言里，“有些”等也并不包含那么多的意思。我们分几种情况来说明（后面三段文章的思想，根据《哲学研究》1961年第4期王宪钧《判断及其种类》）。

当我们对部分对象有所认识，他们都具有（或不具有）某种性质，而尚未对其他对象有所认识时，我们常常下一个特称的判断。这里表达特称量项的形容词只能当作“至少有一个”来了解。譬如，我们只了解一些车间，这些车间是超额完成了任务，而其他车间则还没有调查。我们说“有些车间超额完成了任务”，完全没有“至少有一个车间没有超额完成任务”的意思。

当我们已经确实认识到部分对象有（或没有）某性质，部分对象没有（或有）某性质，并且要确切地下判断反映这种情况时，我们常常下两个特称判断：一个是肯定的，一个是否定的。在每一个判断中，表达特称量项的形容词都只有“至少有一个”的意思。例如，我们说“有的车间超额完成了任务，而有的则没有”。在每一句话里，“有的”都只表示“至少有一个”，否则这两句话就会完全等同起来，只要说其中一句话就行了。

全部对象都有（或没有）某性质，这是已经认识到的，但是当被问到这类对象有没有某种性质时，我们用特称判断来回答。这里表达特称量项的形容词依旧只是“至少有一个”的意思。如已经了解到所有的车间都超额完成了任务，但是在回答上述问题时，为了表达得生动，就说“有，而且所有的车间都是超额完成的”。前面一个“有”字，也就是“至少有一个”的意思。

全称判断当主项存在时，可以推出特称判断。如 SAP 可以推出 SIP。在这里 SIP 的含义只是“至少有一个 S 是 P”，而没有“至少有一个 S 不是 P”的意思。

从上述几种情况来看，可以肯定只有在“至少有一个”这一断定方面，“有些”“有的”“有”“至少有一个”的断定是共同的。因之，“有 S 是（不是）P”应了解为，并且只能了解为“至少有一个 S 是（不是）P”，别的了解都不能概括一切情况，也就不具备普遍性和必然性。

不能也不应该否认在日常语言里，“有些”“有的”“有”的含义比特称量项的含义丰富。我们承认这一点，并不是由于事实上有的某种东西是另一种东西，而有的某一种东西不是另一种东西，而是因为：第一，“有些”“有的”“有”这些语词在不同的场合下，从语言方面来讲，它的意义不尽相同；第二，用“有些”“有的”“有”等语言形式表达的判断，事实上有时不只是一个，而是两个。语言形式和判断形式有所区别。不同的语言形式可以表达相同的判断，同一句话也可以表达一个以上的判断，特称量项的“有”所断定的东西比某些情况下的“有些”“有的”“有”所断定的东西要少。只有这样，我们才可以利用它组成几个判断，来分析那些表达几个判断的一句句语句；反之，如果“有 S 是 P”的断定多于“至少有一个 S 是 P”，就无法利用它来分析上面举出的几种情况下的语句，是表达了什么形式的判断。这样，判断形式就失去了普遍性和必然性，形式逻辑的抽象，也失去了应有的价值。

有关假言判断形式的一些问题

我们知道“如果……则……”是充分条件假言判断的联项，“只有……才……”是必要条件假言判断的联项。用“如果……则……”“只有……才……”或“只要……就……”，是否就能表达充分又必要条件假言判断？回答是否定的。在汉语中，一般说来，“如果……则……”不包含“只有……才……”的意思，反之亦然。“只要……就……”也不包含“只有……才……”的意思。有的同志否定这一点，认为“如果……则……”等等，也可以表达充分又必要条件假言判断，究其原委是把事实和判断形式混同。形式逻辑首要的任务是分析思维的形式，而不是研究事物之间的关系。不论客观上 A 和 B 有什么关系，思想里断定了“如果 A 则 B”，那么“如果 A 则 B”就是一个充分条件假言判断，而不是别的什么判断。“如果能够找到长生不老药，那么太阳就会从西边出来”之所以是充分条件假言判断，并不是因为“能够找到长生不老药”和“太阳会从西边出来”之间有充分条件的联系，而是由于人们断定要是“能够找到长生不老药”是真的，那么“太阳会从西边出来”也是真的。“如果气温升高，则温度计的水银柱就上升”和“如果气温升高，则温度计的水银柱就不上升”，之所以都是充分条件假言判断，因为它们都断定了前件真，后件也必然真。气温升高和温度计的水银柱上升或不上升之间的客观关系，是决定这两个判断真假的条件，而不是决定它们是什么形式的判断的原因。从客观情况方面来看，气温升高与温度计的水银柱的上升之间有着充分又必要条件的联系，但是上述二判断并不因之而成为充分又必要假言判断。“辨别是充分条件，还是充分又必要条件，必须懂得判断所涉及的其他有关的具体知识；没有这种知识，是无法确定的。”这种说法是完全正确的。但是如果把这句话理解为：辨别是充分条件假言判断，还是充分条件又必要条件假言判断，必须懂得判断所涉及的其他有关的具体知识，没有这种知识，是无法确定的，那就完全错误了。许多同志就是由于事实上 A 和 B 有充分又必要条件的联系，于是就认为“如果 A 则 B”是一个充分又必要条件假言判断，然而，事实只决定判断的真假，却不决定判断的形式。辨别一个判断的形式，只需要有一定的逻辑知识和语言知识，不必懂得该判断所涉及的其他有关的具体知识，也不必知道该判断的真假。对于这样一个判断“如果大于10^{10000}的第一对孪生数是存在的，那么大于10^{10000}的第一对孪生数也是存在的”，其内容，其真假，我们可以茫然，但是它的形式都是一目了然的，它是一个充分条件假言判断。

有时候，人们的确说“如果……则……”隐含着“如果不……则不……”（或“只有……才……”）的意思，但是这并不能说明“如果……则……”等也是充分又必要条件假言判断的联项。人们说“如果星期日天好，就去看你”，的确常常包含着“如果星期日天不好，就不去看你”的意思，但是这只是个别的、偶然的情况。这样使用“如果……则……”并不是一般的、必然的情况，而逻辑的抽象就是要舍弃这些个别的、偶然的情况，而掌握住一般的、必然的情况。语言和逻辑是有区别的。话虽然只说了一句，但是“如果星期日天不好，就不去看你”这个思想是隐藏着的。若是追问一句：“如果星期日天不好，你来不来？”就必须明确地回答“如果天不好，就不去看你了”，而不能仍然说“如果天好，我就去”。

弄清楚了上述两点，许多在语言表达方面没有明显标志的假言判断，也就容易分析了。譬如“留得青山在，不怕没柴烧”，这是一个充分条件假言判断，因为它的意思是“只要留得青山在，就不怕没柴烧”，或者是“如果留得青山在，那么就不怕没柴烧”，它并不意味着“只有留得青山在，才不怕没柴烧”。在分析时，我们根本不必过问它的具体内容，我们只要具有充分的语言知识，知道此话的意义，就行了。舍此而求青山和烧柴的关系，那是多余的。这个分析，并没有根据事实，而是基于对谚语的了解。

相容的和不相容的选言判断

有人认为，不问事实，只看形式结构，是区别不了相容的和不相容的选言判断的，区别选言判断的相容或不相容，形式逻辑是完全无能为力的。这种意见，我认为是不对的。

因为在汉语中“或”“或者……或者……”“要么……要么……”“不是……就是……”等等表达选言判断的语词的意义，是不十分确定的。为了明确起见，我们在说了几句话以后，常常加上“二者不可得兼”“二者都有可能”等等短语，来区别相容或不相容的断定。区别选言判断是相容的还是不相容的，不根据也不可能根据事实，而是根据也只能根据断定肢判断可能同真，或不能同真。“这封信或者是航空，或者是挂号”是相容的，因为它没有断定“是航空信就不能是挂号信”，或“是挂号信就不能是航空信”。“这封信要么是航空的，要么是挂号的，二者不可得兼”，这就是一个不相容的选言判断，尽管事实上存在着挂号的航空信。“要么……要么……”“不是……就是……”，大致说来都表达不相容的选言判断。有时我们在利用这两个连接词时，也需要指出情况的不相容性，以便更明确地表达思想。不相容的选言判断有如：“要么走社会主义的道路，要么走资本主义的道路，中间道路是没有的。”

从相容的和不相容的选言判断的难于区分看来，汉语的规范化是重要的。如果把相容的和不相容的连接词固定下来，可以使人们更精确地思考问题和表达思想。目前我们在表达各种选言判断时，就应该更明确地说出它的相容性或不相容性。

几点结论

在讨论了上述几个问题以后，再提出以下几点简要的结论。

一、判断形式是思维的形式，虽然它是客观关系的反映，即从来源方面说，它反映了客观事物之间的关系。但是它自身并不是客观事物的形式，而是主观方面的形式，即思想的形式。客观事物之间的关系，不决定每一个具体的判断所具有的形式是什么。形式逻辑通过语言，从不同的具体判断中抽象出判断形式来。这种抽象是舍弃了判断的具体内容的。判断形式本身无所谓真假，因为它不是判断。同一个判断形式可以为具体内容不同的判断所具有，可以为真的或假的判断所具有。因之，应用形式逻辑关于判断形式的理论去分析具体判断的时候，不必也不可以涉及有关事物的客观情况，不必也不可以涉及有关的具体知识，不必也不可以涉及判断的真假。我们所根据的只是形式逻辑知识和语言知识。

二、判断形式必须通过对语言的分析而抽象出来，也必须利用语言形式来表达，尽管不尽能用自然语言来表达。但是判断形式与语言形式之间是有区别的。判断形式的含义是相应的诸语言形式，撇开了感情和语气等意义以后，所共同具有的最多的意义。判断形式好像就是语言形式的“最大公约数”。如果逻辑上的特称量项是“有些”“有的”“有”“至少有一个”等的“最大公约数”，它的意义是除了感情和语气以外，包含在“有些”“有的”“有”“至少有一个”等中的共同的部分，而且是最多的共同部分，就是说除了特称量项的意义之外，它们不再具有任何共同的意义。因之，判断形式是包含在语句的语言形式中的本质的、规律性的东西，它是普通的和必然的。如“有些……是……”“有的……是……”“有……是……”“至少有一个……是……”等等，都是不同的语言形式，但是它们都必然地表达了一个特称肯定判断。

三、形式逻辑是一门规范性的科学。这一点在它的判断理论方面也有所表现。形式逻辑的理论认为，肯定判断的谓项是不周延的。我们要说明所有微生物都是生物，就不应该只说“有的生物是微生物”。形式逻辑的理论认为“如果……则……”是表达充分条件假言判断的。我们要说明如果一个三角形是等角的，那么它一定是等边的；如果一个三角形是等边的，那么它就是等角的，就不可以只说“只要三角形是等角的，它就是等边的”。形式逻辑为准确地运用语言和语言的规范化，提出了一些规范性的规则。掌握了形式逻辑知识，可以使我们更精密、更准确地思考和表达思想。

关于周延和假言判断的几个问题*

我们现在已有的形式逻辑读物，是很难担当起提高整个中华民族科学文化水平的职责的。原因之一，在于不少逻辑书中存在着一些不科学的东西。这需要我们大家来清除一切因循守旧、以讹传讹的东西，为发展逻辑科学，为实现“四个现代化”，作出我们应有的贡献。下面我就对两个流行甚广的不科学的说法，发表一些意见，希望大家指正。

一　周延问题

一个普遍概念在 A、E、I、O 判断中出现时，如果该判断对这一概念的全部外延有所断定，那么，这个概念在该判断中是周延的。如果该判断没有对这一概念的全部外延有所断定，那么，这个概念在该判断中是不周延的。

根据上述定义，我们可以明确以下两点。

第一，周延问题不是客观事物方面类的包含关系问题，不是概念外延方面的问题；而是思维形式怎样反映客观的问题，思维用怎么样的方式对客观事实断定的问题。事实上所有奇数都是整数，但在“有奇数是整数”中，“奇数”是不周延的。事实上并非一切整数都是奇数，而“整数”在“所有整数是奇数”中是周延的。

第二，周延问题是一个普遍概念出现于 A、E、I、O 判断之中才发生的问题。离开了具体的 A、E、I、O 判断，一般说来谈不上周延与否的问题。

* 原载《哲学研究》编辑部编《逻辑学文集》，吉林人民出版社，1979。有删改。

有些逻辑书上，对周延是这样定义的：

> 如果判断中主项或谓项采取全部外延，则该概念是周延的；如果概念采取一部分外延，则它是不周延的。
>
> 判断中的概念如果涉及它的全部外延，此概念就是周延的；如果只涉及其部分外延，此概念就是不周延的。

这里的“采取”，或者有的同志改为“采用”，究竟是什么意思？我觉得很不明确。“涉及”的意义比较明确一些。它更多的意思是客观上涉及，而不是主观方面的反映、断定。我们认为周延问题，不是客观上是否“涉及”的问题；而是我们运用判断时，主观方面作出什么断定，怎样反映客观的问题。

上述不明确的定义为说“肯定判断的谓项有时周延”开了方便之门。

认为肯定判断的谓项有时周延，其第一个理由是：当S和P两类有重合关系时，“P”在SAP中周延。这个理由混淆了S、P两类的客观关系和在SAP中对于“P”说，反映了什么，这样两个本质上不同的问题。S、P两类客观上有重合关系就是所有S是P，并且，所有P是S。而不仅是：所有S是P。这是客观方面的问题。从主观方面看，“凡S是P”并没有断定“凡P是S”，因之，“P”在“凡S是P”中不周延。

有的同志又说，当我们确实知道S、P两类重合时，作出的SAP，其中的“P”是周延的。既然知道S与P重合，就是说思想上有了“凡S是P，并且，凡P是S”这样一个联言判断。“P”在SAP中，并不周延，而是在PAS中周延。

有的书认为，“等角三角形”在“凡等边三角形都是等角三角形”中周延。这个说法也是不对的。尽管等边三角形与等角三角形有重合关系。但是上述判断并没有对“等角三角形”的全都外延有所断定。因之，它在上述判断中不周延。否则，有了这条定理，就马上可以合乎逻辑地得到“凡等角三角形都是等边三角形”了。后面这条逆定理就无须另行证明了。然而，这在平面几何学中却是荒谬的。

认为肯定判断（A或I）的谓项有时周延，还有一条理由，就是：作为定义的全称肯定判断的谓项周延，因为定义要求定义项和被定义项的外延相等。不错，定义项和被定义项的外延的确应当相等。但是，我们首先要问，定义的形式是全称肯定判断吗？不仅我认为不是，而且任何一本认为肯定判断的谓项有时周延的书，其中的定义一般也不采取“凡S是P”的形式。我认为定义的语言形式是“S就是P”。它表达的判断，可以分析为“凡S是P，并且，凡P是S”。定义还可能采取其他的语言形式，但总不是“凡S是P”。周延的问题只是在A、E、I、O判断中发生的问题。离开了A、E、I、O判断，无法讨论周延问题。

有的同志喜欢笼而统之说“P”在“凡S是P，并且，凡P是S”中周延。好吧，我们暂且接受这种看法。但是，这仍未能证明“P”在SAP中周延。

“S就是P”可以分析为“任何S是任何P”。这样，倒可以说“P”在其中周延。然而，这不能证明某些同志的论点：“P”在SAP中有时周延。另外，我认为没有必要非用“任何S是任何P”这一形式不可，因为它就是“凡S是P，并且，凡P是S”。

有的同志可能不愿意把“S就是P”了解为“凡S是P，并且，凡P是S”，而宁愿把它看成“任何S是任何P”，这倒也未尝不可。不过这样就发生另外一个问题：E、I、O三种判断的谓项为什么不也带上量词呢？

英人汉密尔顿曾经提出过谓项量化理论。他把A、E、I、O扩展为以下八种形式：

U	所有S是所有P
A	所有S是有的P
Y	有的S是所有P
I	有的S是有的P
E	所有S不是所有P
η	所有S不是有的P
O	有的S不是所有P
ω	有的S不是有的P

其中，A、E、I、O 实际仍是原来的 A、E、I、O。U 就是“凡 S 是 P”，并且，“凡 P 是 S”。Y 就是“凡 P 是 S”。η 就是“有 P 不是 S”。而 ω 在 S、P 存在，并且至少各有两个分子的假设下，不论何种情况，都是真的，这是一种关系判断形式。由此可见，上述除 ω 外的 7 种有意义的形式，实际上还是 A、E、I、O 以及“任何 S 是任何 P”五种形式，而后者又完全可以分析为“凡 S 是 P，并且，凡 P 是 S”。我们完全可以用原有的 A、E、I、O 来分析它们。而且，谓项量化在日常语言里并不自然。因之，汉密尔顿提出的谓项量化理论已经被人遗忘了。这种理论，也无助于证明肯定判断（A 或 I）的谓项有时周延。

还有的同志说，定义可以换位，因之作为定义的全称肯定判断的谓项周延。例如，“凡商品都是为了交换的劳动生产品”可以换位为“凡为了交换的劳动生产品都是商品”。这两个判断都真，不能由此证明 SAP 可以换位为 PAS。要证明 SAP 可以换位为 PAS，首先得证明“P”在 SAP 中周延。因之，持这个说法的同志，是在循环论证。

有的同志还认为，作为定义的全称肯定判断蕴涵着否定判断。这种意见肯定不是说“凡 S 是 P”蕴涵“凡 S 不是非 P”。大约，这种意见是认为“凡 S 是 P”蕴涵“凡非 S 都不是 P”，但“凡非 S 都不是 P”就是“凡 P 是 S”。我们认为，定义不是全称肯定判断，而 SAP 也不蕴涵 PAS。

从“凡 S 是 P”经过戾换，可以得到“有非 S 不是 P”。“P”在后者中周延。然而，这个推理之成立，有赖于假设非 P 的存在，即假设“有东西不是 P”，“P”的周延，实来源于此。

还有一种说法，认为：从形式方面看，“P”在 SAP 中不周延。由内容方面来看，由两个重合概念所构成的肯定判断的谓项是周延的。提出这个说法的同志，并没有说清楚什么是相对于形式的内容，结果还是把 S、P 两个类客观重合关系，与 SAP 断定了什么这个主观方面的问题，等同起来了。

有的同志认为区别判断的主、谓项都是周延的，并由此论证全称肯定判断的谓项有时周延。

中世纪的逻辑学家提出一种具有“只有 S 才是 P”形式的判断，叫作区别判断。他们把“只有 S 才是 P”分析为“凡非 S 都不是 P，并且，凡 S 都是 P”，它实际上是一种复合判断，因之被认为是一种可解析判断。后世的逻辑学家认为这种分析不正确，“只有 S 才是 P” 即 “凡非 S 都不是 P”，它没有“凡 S 都是 P” 的意思。我们知道，“凡非 S 都不是 P” 即 “凡 P 是 S”。

为什么 “只有 S 才是 P” 没有 “凡 S 是 P” 的含义？我们可以提出以下两条理由。

第一，有一些判断，如：只有有光泽的才是金属。

只有数学家才是能解决哥德巴赫猜想的人。都具有 “只有 S 才是 P” 的形式，但它们都没有 “凡 S 是 P” 的意思。比如说，我们不能承认 “任何数学家都是能解决哥德巴赫猜想的人”。

第二，如果 “只有 S 才是 P” 蕴涵 SAP，那么只要说 “只有人民才是历史发展的动力” 就行了，不需要说 “人民，只有人民才是历史发展的动力”。但这是不行的，因为前者并不包含 “人民是历史发展的动力” 的意思，而后者才包含了这一层意思。

既然 “只有 S 才是 P” 即 “凡 P 是 S”，“P” 在其中周延，而 “S” 在其中不周延，因之，仍然不能由此证明全称肯定判断的谓项周延。

有的同志改一个名称，把区别判断叫作排言判断，这并未改变问题的实质。

认为肯定判断的谓项不周延，不仅仅是外国人的说法。中国古人也有相似的说法。《墨经·小取》说：“乘马不待周乘马然后为乘马也。有乘于马，因为乘马矣。逮至不乘马，待周不乘马，而后为不乘马。此一周而一不周也。” 这不就是说肯定判断谓项不周延，而否定判断谓项周延吗？

主张肯定判断的谓项有时周延的同志，认为自己的说法是理论联系实际的产物，他们讲思维形式，是结合认识的内容的。他们认为，主张肯定判断的谓项不周延，是脱离实际的说法，是不结合认识内容的。其实他们的思想之中老是混淆了客观与主观的区别，而把这种混淆看成是联系实际和结合认识内容。我觉得讲逻辑就应该结合从 “凡等边三角形都是等角三角形” 推不出 “凡等角三角形都是等边三角形” 这样的认识内容，就应该联系初等数学中，定理与逆定理需要分别证明这样的实际。如果我们赞同了这些同志的意见，我们就取消了定理与逆定理的区别。

主张肯定判断的谓项不周延，绝不是唯心主义、形而上学，因为唯物主义并不是要混淆主观和客观。辩证法认为形式与内容，抽象与具体是有联系的，但也不是不可分割的。世界上没有什么不可分割的联系。从亚里士多德开始，已经把思维形式从具体思想中抽象出来。几千年来，对这种抽象的形式，撇开了内容的形式的研究，已经有了十分丰富的进展。毛主席说："这种改造过的认识，不是更空虚了更不可靠了的认识，相反，只要是在认识过程中根据于实践基础而科学地改造过的东西，正如列宁所说乃是更深刻、更正确、更完全地反映客观事物的东西。"（《毛泽东选集》第1卷，第268页①）形式逻辑发展的历史完全证明了这一点。

二 关于假言判断的几个问题

首先，我们要讨论假言判断前后件有什么关系。

不少书上所说的假言判断，其实仅仅指具有形式"如果p则q"的判断。对于这样一种判断的前后件之间，有什么关系？说法很多。大致不外以下几种：理由和推断，充足理由和推断，充分条件和结果，条件和结果，等等。这些看法，分析起来，不外两条：第一，认为假言判断的前后件之间有因果联系；第二，有前提和结论的蕴涵关系。我们认为用这两条来总结具有"如果p则q"形式的判断的支判断之间的关系，显然是不够全面的。

第一，因果关系不等于蕴涵关系。② 例如：

如果物体受到摩擦，它就发热。物体受到摩擦是因，发热是果。但仅仅是"物体受到摩擦"这一个判断，不加上其他判断作前提，是推不出"物体发热"来的。

前后件有蕴涵关系，不见得就是因果联系。例如：

---

① 页码疑为人民出版社1952年版的第280页。——编者注

② 前后件之间没有前提与结论的蕴涵关系，不等于说没有实质蕴涵关系。蕴涵关系是判断形式之间的一种关系。实质蕴涵关系，是两个判断之间的真假关系。从判断的真假情况这一角度来看，p是q的充分条件，就是说，"p""q"之间有实质蕴涵关系。凡是有前提和结论的蕴涵关系的，都有实质蕴涵关系，反之不然。

如果没有真正的马克思主义者信神，那么，就没有信神的是真正的马克思主义者。

“没有真正的马克思主义者信神”与“没有信神的是真正的马克思主义者”可以互推，但对于没有真正的马克思主义者信神，和没有信神的是真正的马克思主义者来说，前者与后者没有因果联系。

第二，有些具有“如果 p 则 q”形式的判断，前后件之间既无因果联系，又无蕴涵关系。例如：

如果 4 能被 2 除尽，则 4 是偶数。

显然，4 能被 2 除尽，不是 4 是偶数的原因。仅仅从“4 能被 2 除尽”也推不出“4 是偶数”来。如果我们有了“4 能被 2 除尽”，又有了偶数的定义，那么，我们就能推出“4 是偶数”。再如：

假如语言能够生产物质资料，那么夸夸其谈的人就会成为世界上最富的人了。

语言能生产物质资料不是夸夸其谈的人成为世界上最富的人的原因。仅仅从“语言能生产物质资料”一个判断也推不出“夸夸其谈的人会成为世界上最富的人”来。这个例子的原意，实际上是断定“语言不能生产物质资料”。

我们认为，概括起来说，假言判断前后件之间的关系是条件联系。“如果 p 则 q”表达了 p 是 q 的充分条件，“只有 p 才 q”表达了 p 是 q 的必要条件，“p 当且仅当 q”表达了 p 是 q 的充分必要条件。

有的同志否认有“只有 p 才 q”这种形式，否认存在着必要条件假言判断。其根源就在于不了解假言判断前后件之间的关系，不能简单归结为前件是原因，是前提（理由）；后件是结果，是结论（推断）。

其次，我们要讨论充分条件和必要条件的定义。

如前所述，形式逻辑所谓的条件联系，并不就是因果联系。形式逻辑所谓的充分条件和必要条件，与日常意义下的充分条件和必要条件的意义并不完全吻合。

有 p 必有 q，p 就是 q 的充分条件。

有 p 不必有 q，p 就是 q 的不充分条件。

无 p 必无 q，p 就是 q 的必要条件。

无 p 不必无 q，p 就是 q 的不必要条件。

是否充分与是否必要结合起来，客观世界有下面这样四种条件联系：

有 p 必有 q，无 p 必无 q。
p 就是 q 的充分必要条件。

有 p 必有 q，无 p 不必无 q。
p 就是 q 的充分不必要条件。

无 p 必无 q，有 p 不必有 q，
p 就是 q 的必要不充分条件。

无 p 不必无 q，有 p 不必有 q。
p 就是 q 的不充分不必要条件。

在形式逻辑里，讨论了前三种条件联系，最后一种意义不大，一般不予讨论。

《墨经》里所谓的“大故，有之必然，无之必不然”（《经说上》），就是说的充分必要条件。《墨经》里说的“小故，有之不必然，无之必不然”（《经说上》），是指必要不充分条件。有的同志认为“小故”是必要条件，这个看法不够全面。

有的同志套用《墨经》的话，认为充分条件就是“有之必然，无之不必不然”，必要条件就是“无之必不然，有之不必然”。这个说法很成问题。前者应为充分不必要条件，后者应为必要不充分条件。

我们可以这样来论证我们的观点。

假设充分条件就是有之必然，无之不必不然。假设必要条件就是无之必不然，有之不必然。充分条件加上必要条件，就是充分必要条件。

那么，充分必要条件的定义就应该是充分条件的定义，再加上必要条件的定义。即：有之必然，无之不必不然，无之必不然，有之不必然。

但是，“有之必然”与“有之不必然”导致矛盾，所以，应该是“无之”。“无之必不然”与“无之不必不然”又导致矛盾，所以，应该是“有之”。然而，“有之”与“无之”又相矛盾。

由此可知，上述假设不能成立。

p是q的充分条件，当且仅当，q是p的必要条件。但是，如果我们认为条件联系就是一种因果联系，就解释不通这个规律。其原因在于：客观世界上的东西，有的是互为因果的，有的却不然。也就是说，下列关系不成立：

p是q的原因，当且仅当，q是p的原因。

例如，下述两个判断是等值的：

如果某人得了肺炎，他就会发高烧。

只有某人发高烧，他才是得了肺炎。

第一个判断，表达了得肺炎是发高烧的充分条件，而且，事实上前者是后者的原因。第二个判断，表达了发高烧是得肺炎的必要条件。但是，事实上前者不是后者的原因之一。如果囿于因果之说，就不能理解逻辑上的这类等值关系。

第三，我们要讨论“如果p则q”这个形式反映了什么。

大家公认，“如果p则q”反映了p是q的充分条件，即有p必有q。而且，它还蕴涵了q是p的必要条件，即无q必无p。现在的问题是：它是否反映了无p不必无q呢？有的同志认为是这样，我们认为不然。以例为证：

如果一个三角形是等边三角形，则它是等角三角形。

这个判断显然没有告诉我们“一个三角形如果不等边，则它不必不是等角三角形”，即“如果一个三角形不是等边三角形，则它可能是等角三角形”。假设此判断有这一层意思，那么它就不是真判断，而是假判断了。因为，客观上，凡不等边三角形必然是不等角三角形。从这个例子可以看出，如果认为“如果 p 则 q”有“无 p 不必无 q”的意思，那么，原来真的命题就可能变成假的。可见，“如果 p 则 q”没有“无 p 不必无 q”的意思。

我们再举一个不同的例子：

如果一个人得了肺炎，则他会发高烧。

这个判断是否告诉我们：“如果一个人不得肺炎，则他不一定不发高烧”，亦即是否告诉我们“如果一个人不得肺炎，则他可能发高烧”？也没有。此例告诉我们得了肺炎要发高烧。至于不得肺炎怎么样？它毫无表示。没有说不得肺炎怎么样，并不等于说不得肺炎不一定不怎么样。这也是两码事。事实上不得肺炎也可能发高烧，这是客观情况方面的问题。上述判断本身并没有反映这一客观情况。如果要明确表示不得肺炎不一定不发高烧，就必须另作一个判断：

如果不得肺炎，则不一定不发高烧。

“如果 p 则 q”与“如果不 p 则不必不 q”即“如果不 p 则可能 q”的含义显然不同，前者并不蕴涵后者。

总结起来说：“如果 p 则 q”仅仅表示了 p 是 q 的充分条件，而对 p 是否 q 的必要条件，没有任何表示。同样地，“只有 p 才 q”仅仅表示了 p 是 q 的必要条件，而对 p 是否 q 的充分条件，没有任何表示。

第四，我们谈一谈关于充分必要条件假言判断的问题。

前面我们说过“p 当且仅当 q”表达 p 是 q 的充分必要条件。但是“当且仅当”这个逻辑联接词，只是在数学、逻辑等科学领域里才用到的词。在日常语言里，没有“当且仅当”这个词，也没有任何其他可以表达充分必要条件的语词。在这个意义上讲，我认为日常思维里没有充分必要条件假言判断。我们承认日常思维中有充分条件假言判断和必要条件假言判断，是由于日常思维中有“如果，则”和“只有，才”这两个逻辑联接词，而且它们的语言表达形式是多样化的。

这当然不是说日常语言表达不了充分必要条件。例如，我们要表示人犯我是我犯人的充分必要条件，我们必须两面都说：“人不犯我，我不犯人，人若犯我，我必犯人”。这个判断的形式是，“如果不 p 则不 q，并且，如果 p 则 q”。

有的同志认为，“只要，就”表达了充分必要条件。这个说法我不赞成。我认为“只要 p 就 q”就是“如果 p 则 q”的一种语言表达形式。

具“只要 p 就 q”语言形式的具体判断，可能有这样的情况，事实上 p 常常是 q 的充分必要条件，这是问题的一个方面。问题的另一方面是，“只要 p 就 q”除了反映 p 是 q 的充分条件之外，是否还反映 p 是 q 的必要条件？

我们在日常生活中说，“只要你来，我就去接”。你如果不来，我就不去接了吗？不见得。别人来我也可能去接。甚至不是人来，而是运东西来，我也可能去接。持上述观点的同志，抓住某些客观上 p 是 q 充分必要条件的例子，说那些具“只要 p 就 q”语言形式的判断是充分必要条件假言判断，也是混淆了客观情况与主观断定两方面的原则区别。

有的书把充分必要条件假言判断另外起个名字，叫作“唯一条件”假言判断。名字本来不是特别重要的问题。但我们要求严格一点的话，这个名字似乎有点毛病。第一，模糊了一个本来清楚的问题，有没有充分必要条件？第二，充分必要条件与“唯一条件”有何关系？第三，假设“唯一条件”就是充分必要条件。现实生活中有这样的情况，如果 p 是 q 的充分必要条件，而 q 又是 r 的充分必要条件，那么，p 就是 r 的充分必要条件。“p 和 q 分别都是 r 的充分必要条件”，这种说法在语言习惯上大约没有什么问题。但是，“p 和 q 分别都是 r 的唯一条件”，这句话说起来似乎不合语言习惯。

有的书认为假言判断有区别的和非区别的两种类型。假若这种意见是认为对于真的具有“如果 p 则 q”形式的判断来说，可能客观上 p 是 q 的充分而不必要条件，也可能客观上 p 是 q 的充分必要条件。这样，我们可以同意。又假若这种意见是把具有“p 当且仅当 q”形式的判断，亦即充分必要条件假言判断叫作区别的假言判断。我们也可以同意。但是，这些书往往把“如果 p 则 q”看成有时也表达了 p 是 q 的充分必要条件，我们就不能同意了。“如果 p 则 q”无论如何不包含“如果不 p 则不 q”的意思。

最后，在关于假言判断的讨论结束之前，我还要谈一点带根本性的不同意见。

有的同志认为，辨别是充分条件，还是既充分又必要条件，必须懂得判断所涉及的其他有关的具体知识；没有这种具体知识，是无法确定的。

这个意见是有道理的，但从根本上来说，辨别某情况是某情况的什么条件，不是形式逻辑的任务，而是各门科学的任务。我们可以不必讨论。

有的同志还认为，我们在区别这三种假言判断的时候，不能单纯地看它的联接词，而主要还是要从它的前件和后件之间的关系去确定是什么条件的假言判断。

我们认为，辨别一个假言判断是什么条件的假言判断，原则上讲，不是根据有关的具体知识，即不是根据其前后件之间实际上是什么关系。否则，无法确定某一判断的形式。例如：“如果 8 是偶数，则它不能被 2 除尽”是什么判断？

我们认为它是一个充分条件假言判断。在确定判断的真假时，才用得着具体知识。根据具体知识，我们才知道“8 是偶数”与“不能被 2 除尽”之间是不充分、不必要条件联系，因之，这个判断是假的。但这一般说不是形式逻辑的任务。

我认为，确定一个假言判断是什么条件的假言判断，唯一的办法，就是通过对表达此判断的语句的分析，找出它具有什么逻辑联接词。

推广来说，辨别一个判断具有什么形式，不是根据有关的具体知识，不是根据该判断所反映的客观事物情况；而是，并且仅仅是，通过对表达判断的语言形式的分析，看它具有什么逻辑联接词、量词等等，来确定的。

本文对上面两个问题的阐述，丝毫没有超出传统的形式逻辑的范围。谈的都是老问题，甚至并没有提出什么新问题。之所以要把这些老问题再翻腾出来做文章，是由于感到澄清这些问题对于我们的科研和教学工作以及形式逻辑现代化的重要性和迫切性。

试论命题形式的若干问题*

在讨论命题形式的一些问题之前，先把几个有关问题交代一下。

第一，关于“思维形式”。

在我国的学术著作中，“思维形式”是有歧义的。它至少有两种含义。一种含义，是指概念、判断、推理等。另一种含义，是指 Barbara 那样的东西。也有人用“思维形式的形式”“思维形式的结构”“思维的形式结构”等等去指称象 Barbara 那样的东西。①

为了消除歧义，以免对形式逻辑的对象、性质产生不必要的混乱说法，本文称概念、判断、推理等为思维形态。本文用“思维形式”仅仅指称象 Barbara 那样的东西。

思维形式总是由常项和变项这两种对立统一的因素构成的。形式逻辑是一门专门科学，它的对象是思维形式。不言而喻，研究思维形式，就是要找出它的规律性。因之，形式逻辑并不研究与思维形式无关的别的什么思维规律。从另一方面讲，除了形式逻辑，没有其他任何科学以思维形式为专门的研究对象。形式逻辑主要就是研究推理形式和证明形式的科学。命题形式，只是推理形式的组成部分，而推理形式又是证明形式的组成部分。

第二，关于“命题”。

人们断定一个充分条件（假言）判断，并不意味着必然地断定它的前

---

* 原载《全国逻辑讨论会论文选集（1979）》，中国社会科学出版社，1981。有修改。

① 有人把指称第二种意义下的思维形式的表达式也叫作思维形式。这样做容易混淆思维和语言的区别、表达者和被表达者的区别。

件和后件。因之，对断定该充分条件判断的人来说，其前件和后件未必是判断，甚至在有些情况下，人们会断定一个由他绝对不可能加以断定的前件和后件所组成的条件判断。在这种情况下，此条件判断的前件和后件，对这个人来说（也许对所有精神正常的人来说），都不是判断，因为它们都是从未被断定的。例如，我们断定“假如语言能够生产物质资料，那末夸夸其谈的人就会成为世界上最富的人了”。但是世界上大概不会有人断定“语言能够生产物质资料”和“夸夸其谈的人会成为世界上最富的人”吧！其他复合判断也有类似的情况。

这些人断定这些判断，那些人断定那些判断；这些人不必断定那些判断，那些人不必断定这些判断。可见，判断是往往因人而异的。真正的马克思主义者断定“世界上没有救世主”，但总还是会有人包括假马克思主义者在内，要断定“世界上有救世主”。

同一个人，也不一定始终断定某个判断。正在考虑、尚未断定的思想，它还不是判断，甚至可能不是任何人的判断。例如，哥德巴赫猜测应该说还不是任何人包括数学家在内的判断，它只是一种估计、猜想。

由于上述种种原因，语句（一般指直陈句）所表达的思想内容，我们称之为命题。命题是未被断定的思想，已被断定的命题就成为判断者的判断。凡判断都首先是命题，但命题不必是判断。“语言能够生产物质资料”和“夸夸其谈的人会成为世界上最富的人”这两个命题，是我们的判断“假如语言能够生产物质资料，那末夸夸其谈的人会成为世界上最富的人”的组成部分。命题也是一种思维形态，是没有断定成分的思想。有人把“命题”了解为指称表达判断的语句。本文不取这个意思。

所有人是生物，

所有的人都是生物，

是不同的语句，但却表达了同一个命题。语句属于语言范畴，而命题属于思维范畴。“命题”还可能有其他含义，本文就不谈了。一般称之为判断形式的东西，本文称为命题形式。命题形式在各民族语言里是通过语言形式表现出来的。

在普通形式逻辑里，思维形式（包括命题形式）总是由某种民族语言里的语言形式来表达的。同一思维形式可以由不同的语言形式来表现，同一语言形式又可以表现不同的思维形式。因之，在现代逻辑中，需要制定一套人工语言来指称、表达、反映思维形式。然而这种人工语言，也不是唯一的；这就是说，可以有不同的人工语言，虽然，它们所指称、表达、反映的思维形式是全人类共同的。

第三，关于表达逻辑常项和逻辑变项的一些符号。

只有掌握了各种逻辑常项的性质，才能进而掌握各种思维形式及其规律。逻辑常项主要分两大类。一类是命题联接词（如“如果，则”），一类是量词（如“有”）。相应地逻辑变项也有两大类，一类是命题变项。本文的

$$p, q, r, p_1, \cdots$$

是命题变项，就是说它们的变域是具体命题。另一类是普遍概念变项（简称概念变项）。本文的

$$x, y, z, x_1, \cdots$$

是概念变项，就是说它们的变域是普遍概念。在传统逻辑里，“是”与“不是”也是两个常项。“所以”是代表推理关系的常项。在模态逻辑里，还有模态词“可能”和“必然”等常项。不同的命题形式，并不是平列的，而是相互联系，相互转化的。这种联系和转化，主要地决定于常项。

一　一项和二项命题联接词

一般形式逻辑著作所讲的复合命题形式，有以下 6 种：

P 或者 q，

要么 P 要么 q，

P 并且 q，

如果 P 则 q，

只有 P 才能 q，①

并非 P。

这 6 个形式分别包含了 6 个命题联接词。是否可能还有别的命题连接词呢？

我们把问题限制在真假关系上，从理论上讲，n 项的命题连接词，共有 2^{2^n} 个。

当 n = 1 时，理论上有以下 4 个命题连接词（以“1”代表真，“0”代表假）：

p	f_1^1	f_2^1	f_3^1	f_4^1
1	1	1	0	0
0	1	0	1	0

显然在日常语言里没有直接表现 f_1^1 和 f_4^1 的命题联接词，但我们可以用一个二项的命题联接词和另一个一项命题联接词来表示它们。即可以用“p 或不 p”来表示 f_1^1；用“p 且不 p”来表示 f_4^1。f_2^1 即“是”。具此命题联接词的命题如：

是有动物名叫鱼而实际不是鱼。

f_3^1 就是十分重要的“并非”。具此命题联接词的命题形式，我们写为“并非 p”或“不 P”。

当 n = 2 时，理论上有以下 16 个命题联接词（见表）。

---

① 必要条件（假言）命题的形式一般表示为“只有 p 才 q”。现参照张文熊、吴家麟两位的意见，改为“只有 p 才能 q”。

p	q	f_1^2	f_2^2	f_3^2	f_4^2	f_5^2	f_6^2	f_7^2	f_8^2	f_9^2	f_{10}^2	f_{11}^2	f_{12}^2	f_{13}^2	f_{14}^2	f_{15}^2	f_{16}^2
1	1	1	1	1	1	1	1	1	1	0	0	0	0	0	0	0	0
1	0	1	1	1	1	0	0	0	0	1	1	1	1	0	0	0	0
0	1	1	1	0	0	1	1	0	0	1	1	0	0	1	1	0	0
0	0	1	0	1	0	1	0	1	0	1	0	1	0	1	0	1	0

显然在日常语言中没有直接表现 f_1^2 和 f_{16}^2 的命题联接词。但我们可以用“（P 且 q）或（P 且不 q）或（不 P 且 q）或（不 P 且不 q）”来表示 f_1^2，用“（p 或 q）且（P 或不 q）且（不 p 或 q）且（不 P 或不 q）”来表示 f_{16}^2。其他 14 个命题联接词在现代汉语中的表现情况如下：

f_2^2 表现为“或者”，其涵义为“…，…至少有一真”。我们常常把“或者”简写为“或”。

f_3^2 表现为“只有，才能”，其涵义为“前假后不真”。

f_4^2 表现为“反正，不论是否”。“反正 p 不论是否 q”与“p”等值。具有这个命题联接词的命题如：

反正事物是发展的，不论人们是否认识到这一点。

f_5^2 表现为“如果，则”，其涵义为“前真后不假”。我们常常把“如果，则”简写为“如，则”。

f_6^2 表现为“不论是否，反正”。“不论是否 p 反正 q”与“q”等值。具有这个命题联接词的命题如：

不论人们是否承认历史唯物论，反正世界上没有救世主。

f_7^2 表现为“当且仅当”，其涵义为“…，…真假相同”或“…，…等值”。它只出现在数学、逻辑等科学语言中，日常汉语中是没有“当且仅当”这个词的。在日常语言中，我们是用下列这些形式来表达“p 当且仅当 q”的：

（如 p 则 q）且（如不 p 则不 q）；

(如p则q) 且 (只有p才能q);

(如p则q) 且 (如q则p);

(只有p才能q) 且 (只有q才能p)。

f_8^2 表现为“并且”,其涵义为“…,…都真”。我们往往把“并且”简写为“且”。

f_9^2 表现为“或不,或不”,其涵义为“…,…并非都真”,亦即“…,…至多有一真”。具有这一命题联接词的命题如:

或不价廉,或不物美。

f_{10}^2 表现为“要么,要么”,其涵义为“…,…恰好有一真”。

f_{11}^2 表现为“不论是否,反正不”。“不论是否p反正不q”等值于“并非q”。具有这一命题联接词的命题如:

人们不论是否存在,反正地球不会停止旋转。

f_{12}^2 表现为“是,而不是”,其涵义为“前真后假”。具有这个命题联接词的命题如:

各国人民民主政权是在反法西斯战争中建立起来的,而不是从资产阶级手里“和平”取得的。

f_{13}^2 表现为“反正不,不论是否”。“反正不p不论是否q”等值于“并非p”。具有这个命题联接词的命题如:

反正天不会掉下来,不论圣人是否存在。

f_{14}^2 表现为“不是,而是”,其涵义为“前假后真”。具有这一命题联接词的命题如：

最重要的不是现时似乎坚固，但已经开始衰亡的东西，而是正在产生、正在发展的东西。

f_{15}^{2}表现为“既不，又不”，其涵义为“前后都假”。具有这个命题联接词的命题如：

历史既不是救世主创造的，又不是神仙和皇帝创造的。

事实上，我们大可不必讲那么多二项的命题联接词。因为，首先，具有f_{4}^{2}、f_{6}^{2}、f_{11}^{2}、f_{13}^{2}那些命题联接词的复合命题，都分别与其某一支命题等值，它们还都可以用其他常用的命题联接词来表示。如具有f_{4}^{2}的命题形式可以表示为：“p 且（q 或不 q）”；余类推。

其次，f_{9}^{2}、f_{12}^{2}、f_{14}^{2}、f_{15}^{2}都可以分析为其他常用的命题联接词。

具有f_{9}^{2}的命题形式可分析为“并非（p 且 q）”或者“不 p 或不 q”；

具有f_{12}^{2}的命题形式可分析为“p 且不 q”；

具有f_{14}^{2}的命题形式可分析为“不 p 且 q”；

具有f_{15}^{2}的命题形式可分析为“不 p 且不 q”。

在日常语言里经常出现，在普通形式逻辑中值得提出来讲的，也只有在本节开始时指出的一个一项的和五个二项的命题联接词。

在这样的条件下，即复合命题的真假，由并且仅仅由其支命题的真假来决定的条件下，现代形式逻辑已经发现了命题联接词之间的某些内在联系和转化。我们可以用少数几个命题联接词，把其他所有的（对任何项而言）命题联接词都定义出来。上面已经部分涉及这个问题，现再以“并非”及“如，则”作为基本的命题联接词，用它们来定义其他四个常见的二项的命题联接词：

“p 或 q”就是“如不 p 则 q”；

"只有 p 才能 q"就是"如 q 则 p";

"p 且 q"就是"并非如 p 则不 q";

"要么 p 要么 q"就是"如(如 p 则 q)则并非(如不 p 则不 q)"。

这就表明了"或者"、"只有才能"、"并且"、"要么，要么"和"如果，则"及"并非"是可以根据一定的规律而互相转化的。我们知道从 f_1^2 到 f_{16}^2 都是依一定的规律而互相转化的。

二　三项和多项命题联接词

"并且""或者""要么"这些语词实际上也可以表达三项或更多项的命题联接词。"p 且 q 且 r"中的"且，且"就是一个三项命题联接词，其涵义是"…，…，…都真"。"或，或"也是一个三项命题连接词，其涵义是："…，…，…至少有一真"。"要么，要么，要么"的涵义是"…，…，…恰好有一真"。

"p 且 q 且 r"，可分析为"(p 且 q)且 r"或"p 且(q 且 r)"或"q 且(p 且 r)"。而这三者彼此都是等值的"p 且(q 且 r)"这叫作"且"的结合律。因之，"且 p_1 且 p_2 且…P_n"总可以分析为 n－1 种不同结合的，由 n－1次出现的二项的"且"，所构成的命题形式。同样地，由于"或"的结合律，"p_1 或 p_2 或…或 p_n"等可以分析为 n－1 种不同结合的，由 n－1 次出现的二项的"或"所构成的命题形式。但我们应注意到，尽管"(要么 p 要么 q)要么 r"等值于"要么 p(要么 q 要么 r)"，但它们却不等值于"要么 p 要么 q 要么 r"。"要么 p 要么 q 要么 r"等值于"((要么 p 么 q)且非 r))或((要么 q 要么 r)且非 p)或((要么 p 要么 r)且非 q)"，也等值于"(p 或 q 或 r)且并非(p 且 q 且 r)且并非(p 且 q)且并非(q 且 r)且并非(p 且 r)"，当然，也可以把"p_1 且 p_2 且…且 p_n""p_1 或 p_2 或…或 p_n"等分别看成是由 n 项命题联接词"且，且，…，且"("且"出现 n－1 次)、"或，或，…，或"("或"出现 n－1 次)所构成的命题形式，而不必把它们还归约二项命题联接词所构成的命题形式。本文经常是这样处理的。

这里，我们提出两个特殊的三项命题联接词来，它们是经常可以碰到的。

（1）“如果，则，否则”

“如果 p 则 q 否则 r” 的真假情况有如下表：

p	q	r	如果 p 则 q 否则 r
1	1	1	1
1	1	0	1
1	0	1	0
1	0	0	0
0	1	1	1
0	1	0	0
0	0	1	1
0	0	0	0

“如果 p 则 q 否则 r” 等值于“（如 p 则 q）且（如不 p 则 r）”，它蕴涵“（如 p 则 q）或（如不 p 则 r）”。

具有这个三项命题联接词的命题如：

在$\sqrt{a}$中，如果 a 是非负数，则$\sqrt{a}$是实数，否则$\sqrt{a}$是复数。

（2）“只有，才能，否则”

“只有 p 才能 q 否则 r” 的真假情况有如下表：

p	q	r	只有 p 才能 q 否则 r
1	1	1	1
1	1	0	1
1	0	1	1
1	0	0	1
0	1	1	0
0	1	0	0
0	0	1	1
0	0	0	0

“只有p才能q否则r”等值于“(只有p才能q)且(如不p则r)”，等值于“(只有p才能q)且(只有p才能不r)”，也等值于“如不p则(不q且r)”，它蕴涵(只有p才能q)或(如不p则r)”。具有这个三项命题联接词的命题表达了“p”所反映的事物情况是“q”和“并非r”所反映的事物情况的必要条件。

具有这个三项命题连接词的命题如：

> 无产阶级政党应当通过日常的各种形式的斗争，来提高无产阶级队伍，锻炼自己的战斗力，做好思想上的、政治上的、组织上的、军事上的革命准备。只有这样，才能在革命形势成熟的时候，不失时机地夺取革命的胜利。否则，即使有了革命的客观形势，也会白白地错过革命时机。

我们有时也会在日常语言中碰到这样一些实例，它在一定意义上可以说是包含了四项乃至更多项的命题联接词。当然，它们总可以被分析为一项和某些二项命题联接词多次出现的结构。现举一例如下：

> 对于犯了错误的同志，只要改了就好了，如果他们不改，也可以等待他们在实践经验中逐步觉悟过来，只要他们不组织秘密集团，暗中进行破坏活动。

此命题具有如下四项命题联接词：“如果，则，否则，则”。其命题形式为：

> 如果p则q否则如r则p_1。

它可以分析为：

> (如p则q)且(如不p则(如r则p_1))。

任何项的命题联接词，都可以用“并非”和某些常用的二项命题联接词来加以定义。这一点很重要，因为这就从理论上解决了命题联接词之间或复合命题形式之间的相互联系与转化的问题。

三　充分条件的某些表达问题[①]

充分条件命题的后件常常是由许多命题组成的。它有着不同的语言表达形式。有一种语言形式是：

（1）如 p 则 q_1，q_2，…，q_n。

具有这种语言形式的语句如：

> 如果再不抓紧目前这个难得的宝贵时机，全力以赴地、千方百计地加快我国社会主义现代化建设，我们这一代人就对不起国家民族，对不起中国和世界的社会主义事业，对不起革命先烈和子孙后代。

另外有一种语言形式是：

（2）如 p 则 q_1，则 q_2，…，则 q_n。

这类语句如：

> 如果把社会主义民主理解为只要民主不要集中，那就违反了人民群众的根本利益，那就不利于社会主义的建设事业，那就不利于巩固无产阶级专政。

还有一种语言形式是：

（3）如 p 则（q_1且 q_2且…且 q_n）。

---

① 仅仅从真假情况的角度来考虑，既不充分又不必要的条件联系是不存在的，因为（p→q）∨（q→p）是重言式。这也就是说，只有三种条件联系：充分必要条件、充分不必要条件、必要不充分条件。我在《关于周延和假言判断的几个问题》一文（见《哲学研究》编辑部编《逻辑学文集》第 152 页）中说有不充分不必要条件，从纯粹的真假情况的角度来看，这个说法是不对的，应予补正。

具有这种语言形式的命题如：

> 共产党人是干革命的，如果不革命，那就不是马克思列宁主义者，而是修正主义者，或者别的什么东西。[①]

我们可以认为（1）（3）都表达了命题形式“如 p 则（q_1且 q_2且…且 q_n）”。（2）可以分析为表达了命题形式“（如 p 则 q_1）且（如 p 则 q_2）且…且（如 p 则 q_n）”，而它是与“如 p 则（q_1且 q_2且…且 q_n）”等值的。从这一点上来讲，（1）（2）（3）所表达的是相同的命题形式，即：

（a）如 p 则（q_1且 q_2且…且 q_n）。

充分条件命题的前件也常常由许多命题组成，这种命题有着不同的语言表达形式。有一种是：

（4）如 p_1，p_2，…，p_n 则 q。

具有这种语言形式的命题如：

> 人民群众一旦被革命思想武装起来，敢于斗争，敢于胜利，就会干出翻天覆地的事业来。

另一种语言形式是：

（5）如（p_1且 p_2…且 p_n）则 q。

具有这样的语言形式的命题如：

> 如果一方一再忍让，而另一方执意要打，冲突就不可避免。

显然，（4）与（5）所表达的命题形式都是：

（b）如（p_1且 p_2且…且 p_n）则 q。

（b）表现了 p_1，p_2，…，p_n合在一起是 q 的充分条件。

---

① 如不涉及量项，此命题之形式可分析为：p 且（如不 p 则 q 且（r 或 s））。

有的充分条件命题具有这样的语言形式：

（6）如 p_1，如 p_1，…，如 p_n，则 q。

例如：

> 如果马克思主义害怕批评，如果可以批评倒，那末马克思主义就没有用了。

这样的命题的形式应该是：

（c）（如 p_1则 q）且（如 p_2则 q）且…且（如 p_n则 q）。

（c）表现了 p_1是 q 的充分条件，p_2是 q 的充分条件，…，p_n是 q 的充分条件。即 p_1，p_2，…，p_n分别都是 q 的充分条件。显然（b）与（c）是有区别的。即（c）蕴涵（b），但（b）并不蕴涵（c）。换言之，尽管 p_1，p_2，…，p_n合起来是 q 的充分条件，但可能有任一 p_i（$1 \leqslant i \leqslant n$）却不是 q 的充分条件。拿一个简单的例子来说。"如果蒸馏水在一个大气压下，加热到摄氏一百度，它就沸腾"并不蕴涵"如果蒸馏水在一个大气压下它就沸腾，并且，如果蒸馏水加热到摄氏一百度它就沸腾"。而且，也没有人说"蒸馏水如果在一个大气压下，如果加热到摄氏一百度，它就沸腾"，因为这句话的意思似乎是"如果蒸馏水在一个大气压下它就沸腾，并且，如果蒸馏水加热到摄氏一百度它就沸腾"，而不是"如果蒸馏水在一个大气压下并且加热到摄氏一百度，则它就沸腾"。我们归结为这样一点，要分别表达 p_1是 q 的充分条件，p_2是的充分条件，…，p_n是 q 的充分条件，就不能采用（4）（5）两种语言形式，而必须采用（6）这种语言形式，[①] 因为（b）不蕴涵（c）。当然，本文提出的只是一种规范性的要求。

毛泽东同志在《论人民民主专政》中指出："请大家想一想，假如没有苏联的存在，假如没有反法西斯的第二次世界大战的胜利，假如没有打倒日本帝国主义，假如没有各人民民主国家的出现，假如没有东方各被压迫民族正在起来斗争，假如没有美国、英国、法国、德国、意大利、日本等

① 可以设想采用语言形式"（如 p_1则 q）且（如 p_2则 q）且…且（如 p_n则 q）"，但当 $n > 2$ 时，这样说话太麻烦，事实上不会有人这样说话的。

等资本主义国家内部的人民大众和统治他们的反动派之间的斗争，假如没有这一切的综合，那末，堆在我们头上的国际反动势力必定比现在不知要大多少倍。"[①] 我们从逻辑上来分析，可以指出两点。第一，没有苏联的存在；没有反法西斯的第二次世界大战的胜利；……分别都是堆在我们头上的国际反动势力必定比现在不知要大多少倍的充分条件。第二，如果这段引文说的是没有苏联的存在到没有美国、英国、法国、德国、意大利、日本等等资本主义国家内部的人民大众和统治他们的反动派之间的斗争，这六个因素的综合才是堆在我们头上的国际反动势力必定比现在不知要大多少倍的充分条件，那就不必再说"假如没有这一切的综合"这一句短句了。这一短句，强调了以上六个因素不但分别都是充分条件，而且综合起来，更加成为充分条件了。

四 必要条件的某些表达问题

必要条件命题的前件，常由许多命题组成。下列两种语言形式所表达的命题形式是相同的：

（7）只有 p_1，p_2，…，p_n，才能 q。

（8）只有 p_1且 p_2且…且 p_n，才能 q。

兹各举一例如下：

只有发动和依靠群众，保护群众利益，才能得到群众拥护和支持。

（7）和（8）所表达的命题形式就是：

（d）只有（p_1且 p_2且…且 p_n）才能 q。

我们再考察另外一个例子：

只有认识落后，只有找到差距，才能赶上先进。

① 《毛泽东选集》第 4 卷，人民出版社，1966，第 1479 页。

它们的语言形式是：

(9) 只有 p_1，只有 p_2，…，只有 p_n，才能 q。

我们可以把 (9) 分析为表达命题形式：

(e)（只有 p_1 才能 q）且（只有 p_2 才能 q）且…且（只有 p_n 才能 q）。

然而 (e) 等值于 (d)。因之，我们可以认为语言形式 (7) (8) (9) 所表达的是相同的命题形式。

下列两种语言形式所表达的命题形式也是相同的：

(10) 只有 p 才能 q_1，q_2，…，q_n。

(11) 只有 p 才能 q_1 且 q_2 且…且 q_n。

兹各举一例如下：

> 只有充分发扬民主，才能使全国人民思想解放，心情舒畅，发挥主人翁的责任感、积极性、首创精神和奋不顾身的自我牺牲精神，勇于研究和解决国民经济各方面的问题，勇于提出各种切合实际的创造性建议并百折不挠地加以实现，勇于进行各种需要顽强努力的重大的创造、发明和发现，从而推动各项经济事业和文化事业日新月异地发展。
>
> 只有认识这些矛盾，分析这些矛盾和它们在不同时期的变化，指出当前具体矛盾的焦点是什么，各国工人阶级的政党才能正确地估计国际形势和国内形势，而使自己的政策放在可靠的理论阵地上。

它们的命题形式是：

(f) 只有 p 才能（q_1 且 q_2 且…且 q_n）。

我们再看下面的例子：

> 帝国主义者只有在压迫本国人民的基础上才可能压迫其他国家，才可能发动侵略，才可能进行不正义的战争。

它们的语言形式是：

（12）只有 p 才能 q_1，才能 q_2，…，才能 q_n。
其命题形式当为：

（g）（只有 p 才能 q_1）且（只有 p 才能 q_2）且…且（只有 p 才能 q_n）。
显然，（f）表示 q_1，q_2，…，q_n合起来是 p 的充分条件，即 p 是 q_1和 q_2和…和 q_n这一整体的必要条件；而（g）表示 q_1，q_2，…，q_n中每一个 q_i（$1 \leqslant i \leqslant n$）分别都是 p 的充分条件，即 p 分别是每一个 q_i的必要条件。因之，（g）蕴涵（f），但（f）不蕴涵（g）。

这里主要提出了（10）（11）与（12）这几种语言形式的区别。我们归结为两点：第一，在用（12）这种语言形式时要慎重，它要求每一个“只有 p 才能 q_i”都真，即 p 分别是每一个 q_i的必要条件；反过来说，第二，在用（10）（11）这两种语言形式，要注意到虽然（f）成立，却推不出每一个“只有 p 才能 q_i”也成立。

五 “或”以及“且”，在表达方面的一些混淆

在日常语言里，表达“或”，表达“且”，都可能发生混乱。本文提出三点来讨论。

第一，在某种条件下，“或者”这个词与其他语词一起，表达了“并且”的意思。例如，语句：

不管张三也好，或者李四也好，他们都是河北人。

是表达了命题：

张三是河北人，并且李四是河北人。

本文认为下列这样一些语言形式：

不管……或者……都……；
不管……还是……都……；

无论……或者……都……；

无论……还是……都……；

不论……或者……都……；

不论……还是……都……。

它们所表达的命题联接词都是“并且”，而不是“或者”。对于这些语言形式，我们应该注意到两点。第一，“或者”之前，有语词“不管”，或“无论”，或“不论”等，“或者”之后，有语词“都”。第二，如果把“或者”改为“还是”，并不改变整个语句的意思。

具有这些语言形式的语句是常见的。现仅举一例如下：

无论在三年经济调整期间或今后的长时期内，我国都将积极发展对外贸易，发展对外经济合作和技术交流，并且采取国际上通用的各种合理的形式吸收国外资金。

第二，关于“或者”和“和”的省略。

在一句完整的语句里，往往可以把“或者”完全省略掉，而大致并不引起意义方面的混乱。例如：

当事人不服第一审法院的判决、裁定，依法向上级法院提请重新审理的诉讼行为称为上诉。

这句话应理解为省略了“或者”，这就是说，这句话换一种说法就是：

当事人不服第一审法院的判决或者裁定，依法向上级法院提请重新审理的诉讼行为称为上诉。

在一句完整的语句里，往往可以把“和”“并且”等词完全省去，而大致上不造成意义方面的混乱。例如：

在搜查的时候，应当有邻居或者其他见证人、被搜查人或者他的家属在场。

应该理解为省略了“和”或者“并且有”。就是说，这句话换个说法就是：

在搜查的时候，应当有邻居或者其他见证人和（或“并且有”）被搜查人或者他的家属在场。

但是上述两类语词省略之后，如果容易引起意义上的混淆，则不应该省略。例如，在下列语句中：

用利诱、挑拨、威吓、劝说或者用其他方法唆使他人实行犯罪的罪犯叫作教唆犯。

有三个顿号，根据语言习惯，可以知道它们都代表“或者”；或者说，它们都表示省略了“或者”。然而，“劝说”后面的那个“或者”却是不能省略的，否则会引起误会。这句话要防止误解为，仅仅是用利诱，或仅仅是用挑拨等等方法唆使他人实行犯罪的罪犯，都不是教唆犯。

又如在下列语句中：

搜查后，应当写出搜查和扣押犯罪证物的记录，并且由邻居或者其他见证人、被搜查人或者他的家属、执行搜查的人员在记录上签名。

“并且”一词也是不应当省略的。否则，可能被误解为记录上不一定需要签名。“和”也是不应当省略的。否则，可能被误解为不一定需要记录搜查情况及扣押犯罪证物情况两者。

在一个完整的语句中，如果把应有的“或者”以及“和”等词两者都省略掉，就一定会引起混乱。为了行文的简洁而确实需要有所简略，必须谨慎从事。

第三，关于“和”的一种容易引起混淆的情况。

语句：

> 张三和李四都是河北人；
>
> 张三和李四是河北人。

都表达命题：

> 张三是河北人，并且李四是河北人。

这一点是清楚的。但是，

> 无责任能力和没有达到责任年龄的人犯罪，不承担刑事责任。

表达了命题：

> 无责任能力的人犯罪，不承担刑事责任；并且，没有达到责任年龄的人犯罪，不承担刑事责任，

还是命题：

> 既无责任能力又没有达到责任年龄的人犯罪，不承担刑事责任？

却是有可能提出疑问的。类似的，在下列条文中：

> 人民检察院对违法进行逮捕、拘留和搜查公民的负责人员，应当查究；如果这种违法行为是出于陷害、报复、贪赃或者其他个人的目的，应当追究刑事责任。

可能引起一个疑问，是否人民检察院对违法进行逮捕公民，又违法进行拘留公民，又违法进行搜查公民的负责人员，才应当查究？本文在此提出的疑点，源于日常语言的不确定性。看来对现代汉语作某些规范化的工作，是有必要的。

六 全称量词和特称量词

传统逻辑中假言命题的形式表示为："如果A是B则C是D"，"如果A是B则A是C"和"如果A是C则B是C"；选言命题形式表示为："A是B或C是D"，"A是B或C"和"A或B是C"。在这些形式中，不区别普遍概念和单独概念，分析了概念间的关系，但又不明确提出量词，仅此两点，就足以看出传统逻辑对命题形式分析得很不精确。可以说，具体命题中一般都有量词出现；但在一定条件下，逻辑分析可以只停留在对命题连接词的分析上，而不考虑量词的问题。例如："如果任何x是y则任何z是x_1，任何x是y，所以，任何z是x_1"可以简化为"如果p则q，p，所以，q"，而丝毫不影响推理的有效性。但在另外一些场合下，却必须考虑量词的问题。拿一个最通常的例子来说，"如果天下雨那么地就湿，今天天下雨，所以，今天地湿"。这个推理的形式就不能简单归结为"如果p则q，p，所以，q"。

提到量词，人们首先就会想到全称量词。在一般情况下，人们并不区别"所有"和"任何"在逻辑上有什么不同。比如说，一般认为语句"所有人都有思维"和"任何人都有思维"所表达的命题是相同的。其实，"所有"与"任何"是有区别的，不过这种区别在这两个例子中尚未充分显示出来而已。

"所有"和"任何"的第一个区别在于："所有"可以说是假设了主项所反映的对象是存在的（以下简称为假设了主项存在）；而"任何"则没有假设主项存在。我们说"任何没有接触过细菌的人都不会得细菌性传染病"是很自然的。但是说"所有没有接触过细菌的人都不会得细菌性传染病"就显得很别扭。一般物理书上对牛顿第一定律的陈述是这样的："任何物体都保持静止或匀速直线运动状态，直到其他物体所作用的力迫使它改变这种状态为止。”这里的“任何”大概没有一个物理学家或语言学家会同意改成“所有”的。从逻辑上讲，其原因就在于“任何”不假设主项存在，而“所有”却假设主项存在。本文认为，在日常语言里，“任何x是y”并不假设x存在，而“所有x是y”却假设x存在。同样地，“任何x都不是y”也不假设x存在，而“所有x都不是y”却假设x存在。当然，假设主项存在与断定主项存在，并不是一回事。

“任何”和“所有”还有一点区别，请看下面这些例子：

> 任何一个党的任何一次代表大会的决议，都不能作为国际共产主义运动的共同路线，对别的兄弟党都没有约束力。
>
> 任何人都没有权利要求所有人都接受某一个人的论点。
>
> 任何国家都不应当在任何地区称王称霸，把自己的意志强加于人。

这些实例中的“任何”如果换成“所有”，就有可能引起意义方面的混乱。一般来说，“任何”是分举的，不能是合举的；而“所有”往往可以是合举的。例如，我们也许可以说：“所有的字母（指汉语拼音字母，下同）是26个”；但是，却不能说：“任何的字母是26个。”

特称量词的含义是“至少有一个”。特称量词反映了主项存在，因此也称为存在量词。在我国一般逻辑书中，特称量词以往沿用“有些”。但由于汉语中“有些”的含义不见得就是“至少有一个”，因此就引起了种种误解与混乱。目前在某些逻辑著作中，特称量词已改为“有”或“有的”，这是十分正确的做法。“些”也哉，多之谓也。当人们知道事实上有并且只有一个x是y时，人们总是自发地避免说“有些x是y”，而说“有x是y”。当人们要表示存在着是y的x时，最直截了当的说法是“有x是y”。如果人们知道事实上是y的x不止有一个时，人们才说“有些x是y”。总之，人们说“有些x是y”时，总是意味着“有并且不止有一个x是y”。“有些”是“至少有两个”的意思。“有些x是（不是）y”蕴涵“有x是（不是）y”，但反之不然。

另外，“有些x是y”并不蕴涵“有x不是y”，也不蕴涵“有些x不是

y”；正如“有 x 是 y”不蕴涵“有 x 不是 y”一样，本文不再赘述。

最后，把全称命题与特称命题之间的某些关系简单讨论一下。

传统逻辑在主项存在的假设下，认为“所有 x 是（都不是）y”蕴涵“有 x 是（不是）y”。但是，“任何 x 是（都不是）y”却不蕴涵“有 x 是（不是）y”。例如，“任何没有接触过细菌的人都不得细菌性传染病”推不出“有没有接触过细菌的人不得细菌性传染病”。其原因是，在现实世界中，没有接触过细菌的人是不存在的。

“并非任何 x 是（都不是）y”等值于“有 x 不是（是）y”；“并非有 x 是（不是）y”等值于“任何 x 都不是（是）y”。

这就是全称肯定（否定）命题与特称否定（肯定）命题之间的矛盾关系。这种关系，体现了直言命题形式之间的互相联系和转化。今天的形式逻辑，早已不是把命题形式列举出来，并把它们毫无关联地排列起来，而是揭示了命题形式之间的相互联系与转化。现代形式逻辑的研究已经达到了一个新的水平，从总体上把握了思维形式的特性。

传统逻辑的局限*

逻辑主要是研究推理和证明的科学，它有悠久的历史。到了近代，也常常叫作形式逻辑。100 年前形式逻辑发展到了一个转折点，新逻辑——数理逻辑（符号逻辑、逻辑斯蒂）的基础开始奠定。旧逻辑现在习惯上叫作传统逻辑（古典逻辑）；而新逻辑也称作现代逻辑。本世纪（20 世纪）卅年代中叶现代逻辑已经完全成熟。传统逻辑究竟有哪些局限？为什么传统逻辑必然要发展到现代逻辑？底下我们试图通俗地来说明这个问题。

第一，传统逻辑没有考虑到存在问题。

在传统逻辑里，从全称命题推出特称命题是一条规律，而演绎的推出关系又是当前提真时，结论一定是真的。我们知道牛顿第一运动定律（惯性定律）是真的科学原理：任何不受外力影响的物体，总保持匀速直线运动或静止，直到有外力迫使它改变这种状态为止。但根据传统逻辑由此全称命题（命题是直陈句的含义，加以断定的命题成为判断）推出的特称命题“有不受外力影响的物体……”却是假的。毛病出在哪里？原来传统逻辑讲推理时所涉及的事物，都占据一定的时间空间，都是现实世界中存在着的事物。对于这样的事物，从全称命题可以推出特称命题。例如，世界上存在着金属，因之从“凡金属都导电”可推出“有金属导电”。但当讨论涉及不受外力影响的物体（这是现实世界中不存在的理想事物）时，情况就不同了。从主项为“不受外力影响的物体”的全称命题出发，推不出主

* 原载《逻辑与语言学习》1982 年第 1 期。有删改。

项为“不受外力影响的物体”的特称命题。[①] 当主项所反映的对象不存在，不能从全称命题推出特称命题，这就叫作存在问题。类似的例子可以找到很多。如，从真命题“凡不接触细菌的人都不得细菌性传染病”推不出假命题“有不接触细菌的人不得细菌性传染病”，因为现实世界上没有不接触细菌的人。从“任一解决了哥德巴赫猜想的人都是大数学家”推不出“有解决了哥德巴赫猜想的人是大数学家”，因为解决了哥德巴赫猜想的人至今未曾有过，将来是否会有也还不知道。

由于主项所反映的对象不存在，传统逻辑中的其他一些关系也就有所改变。如传统逻辑认为“有S是P”与“有S不是P”可以同真，但不能同假。这就是说从“并非有S是P”可推出“有S不是P”。例如从“并非有信神的人是马克思主义者”可推出“有信神的人不是马克思主义者”。但是，“有鬼是红脸的”和“有鬼不是红脸的”都假。从“并非有鬼是红脸的”推不出“有鬼不是红脸的”。原因在于现实世界中根本就没有鬼。

一个对象究竟存在不存在，基本上不是逻辑问题，而是事实问题。任一词项（语词的词汇意义）所反映的对象在现实世界中有的存在，有的不存在。逻辑为了概括这两种情况，必须跳出传统逻辑的框框，另辟蹊径。现代逻辑把传统的命题形式“所有S是P”分析为“对任何事物来说，如果它是S则它是P”。把具体命题“凡人皆有死”分析为“对任何事物来说，如果它是人则它有死”。把“凡不接触细菌的人都不得细菌性传染病”分析为“对任何事物来说，如果它是不接触细菌的人则它不得细菌性传染病”。在命题形式“对任何事物来说，如果它是S则它是P”中，用“x”代替“事物”和“它”，并不改变其原意。这样就得到：“对任何x来说，如果x是S则x是P”。再进一步，取消民族语言的区别，用人工语言则可改写成为：

$$(\forall x)(S(x)\rightarrow P(x))$$

$(\forall x)$ 叫作全称量词，译成自然语言就可读作“对任何x来说”。$S(x)$可读作“x是S”“x有S性质”或“x属于S”。$P(x)$也可这样翻译。S、P都叫

① 传统逻辑术语一般都根据金岳霖主编的《形式逻辑》。

作谓词，“x”叫作个体词。“→”叫作蕴涵词，可读作“如果，则”。传统的全称否定命题形式“所有 S 不是 P”则分析为：

$$(\forall x)(S(x)\to\neg P(x))$$

这里的“¬”叫作否定词，译成自然语言可读作“并非”“不是”等等。¬P(x)可读作“并非 x 是 P”或“x 不是 P”。人工语言里的这个公式整个儿的译成自然语言，就是“对任何 x 来说，如果 x 是 S 则并非 x 是 P”。经过这样的处理，现代逻辑就把传统的全称命题了解为蕴涵命题。

现代逻辑是这样分析传统的特称命题的。“有工人是作家”分析为“至少有一个事物，它既是工人又是作家”。“有不接触细菌的人不得细菌性传染病”分析为“至少有一个事物，它既是不接触细菌的人又是不得细菌性传染病的人”。这就是把传统的特称肯定命题形式“有 S 是 P”分析为“至少有一个事物，它既是 S 又是 P”。我们再把它表述为人工语言，就是：

$$(\exists x)(S(x)\wedge P(x))$$

这里的$(\exists x)$叫作存在量词，可读作“至少有一个 x 使得”。“∧”叫作合取词，可读作“并且”。传统的特称否定命题形式“有 S 不是 P”则分析为：

$$(\exists x)(S(x)\wedge\neg P(x))$$

这样，现代逻辑就把传统的特称命题分析为合取命题。现代逻辑还告诉我们，从$(\forall x)(S(x)\to P(x))$推不出$(\exists x)(S(x)\wedge P(x))$，从$(\forall x)(S(x)\to\neg P(x))$推不出$(\exists x)(S(x)\wedge\neg P(x))$。不过，传统的逻辑方阵中的矛盾关系依然成立。例如：

$$(\forall x)(S(x)\to P(x))\vdash\neg(\exists x)(S(x)\wedge\neg P(x))$$

在这里$\vdash$代表演绎的推出关系。结论译成自然语言就是“并非至少有一个 x 使得，x 是 S 而不是 P”。以$\dashv\vdash$代表演绎的互推关系，传统的矛盾关系就表示为：

$$(\forall x)(S(x)\to P(x))\dashv\vdash\neg(\exists x)(S(x)\wedge\neg P(x));$$

$$(\forall x)(S(x))\to\neg P(x))\dashv\vdash\neg(\exists x)(S(x)\wedge P(x));$$

$$\neg(\forall x)(S(x)\to P(x))\dashv\vdash(\exists x)(S(x)\wedge\neg P(x));$$

$$\neg(\forall x)(S(x)\to\neg P(x))\dashv\vdash(\exists x)(S(x)\wedge P(x))。$$

第二，传统逻辑不会处理关系推理。

除了假言命题、选言命题以外，传统逻辑基本上只讨论直言命题（性质命题）。直言命题如“凡人皆有死”是只有一个主项的命题。如果要讨论有几个主项，因之而有几个量项的命题，如：

> 对任何一条直线来说，经过不在它上面的一个点至多可以引出一条平行线。

传统逻辑就束手无策了。具有几个主项的命题就是关系命题。传统逻辑既然不会处理关系命题，当然也就无法研究关于关系命题的推理。例如从“有的观众欣赏每件展品”可以演绎地推出“每件展品都为有的观众所欣赏”。但从后者不能推出前者。[设观众是A、B，展品是C、D。现在A欣赏C和D。当然可推知C、D都为有的观众（即A）所欣赏。但情况若是A欣赏C，B欣赏D，就不能推知有观众（无论A或B）欣赏C和D。]这在直观上是相当清楚的道理，但传统逻辑却不能从理论上来加以说明。

现代逻辑把P(x)看作最简单的命题形式。复杂一点的有R(x,y)，可读作“x与y有R关系”。这里的“R”是谓词，“y”是个体词。更复杂些，命题形式还可以有S(x,y,z)等等，读作“x，y，z之间有S关系”。这里“S”是谓词，“z”是个体词。我们暂把论域限定于自然数。“2是偶数”的形式是P(x)，而“2大于1”的形式是R(x,y)。R(x,y)也可写为xRy，更为醒目，与自然语言也较为接近。但“2在1与3之间”的形式写成S(x,y,z)是方便的。因之，我们还是把xRy写成R(x,y)，以示统一。

有了R(x,y)这样的公式，就可以着手处理关系命题了。我们权且把个体词x的论域限定于观众，把个体词y的论域限定于展品。按照传统逻辑的习惯，“有的观众欣赏每件展品”的形式似乎是“有的xR所有y”，“每件展品都为有的观众所欣赏”的形式似为“所有yR有的x”。但是这里“有的xR所有y”中的R代表x与y之间的欣赏关系，而“所有yR有的x”中的R却代表R的逆关系，即y与x之间的被欣赏关系。由此看来，迁就传统逻辑的这些记法是不妥当的。量词“有的x”“所有y”的次序与具有R

关系的个体词x、y的次序都应该表示清楚。为此，我们把量词按次序一律写在公式的前端，谓词后面的括号中仍按次序写出个体词。上述两命题的形式用人工语言来表示，分别是：

(∃x)(∀y)R(x,y)（读作“至少有一个x使得，对任何y来说，x与y有R关系”。）

(∀y)(∃x)R(x,y)（读作“对任何y来说，至少有一个x使得，x与y有R关系”。）

现代逻辑证明了从前者到后者的推理关系成立，但从后者到前者的推理关系不成立。

为了避免歧义，为了精确严密，现代逻辑是一种人工语言的系统。在这种系统中，所谓量词，是指符号∀或∃，括号“（”和“）”，与一个个体词结合在一起的(∀x)(∃y)之类的符号序列；而不像传统逻辑那样，把“所有”“有的”叫作量项。为什么要这样啰嗦？从上面两个例子的分析过程中，可以窥其一斑。

用传统逻辑来分析“实践是检验真理的唯一标准”这样的哲学命题，可以说是劳而无功的。用现代逻辑来分析，这个哲学命题似应为：“对任何真理来说，总有实践是检验它的唯一标准。”现代逻辑的人工语言虽然抽象一些，但用它来分析命题和推理，比传统逻辑要强有力多了。

第三，传统逻辑对推理形式缺乏整体的研究。

传统逻辑研究演绎推理基本上局限于对当关系、直接推理、三段论、假言推理、选言推理和二难推理。演绎推理的形式，特别是人们常用的推理形式是否只有这些？这些形式之间有什么内在联系？它们又有什么根本特性？这样的问题传统逻辑还来不及提出来。现代逻辑应运而生，挑起了从整体上研究演绎推理的重担。

那么，现代逻辑又是用怎样不同于传统逻辑的方法来研究推理的呢？首先，传统逻辑是从概念研究到判断，又从判断进到推理。现代逻辑却从命题出发，先讨论仅仅有关命题的推理；然后再分析到命题内部的非命题成分，再讨论涉及非命题成分的推理。这好比为了研究人体，先从四肢、头、躯干出发，比先从细胞出发，要简便可行。接触过传统逻辑的人都有这样的感觉，三段论比假言推理、选言推理复杂、难懂。现代逻辑索性先易后难，先处理假言推理、选言推理，再研究三段论。

其次，由于传统逻辑是利用自然语言来描述思维形式的，而自然语言又免不了有歧义。因之传统逻辑所使用的符号、公式往往有歧义和含糊不清的缺陷。用这种工具来分析具体命题，常常会发生困难。例如，传统逻辑可以把“所有学生是男的或女的”的形式描述为“所有 S 是 P_1 或 P_2”。但是，这句话究竟表达了下面两种意思中的哪一种，传统逻辑是无法分别清楚的：

(1) 对任何学生来说，总是男的或女的。

(2) 所有学生是男的，或者，所有学生是女的。

现代逻辑利用没有歧义的人工语言可把（1）的形式表示为：

$(\forall x)(S(x) \lor P(x))$（x 的论域是学生）。

把（2）的形式表示为：

$(\forall x)S(x) \lor (\forall x)P(x)$（x 的论域是学生）。

这样的处理，就克服了“所有 S 是 P_1或 P_2”的缺陷，把“所有学生都是男的或女的”的歧义分析得清清楚楚。

再次，现代逻辑从众多推理形式中按一定标准选出若干种作为出发点，由此循序渐进，严格地把其他推理形式一步步推导出来，构成一个系统，从而对无穷多的推理形式进行全面的、整体的、深入的研究。这就叫作用公理方法来研究推理形式。

最后，现代逻辑的研究方法还是形式化的方法。推理的前提与结论之间的关系，各种推理形式之间的关系，都用人工语言表达为公式与公式之间的关系。公式与公式之间的变换，完全决定于符号及其排列，而与符号、公式的意义完全无关。

这样一来，现代逻辑就克服了传统逻辑的种种局限性，把科学推向一个新的高峰。当然，要利用现代逻辑，就一定要与符号、公式打交道。马克思说："在科学上面是没有平坦的大路可走的，只有那在崎岖小路的攀登上不畏劳苦的人，有希望到达光辉的顶点。"（《资本论·法文译本之序与跋》）

重言式*

在这一讲里我们先说一说演绎推理的一些虽很简单，但容易被初学者忽略的性质，然后再介绍重言式。

第一，一个演绎推理能否成立，与其前提的次序无关。设 A_1，$A_2 \vdash B$ 成立，当然 A_2，$A_1 \vdash B$ 也成立；反之亦然。在公式序列 Γ 中，每一公式的次序是无关紧要的。一般地说，A_1，…，A_{i-1}，A_i，…，$A_n \vdash B$，当且仅当 A_1，…，A_i，A_{i-1}，…，$A_n \vdash B$。在这里 A_1，…，A_{i-1}，A_i，…，A_n 和 A_1，…，A_i，A_{i-1}，…，A_n是公式的同一序列，而不是两个不同的公式序列。可见对于演绎推理来说，能否得到某个结论是与前提的次序无关的，而只与有哪些前提有关。演绎推理前提的次序是可以任意调动的。在传统逻辑里，三段论的大前提写在前面，小前提写在后面，只是一个习惯的记法而已，没有实质的区别。

第二，演绎推理的前提可以合并。设 A_1，$A_2 \vdash B$，根据合取词消去律有 $A_1 \wedge A_2 \vdash A_1$，$A_2$。又根据演绎推理传递律就有 $A_1 \wedge A_2 \vdash B$。设 $A_1 \wedge A_2 \vdash B$，根据合取词引入律有 A_1，$A_2 \vdash A_1 \wedge A_2$。又根据演绎推理传递律就有，$A_1$，$A_2 \vdash B$。推广来说，$A_1$，…，$A_n \vdash B$ 的充分必要条件是（…（$A_1 \wedge A_2$）$\wedge$…）$\wedge A_n \vdash B$。由此可知，对于演绎推理来说，任意多个前提总可以一步步地合并起来，直至转换成只有一个前提的推理。例如，传统逻辑里的三段论的两个前提 MAP 和 SAM 就可以合并成一个前提，MAP 并且 SAM，而结论仍

---

* 原载《逻辑与语言学习》1982 年第 5 期。有删改。

为 SAP。[①]

第三，一个演绎推理究竟有哪些前提，是不能含糊的。设 A ⊢B，根据肯定前提律和演绎推理传递律就有：Γ，A ⊢B。这表明一个演绎推理可以任意增加前提，而仍然成立。但设 Γ，A ⊢B，却不一定会有 A ⊢B。这就是说，一个演绎推理减少了前提（注意不是合并了前提），就不一定仍然成立。人们有时思考问题不严密，就会犯这样的错误：认为某一结论可以从某些前提推出来，而事实上要推出该结论还必须增加其他前提。在说明传统逻辑的换位时，有人说 SAP 有时可推出 PAS，例如从“凡偶数都能被 2 整除”可推出“凡能被 2 整除的都是偶数”。这种说法的错误就在于把两个前提“凡偶数都能被 2 整除”，“凡能被 2 整除的都是偶数”误认为只有一个前提。

第四，任何公理系统、理论体系都要避免逻辑矛盾。在 P 中有下列证明：

（1）A，¬ A，¬ B，A ⊢A	肯定前提律
（2）A，¬ A，¬ B ⊢¬ A	肯定前提律
（3）A，¬ A， ⊢B	（1）（2）反证律

（3）是刚证明的推理规则，它是说在命题逻辑中从 A 与¬ A 可以推出任意公式 B 来。正因为这个缘故，以推理规则为一般工具的任何公理系统理论体系，都绝对不能直接或间接包含逻辑矛盾（一个命题及其否定）。在一个公理系统、理论体系中不论是明显地还是隐藏地包含了逻辑矛盾，与该系统、该体系有关的任何命题都可以根据逻辑推论出来。这样，这种系统、体系就毫无理论的和实际的价值可言了。

第五，任何命题都可以当作演绎推理的前提。逻辑从正面告诉人们什么样的命题可以作为结论从给定的前提推出来，也从反面告诉人们什么样的命题不可以作为结论从给定的前提推出来。至于什么样的命题可以作为前提去进行演绎推理，逻辑是不加限制的。不仅假命题，甚至逻辑矛盾也

---

① 请读者随时注意区分传统逻辑里的符号、公式与现代逻辑的符号、公式。

可以作为前提去进行推理，上面我们已经提到这一点。我们有时碰到一种误解，认为并非任何命题（即使是真命题）都可以作为前提来进行演绎推理。比如说，有人误以为两个否定命题（即使是真的）不能作为前提来进行任何推理。其实，从 MEP、SEM，只是推不出 SAP、SEP、SIP 或 SOP；至于其他形式的结论，不仅是可以得到的，而且还可以有许多（例如 MEP、PEM，并非 PIM 等等）。

上一讲我们列举出了 P 和 P^* 的原始推理规则，说明了的 P 和 P^* 都包括了命题逻辑的全部推理规则。现在要问：在 P 或 P^* 中从某些前提 A_1，…，A_n 出发，能不能推出 B？即要问：A_1，…，$A_n \vdash B$ 在命题逻辑里是否成立？为了回答这个问题，可以利用 P 和 P^* 的原始推理规则和导出的推理规则来设法证明 A_1，…，$A_n \vdash B$。我们能证明它，就表明这个推理关系成立。但是，我们一时做不出证明来，不见得永远不能证明它。因为证明过程依赖人的聪明和推演的熟练程度。如果我们能够设计出一种方法，根据事先规定好的步骤，经过有穷次操作，能够判明 A_1，…，$A_n \vdash B$ 是否成立，那就太好了。经过逻辑学家的研究，现在已经在命题逻辑中找到了几种这样的方法。这就叫作命题逻辑的判定问题是可解的。底下我们就来介绍一种常用的判定方法。

设 A_1，…，$A_n \vdash B$ 成立，根据蕴涵词引入律，A_1，…，$A_{n-1} \vdash A_n \to B$ 也成立。几次地运用蕴涵词引入律，就可得到：$\vdash A_1 \to$（$A_2 \to \cdots$（$A_n \to$ B）…）。上一讲已经提到，$\vdash C$ 表明 C 是在命题逻辑中没有前提（或者说有零个前提）也能推出的公式。由于如果 $\vdash C$ 则 $\Gamma \vdash C$，因此 $\vdash C$ 也表明 C 是在命题逻辑中以任意公式序列 Γ 为前提都可以推出的公式。我们称一个公式 C 为重言式，当且仅当 $\vdash C$。根据蕴涵词引入律，任意推理关系 A_1，…，$A_n \vdash B$ 都可以转换成重言式模式 $\vdash A_1 \to$（$A_2 \to \cdots$（$A_n \to B$）…）。当然，重言式并非只有 A→B 一种模式，像 $A \leftrightarrow A$，$\neg$ A（$A \wedge \neg$ A），$A \vee \neg$ A 等等，也都是重言式模式。

在 P^* 中，我们证明推理规则（$A \wedge B$）$\to C \dashv\vdash A \to$（$B \to C$）如下（理由略去）：

先证（$A \wedge B$）$\to C \vdash A \to$（$B \to C$）。

(1) $(A\wedge B)\rightarrow C$, A, B $\vdash A\wedge B$

(2) $(A\wedge B)\rightarrow C$, A, B $\vdash A\wedge B\rightarrow C$

(3) $(A\wedge B)\rightarrow C$, $A\wedge B\vdash C$

(4) $(A\wedge B)\rightarrow C$, A, B $\vdash C$

(5) $(A\wedge B)\rightarrow C$, $A\vdash B\rightarrow C$

(6) $(A\wedge B)\rightarrow C\vdash A\rightarrow(B\rightarrow C)$

再证 $A\rightarrow(B\rightarrow C)\vdash(A\wedge B)\rightarrow C$。

(1) $A\rightarrow(B\rightarrow C)$, $A\wedge B\vdash A$, B

(2) $A\rightarrow(B\rightarrow C)$, $A\wedge B\vdash A\rightarrow(B\rightarrow C)$

(3) $A\rightarrow(B\rightarrow C)$, $A\vdash B\rightarrow C$

(4) $B\rightarrow C$, $B\vdash C$

(5) $A\rightarrow(B\rightarrow C)$, $A\wedge B\vdash C$

(6) $A\rightarrow(B\rightarrow C)\vdash(A\wedge B)\rightarrow C$

依据上述证明，我们知道 $\vdash A_1$，$\rightarrow(A_2\rightarrow\cdots(A_n\rightarrow B)\cdots)$ 当且仅当 $\vdash((\cdots(A_1\wedge A_2)\wedge\cdots)\wedge A_n)\rightarrow B$。由此可知，如果 A_1，…，$A_n\vdash B$，那么 $\vdash((\cdots(A_1\wedge A_2)\wedge\cdots)\wedge A_n)\rightarrow B$，即 $((\cdots(A_1\wedge A_2)\wedge\cdots)\wedge A_n)\rightarrow B$ 是重言式模式。

设 $((\cdots(A_1\wedge A_2)\wedge\cdots)\wedge A_n)\rightarrow B$ 是重言式模式。根据合取词引入律，我们有 A_1，A_2，…，$A_n\vdash(\cdots(A_1\wedge A_2)\wedge\cdots)\wedge A_n$。由于重言式是任何 Γ 都可以推出来的，特殊地说，就有 A_1，A_2，…，$A_n\vdash((\cdots(A_1\wedge A_2)\wedge\cdots)\wedge A_n)\rightarrow B$。又根据蕴涵词消去律，$((\cdots(A_1\wedge A_2)\wedge\cdots)\wedge A_n)\rightarrow B$，$(\cdots(A_1\wedge A_2^n)\wedge\cdots)\wedge A_n\vdash B$ 成立。再应用演绎推传递律，就有：A_1，…，$A_n\vdash B$。

因之，A_1，…，$A_n\vdash B$ 当且仅当 $\vdash((\cdots(A_1\wedge A_2)\wedge\cdots)\wedge A_n)\rightarrow B$，即 $((\cdots(A_1\wedge A_2)\wedge\cdots)\wedge A_n)\rightarrow B$ 是重言式模式。

现在我们已经可以把判定 A_1，A_2，…，$A_n\vdash B$ 在命题逻辑中是否成立转换为判定（（…（$A_1 \wedge A_2$）A…）$\wedge A_n$）→B 是否为重言式的问题了。

用第二讲所介绍的真值表方法来给公式赋值，可以证明：如果 ⊢C（即 C 是重言式），那么 C 的值常真；如果 C 的值常真，那么 ⊢C（即 C 是重言式）。换言之，我们也可以这样定义重言式：任一公式 C 是重言式当且仅当 C 的值常真。现在我们知道：A_1，A_2，…，A_n ⊢B 成立，当且仅当（（…（$A_1 \wedge A_2$）∧…）$\wedge A_n$）→B 的值常真。[①] 这样我们就找到了一个呆板而可行的办法来判定任一“推理关系”是否属于命题逻辑。

现在来看两个具体的例子。

试问 A→B，¬ B ⊢¬ A 是否为命题逻辑的推理规则？我们这样解答：第一步，把诸“前提”用合取词联接起来，得到一个合取式模式；再用蕴涵词把此合取式模式与“结论”联接起来成为一个蕴涵式模式（（A→B）∧¬ B）→¬ A。第二步，用真值表方法检查此蕴涵式模式是否常真。

A	B	（（A→B）∧¬ B）→¬ A
1	1	1
1	0	1
0	1	1
0	0	1

从表上得知，（（A→B）∧¬ B）→¬ A 的值常真。所以答案是：A→B，¬ B）⊢¬ A 是命题逻辑的推现规则。

设有人讨论传统逻辑时问以下推理形式是否正确。

如果 p 则 r，如果 q 则 s，不 r 并且 s，所以，不 p 并且 q。

我们就可以用现代逻辑的知识来回答这个问题。首先，把上述形式抽象为“推理规则”：A→B，C→D，¬ B∧D ⊢¬ A→C。其次，把此“规则”转换

---

① 也可以说 A_1，A_2，…，A_n ⊢B 成立，当且仅当 A_1→（A_2→（…→A_n→B）…））的值常真。但使用（（…（$A_1 \wedge A_2$）∧…）$\wedge A_n$）→B 更方便。

成前件为合取式的蕴涵式模式：(((A→B)∧(C→D))∧(¬ B∧D))→(¬ A∧C)。最后，给出此蕴涵式模式的真值表：

A	B	C	D	(((A→B)∧(C→D))∧(¬ B∧D))→(¬ A∧D)
1	1	1	1	1
1	1	1	0	1
1	1	0	1	1
1	1	0	0	1
1	0	1	1	1
1	0	1	0	1
1	0	0	1	1
1	0	0	0	1
0	1	1	1	1
0	1	1	0	1
0	1	0	1	1
0	1	0	0	1
0	0	1	1	1
0	0	1	0	1
0	0	0	1	0
0	0	0	0	1

从此真值表可以看出，该模式的值不常真，因之，答案是：所问的推理形式不正确。

重言式是一个极重要的概念，根据重言式的性质，我们知道演绎推理的特征是前提都真时，结论必然也真。下面两种误解是经常遇到的，我们要注意。一、演绎推理前提都真，结论未必真。二、演绎推理有假前提，结论必假。

复合命题和命题联接词*

复合命题是指本身包含了其他命题的一种命题，并且其真假决定于它所包含命题的真假。这就是说，第一，复合命题的支命题不必有两个，可以只有一个，如负命题；第二，支命题不一定是简单命题，更不一定是直言命题；第三，所谓复合命题的真假决定于支命题的真假，更确切地说是：复合命题的真假由支命题的真假，通过命题连接词决定。① 因之，复合命题就是由支命题经命题联接词组合而成的命题。

一　复合命题的形式

传统逻辑基本上只讲两种复合命题，即假言（条件）命题和选言命题，其形式为：

1. 如有 A 则 B；
2. A 或者 B。

受现代逻辑影响的一些书，把假言命题分为三种，选言命题分为两种，还介绍了联言命题和负命题。在这样的书里，经常讨论到的复合命题形式，还有以下五种：

---

* 原载《逻辑与语言学习》1982 年第 2 期。有删改。

① 命题联接词在某些逻辑著作中称为逻辑联项。

1. 只有 A 才 B；
2. A 当且仅当 B；
3. 要么 A 要么 B；
4. A 并且 B；
5. 并非 A。

在以上 7 个形式中，“如果，则”“只有，才”“当且仅当”①“或者”（相容的）“要么，要么”（不相容的）“并且”“并非”，是自然语言里的命题联接词。“A”“B”是变项，代表任意的命题。任一复合命题形式中的所有变项都代之以命题，就得到一个复合命题。如以（1）雪是白的，代入“A 并且 B”中的“A”，而以（2）火是红的，代入“A 并且 B”中的“B”，就得到复合命题（3）雪是白的并且火是红的。（3）这个复合命题就是由（1）和（2）经由命题联接词“并且”组成的，由于（1）和（2）都真，而“并且”要求两支命题都真，因之（3）也是真的。

若以（4）雪是黑的，代入“A 并且 B”中的“A”，仍以（2）代入其中的“B”，则得（5）雪是黑的并且火是红的。由于（4）假，不满足“并且”的要求，因之，（5）是假的。我们再以（1）雪是白的代“A 并且 B”中的“A”，以（6）火是热的，代其中的“B”，就得到（7）雪是白的并且火是热的。由于（1）（6）都真，因而（7）显然也真。现在我们以真命题（8）燃烧是化学反应，代入“A 并且 B”中的“B”，仍以（1）代入其中的“A”，我们得到命题（9）雪是白的并且燃烧是化学反应。依照上述道理，既然（1）（7）都真，（9）就不能不真。但在自然语言里，说（9）真总使人感到别扭。这是因为自然语言里的“并且”除了支命题之间的真假关系外，还要求支命题之间的内容上有某种联系，例如并列、同时等等联系。又如“如果，则”在自然语言里常常表示因果联系、推论关系等。其他命题联接词的情况也相类似。

① 英语中的“if and only if”，汉语中的“当且仅当”，都是逻辑学家和数学家创造出来的词，不是日常语言中的词。

二　命题联接词、命题变项、真值

现代逻辑的研究撇开了真假以外的任何别的联系，仅仅从真假关系的角度来研究命题联接词。这样，现代逻辑就把自然语言里的命题联接词“如果，则”“只有，才”“当且仅当”“或者”“要么，要么”（不相容的），“并且”“并非”仅仅从真假角度相应地抽象为以下人工语言中的命题联接词：

$\rightarrow$；$\leftarrow$；$\leftarrow\rightarrow$；$\vee$；$\bar{\vee}$；$\wedge$；$\neg$

现代逻辑又撇开了具体命题意义方面的千差万别，仅仅把命题看成真假两种，以 1（或 T，t，+）代表真命题，以 0（或 F，f，-）代表假命题。以无穷多个符号：

p，q，r，s

p_1，q_1，r_1，s_1

⋮　⋮　⋮　⋮

为变项，而它们是只以 1 和 0 为值，1 和 0 叫作真值，这些变项叫作命题变项。7 种复合命题的形式就相应地抽象为：

$p\rightarrow q$；$p\leftarrow q$；$p\leftarrow\rightarrow q$；$p\vee q$；$p\bar{\vee}q$；$p\wedge q$；$\neg p$

这些形式也以 1 和 0 为值。当命题变项的值都给定后，复合命题的形式的值就决定于它所具有的常项——命题联接词。究竟怎样决定，下面作简单介绍。

三　分析几个例子

由以上 7 种基本形式，可以组成千变万化、无穷多的形式。现在我们来分析几个自然语言的例子。

例（1）：“敌进我退，敌驻我扰，敌疲我打，敌退我追”的形式是$(((p_1\rightarrow q_1)\wedge(p_2\rightarrow q_2))\wedge(p_3\rightarrow q_3)\wedge(p_4\rightarrow q_4)$。

例（2）："如果我们不充分发挥社会主义制度的优越性，使社会主义生产力迅速发展，逐步做到使我国的社会主义制度建立在现代化的大生产的强大物质基础上面，我们也不可能有效地克服资本主义势力的滋长，而且势必在社会帝国主义和帝国主义可能的侵略面前处于挨打地位"的形式是$((p\wedge q)\wedge r)\rightarrow(s\wedge p_1)$。

例（3）："任何不受外力影响的物体，总保持匀速直线运动或静止，直到有外力迫使它改变这种状态为止"的形式是$(\neg p\rightarrow(q\vee r))\wedge(p\rightarrow\neg(q\vee r))$。

在分析这些具体命题的形式时，同一上下文中的同一支命题用同一命题变项代表，不同支命题用不同命题变项代表。形式中的括号用法，与初等数学中的用法相似。

对以上三个例子的分析可以看出，现代逻辑不斤斤计较于命题名称的命名，而注意一个命题包含了哪些命题联接词，并且是怎样包含的，因之在分析符合命题的形式时，远较传统逻辑为有力。

四　公式和模式

复合命题的形式在现代逻辑里称为公式，公式是无穷多的，命题变项也算是公式。在命题逻辑里，此外就别无公式了。如 A 是公式，则$\neg A$也是公式。$A\rightarrow B$，$A\leftarrow B$，$A\leftarrow\rightarrow B$，$A\vee B$，$A\bar{\vee}B$，$A\wedge B$都是公式。以 A，B，C，D，A_i，B_i，C_i，$D_i(i=1,\cdots,n)$代表公式，$\neg A$代表了一类公式如$\neg p$，$\neg\neg q$，$\neg(r\rightarrow s)$，$\neg\neg(\neg(p\rightarrow q)\vee(r\rightarrow\neg s))$。$A\rightarrow B$等也代表了一类公式。我们要注意，像$\neg A$，$A\rightarrow B$这些东西本身并不是公式，而是代表了一类无穷多个公式，它们叫作公式模式，简称模式。

五　真值表

当命题变项的值给定后，包含了一个命题联接词及这些命题变项的公式的值又怎样决定呢？这个过程是由真值表来规定的。我们先看$\neg p$和$p\rightarrow q$的真值表。

p	¬ p
1	0
0	1

p	q	p→q
1	1	1
1	0	0
0	1	1
0	0	1

有了这两个基本的真值表,[①] 我们就可以着手处理更为复杂的公式。((p→q)→¬ p)的真值表可以这样写出来:

p	q	¬ p	p→q	(p→q) →¬ p
1	1	0	1	0
1	0	0	0	1
0	1	1	1	1
0	0	1	1	1

(以后为了节省篇幅,我们对真值表要作些简化。)从这个例子可以看出,公式 A、B 的值给定后,公式 A→B 的值也就给定,因之,¬ p,p→q 及其他各基本公式的真值表都可以推广如下:

A	¬ A
1	0
0	1

A	B	A→B	A←B	A← →B	A∨B	A $\bar{\vee}$ B	A∧B
1	1	1	1	1	1	0	1
1	0	0	1	0	1	1	0
0	1	1	0	0	1	1	0
0	0	1	1	1	0	0	0

① p→q; p←q; p← →q; p∨q; p $\bar{\vee}$ q; p∧q; ¬ p 叫作基本公式,它们的真值表叫作基本真值表。

真值表总结了支命题的真假通过各种不同的命题联接词怎样决定复合命题的真假，它是很有用的工具。

六　命题联接词的省略，复合命题形式之间的联系和转化

有了 A→B 的真值表，就有了 B→A 的真值表

A	B	B→A	A←B
1	1	1	1
1	0	1	1
0	1	0	0
0	0	1	1

拿 B→A 跟 A←B 作比较，就会发现当 A、B 的值给定后，B→A 跟 A←B 的值完全相同。因之，就可以把 A←B 定义为 B→A，从而省掉一个命题联接词“←”。以“=df”代表“定义为”，上述定义一般表述为：A←B = df B→A。关于“←”，也可以有这样的定义：A←B = df¬ A→¬ B。请读者自行画出¬ A→¬ B 的真值表作为练习。

根据¬ A，A∨B 和 A∧B 的真值表，我们可以给出下列真值表：

A	B	(A∨B) ∧ (¬ A∨¬ B)	A $\bar{\vee}$ B
1	1	0	0
1	0	1	1
0	1	1	1
0	0	0	0

当 A、B 的值给定后，(A∨B)∧(¬ A∨¬ B)的值与 A $\bar{\vee}$ B 的值完全相同。因之，就有以下定义：

$$A \bar{\vee} B = df \quad (A \vee B) \wedge (\neg A \vee \neg B)$$

也可以有这样的定义：

$$A \bar{\vee} B = df \quad (A \wedge \neg B) \vee (\neg A \wedge B)$$

有了上述两定义之一，就可以省掉“$\bar{\vee}$”。在现代逻辑里，常用的命题联接词是：→，← →，∨，∧，¬ 五个。它们分别叫作蕴涵词、等值词、析取词、合取词、否定词。而 A→B，A← →B，A∨B，A∧B，¬ A 就分别是蕴涵式、等值式、析取式、合取式、否定式的模式。

运用真值表可以说明公式之间的联系与转化。而这就反映了复合命题形式之间的联系与转化。除了上面已经说明的以外，再如，下列各组模式常取真值：

$$(A\to B)\leftrightarrow(\neg A\vee B),(A\to B)\leftrightarrow\neg(A\wedge\neg B)$$
$$(A\vee B)\leftrightarrow(\neg A\to B),(A\vee B)\leftrightarrow\neg(\neg A\wedge\neg B)$$
$$(A\wedge B)\leftrightarrow\neg(A\to\neg B),(A\wedge B)\leftrightarrow\neg(\neg A\vee\neg B)$$

我们仅在这里看一看第一个模式的真值表：

A	B	(A→B) ← → (¬ A∨B)
1	1	1
1	0	1
0	1	1
0	0	1

我们再用具体例子来直观地说明第一个模式。“如果小王去开会，那么我就不去了”的真假，与“或者小王去开会，或者我不去开会”的真假相同。

以上这些模式都说明了复合命题形式之间的联系与转化。因此，现代逻辑早已严格证明，只要少数几个命题联接词，例如：¬ 和→，¬ 和∨，¬ 和∧，就可以把所有可能的命题联接词都定义出来。这一点不仅具有理论价值，而且在日常应用上，也是很有意义的。例如，我们可以灵活运用各种不同形式的命题来反映充分条件联系。

七 关于否定

真值表可说明下列各模式的常真：

$$\neg\neg A \leftarrow\rightarrow A,$$

$$\neg(A\rightarrow B)\leftarrow\rightarrow(A\wedge\neg B),$$

$$\neg(A\leftarrow\rightarrow B)\leftarrow\rightarrow(A\vee B)\wedge(\neg A\vee\neg B),$$

$$\neg(A\vee B)\leftarrow\rightarrow(\neg A\wedge\neg B),$$

$$\neg(A\wedge B)\leftarrow\rightarrow(\neg A\vee\neg B)。$$

这里仅画出第二个模式的真值表来检验。

A	B	¬ (A→B) ←→ (A∧¬ B)
1	1	1
1	0	1
0	1	1
0	0	1

有了上面这些模式，与不管怎样复杂的公式的否定式等值的公式，都可以运用这些模式来一步步求得。例如与（p∧q）→r 的否定式¬ （（p∧q（→r）等值的公式是什么？根据上面第二个模式，就可以知道它是（p∧q）∧¬ r。具体的例子，如：命题“如果甲、乙两人都来，那么这件事就办不成”的否定即是“甲乙两人都来了，而这件事也办成了”。

在这一讲里，我们是突出命题联接词来讨论复合命题的形式的；然而，现代逻辑不是为了分析命题形式而分析命题形式。分析命题形式主要是为了解决推理中的问题。下一讲我们就来谈谈关于复合命题的推理，或者说关于命题联接词的推理。

命题逻辑的推理规则*

关于复合命题的推理在传统逻辑里基本上只讨论了假言推理肯定式（Modus ponens）和否定式以及假言联锁推理、选言推理、二难推理等。相对于某些推理形式，传统逻辑还列出了所谓推理规则。例如关于 Modus ponens 的规则是：承认前件就要承认后件。

在现代逻辑里，命题逻辑研究关于命题联接词的推理。以 $\vdash$ 表示人工语言里演绎的推出关系，现代逻辑就把推理形式 Modus ponens 抽象为下列推理规则：

$$A \rightarrow B, A \vdash B。$$

这条规则在有的书上叫作蕴涵词消去律，有的叫作分离规则。它是命题逻辑中最重要的一条规则。在某些命题逻辑的公理系统中，它是唯一的推理规则。

关于演绎推理还有两条极其基本，直观上非常显然，而与命题联接词无关的推理规则。一条是：

$$A_1, \cdots, A_n \vdash A_i (i = 1, \cdots, n)$$

这叫作肯定前提律。意思是说从一串任意前提 A_1，…，A_n 可推出其中任一

* 原载《逻辑与语言学习》1982 年第 4 期。有删改。

个 A_i（i = 1，…，n）为结论。这条规则极其“自明”，但不能没有它。

传统逻辑讲复合三段论，例如：M_1AP，M_2AM_1，SAM_2，所以，SAP。[①] 仔细分析起来，证明的过程应该是这样的：

(1) M_1AP，M_2AM_1，SAM_2，所以，M_1AP	肯定前提律
(2) M_1AP，M_2AM_1，SAM_2，所以，M_2AM_1	肯定前提律
(3) M_1AP，M_2AM_1，SAM_2，所以，SAM_1	肯定前提律
(4) M_1AP，M_2AM_1，所以，M_2AP	Barbara[②]
(5) M_1AP，M_2AM_1，SAM_2，所以，M_2AP	(1)(2)(4)演绎推理的传递性
(6) M_2AP，SAM_2，所以，SAP	Barbara
(7) M_1AP，M_2AM_1，SAM_2，所以，SAP	(3)(5)(6)演绎推理的传递性

这个证明的（1）（2）（3）三步，都根据上面已提到的肯定前提律。（4）（6）都是传统的三段论。（5）（7）两步的根据都是演绎推理的传递性。演绎推理的传递性在现代逻辑里表示为下列推理规则：

如果 $B_1,\cdots,B_n\vdash C_1,\cdots,B_1,\cdots,B_n\vdash C_m,C_1,\cdots,C_m\vdash A$，则 $B_1,\cdots,B_n\vdash A$。

为了简便，以“Γ”代表公式序列 B_1，…，B_n，以“Δ”代表公式序列 C_1，…，C_m。上列规则可简写为：

如果 $\Gamma\vdash C_1$，…，

$\Gamma\vdash C_m$，

$\Delta\vdash A$，

① 请注意区分传统逻辑的符号、公式与现代逻辑的符号、公式。

② 三段论第一格 AAA 式。

则 $\Gamma\vdash A$。

再把 $\Gamma\vdash C_1$，…，$\Gamma\vdash C_m$ 简写为 $\Gamma\vdash C_1$，…，C_m。这又可简写为 $\Gamma\vdash\Delta$。又把 $\Gamma\vdash\Delta$，$\Delta\vdash A$ 简写为 $\Gamma\vdash\Delta\vdash A$，上述规则就可表述为：

如果 $\Gamma\vdash\Delta\vdash A$，则 $\Gamma\vdash A$。

在上面那个关于复合三段论的例子里，第二次用到本规则时，M_1AP、M_2AM_1，SAM_2 相当于 Γ，M_1AP，SAM_2，相当于 Δ，SAP 相当于 A。这是另一条不涉及命题联接词的推理规则，叫作演绎推理传递律。它不是说从什么可推出什么，而是规定：如果某些推理（$\Gamma\vdash\Delta$，$\Delta\vdash A$）成立，那么某一特定推理（$\Gamma\vdash A$）也一定成立。

现在我们再来介绍另外两条关于命题联接词的推理规则。

从 Barbara 和对当关系出发，可以用反证法证明传统逻辑里的“MOP，MAS，所以，SOP”。如下：

（1）MOP，MAS，并非 SOP，所以，MOP	肯定前提律
（2）MOP，MAS，并非 SOP，所以，MAS	肯定前提律
（3）MOP，MAS，并非 SOP，所以，并非 SOP	肯定前提律
（4）并非 SOP，所以，SAP	对当关系
（5）MOP，MAS，并非 SOP，所以，SAP	（3）（4）演绎推理传递律
（6）SAP，MAS，所以，MAP	Barbara
（7）MOP，MAS，并非 SOP，所以，MAP	（5）（2）（6）演绎推理传递律
（8）MAP，所以，并非 MOP	对当关系
（9）MOP，MAS，并非 SOP，所以，并非 MOP	（7）（8）演绎推理传递律
（10）MAP，MAS，所以，SOP	（1）（9）反证法

(10) 之所以成立，是因为在 MOP，MAS 之外，加上并非 SOP 而推出了矛盾 MOP 和并非 MOP，因之，从 MOP，MAS 应推出 SOP。(10) 的根据是反证法。现代逻辑把它抽象为如下推理规则：

如果 Γ，$\neg A \vdash B$，$\neg B$，则 $\Gamma \vdash A$。

这条规则叫作反证律。当 B 就是 A 时，就有特例：如果 Γ，$\neg A \vdash A$，$\neg A$，则 $\Gamma \vdash A$。当 Γ 是公式的空序列时，本规则的特例就是：如果 $\neg A \vdash B$，$\neg B$，则 $\vdash A$。"$\vdash A$" 表示在命题逻辑的系统里没有前提也能推出 A，这也就是说任何前提都能推出 A。反证律是数学里经常使用的有力工具。

像"假如语言能够生产物质资料，那么夸夸其谈的人就是世界上最富的人了"这样的命题是无法证实的。那么，我们又怎样会认为它是真的呢？这样的命题只能经过推理来证明它是真的。设以 p 代表"凡语言是能够生产物质资料的"，以 r 代表"凡夸夸其谈的人是语言极多的人"，以 s 代表"凡掌握生产资料极多的人是世界上最富的人"，以 q_1 代表"凡语言极多的人是能够生产物质资料极多的人"，以 q_2 代表"凡语言极多的人是掌握生产资料极多的人"，以 q_3 代表"凡夸夸其谈的人是掌握生产资料极多的人"，以 q_4 代表"凡夸夸其谈的人是世界上最富有的人"，我们可以有以下证明：

(1) r，s，p，所以，r	肯定前提律
(2) r，s，p，所以，s	肯定前提律
(3) r，s，p，所以，p	肯定前提律
(4) p，所以，q_1	传统逻辑附性法
(5) q_1，所以，q_2	传统逻辑复杂概念推理
(6) r，s，p，所以，q_2	(3)(4)(5) 演绎推理传递律
(7) q_2，r，所以，q_3	Barbara
(8) r，s，p，所以，q_3	(6)(1)(7) 演绎推理传递律
(9) s，q_3，所以，q_4	Barbara
(10) r，s，p，所以，q_4	(2)(8)(9) 演绎推理传递性

(11) r，s，所以，如果 p 则 q_4　(10)

由于 r，s 是众所周知的真理，因之“如果 r 则 q_4”得证。在这个证明过程中，从（10）到（11）用到了一条推理规则，现代逻辑把它表示为：

如果 Γ，A ⊢B，则 Γ ⊢A→B。

在上述证明中，r，s 相当于 Γ，p 相当于 A。这条规则叫作蕴涵词引入律，在有的公理系统里则叫作演绎定理。当 Γ 是公式的空序列时，本规则的特例是：如果 A ⊢B，则 ⊢A→B。

演绎推理传递律、反证律和蕴涵词引入律都是说，如果那些推理成立，那么某一特定推理也成立，它们都反映了推理形式之间的关系。

有的同志误认为拿假前提来进行推理是荒谬的。其实不论是日常生活还是科学研究都绝对少不了事实上是假的或明知是假的前提出发进行推理。推理不许有假前提，就从根本上否定了反证法的有效性。在许多科学原理的完整的证明过程中，是常常需要假设前提的，特别是反证律和蕴涵词引入律，都是关于假设前提的推理规则。

有了以上五条推理规则，其他一切关于¬ 和→的推理规则都可以逐步由它们来生成，从而组成一个完整的逻辑系统 P。（请注意，这样的系统没有通常意义的公理）上述五条规则，就是 P 的原始推理规则。

现在我们只举一个例子来说明在 P 中从原始推理规则出发，怎样生成蕴涵传递律：A→B，B→C ⊢A→C。

(1) A→B，B→C，A ⊢A→B	肯定前提律
(2) A→B，B→C，A ⊢A	肯定前提律
(3) A→B，A ⊢B	蕴涵词消去律
(4) A→B，B→C，A ⊢B	(1)(2)(3) 演绎推理传递律
(5) A→B，B→C，A ⊢B→C	肯定前提律

(6) B→C，B ⊢C	蕴涵词消去律
(7) A→B，B→C，A ⊢C	(5)(4)(6)演绎推理传递律
(8) A→B，B→C ⊢A→C	(7)蕴涵词引入律

(8) 就是蕴涵词传递律，它是假言联锁推理（纯粹假言三段论）的抽象。从原始推理规则出发，可以生成无穷多的推理规则，我们再列举几条如下：

A ⊢A	
⊢A→A	(同一律)
A ⊢⊣ ¬ ¬ A[①]	(双重否定律)
如果 Γ,A ⊢B,¬ B,则 Γ ⊢¬ A	(归谬律)
A→B ⊢⊣ ¬ B→¬ A	

在 P 里引入定义：A∨B = df¬ A→B，A∧B = df¬ （¬ A∨¬ B）和 A← →B = df（A→B）∧（B→A），就可以生成关于∨，∧和← →的所有推理规则。例如，¬ A→B，¬ A ⊢B 就可以根据定义缩写为 A∨B，¬ A ⊢B。

也可以为∨、∧和← →列出如下六条原始推理规则：

A∧B ⊢A,B	(合取词消去律)
A,B ⊢A∧B	(合取词引入律)
如果 A ⊢C,B ⊢C,则 A∨B ⊢C	(析取词消去律)
A ⊢A∨B,B∨A	(析取词引入律)
A← →B,A ⊢B;A← →B,B ⊢A	(等值词消去律)
如果 Γ,A ⊢B;Γ,B ⊢A,则 A← →B	(等值词引入律)

加上前面提到的五条推理规则，一共有十一条原始推理规则的命题逻辑系

① “ ⊢⊣ ”表示互推关系。A ⊢⊣ B 是 A ⊢B,B ⊢A 的缩写。

统叫作 $P^{\#}$。从日常应用来看，$P^{\#}$可能比 P 更方便。$P^{\#}$也有无穷多条推理规则。我们列举若干如下：

$A\wedge B \vdash\dashv B\wedge A$	（合取词交换律）
$(A\wedge B)\wedge C \vdash\dashv A\wedge(B\wedge C)$	（合取词结合律）
$A\wedge B \vdash\dashv \neg(A\rightarrow B)$	
$A\rightarrow B \vdash\dashv \neg(A\wedge\neg B)$	
$\vdash\neg(A\wedge\neg A)$	（矛盾律）
$A\vee B \vdash\dashv B\vee A$	（析取词交换律）
$(A\vee B)\vee C \vdash\dashv A\vee(B\vee C)$	（析取词结合律）
$A\vee B \vdash\dashv \neg A\rightarrow B$	
$A\rightarrow B \vdash\dashv \neg A\vee B$	
$\vdash A\vee\neg A$	（排中律）
$\neg(A\wedge B) \vdash\dashv \neg A\vee\neg B$ $\neg(A\vee B) \vdash\dashv \neg A\wedge\neg B$	（德摩根律）
$A\vee(B\wedge C) \vdash\dashv (A\vee B)\wedge(B\vee C)$	（∨对∧分配律）
$A\wedge(B\vee C) \vdash\dashv (A\wedge B)\vee(B\wedge C)$	（∧对∨分配律）
$A\rightarrow(B\wedge C) \vdash\dashv (A\rightarrow B)\wedge(A\rightarrow C)$	（→对∧分配律）
$A\rightarrow(B\vee C) \vdash\dashv (A\rightarrow B)\vee(A\rightarrow C)$	（→对∨分配律）
$A\leftarrow\rightarrow B \vdash\dashv A\rightarrow B, B\rightarrow A$	
$A, B \vdash A\leftarrow\rightarrow B$	
$A\leftarrow\rightarrow B, B\leftarrow\rightarrow C \vdash A\leftarrow\rightarrow C$	（等值词传递律）
$A\leftarrow\rightarrow B \vdash\dashv B\leftarrow\rightarrow A$	（等值词交换律）

P 和 $P^{\#}$的原始推理规则虽不一样，但在实际上凡是 P 的推理规则都是 $P^{\#}$的推理规则；只要在 P 中引入适当的定义，凡是 $P^{\#}$的推理规则就也都是 P 的推理规则。由此我们可以说，凡是符合 P 或 $P^{\#}$的原始推理规则及由它们生成的推理规则的，就是命题逻辑里的推出关系，就是关于命题逻辑的演绎定理。这样的演绎推理没有不正确的形式。

关于周延问题的答辩*

张怀斌同志在《南阳师专学报》及《逻辑科学》上连续发表文章，对我参加编写的几本逻辑书中关于周延问题的说明，有所批评。因之我想借《南阳师专学报》的宝贵篇幅，说几句答辩的话。

第一，离开了周延的正确定义无法说清楚肯定命题的谓项是否周延。一切主张“有的肯定命题的谓项周延”的说法，往往都对周延、不周延下了不正确的定义。我认为正确的定义应该是：一个概念在一个命题中出现时，如果该命题对这一概念的全部外延有所反映，那么，这个概念在该命题中就是周延的。如果该命题没有对这一概念的全部外延有所反映，那么这个概念在该命题中就是不周延的。由于“凡 S 是 P”并不反映凡 S 是一切 P，“有 S 是 P”并不反映有 S 是一切 P，所以根据上述定义，肯定命题的谓项只能是不周延的。

第二，一个概念在一直言命题中周延与否，仅与该命题的形式有关，而与该直言命题主谓项所反映的事物类事实上的关系无关。比如说，“工人”在“凡工人是作家”“无工人是作家”中都周延，这跟工人与作家事实上的交叉关系无关。“偶数”在“有偶数是自然数”“有偶数不是自然数”中都不周延，这也跟偶数与自然数的事实上的真包含于关系无关。我们根据客观情况来确定主谓项的外延，但外延不等于周延，确定外延不等于确定是否周延。何况，确定外延原则上不是形式逻辑的任务。不能说全称肯定命题主谓项的外延事实上有全同关系，所以主谓项在该命题中都是周延

---

* 原载《南阳师专学报》（社会科学版）1985 年第 2 期。有删改。

的。不能说“凡等边三角形都是等角三角形”的谓项是周延的。(参见中国人民大学哲学系逻辑教研室编《形式逻辑》，1980，第77页)至于文章中说的“全称肯定判断中有些谓项和主项事实上是同一周延”这句话，我没有看懂。

第三，逻辑主要研究推理。例如，有了SAP，能不能直接由之得出PAS？逻辑不知道何谓“互相倒置”。看来张同志认为SAP可以换位为PAS，如“凡等角三角形都是等边三角形”可换位为“凡等边三角形都是等角三角形”。就我所知，这个意见是违反平面几何的常识的，也是违反形式逻辑的一条常识的：前提结论都真，推理形式未必正确。我们说SAP不能换位为PAS，其谓项可以不与周延概念挂钩，以免循环论证。我们的理由是：当任一具有SAP形式的命题真时，具有PAS形式的命题不一定也真，推理形式是否正确，是没有例外的。

第四，张同志着眼于主谓项所反映的事物类事实上的关系来举例，这样的例子举得再多，也不足以证实有的肯定命题的谓项周延。文章提出的三条理由(许多判断的主谓项外延相等；许多判断的主谓项能够倒置；例证不孤)都无法证明有的肯定命题的谓项周延。因为这三条理由不足以说明“凡S是P”“有S是P”有时表达“凡S是一切P”“有S是一切P”。

第五，张同志认为有的肯定命题的谓项周延，还有一条理由是：像“北京是中华人民共和国的首都”这样的命题，“大家管它叫SAP判断”。大家都这么叫，不见得就正确。“北京是中华人民共和国的首都”这样的单称命题，还不同于“苏格拉底是人”。这样的单称命题，是不能与全称命题混为一谈的。硬把“北京是中华人民共和国的首都”叫作全称命题，是完全错误的。试看以下正确的推理：“北京是中华人民共和国的首都，北京是大城市，所以，中华人民共和国的首都是大城市。”如果硬把它套入三段论的框框，能说得通吗？

第六，我国教育部审定的高校文科教材的逻辑书，只有两本：金岳霖主编的《形式逻辑》和《普通逻辑》。所谓《全本》明确说，定义的形式是：D_S就是D_P。(第45页)还说：“在许多场合，‘S就是P’却是等于‘所有S是P，并且所有P都是S’。”(第132页)说定义的形式就是SAP，那是错误的。

第七，张同志还认为有的特称肯定命题的谓项周延，并以“有些学生是哲学系学生”为例。张同志认为此命题不能换位为“有些哲学系学生是学生”，只能换位为“所有哲学系学生是学生”。所谓不能换位，大概是误解了这里的“有些”的含义，误认为 SIP 意味着 SOP。我不知道张同志是否同意，从 SAP 可推出 SIP，从“所有哲学系学生是学生”可推出“有的哲学系学生是学生”？

第八，肯定命题谓项不周延的事实根据是：说“凡 S 是 P”和“有 S 是 P”这些句型的话，并不意味着“凡 P 是 S”，这是语言的正常的习惯，这是语义方面的事实。只要数学家不承认“凡等角三角形都是等边三角形”，意味着，推得出“凡等边三角形都是等角三角形”。只要有这么一个孤例，我们就可以如法炮制出千千万万个来。肯定命题的谓项不周延这条传统逻辑的原理，是从实践中总结出来的。

“狗是动物”中的“动物”不周延，根据绝不是张同志所说的“客观世界中并非所有的动物是狗”，而是：这个命题并不意味着“狗是一切动物”。“狗”在“狗是动物”中周延，根据绝不是狗包含于动物，而是这个命题是说：“一切狗都是动物。”

进一步问：上述语义关系又是根据什么规定的？认为上述语义关系是归纳得来的，反映了下面这个客观情况：对任意的 S 类和 P 类而言，当 S 类包含于 P 类时，P 类不一定包含于 S 类。这就是肯定命题谓项不周延的客观基础。

周延问题是主观反映客观的问题，是命题形式的问题，是语义的问题，是一个命题能提供什么信息的问题，也是类的包含关系的客观规律的问题。尽管事实上等角三角形与等边三角形有全同关系，但以“等角三角形”“等边三角形”代入 SAP、SEP、SIP、SOP、PAS、PES、PIS、POS 这 8 个形式中所得到的 8 个命题，它们基本上含义不同，提供的信息不同，它们主谓项的周延情况也大不一样。

第九，坚持肯定命题的谓项不周延，目的不在于维护换位和三段论的尊严。不要“项周延”这个概念，同样可以讲换位和三段论。

有的同志认为有的肯定命题谓项周延，但都照旧讲传统的换位和三段论，这是自相矛盾的。有的同志虽然也认为肯定命题的谓项不周延，但却总觉得有所谓“扩充三段论”这个想法是自相矛盾的。还有同志承认肯定命题谓项不周延，承认 SAP 不可换位为 PAS，但却说“看一个假言判断是不是充要条件假言判断，还要看前件与后件所断定的实际关系”（中国人民大学哲学系逻辑教研室编《形式逻辑》，1984，第 96 ~ 97 页）。这也还是自相矛盾的。张同志根据外延关系认为有的肯定命题的谓项周延，但不认为有的全称命题的主项不周延，有的特称命题的主项周延，有的否定命题的谓项不周延，这同样是自相矛盾的。还有同志说，肯定命题谓项不周延更为合理，更方便，有利于推理，但存在自相矛盾之处。（朱志凯主编《形式逻辑基础》，复旦大学出版社，1983，第 76 ~ 79 页）这个说法未免太离奇了！

第十，我对杜岫石同志“看图识字论”的答复请阅《逻辑科学》1985 年第 2 期拙文《析〈“合乎逻辑”析〉》。有关周延问题的论述还请读者参阅拙文《关于周延和假言判断的几个问题》（《逻辑学文集》，吉林人民出版社，1979）和宋文淦撰《一次关于周延问题的交谈》（《形式逻辑研究》，北京师范大学出版社，1984）。

充分条件和必要条件的定义*

——简答李全元、邓光汉两同志

李全元、邓光汉两同志在《逻辑与语言学习》1987 年第 3 期上撰文，就充分条件、必要条件的定义问题与我商榷。我想有必要简要地答复一下。

1974 年，王宪钧、晏成书两教授合编了一本教材《形式逻辑（讨论稿）》，由北京大学哲学系铅印。王先生执笔的第二章，在讲述事物情况之间的联系时说，有甲必有乙，甲是乙的充分条件。无甲必无乙，甲是乙的必要条件。把这两种条件结合起来，客观世界中两种事物情况的联系有以下三种：充分而不必要、必要而不充分、充分又必要。该章在介绍假言判断时又说，在逻辑学里，用“如果…则…”作为充分条件假言判断的代表形式，用“只有…才…”作为必要条件假言判断的代表形式，用两个判断反映充分必要条件。

金岳霖主编的《形式逻辑》在出版前夕，曾按王先生的上述意见，对充分条件和必要条件的定义，作了修改。

我在一些文章和书中对王先生的看法试图做些解释。我的解释未必妥当，也没有在发表前请王先生过目。

金岳霖主编的《形式逻辑》还说：“从事物的存在与不存在这个角度来看，条件可以分为三种。这就是充分条件、必要条件与充分必要条件。断定事物情况之间的条件关系的假言判断，也相应地分为三种，这就是充分条件假言判断、必要条件假言判断与充分必要条件假言判断。”（第 107 页）

---

* 原载《逻辑与语言学习》1987 年第 6 期。有删改。

现在看来，这里对条件和假言命题的阐述，是考虑不周的。第一，如果把条件划分为充分、必要、充分必要，是违反规则的，因为它们不是互相排斥的。第二，假言命题分为三种不是根据对条件的错误划分，也不是根据被反映的事物情况是何种条件联系，而是根据联结词的不同。

逻辑上讨论充分条件和必要条件，不是把条件划分为充分、必要两类，因为它们是相容的。但没有充分条件假言命题是必要条件假言命题。充分条件可以划分为必要的、不必要的两类；必要条件可以划分为充分的、不充分的两类。但是充分条件假言命题不能从形式上分为必要的、不必要的两类；必要条件假言命题不能从形式上分为充分的、不充分的两类。充分必要条件，既是充分条件，又是必要条件。但是充要条件假言命题既不是充分条件假言命题，又不是必要条件假言命题；它只是既蕴涵充分条件假言命题，又蕴涵必要条件假言命题。

“如果一个三角形是等边三角形，则它是等角三角形”是充分条件假言命题，而不是充要条件假言命题，它绝不蕴涵“如果一个三角形是等角三角形，则它是等边三角形”。这不是逻辑工作者需要讨论的问题，而是几何里的既成习惯、客观事实。逻辑要联系实际，首先应该联系这类实际，否则逻辑就一无用处，而将被科学家所抛弃。

李、邓两位同志把“不必不 p”（或“不一定不 p”）理解为“可能不 p，也可能 p”。从模态的角度看，李、邓两位同志这里所用的“可能”含意太窄，“可能 p”增加了“可能不 p”的意思。若把“可能不 p，也可能 p”理解为“不 p 或 p”，则由于“不 p 或 p”（排中律）是重言式，故与之等值的“不必不 p”也应是重言式。这似乎不合自然语言的习惯：任何命题之前加上“不必不”（或“不一定不”）就得到一个常真命题。

李、邓两位同志把“如果不 p 则不必不 q”分析为$\neg p \to (\neg q \vee q)$。由于$(\neg q \vee q)$是重言式，所以$\neg p \to (\neg q \vee q)$也是重言式。把重言式合取地加到任何合式公式 A 上去，都不会改变 A 的值。任何 A 都蕴涵所有的重言式。我们不从代表有效推理形式的意义上来讲，重言式就是绝对不会错的、信息量等于零的废话。把$\neg p \to (\neg q \vee q)$加到$p \to q$上去，等于不加。关于$p \to (\neg q \vee q)$，情况相同，不再赘述。

总之，在充分条件的定义“有 p 必有 q”之后加上“无 p 不必无 q”，在必要条件的定义“无 p 必无 q”之后加上“有 p 不必有 q”，根据我的解释，导致逻辑矛盾。根据李、邓两位同志的解释，等于不加，也许还会有别的解释可供选择。

对“充分条件”“必要条件”的理解[*]

——向辞书学习到的

近查《现代汉语词典》[①] 得知：

如果　连词，表示假设。[②]

那么　表示顺着上文的语意，申说应有的结果。（上文可以是对方的话，也可以是自己提出的问题或假设）[③]

只要　连词，表示充足的条件。（下文常用“就”或“便”呼应）[④]

只有　连词，表示必需的条件。（下文常用“才”或“方”呼应）[⑤]

除非　连词。1. 表示唯一的条件，相当于“只有”，常跟“才、否则、不然”等合用：若要人不知，除非己莫为。2. 表示不计算在内，相当于“除了”。[⑥]

我读了这些释文，颇有所得。第一，“如果，那么”表示假设了 p，应有的结果是 q，当然假设与结果，未必是因果联系中的因与果。这就是逻辑

---

* 原载《思维与智慧》1987 年第 3 期。有修改。

① 中国社会科学院语言研究所词典编辑室编《现代汉语词典》，商务印书馆，1983。原文为“《现代汉语辞典》”。——编者注

② 同上书，第 972 页。——编者注

③ 同上书，第 813 页。——编者注

④ 同上书，第 487 页。——编者注

⑤ 同上书，第 1487 页。——编者注

⑥ 同上书，第 159 页。——编者注

所说的“如果 p，那么 q”表达 p 是 q 的充分条件，有之必然。《现代汉语词典》没有告诉我们“如果 p，那么 q”表示不顺着 p 的语意，就不应有 q 的结果。这就是逻辑所说的“如果 p，那么 q”不表达 p 是 q 的必要条件，无之必不然。“如果，那么”不表达无之必不然，不等于说它表达了无之未必然、无之未必不然。《现代汉语词典》并未说“如果，那么”是多义的。可见，它在任何场合也不表达必要条件，它在任何场合也不表达充要条件。说有时它可以表达充要条件，在自然语言的语义学中，是没有根据的。

第二，根据《现代汉语词典》对“只要”的解释，“只要，就”相当于“如果，那么”，它表示充分条件，而不表示必要条件。有人认为“只要，就”表达充要条件，这是不符合现代汉语的实际情况的。

第三，《现代汉语词典》对“只有”的解释，用逻辑的术语来讲，它表示无之必不然的必要条件。《现代汉语词典》没有说“只有，才”是多义的，没有说它像“如果，那么”那样表示顺着上文的语意，申说应有的结果。“只有，才”不表达有之必然，不等于说它表达有之未必然、有之不必然。总之根据汉语的习惯不能说“只有，才”也可以表达充要条件。

第四，《现代汉语词典》说“除非”相当于“只有”，没有说它相当于“如果”，没有说它在这一点上是多义的。因之“除非”也应表示必要条件，而不表示充分条件，当然更不表示充要条件。

但《现代汉语词典》先说一句“除非”表示唯一的条件。“唯一的条件”与“必需的条件”关系怎样？看来在这一点上，该书是论述不同的。许多语法书上讲的“唯一条件”，不能等同于逻辑上的充要条件。因为充要条件常常是很不唯一的。如三角形三边相等，三角相等，三高相等，三中线相等，等等，都是互为充要条件的。从何谈起“唯一”？当然必要条件也不是唯一的。

“除非”的第二种含义相当于“除了”，这里可以暂不论及。

给“如果，那么”“只要，就”“只有，才”“除非，才”等添加许多含意，原是自作多情，于逻辑，于语言，都有害无益。

试论“或者”和“要么”*

解放前的逻辑书中，“或者”大概都表达不相容（不可兼）的析取（选言）。例如金岳霖的《逻辑》，就是这样。乃至1950年曹葆华、谢宁所译苏联斯特罗果维契的《逻辑》，也是如此。

解放后逻辑学界逐渐公认“或者”表达相容（可兼）的析取。“或者”的逻辑语义被规定为：至少有一真。这可见全国高等教育自学考试指导委员会编的《普通逻辑自学考试大纲》（红旗出版社，1986）。

周礼全同志在金岳霖主编的《形式逻辑》中说：“在汉语中，‘…或…’、‘…或者…’，一般地是表达相容的选言判断。但是，这些语词的意义，并不是已经十分确定的。因而，在有些要求高度准确的场合，我们还必须加上其他的语词。例如，这个作品在思想性方面有缺点，或者艺术性方面有缺点，或者兼而有之。这里加上了‘兼而有之’，就十分明确地表示了思想上有缺点与艺术上有缺点这两者是相容的。”（第115～116页）

周礼全同志在同书中还第一次公开提出关于“要么”的问题，他说：“在汉语中，‘要么…，要么…’，‘或者…，或者…’一般地是表达不相容的选言判断。但是它的意义，并不是十分确定的。在有些要求高度准确的场合，我们可以加上一些其他的语词。例如，要么走社会主义道路，要么走资本主义道路，二者必居其一（或二者不可得兼）。这里加上了‘二者必居其一’或‘二者不可得兼’，就表示走社会主义道路与走资本主义道路这两者是不相容的。”（同上，第117页）周礼全同志的意思，“要么”的逻辑

* 原载《清华大学学报》（哲学社会科学版）1987年第2卷第2期。有修改。

语义应为：恰好有一真。这个说法现在也被普遍接受，例如也反映在上述《普通逻辑自学考试大纲》之中。

《普通逻辑》一书认为，“这些作品或者政治上有错误，或者是艺术上有缺点，或者二者兼而有之”是不相容的析取命题。它说：“在自然语言中，‘或者…或者’这个逻辑联结词是有歧义的，在某种语境中，它用来作为相容选言判断的联结词；在另一种语境中，它也可能用来作为不相容选言判断的联结词。在这个选言判断（指‘或者杨市长参加今天的剪彩仪式，或者钟副市长参加今天的剪彩仪式，或者两位市长都来参加’）中的三个选言支分别断定了三种可能的情况：第一种情况是杨市长参加剪彩仪式（而钟副市长没有去），第二种情况是钟副市长参加剪彩仪式（而杨市长没有去），第三种情况是两位市长都去参加剪彩仪式。这三种情况中有而且只有一种情况是真的，所以，它是不相容选言判断。”（1986，第 301 页）

苏天辅同志认为：“在汉语里，表达相容选言判断的词，常用的有：‘或…或…’、‘或者…或者…’、‘或许…或许…’等等。但是要注意，这些语词的意义并不是十分确定的，它们表示的也可以不是相容的选言判断，因此，为了准确起见，我们可以加一些其他词来表示支判断的相容性，来表示支判断可以同时真。如：……‘或者兼而有之’、‘或者二者具备’只是表示前面的选言支相容。”（《形式逻辑》，中央广播电视大学出版社，第 177～178 页）他还说：“在汉语里，表示不相容的选言联结词，常用的有：‘要么…要么…’、“不是…就是…’、‘或者…或者…’等等。也要注意，这些语词的意义也并不是十分确定的，有时它们也不见得非表示不相容的意义不可。‘要么你去，要么他去’，没有一个确切的理论可以指出‘要么’只能表示不相容关系，也没有一个约定俗成的习惯规定非这么用不可。……如果有理论根据，或者有约定俗成的规定，那么为什么还要说，‘要么走社会主义道路，要么走资本主义道路，二者不可得兼’，后面非加一个‘二者不可得兼’不可呢？可见，‘要么…要么…’并不是确定不移地非表示不相容关系不可。”（同上，第 180 页）

刘培育同志认为：“以‘或者’和‘要么’为例：在自然语言中，‘或者’一般表达相容的选择关系，又不单纯表达相容的选择关系；‘要么’一般表达不相容的选择关系，也不限于表达不相容的选择关系。比如：

(4.1) 明天上午九点整，你或者去车站接人，或者去机场接人。

(4.2) 明天要么你去取书，要么我去取书，要么我俩一块去。

这两个语句都很自然。(4.1) 中的‘或者’不是表达相容关系，而是表达不相容关系，(4.2) 的‘要么’不是表达不相容关系，而是表达相容关系。这说明关联词也有多义性。”（《论不同假言命题的识别》，载《社会科学战线》1986 年第 4 期）

本文不准备讨论“…或者…”与“或者…或者…”的区别，而着重探索“…或者…”“要么…要么…”的含义和区别。这里有一个基本出发点必须十分明确。本文讨论的是“或者”“要么”表达什么，而不是讨论走社会主义道路与走资本主义道路之间有什么关系，等等。走社会主义道路与走资本主义道路事实上有什么关系，与“走社会主义道路或者走资本主义道路”表达了什么，是两个性质完全不同的问题。由于本文讨论的是表达问题而不是事实问题，故应求助于辞书。

《现代汉语词典》[①] 解释作为连词的“或者”说：“用在叙述句里，表示选择关系。或者把老虎打死，或者被老虎吃掉，二者必居其一。”该书对“要么”的释文是：“连词，表示两种意愿的选择关系。你赶快拍个电报通知他，要么你打个长途电话，可以说得详细些。要么他来，要么我去，明天总得当面谈一谈。也作要末。”

《现代汉语词典》用选择关系来解说“或者”和“要么”。它们的区别似乎仅在于连接的事件不同，“要么”是专门连接“两种意愿”的，这一点对逻辑来说相当不重要。这样解释这两个词在自然语言中的语义似乎已极为明确，但从逻辑的角度来看，仍有相当模糊之处。

在自然语言里，我们不大能想象用一两个词来表示选择的复杂情况。我们以两事物 p、q 为一次性选择的对象。这种一次性的选择，就有四种，

① 原文为“《现代汉语辞典》”，下同。——编者注

即 {p, q} 的四个子集 { }, {p}, {q}, {p, q}。这四种不同的选择，依据的标准是两条：R1，至少选一个；R2，至多选一个。符合 R1 的选择是 {p}, {q}, {p, q}。符合 R2 的选择是 { }, {p}, {q}。既符合 R1 又符合 R2 的选择仅仅是：{p}, {q}。

在现代逻辑里，析取式 $p \vee q$ 表示 p、q 至少有一真。$p \mid q$ 表示 p、q 至多有一真，有人管它叫析舍式。$p \mid q$ 等值于 $\neg(p \wedge q)$，$\neg p \vee \neg q$。$p \dot{\vee} q$ 表示 p、q 恰好有一真。$p \dot{\vee} q$ 等值于 $(p \vee q) \wedge (p \mid q)$。什么是相容？一般地说，相容是指任意两个集合 A、B 有共同元素。或者说，至少有一个个体既属于集合 A，又属于集合 B，集合 A 和 B 就是相容的。在 p、q 都真的情况下，$p \vee q$ 也还是真的，因之析取式 $p \vee q$ 本来就是相容的，而不是不相容的。用“相容”来限制“析取”，不过是赘语。所谓不相容的析取，蕴涵相容的析取。

人们一般讨论的是二项的联结词，尽管二项的析取与多项的析取可以不作区别。但二项的至多有一真与多项的至多有一真，二项的恰好有一真与多项的恰好有一真，性质相当不一样。例如，当 p、q、r 都真时，$(p \mid q) \mid r$ 和 $(p \dot{\vee} q) \dot{\vee} r$ 都真，但 p、q、r “三者至多有一真”却假，“三者恰好有一真”也假。

在现代汉语里有没有任何连词，分别明确表达：二者至少有一真；二者至多有一真；二者恰好有一真？由于直观上总是倾向于认为选择 { } 就是没有选择，因之自然语言很难用一个连词来表达二者至多有一真的。“或者”作为一个现代汉语里的连词，辞书认为它并非多义，自然它出现于一个语句中时不会产生歧义。日常生活不需要深究前面讲到的选择的复杂情况，故不同的人、同一个人在不同的场合，可能对“或者”的语感有不同，可能对“或者”的理解有所不同。金岳霖同志解放前就曾把它理解为恰好有一真。如果我们认为自然语言中作为连词的“或者”在某些语境中表示“至少有一真”，在另一些语境中表示“恰好有一真”，这样“或者”就是多义的。逻辑工作者概括这些不同含义，只能得到一个“或者”在任何语境都具有的基本含义：至少有一真。因为“至少有一真”和“恰好有一真”的共性是“至少有一真”。$p \vee q \leftarrow\rightarrow (p \vee q) \vee (p \dot{\vee} q)$。正因为如此，目前逻辑界才会趋于公认“至少有一真”是“或者”的逻辑语义，它应该是单义的，无例外的。在言语中具体运用“或者”时，不妨加一些其他词语如“或兼而有之”等，用强调其相容性来防止给它增添过多的含义：至多有一真。英语中的“or”也容易使人想到不相容，因而在要求极准确，防止误解为不相容的场合，加上“/and”以示两者可兼。所以这样做，不是因为作为连词的“或者”多义，而是因为“或者”在人们的心理上，容易想到不相容。“p or/and q”就是“p or q”。“p 或者 q，或兼而有之”就是“p 或者 q”，只是加重了语气，起到了强调、提示的作用罢了。因为 $p \vee q \leftrightarrow (p \vee q) \vee (p \wedge q)$，这里的 $p \vee q$ 是可以吸收掉的。由于 $(p \vee q) \wedge (p \wedge q) \leftrightarrow p \wedge q$，这里吸收掉的是 $p \vee q$。因之，英语里“p or/and q”中的“/”不能理解为“and”，只能理解为“or”。“或兼而有之”中的“或”不能改为“但”“且”，等等。

在语言中，已经有了“p 或者 q”，还要明确表达 p、q 二者至多有一真，即不相容性，就有必要另行指出“二者不可得兼”等等。仅用“p 或者 q”来表达二者恰好有一真，是不充分的。逻辑学家注意到“要么”至今不超过 40 年。它更多地出现在口语中，像法律条文、科技专著，都很少或几乎不使用这个词。我的体会，我个人的语感，它的确表达“二者之中恰好有一真”。苏天辅同志举的例子“要么你去，要么他去”，我的看法其语义是既排斥了两人都不去，又排斥了两人都去。把“恰好有一真”理解为“要么”的逻辑语义，是否妥贴，还希望语言学家、逻辑学家来多方论证。由于 $(p \vee q) \wedge \neg(p \wedge q) \leftrightarrow p \dot{\vee} q$，$(p \vee q) \vee \neg(p \wedge q)$ 都是重言式，为了要表示“p 或者 q”中的 p、q 是不相容的，应附加说明“但不可得兼”等等，不能说“或不可得兼”。我认为“二者必居其一”不同于“二者只居其一”，其原意还是“至少有一真”，而不是“至多有一真”，也不是“恰好有一真”，故“二者必居其一”不足以表示不相容。不知此说是否有当。

苏天辅同志认为“或者”也可以表示不相容的析取，但他没有举例。刘培育同志举了例。现在我们来讨论经我修改，去掉了一个“或者”后的刘培育同志所举的例子：明天上午九点整，你去车站接人，或者去机场接人。此例有没有表示“你去车站接人”“你去机场接人”之中至多有一真？

我个人的看法是没有。明天上午九点整，你不能既去车站接人，又去机场接人，这是事实情况，这是常识，但不是例子本身所必然传达给人们的信息。如果要明确表示两者不相容这个信息，就应当多说一些话，比如说："但你不能两处都去。"如果我们承认"你去车站接人或者我去车站接人"、"你去车站接人或者我去机场接人"和"你去车站接人或者我不去机场接人"中的"或者"是同义的，那么，我们应该承认"你去车站接人或者你去机场接人"，甚至"你去车站接人或者你不去车站接人"中的"或者"与前面三例中的"或者"都是同义的。它不应该在后两例的特定语境中忽然增加了"至多有一真"的意思。在上述五例中"或者"的含义，不能决定于你去车站接人、你去机场接人、你不去车站接人、你不去机场接人、我去车站接人、我去机场接人之间事实上的某种关系。"或者"的逻辑语义，决定于正确地（合乎语法规范地）作为连词使用的"或者"，它在任何场合下所必然具有的含义。我们不能认为"或者"是多义的，只是到了上述五例的特定语境中，它才单义起来。形式逻辑是一门纯形式的科学，在这里明显地表露出来了。也许有人说"明天上午九时整，你去车站接人，或者去机场接人"时，自以为是陈述了一个不相容的析取命题，而听者也正是这样理解的，从而达到了交流思想的目的。但从逻辑上看，双方都是不妥贴的。这犹之乎说"有人来了"，从逻辑上看它绝不表示"有人没来"；反之，说"有人没来"，也不表示"有人来了"一样。

如前所述，对于句型"p 或者 q"来说，必须用"或…"强调其相容，用"但…"表明其不相容。然而，在自然语言中，不易找到"要么 p 要么 q"之后再加一些话，强调其不相容的具体例子。我认为"要么走社会主义道路，要么走资本主义道路，二者不可得兼"，是逻辑书编造的例子，并非标准的现代汉语。同样没有任何理论根据，也没有约定俗成的规定能说明"二者不可得兼"去掉了，原例就一定没有"至多有一真"的含义。

我们再谈谈"这些作品或者政治上有错误，或者艺术上有缺点，或者二者兼而有之"这个例子。根据周礼全同志的原意，这里的"或者"是相容的析取。由于

$$
\begin{aligned}
p \vee q &\leftrightarrow ((p \wedge \neg q) \vee (\neg p \wedge q)) \vee (p \wedge q) \\
&\leftrightarrow ((p \wedge \neg q) \dot{\vee} (\neg p \wedge q)) \dot{\vee} (p \wedge q) \\
&\leftrightarrow (p \wedge \neg q) \dot{\vee} (\neg p \wedge q) \dot{\vee} (p \wedge q)
\end{aligned}
$$ ①

故把此例分析为具有形式 $p \vee q$，$(p \wedge \neg q) \vee (\neg p \wedge q) \vee (p \wedge q)$，$((p \wedge \neg q) \dot{\vee} (\neg p \wedge q)) \dot{\vee} (p \wedge q)$，$(p \wedge \neg q) \dot{\vee} (\neg p \wedge q) \dot{\vee} (p \wedge q)$，彼此都是等值的。说“政治上有错误而艺术上无缺点”“政治上无错误而艺术上有缺点”“政治上有错误而艺术上又有缺点”三者至少有一真，跟说它们恰好有一真是等值的。这样看来，似乎原例究竟相容还是不相容之争是没有意义的。其实不然，问题在于把句型“p 或者 q 或者兼而有之”分析为命题形式 $(p \wedge \neg q) \dot{\vee} (\neg p \wedge q) \dot{\vee} (p \wedge q)$ 是多此一举。这种分析必然是把支命题“政治上有错误”等同于“政治上有错误而艺术上无缺点”，把“艺术上有缺点”等同于“政治上无错误，而艺术上有缺点”。而这种等同，我认为是牵强的。如果项数更多，就会暴露这种等同的不可取。设有这样一句话：“p、q、r 或 s，或兼而有之”，这里的 p 等同于

$$
\begin{aligned}
&p \wedge \neg q \wedge \neg r \wedge \neg s, \\
&p \wedge \neg q \wedge \neg r \wedge s, \\
&p \wedge \neg q \wedge r \wedge \neg s, \\
&p \wedge q \wedge \neg r \wedge \neg s, \\
&p \wedge \neg q \wedge r \wedge s, \\
&p \wedge q \wedge \neg r \wedge s, \\
&p \wedge q \wedge r \wedge \neg s
\end{aligned}
$$

中的哪一个？我们不如简单明了地说，此话强调了 p、q、r、s 之间是相容的析取关系。总之，我认为原例中的“或者”本来并非多义，因而也无歧义。“p 或 q 或兼而有之”不必展开为“要么 p 而不 q，要么不 p 而 q，要么

① 此式中的 $\dot{\vee}$ 是借用的，代表三项的不相容析取关系。

既p又q”。如果要展开，后者又何尝不能再展开？原来的命题形式，与展开后的命题形式，当然会不同，不能混淆其区别。

再谈谈刘培育同志的例子“明天要么你去取书，要么我去取书，要么我俩一块去”，究竟表示什么？刘培育同志说：“准确地说，……所表达的是‘（p要么q）或（p并且q）’。所以p和q是相容的，而不是不相容关系。”（《论不同假言命题的识别》）本文讨论到的前面那些例子中，“或二者可以得兼”“二者不可得兼”等等，可以不必看成第三个支命题，而只当作为对关联词语的强调、提示、限制。但此例中的“要么我俩一块去”是退一步讲的话，是对“要么我去取书，要么你去取书”的修正、让步。因之应作为第三个支命题看待。根据

$$\begin{aligned} p \vee q &\leftarrow\rightarrow (p \vee q) \vee (p \wedge q) \\ &\leftarrow\rightarrow (p \dot{\vee} q) \dot{\vee} (p \wedge q) \\ &\leftarrow\rightarrow (p \dot{\vee} q) \vee (p \wedge q) \end{aligned}$$

我们知道以下四种说法都是等值的。

一、你去取书或者我去取书。

二、你去取书或者我去取书，或者我俩一块去。

三、要么你去取书要么我去取书，要么我俩一块去。

四、要么你去取书要么我去取书，或者我俩一块去。

但它们所表达的命题形式是不一样的。原例正是这里的三种形式。说“要么你去取书，要么我去取书”中的“要么”表示相容的析取，恐怕大家都不同意。因为这么一改，原例可能表达了p与q的不相容析取关系[$p \dot{\vee} q \leftrightarrow (p \vee q) \dot{\vee} (p \wedge q)$]。原例中第二个关联词语本来是“要么”，改成“或者”恐无必要，虽然改与不改是等值的。原例表达了“你去取书”和“我去取书”有相容的析取关系，是逻辑的事实。这就叫做适当地运用“要么”和“并且”，可以定义“或者”。即

$$p \vee q = df(p \dot{\vee} q) \dot{\vee} (p \wedge q)$$

但不能由之证明原例中的"要么"在原例那个特定的语境中就是"或者"，它去掉了"至多有一真"的含义。同样地，适当运用"或者"、"并且"和"并非"，也可以定义"要么"。即

$$p \dot{\vee} q = df(p \vee q) \wedge (\neg p \wedge \neg q)$$

但不能由之证明"或者"在"p 或者 q，并且不 p 或者不 q"的特定语境中，成为"要么"，增加了一个"至多有一真"的含义。举一个更为明显的例子："p 并且 p"等值于"p 或者 p"，但我们不能由之而说这例中的"或者"表示了合取，或"并且"表示了析取。刘培育同志举的这个例子，我认为是不自然的。因为例中的"要么"如果是三项的，含义就变成"你去取书与我去取书恰好有一真"［$p \dot{\vee} q \leftarrow\rightarrow p \vee q \vee (p \wedge q)$，此处的 $\dot{\vee}$ 是三项的］；在一般人的言语中，很不易想到二项的"要么"与三项的"要么"还应有所区别。这就是说，这个例子在自然语言中的语义是相当模糊的。

应附带提及的是，"不是 p 就是 q"即"如果不是 p 那么就是 q"的省略，如果大家同意这一分析的正确性，由于

$$\begin{aligned}(\neg p \rightarrow q) &\leftarrow\rightarrow (\neg\neg p \vee q) \\ &\leftarrow\rightarrow p \vee q\end{aligned}$$

那么"不是，就是"就相当于"或者"，而不相当于"要么"。

我认为自然语言中作为连词的"或者""要么"并非多义，它们都表示选择关系，这可以《现代汉语词典》的释文为证。而从逻辑的角度来看，它们在自然语言中的语义是有一定的模糊性的，即究竟怎么个选择法，是不清楚的。模糊的单义不等于明确的多义。逻辑工作者的任务，在于从模糊中抽象出科学理论来，促使人们的思维、语言更精确，以适应"四化"建设的需要。

澄清对同一律的某些误解*

形式逻辑中的同一律 a = a 十分简单、自明。然而就是这个极易使人乏味的同一律，却经常被人们所误解。其中要算黑格尔的曲解和诡辩，最为蛊惑人心。《中国大百科全书 · 哲学》卷在介绍黑格尔关于同一律的思想时说："黑格尔认为，以传统逻辑的同一律、矛盾律、排中律作为把握世界本质的思维方式，是抽象的同语反复，不仅不能把握任何事物的本质，而且违背常识，甚至违背形式逻辑本身。即使一个由主词和宾词组成的判断，也不是依据 a = a 这个同一律，而必须承认主宾词统一中包含有区别，否则就不成其为一个判断。"（第 293 页）上述概括是极为准确的；缺点则在于没有指出黑格尔的这个意见是不符合形式逻辑的真实情况的，因之他对同一律等的指责纯属无中生有。

黑格尔对同一律的批评大致可分为三点。第一，他认为同一律不能把握世界的本质，不能把握任何事物的本质。诚然，不仅同一律，整个形式逻辑（包括传统的和现代的），绝不是以把握世界的本质为己任的哲学理论，它仅是一门工具性科学，在这一点上，我们不能对它要求过高。形式逻辑主要是研究推理有效性的科学，把握推理有效性的本质，确是形式逻辑当仁不让的宗旨，在这一点上，我们不能对它估计不足。亚里士多德已经把握了有效三段论的充分必要条件。现代逻辑更深刻地研究了推理的有效性。a = a［或写为 x = x，I（x，x）］是带等词的一阶逻辑的公理，它应该是带等词的一阶逻辑的本质的组成部分。同一律是把握推理有效性的本

---

* 原载《云南教育学院学报》1989 年第 4 期。有改动。

质所不可缺少的原则之一。我们不能承认形式逻辑不能把握任何事物的本质这种说法，如果我们把推理的有效性也看作是某种事物的话。形式逻辑不以把握世界的本质为目标，以把握推理有效性的本质为目标的科学却只有形式逻辑。“世界的本质”与“任何事物的本质”、“推理有效性的本质”是各不相同的概念，绝不能随意混淆。责备形式逻辑不能把握世界的本质，不能把握任何事物的本质，是对形式逻辑这门科学的任务的误解。

黑格尔的第二层意思是：同一律 a = a 是无聊的同语反复、空话、废话。他说：“……那个命题通常被称为第一思维规律。这个命题的正面说法 A = A，不过是同语反复的空话。因此，说这条思维规律没有内容，引导不出什么东西，是对的。”（《大逻辑》[①] 下册，商务印书馆，1981，第 32 页）“假如一个人开了口，答应要述说什么是上帝，而说：上帝是——上帝，那么期待便上了当，因为所期待的是一个有差异的规定；假如这种命题是绝对的真理，那么，这样的绝对废话是极少受重视的，再没有比一个只是反复咀嚼同一事物的谈话，比这个据说还是真理的言论，更讨厌和腻烦的了。”（同上，第 35 页）“如果吾人说话都遵照这种自命为真理的定律（一星球是一星球，磁力是磁力，心灵是心灵）简直应说是笨拙可笑。这才算得普遍的经验。专倡导这种抽象定律，并热心表扬形式逻辑的经验哲学，久已在人类的健康常识和理性哲学里失掉信用了。”（《小逻辑》，三联书店，1954，第 257 页）

把 a = a 看作一个特定的包含自由变元的命题，它确是同语反复。对于认识玫瑰的本质来说，命题“玫瑰是玫瑰”只是一句空话、废话；但是空话、废话不等于假话。如果我们的真理观是真假二值的话，那么，我们还不能不承认它是真话。对于“a = a”这样一句空话、废话，不管我们怎样不耐烦，我们也不能反其道而行之，主张 a ≠ a。当今各门数学分支，各种逻辑分支，包括比经典逻辑窄的多值逻辑、直觉主义逻辑、相干逻辑，都承认 a = a。没有了 a = a，数学、逻辑都会垮台。a = a 在人类健康常识及科学里至今远未像黑格尔所宣称的那样失掉信用。如果有人一定要断定 a ≠ a（断定“既a = a，又 a ≠ a”与此同），那么他就得承认他所难于承认的谬论：

① 《大逻辑》应为黑格尔的《逻辑学》。——编者注

唯物主义不是唯物主义，辩证法不是辩证法，……。

a = a 是同语反复，但不等于在任何情况下，从它出发引导不出任何东西来；假如我们把演绎的推出关系看成是一种引导，那么，从公理 a = a 出发，加上其他公理（它们都是同语反复），依据适当的推演规则，是可以引导出无穷多的定理来的，当然它们也只能是同语反复。黑格尔那时还没有逻辑演算，不知道以 a = a 为公理还能引导出定理来，我们对他倒不必苛求。

现代逻辑是公理体系，它把有效推理形式转化为体系中的命题，这些命题都是逻辑规律，它们也都是体系中的定理。逻辑定理作为一种特殊的命题，都具有同语反复的特性。逻辑定理的认识意义不在于以它们为模式去作出判断，而在于指导人们有效地进行推理。按照“a = a”的模式去下判断，说“玫瑰是玫瑰”，当然是可笑的。但是这种可笑，绝不是形式逻辑所固有的，而是黑格尔所强加给形式逻辑的，这是他对同一律，对形式逻辑的曲解。逻辑定理作为一种特殊命题，是同语反复，不能对认识事物有多大帮助；逻辑定理作为有效推理形式的抽象、反映，可以帮助人们从已知必然地推到未知。认为 a = a 是同语反复而否定同一律在推理中的作用，这是对同一律的又一误解。

“tautology”一词在传统逻辑里被译为贬义的“同语反复”，在现代逻辑中被译为褒义的“重言式”“常真公式”。命题逻辑的定理都是重言式。有人认为从字源上说，重言式即同语反复，因之，命题逻辑的定理就是无聊的废话，就是传统逻辑所要排除的错误。这种对现代逻辑望文生疑的批评，不能说是严肃的。（参阅杜岫石主编《形式逻辑与数理逻辑比较研究》，吉林人民出版社，1987，第 242 页）

黑格尔的第三点意思是：同一律违背形式逻辑。“这个命题的形式自身（指‘甲是甲’——引者）便陷于矛盾，因为一个命题总须得说出主词与谓词间的区别，然而这命题就没有做到它的形式所要求于它的。……但这种逻辑教本上所谓经验，却与普遍的经验不相反对。照普遍的经验看来，没有意识依照同一律思想或想象，没有人依照同一律说话，也没有任何种存在依照同一律存在。”（《小逻辑》，第 257 页）黑格尔的这段高论，不能不说是诡辩。

以黑格尔所仅见的传统逻辑来讲，最基本的命题形式有 4 种，即：“所有 a 是 b”“所有 a 不是 b”“有 a 是 b”“有 a 不是 b”。具有任一形式的命题，事实上有的是真的，有的是假的。这几种命题形式还不是逻辑规律。逻辑规律是在这些形式背后起着作用的东西。无论针对上述 4 种形式中的哪一个来说，a = a，b = b 都必然成立。概括起来说：对任一 a 而言，a = a，这就是逻辑规律，它们是常真的，或者说逻辑地真的。任何可理解的思维，都必然依照同一律进行。任何违背了同一律要求的思想，都是胡话。传统逻辑讨论同一律，意义在于：在同一推理过程中，如果 a 不止出现一次，则多次出现的是同一个 a。如果多次出现的 a 不是同一个，就违反了同一律的要求，就是错误的思维。传统逻辑对同一律的阐述还是明确的，从没有一本书说过命题必须具有“a = a”的形式，如同“玫瑰是玫瑰”那样。用现代逻辑的话来说，一般的命题形式只是合式公式，不是定理，同一律则不但是合式公式，而且是定理，它是有效推理的规律。形式逻辑正确地指出任何主词是 a，谓词是 b 的命题形式“a 是 b”，都遵守同一律，即 a = a，b = b。黑格尔的诡辩则说，任何有意义的命题“a 是 b”主谓词不同一，不具有“a = a”的形式，a = a 与形式逻辑所处理的众多命题形式相矛盾。只要不是抱有成见或偏见，黑格尔的诡辩是容易识破的。以一般命题都不具有“a = a”的形式这一事实，来攻击任何可理解的命题中的词项都必然合乎 a = a 的规律，是对同一律的另一个误解。

黑格尔从他的客观唯心主义立场出发，把存在规律归诸思维规律，但两者是统一的。1950 年以前，用辩证法批评形式逻辑的人，往往把形式逻辑等同于形而上学，在一棍子打死形而上学的同时，理所当然地宣判了形式逻辑的死刑。1950 年以后，人们又在一定程度上恢复了形式逻辑的科学地位。有些同志承认正确思维必须遵守同一律的要求，不过它们仅仅是初级思维的规律，或者思维的初级规律。但他们还是不敢承认同一律也是事物的规律、存在规律。他们认为，把同一律等说成是事物规律、存在规律，就陷入了形而上学，就放弃了辩证法。“逻辑规律是思维领域里的规律，不是事物本身的规律，……”（《普通逻辑》，上海人民出版社，1986，第 114 页）“同一律只是思维的规律，它仅仅在思维的领域里起作用。同一律不是客观事物的规律，也不是世界观。”（同上，第 118 页）另一方面，他们又力图站稳唯物主义立场，调和这种主观和客观的矛盾、思维和存在的矛盾，于是他们就制造出一个形式逻辑“客观基础”论来，说同一律等等是有客观基础的。至于这个客观基础究竟是什么，则又众说纷纭，莫衷一是了。在我国逻辑学界甚为流行的这种观念，自以为既是辩证的，又是唯物的。我认为这种游离于国际学术界的意见终究摆脱不了这样的困境：思维是形式逻辑的，存在是辩证法的。这个困境，是不承认同一律也是事物规律、存在规律的同志们自己造成的。只承认思维有同一律，不承认事物自身同一，是难以自圆其说的。借用“客观基础”一词来说，思维的同一律的客观基础，就是客观事物的自身同一。

亚里士多德关于矛盾律和排中律的论述，既是对存在规律的探讨，也是对思维规律的探讨。这是众所周知的。列宁称赞亚里士多德说：“亚里士多德处处把客观逻辑和主观逻辑混合起来，而且混合得处处都显出客观逻辑来。”（《列宁全集》第 38 卷，人民出版社，1959，第 416 页）今天我们的一些逻辑学家却热衷于背离亚里士多德的这一优良传统而自以为坚持了辩证法。传统逻辑关于同一律的阐述，一向首先把它看作是事物规律、存在规律的。例如：“每一事物与自身同一。”（P. Coffey，*The Science of Logic*，vol. 1，p. 23）“每一事物是什么就是什么。”（J. Welton，*A Manual of Logic*，vol. 1，p. 31）否定了作为存在规律的 a = a，哪里能说得上作为思维规律的 a = a 呢？如果我们承认数学的对象是客观的，那么对数学而言成立的 a = a，究竟是存在规律，还是思维规律？如果事物不是自身同一的，为什么要求正确思维自身同一呢？恩格斯说：“我们主观的思维和客观的世界服从于同样的规律，因而两者在自己的结果中不能互相矛盾，而必须彼此一致。这个事实绝对地统治着我们的整个理论思维。它是我们理论思维的不自觉的和无条件的前提。”（《马克思恩格斯选集》第 3 卷，人民出版社，1972，第 564 页）形式逻辑是研究推理有效性的思维科学，同一律是思维的规律。如果我们真正要做一个唯物主义者的话，就不能仅止于此，我们还必须承认同一律是事物规律、存在规律，任何事物自身同一。把同一律仅仅看作思维规律，否认它也是事物规律、存在规律，这也是对同一律的误解。

小学生都懂 1 = 1，2 = 2，……。但我们的某些哲学家、逻辑学家却长期误解 a = a。这件事不也值得我们反思么？

前事不忘，后事之师*

本世纪 20 ~ 30 年代传统逻辑在中国有过一阵子兴旺，接着却产生了种种曲解，乃至全盘否定。50 年代传统逻辑又热闹起来，但不久就被“修正”“改造”到前提假推理形式必错。这离根本不讲逻辑已为时不远了。数理逻辑于 20 年代已传入中国。30 ~ 40 年代在中国有了初步的发展。50 年代初却也被视为伪科学。党的十一届三中全会以来，传统逻辑在中国得到了空前的大普及，数理逻辑基础知识在逻辑工作者中间也得到了一定程度的普及。不过随之而来对传统逻辑、数理逻辑的误解，也日益增多。1989 年各刊物上发表的逻辑论文，有一些对传统逻辑、数理逻辑提出了似是而非的批评，这些批评又是与形式逻辑改革方向联系在一起的。因此有必要加以澄清，并祈方家指正。（材料基本上来自《复印报刊资料·逻辑·月刊》B3，1989，第 1 ~ 9 页）

有人说，传统逻辑重视属加种差定义，但逻辑学的定义是“研究思维的科学”却不是属加种差定义。我认为如果把逻辑学定义为研究思维的科学，就犯了定义过宽的错误，但这样的定义确实仍是属（科学）加种差（研究思维的）定义。

有人说，“充分条件假言判断是断定某事物情况是另一事物情况充分条件的假言判断”，这个定义是同语反复。大家知道上述定义并不同语反复，因为什么是充分条件，另有很明确的定义，但不是属加种差定义，它并不曾用充分条件假言判断来定义充分条件。

---

* 原载《哲学动态》1990 年第 11 期。有改动。

有人说肯定命题谓项周延的情况大量存在。主谓项之间是真包含关系，或全同关系时，肯定命题的谓项周延。传统逻辑说得很明白，直言命题主谓项是否周延，不决定于其外延之间事实上有何关系。

有人说，传统逻辑讲 SAP 假，SEP 真假不定。事实上“凡人是教师”和“凡人不是教师”都假。一定要人们在事实上完全可以断定为假的“凡人不是教师”面前硬写上“真假不定”，实在太委屈了。据我所知，传统逻辑从来没有要人们硬说“凡人不是教师”真假不定。传统逻辑只是说，从“并非 SAP”既推不出 SEP，也推不出“并非 SEP”。一个具体命题是真是假，形式逻辑根本就管不着。

有人说，SOP 可以换位；有一特称前提的三段论，结论可以全称；三段论第一格可以大前提特称，小前提否定。果真如此，演绎推理岂不就丧失了前提的真必然传递到结论的真，这一根本特性了吗？

有人建议演绎推理应包括“可能性推理”，如并非 SAP，所以，可能 SEP；如 p 则 q，并非 p，所以，可能不 q；等等。我认为，平常所谓“可能性推理”是前提与结论没有必然联系的非演绎推理。前提中没有模态词而结论中有模态词的演绎推理，属于模态逻辑。“A 真时 B 有真的可能性”并不等值于“A 真时可能 B 有真的必然性”。“A，所以，可能 B”是演绎推理，当且仅当，A 真时可能 B 有真的必然性。“并非 SAP”真时，SEP 有真的可能性；但是，“可能 SEP”却没有真的必然性。故“并非 SAP，所以，可能 SEP”不是演绎，模态逻辑里没有这样的推理。“如 p 则 q，并非 p，所以，可能不 q”等等，也都不是演绎推理。否则，“p，所以，可能 q”也应是演绎推理，但这显然是荒谬的。

有人说，有的书一方面讲肢判断的真假决定复合判断的真假，另一方面又讲，复合判断的真假说到底只是真值函项的真假，它与肢判断的真假无关。我认为，真值函项是复合命题及其支命题的真假关系的抽象。这种抽象的合理性，常常受到中国学者的非议。但似乎没有人说过真值函项与复合命题的肢命题的真假无关。从真值函项来看是假的复合命题，绝无真的可能，在这一点上，大家意见从无分歧。但从真值函项来看是真的复合命题，是不是一定真，看法有所不同。如果回答是肯定的，有时与直观不合，如果回答是否定的，则除真假二值外，多了一个值——无意义。

有人说，在逻辑演算中，既然“如果 2 + 2 = 4，则雪是白的”被认为是“合理”命题，那么从真值意义上，把“2 + 2 = 4”与“雪是白的”理解为相等命题又有何不可以呢？我们知道，逻辑演算是用对象语言表述的，其中绝不会有不是对象语言的“如果 2 + 2 = 4，则雪是白的”。这样的命题，绝不像有些人耸人听闻地说的那样“数理逻辑学家们常要用到的”。按照二值外延逻辑的观点，只有真命题和假命题，从无什么“合理”命题。大家公认“2 + 2 = 4”和“雪是白的”是真命题，但它们绝不是逻辑等值命题。所谓“相等命题”一说，纯属杜撰。如果可以把这两个命题理解为“相等命题”，那么世界上就只有两个命题——真命题和假命题了。

有人说，“并非要么 p 要么 q”不等值于导致矛盾的“（p 且 q）或（不 p 且不 q）”，而应等值于“要么（p 且 q）要么（不 p 且不 q）”。也有人说把排中律表示为“p 或不 q”，就是说 p 和“不 p”可以同真，而这却是永远不可能的。殊不知，“p 或不 p”推不出“p 且不 p”，故“p 或不 p”永远不可能说 p 和“不 p”可以同真。同理，“（p 且 q）或（不 p 且不 q）”也不会导致矛盾“（p 且不 p）且（q 且不 q）”。而且，从“要么（p 且 q）要么（不 p 且不 q）”可以推出“（p 且 q）或（不 p 且不 q）”，正如从“要么 p 要么不 p”可以推出“p 或不 p”一样。如果后者会导致矛盾，那么前者必定也会导致矛盾。

以上种种对传统逻辑和数理逻辑常识的误解，我们都似曾相识。一旦它们被人接受，则不仅数理逻辑会被当成伪科学，就是传统逻辑也免不了是伪科学。这不是又要回到半个世纪以前的路上去了么！

二难推理的迷惑*

本刊 1990 年第 2 期发表了求是同志的长文《二难推理必须“二难”》(以下简称《二难》)。该文多次引用拙著，意在匡正。但其基本论点，我碍难赞同。

二难推理一般的定义是：“一种特殊的有两个假言前提和一个选言前提的推理。”（金岳霖：《形式逻辑》，第 194 页）当然这不能算是严格的定义，因为它至少有两点不明确之处：一、何谓“特别”？二、二难推理是否都有效？鄙意要严格定义二难推理，就应当列出它的所有形式。那么，具有何种形式的推理是二难推理呢？只要翻一翻一般的传统逻辑著作或工具书，就会知道有四种形式的有效推理，总称为二难推理。这是逻辑史上“不因人们的好恶或褒贬而存在的客观现实”。《二难》说：“究竟什么是二难推理？其实质意义是什么？其逻辑形式又是怎样的？多少年来却并未引人认真对待。”“实际上，二难推理只有一种形式，就是通常所说的复杂构成式。”看来，《二难》是要做一篇形式逻辑的翻案文章。

“二难推理”这个名称是怎么起的?《二难》引拙著说：“二难推理之所以被称为二难推理，由于人们常常运用这种推理逼使对方在两种情况下都得出不愿意接受或难于接受的结论，使对方感到进退维谷的缘故。”（《形式逻辑原理》，第 152 页）《二难》似也同意这一点。但是，《二难》却以对“二难推理”这一名称的说明顶替二难推理的定义。《二难》说：“二难推理

---

* 原载《思维与智慧》1990 年第 6 期。有修改。

既云‘二难’，它就应该具备如下的特点：1. 在现实中出现的是两种不妙的境地；2. 对两种不妙的境地，不管是否愿意都必须选择其一；3. 无论选择哪一个都是不令人满意或者是很难接受的。”这种从“二难推理”之名乱二难推理之实的做法，是《二难》的第一误点。

《二难》不能否认二难推理四种形式的有效性，却根据“二难推理”的字义否认二难推理有四种形式。《二难》认为，二难推理的简单构成式、简单破坏式、复杂破坏式都不能使对方“二难”，只有复杂构成式一种形式可以使对方“二难”。因之二难推理只有一种形式，它的逻辑形式就是：

（1）如 A 则 B，
如 C 则 D，
A 或 C，
因此，B 或 D。

（1）的结论“B 或 D”一定能使对方“二难”么？未必。因为这里的“B”“D”代表任意命题，绝不受对方难不难的限制。例如：

如去全聚德则吃烤鸭，
如去东来顺则吃涮羊肉，
去全聚德或去东来顺，
因此，吃烤鸭或吃涮羊肉。

此例结论都是大快朵颐，何难之有？

被《二难》枪毙的三种二难推理形式，就一定不能使对方“二难”了么？也未必。以古希腊流传下来的著名例子——普罗达哥拉斯和欧提勒士师徒的辩论来看，双方都力逼对方官司赢也有难处，输也有难处。

《二难》似乎把不能使对方“二难”，或者《二难》认为不能使对方“二难”的二难推理，都叫作假言选言推理。这种正名之举，毫无意义。形式逻辑研究推理，目的仅在于区别其是否有效，不在于怎样使结论难住对方。在事实上不能难住对方的情况下妄图难住对方，只能乞助于诡辩。对于具有同一推理形式的不同具体推理来说，因人对其结论好恶之不同而不同命名，实在是蛇足。

《二难》还提出一个问题：二难推理的前提“‘如A则B，如C则D’这两个假言判断究竟是个什么关系?”《二难》既然把二难推理的形式表示为（1），它的三个前提（包括两个假言前提）之间，就都是联言关系。《二难》不能不承认这“是为逻辑界所接受的”。但是，《二难》却别出心裁地说把两假言前提之间的关系当作联言处理，推理虽然有效，但这就已经不是二难推理了，“它的名字应该叫假言联言推理”。看来，《二难》的又一次正名表明了《二难》不理解（1）与假言联言推理形式之一

（2）如A则B，
如C则D，
A并且C，
因此，B并且D。

的明显区别。混淆形式（1）与形式（2），是《二难》的第二误点。

《二难》认为二难推理两假言前提之间是选言关系，而且只能是不相容选言关系。“二难推理的大前提只能是：以两个假言判断为选言肢而构成的选言判断。两个假言判断是不相容的选言肢的关联。”如果是这样的话，《二难》应该名正言顺地把（1）改为：

（3）要么如A则B要么如C则D，
A或C，
因此，B或D。

但是，（3）不同于（1），它是无效的。因为

（4）$[(A \to B) \dot{\vee} (C \to D)]$

$\wedge (A \vee C) \rightarrow (B \vee D)$

不是重言式模式。《二难》马上会反驳说：（3）是否有效不能以（4）是不是重言式模式为尺度。可是，不是重言式而反映命题逻辑有效推理形式的情况，未之有也。数理逻辑这个尺度在这一点上，是“不因人们的好恶或褒贬”而留情的。至少在A真；B，C，D皆假的情况下，（3）不能保证从真前提得到真结论。还有一种情况使得（3）不能成为有效形式。有兴趣的读者不妨亲自找一找，免得以讹传讹。不辨（3）之无效，是《二难》的第三误点。

《二难》所以会误认为二难推理两假言前提之间不是联言关系而是不相容选言关系，根源在于片面举例，《二难》只想到两假言前提的前件是“A”和“并非A”矛盾关系的例子。如：

> 如打死白骨精，唐僧就不要孙悟空做徒弟；
> 如不打死白骨精，白骨精就会吃掉唐僧。
> 要么打死白骨精，要么不打死白骨精，所以，不是唐僧不要孙悟空做徒弟，就是唐僧被白骨精吃掉。

“打死白骨精”与“不打死白骨精”的形式是“A”与“并非A”，它们当然不是联言关系，而是不相容选言关系。但这是特例，不是二难推理的普遍情况。不能以

> （5）如A则B，
> 如不A则D，
> A或不A，
> 因此，B或D。

取代（1）。因为在（1）中以“并非A”代入“C”，就得（5）。但从特例（5）却得不出普遍情况（1）。此外，（5）中的“A或不A”相当于重言

式；作为前提，它根本不起作用，是可以删去的。但（1）中的“A或C”是绝不能删去的。《二难》先把“A”与“并非A”有不相容选言关系，误解为“如A则B”与“如不A则D”有不相容选言关系，这是《二难》的第三误点。《二难》又以“如不A则D”偷换“如C则D”，这是《二难》的第五误点。[①] 由于只举片面的例子，由于第四、第五误点，《二难》才自以为有理，提出二难推理两假言前提之间应是不相容选言关系而不是联言关系。

还有一点《二难》说的不明确。拿《二难》所举的例子及有关的说明来看，似乎《二难》认为不仅二难推理的选言前提只能是不相容的选言命题，而且其结论也只能是不相容的选言命题。必须指出，以下形式都是无效的：

（6）如A则B，
如C则D，
要么A要么C，
因此，要么B要么D。

（7）要么如A则B要么如C则D，
要么A要么C，
因此，要么B要么D。

（8）如A则B，
如不A则D，
要么A要么不A，
因此，要么B要么D。

（9）要么如A则B要么如不A则D，
要么A要么不A，
因此，要么B要么D。

① 原文如此。疑缺第四误点的内容。——编者注

这是很容易用数理逻辑知识来判定的，兹不赘述。不过，还有两点必须提请读者注意，不能马虎：一、二难推理绝不能有不相容的选言结论。二、句型“不是…就是…”表达相容的选言命题，不表达不相容的选言命题。

二难推理属于命题逻辑，有三个前提；三段论属于一元谓词逻辑，有两个前提。“大前提，小前提”之说，是针对只有两个直言前提的三段论的。结论的谓项是大项，包含大项的前提是大前提。……二难推理还没有分析前词项；没有大项、小项，何来大前提、小前提？《二难》不同意鄙说“反对二难推理‘套用大前提、小前提的说法’”，然而，不提出新的定义而套用三段论“大前提，小前提”的名称于二难推理，岂非削二难推理之足，以适三段论之履？

把《二难》的众多误点联结起来，就构成《二难》的误区。对于这个误区，《二难》是这样说的：“至于为什么是‘二难’、怎知其为‘二难’，这当然是由思维内容来判定的，也就是由客观事实来决定的。脱离开反映事物间关系的思维内容，又怎么知道难或不难，以及难在何处呢？”“脱离开具体的思维内容是无法判定一个逻辑形式的真伪的。”《二难》的观点与形式逻辑旨趣大相径庭。什么是《二难》所说的逻辑形式，什么是逻辑形式的真伪，都成问题。严格说，《二难》所列出的“S是P”“S不是P”不是传统逻辑所谈的命题形式。传统逻辑关于直言命题，只有“凡S是P”“无S是P”“有S是P”“有S不是P”四种形式。命题有真假（《二难》所谓真伪），命题形式无所谓真假。由命题形式构成的推理形式也无所谓真假，但有是否有效的问题。数理逻辑把推理形式转化为形式语言中的命题，即合式公式；把有效推理形式转化为形式语言中的真命题，即定理。定理是逻辑的真命题，构成形式系统。在形式语言中，真命题即定理，假命题即非定理。只有在这个意义上，形式语言中的命题才可说有真假之分，它是与推理形式是否有效相对应的。

像《二难》那样，仅仅依靠例子，是不能建立一个推理形式的有效性的，因为不能保证举不出反例来。形式逻辑（传统的和现代的）判定一个推理形式有效，是绝对“脱离开具体的思维内容”的。但是，一个反例就可否定推理形式的有效性。在这一点上说，实例能判定推理形式的无效性。

对于可判定的命题逻辑和一元谓词逻辑来说，判定一个推理形式是否有效，是完全可以“脱离开具体的思维内容”进行的。看来，《二难》的基本观点比有些人说的“前提假，推理形式必错”，又进了一步。《二难》实际上认为推理形式成立，不仅要求前提真，还要求结论符合某些人的好恶。这就是《二难》的误区。在这个误区里，《二难》无法明确给出二难推理，假言选言推理、假言联言推理的形式，也无法判定推理形式的有效性。

《二难》的全部论点来自《形式逻辑与数理逻辑比较研究》一书。但有一点不同。该书企图以

$$(10)\ [(p\to q)\wedge p\to q)\vee(\neg p\to q)\wedge\neg p\to q]$$

是重言式来证明二难推理的两假言前提之间是选言关系。（第 240 页）（10）固然是重言式，因为它是两重言式的析取；但（10）显然不反映二难推理的形式。而且，在《二难》看来，（10）也未必具有结论使对方二难的特性。现在《二难》似要把（3），或（7），或（9）说成是二难推理的形式，则是把逻辑谬误当作逻辑真理。

戾换有问题说明什么？*

夏年喜同志在《演绎推理的前提真实，推理结论就一定真实可靠吗？》①（本刊 1991 年第 2 期，以下简称夏文）中所谈的问题，提得非常好。这是关于戾换的问题。金岳霖主编的《形式逻辑》（以下简称《金本》）在论及这个问题时，省用了“戾换”一词，而统名之为“换质位”。（参阅《哲学大辞典·逻辑学卷》，上海辞书出版社，1988）

夏文所云第一种答案，认为从“一切生物都是发展变化的”先换位，再换质，再换位，推不出非生物怎么样。但这不能证明先换质，也不能推出关于非生物的结论。因之第一种答案不完整。

夏文所云第二种答案，认为“一切生物都是发展变化的”先换质，可以推出“有非生是不发展变化的”。然而这一答案忽略了“古典逻辑中的换质位法，是假设了 S、P、$\bar{S}$ 和 $\bar{P}$ 分别表示的事物都是存在的。不满足这个假设，换质位法就可能由真的前提推出假的结论”（《金本》，第 151 页）。因之第二个答案也是不完善的。

这绝不是传统逻辑有问题的唯一例子。比如，传统逻辑说 SIP 与 SOP 不同假。但是，“有鬼是青脸的”“有鬼不是青脸的”都假。

夏文没有提到有关戾换的另一个理论问题。从 SIP 推出 $\bar{S}$OP，P 在前提中不周延而在结论中周延，这是违反关于直言命题推理的基本规则的。传统逻辑在这一点上是自相矛盾的。

戾换有问题，暴露了传统逻辑的局限性之一：不能保证从真前提过渡

---

* 原载《逻辑与语言学习》1991 年第 4 期。

① 经查询“中国知网”，文章名应为《演绎推理的前提真实、推理形式正确，推理结论就一定真实可靠吗？》。——编者注

到真结论。传统逻辑中凡属全称前提得特称结论的情况，事实上都要附加一个条件：那全称前提的主项所反映的事物是存在的，或者说，那全称前提的主项所反映的集合不是空集（空类）。具体到 SAP 的换位，要求 P 不空，即有 P，才能得到 PIS。具体到戾换，就要求 $\bar{S}$、$\bar{P}$ 所反映的都不是空集。这就叫作主项存在问题。（参阅金岳霖《逻辑》，商务印书馆，1937）有所谓主项存在问题，表明了演绎推理并非像许多人所说的那样，是从一般到特殊，到个别的推理。

说到这里，也许有人会说，事物是否存在，如有没有鬼，是内容问题，不是形式问题。戾换有问题，主项存在问题，都说明了形式逻辑不能是纯形式的，必须结合内容。

的确，有没有鬼，根本不是逻辑问题。一类事物是否存在，一个集合空不空，原则上说不是逻辑所能够、所需要回答的。但这只是问题的一个方面。从另一方面看，所谓要附加条件，就是要增加前提。现代逻辑发现，仅有 SAP 一个前提，还推不出 SIP。要有 SAP 和“有 S”两个前提，才可推出 SIP。针对戾换来说，除 SAP 外，还要有“有 $\bar{S}$”“有 $\bar{P}$”两个前提，才可以推出 SIP 和 $\bar{S}$OP。说“有 P”，就是说“有事物不是 P”，P 在其中周延。戾换的结论 $\bar{S}$OP 中的 P 周延，实源自 P 在“有 $\bar{P}$”中周延。主项存在并不要求形式结合内容，而是要求增加反映主项所指事物存在的前提，增加了前提，也就防止了从不周延的项推出周延的项。形式逻辑不管“有鬼”真不真；而是说，如果有两个前提“有鬼”和“并非有鬼是青脸的”就能推出“有鬼不是青脸的”。仅有“并非有鬼是青脸的”一个前提，推不出“有鬼不是青脸的”。传统逻辑没有注意研究“有鬼”“没有鬼”这类命题，这是它的另一点局限性。

总之，戾换有问题并不能说明演绎推理靠不住，也不足以说明形式逻辑不能纯形式地处理思维形式（命题形式、推理形式），必须结合内容。戾换有问题，只能说明传统逻辑不可靠，其理论是不一致的，必须改进。至于演绎推理的本质，前提的真必然传递到结论，是由一阶逻辑的可靠性定理来保证的。形式逻辑的局限性克服了，又产生新的局限性有待克服。这是合乎科学发展的规律的。设想建构一种没有局限性的逻辑，那不是科学之道。

“多数”和“少数”*

一阶逻辑里有两个基本的量词，即：全称量词“所有”和存在量词“有的”。在引进等词①后，可以定义出“至少有 n 个”“至多有 n 个”“恰好有 n 个”（n≥1）这些数量量词。传统逻辑也讨论过“多数”“少数”“几乎所有”等词项的含义。这些词项也可以在带等词的一阶逻辑中得到表达和处理。

传统逻辑一般认为“多数 S 是 P”蕴涵“少数 S 不是 P”，“少数 S 是 P”蕴涵“多数 S 不是 P”，“所有 S 是 P”不蕴涵“多数 S 是 P”，“没有 S 是 P”不蕴涵“少数 S 不是 P”，“多数 S 是 P”不蕴涵“少数 S 是 P”，等等。这种理解的关键在于“所有 S 是 P，并且有 S”不算“多数 S 是 P”。

上述这种理解并不能完全解释自然语言里使用“多数”和“少数”的情况。在投票中，多数票通过决议，少数票不能通过决议。全票算多数票，零票算少数票（在有人投票的条件下）。但多数票不能算少数票，否则会产生逻辑矛盾，并无法通过任何决议。

在没有进行投票时，无所谓多数票和少数票。对空集来说，无所谓多数元素或少数元素。多数、少数总是针对非空集说的。甚至，公元集的元素和恰好有两个元素的集合的元素，都谈不上多数、少数。因之，“多数 S 是 P”“少数 S 是 P”等都表达存在命题。

“恰好有 1/2S 是 P”，等值于“恰好有 1/2S 不是 P”。

---

* 原载《逻辑与语言学习》1993 年第 1 期。

① 等词是一个二元常谓词。它的意义可由两条公理规定：1. X = X；2. A（X）∧X = y→A（y）。

本文区别两种不同的“多数”“少数”。

“多数^1”定义为：有 1/2 以上（不包括 1/2）。

“少数^1”定义为：有 1/2 以下（不包括 1/2）。

“多数^2”定义为：有 1/2 以上但不是所有（不包括 1/2）。

“少数^2”定义为：有 1/2 以下但不是没有（不包括 1/2）。

根据上述 4 个定义，就有：

“多数^{1}S 是 P”即：有 1/2 以上 S 是 P；

“少数^{1}S 是 P”即：有 1/2 以下 S 是 P；

“多数^{1}S 不是 P”即：有 1/2 以上 S 不是 P；

“少数^{1}S 不是 P”即：有 1/2 以下 S 不是 P；

“多数^{2}S 是 P”即：有 1/2 以上但并非所有 S 是 P；

“少数^{2}S 是 P”即：有 1/2 以下但并非没有 S 是 P；

“多数^{2}S 不是 P”即：有 1/2 以上但并非所有 S 不是 P；

“少数^{2}S 不是 P”即：有 1/2 以下 S 不是 P 但并非没有 S 是 P。

设有一论域 D，D = $\{a_1, a_2, a_3, a_4\}$，“S 是 P”反映 a_i有属性 F；“S 不是 P”反映 a_i没有属性 F。我们可在 D 中讨论有关“多数”“少数”的 8 种命题形式，以及 A，E，I，O 这 4 种命题形式的真假情况。以⊤表示真，以⊥表示假。现列表如下：

表（1）

	论域中有多少 a_i 有属性 F					
	0	1	2	3	4	
多数^{1}S 是 P	⊥	⊥	⊥	⊤	⊤	少数^{1}S 不是 P
多数^{2}S 是 P	⊥	⊥	⊥	⊤	⊥	少数^{2}S 不是 P
少数^{1}S 是 P	⊤	⊤	⊥	⊥	⊥	多数^{1}S 不是 P
少数^{2}S 是 P	⊥	⊤	⊥	⊥	⊥	少数^{2}S 不是 P
凡 S 是 P	⊥	⊥	⊥	⊥	⊤	
有 S 是 P	⊥	⊤	⊤	⊤	⊤	
无 S 是 P	⊤	⊥	⊥	⊥	⊥	
有 S 不是 P	⊤	⊤	⊤	⊤	⊥	

由表（1）可知，“多数^{1}S 是 P”等值于“少数^{1}S 不是 P”，……，“少数^{2}S 是 P”等值于“多数^{2}S 不是 P”。

由表（1）还可以看出若干蕴涵关系，列表如下（每一行中左列形式蕴涵右列形式）：

表（2）

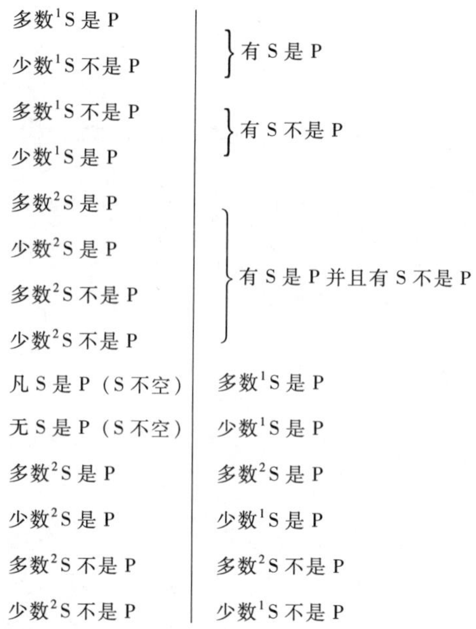

<table>
<tr><td>多数^{1}S 是 P</td><td rowspan="2">有 S 是 P</td></tr>
<tr><td>少数^{1}S 不是 P</td></tr>
<tr><td>多数^{1}S 不是 P</td><td rowspan="2">有 S 不是 P</td></tr>
<tr><td>少数^{1}S 是 P</td></tr>
<tr><td>多数^{2}S 是 P</td><td rowspan="4">有 S 是 P 并且有 S 不是 P</td></tr>
<tr><td>少数^{2}S 是 P</td></tr>
<tr><td>多数^{2}S 不是 P</td></tr>
<tr><td>少数^{2}S 不是 P</td></tr>
<tr><td>凡 S 是 P（S 不空）</td><td>多数^{1}S 是 P</td></tr>
<tr><td>无 S 是 P（S 不空）</td><td>少数^{1}S 是 P</td></tr>
<tr><td>多数^{2}S 是 P</td><td>多数^{2}S 是 P</td></tr>
<tr><td>少数^{2}S 是 P</td><td>少数^{1}S 是 P</td></tr>
<tr><td>多数^{2}S 不是 P</td><td>多数^{2}S 不是 P</td></tr>
<tr><td>少数^{2}S 不是 P</td><td>少数^{1}S 不是 P</td></tr>
</table>

有关“多数”“少数”的 8 种命题形式的否定，等值于何种形式，可列表如下（每一行左列形式等值于右列形式）：

表（3）

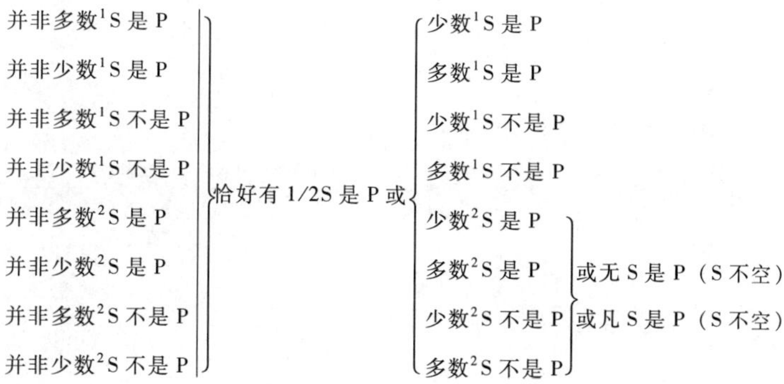

<table>
<tr><td>并非多数^{1}S 是 P</td><td rowspan="8">恰好有 1/2S 是 P 或</td><td>少数^{1}S 是 P</td><td rowspan="4"></td></tr>
<tr><td>并非少数^{1}S 是 P</td><td>多数^{1}S 是 P</td></tr>
<tr><td>并非多数^{1}S 不是 P</td><td>少数^{1}S 不是 P</td></tr>
<tr><td>并非少数^{1}S 不是 P</td><td>多数^{1}S 不是 P</td></tr>
<tr><td>并非多数^{2}S 是 P</td><td>少数^{2}S 是 P</td><td rowspan="4">或无 S 是 P（S 不空）
或凡 S 是 P（S 不空）</td></tr>
<tr><td>并非少数^{2}S 是 P</td><td>多数^{2}S 是 P</td></tr>
<tr><td>并非多数^{2}S 不是 P</td><td>少数^{2}S 不是 P</td></tr>
<tr><td>并非少数^{2}S 不是 P</td><td>多数^{2}S 不是 P</td></tr>
</table>

第二部分

讲逻辑要合乎逻辑

——逻辑教学、教材中的问题

讲逻辑要合乎逻辑*

近年来，逻辑书（包括形式逻辑，即演绎逻辑和归纳逻辑）出得很多，各级学校也都开设了逻辑课程。这对开发智力，原是件很好的事。但我个人认为，这些书和课程，有两大缺点。第一，基本内容十分陈旧，尚停留在上世纪传统逻辑的水平，没有反映现代逻辑的成就。许多十九世纪下半叶的逻辑名著，其内容往往比我们现在许多大学文科的逻辑教材，乃至硕士研究生的逻辑课程的内容还要丰富得多。比如说，局限于传统逻辑就无法处理下述两命题之间的关系：

在任何时候，对任何人来说，总有尚未认识的东西。

至少有一个东西，在任何时候，对任何人来说，都是尚未认识的。

对于更复杂、更尖端的课题，传统逻辑更是无能为力了。改革逻辑教学，并非轻而易举。但无论如何，我们总得年年有所进步、有所革新，这样才能顺应科学的发展。传统逻辑迟早有一天只能作为专业课——逻辑史来讲授，而不再作为基础课。我们的迫切任务应该是逐步把现代逻辑介绍给中国读者。这方面的问题，本文不打算详谈。

当然，如果把传统逻辑讲好了，对人多少总还是有点用处。但目前大量的逻辑书和逻辑课程，恰恰在一些关键性的问题上讲错了。因此，我认为目前许多逻辑书和逻辑课程的第二个基本缺点是：违反逻辑。这主要表

---

* 原载《光明日报》1983年9月26日第3版。

现在三个方面。

一　混淆分子（元素）和子类（子集）

许多书讲到概念的外延问题时出现了这种混淆。一个类是唯一地由其分子所决定的。设A类是｛a，b，c｝，则分子为：a，b，c，共3个。其子类为｛　｝（空类），｛a｝，｛b｝，｛c｝，｛a，b｝，｛b，c｝，｛c，a｝，｛a，b，c｝，共8个。｛a｝与a是不一样的，前者是类，后者是个体，是分子。子类是类，分子是个体，二者有原则区别。中国人、日本人是人类的子类，曹操、小泽征尔是人类的分子。

可见，“什么是概念的外延”至少可能有以下两种不同的回答：一、概念的外延是概念所反映的一类事物，如“人”的外延是曹操、小泽征尔等等古往今来的一切个人，“A”的外延是a，b，c。二、概念的外延是概念所反映的那个事物类。例如：“人”的外延是人类；“A”的外延是A，即｛a，b，c｝。

但有的书说：“概念的外延是概念反映的那一事物或那一类事物的总和，也就是概念所确指的对象范围。”（《形式逻辑》，中国人民大学出版社，1980，第23～24页）这个定义告诉我们外延是事物（分子），是一类事物的总和（类），是对象的范围。究竟是什么？并没有说清楚。

混淆了分子和子类，就是混淆了属于关系和包含于关系。这样讲下去，整个逻辑非乱套不可。顺便提一句，许多书都把真包含于关系叫作包含关系，这也是违反逻辑学常识的。（见上书，第30、54页）S类包含于P类，当且仅当，对所有个体x来说，如果x属于S则x属于P。S类真包含于P类，当且仅当，对所有个体x来说，如果x属于S则x属于P，并且，至少有一个个体x，使得x属于S而x不属于P。

二　混淆充分条件和充要条件（充分必要条件）的表达

逻辑中所讲的条件，不同于日常生活及哲学中所讲的条件，它不是因果联系（或改一个名称，叫条件与结果），也不是推理关系（或换一个词，叫理由和推断），而是某种真假关系。现代逻辑认为，对任何p、q而言，p

是 q 的充分条件或者必要条件。因此，客观上的条件联系（真假之间的客观关系）有且只有三种：充分不必要条件、必要不充分条件和充要条件。充分不必要条件与充要条件的共性，叫作充分条件；必要不充分条件与充要条件的共性，叫作必要条件。“如果，则”是表达充分条件的联接词，“只有，才”是表达必要条件的联接词。至少在现代英语、现代汉语里，没有专门用来表达充分不必要条件的联接词，也没有专门用来表达必要不充分条件的联接词。而且在逻辑上没有必要创立这样两个联接词。日常英语和日常汉语里都没有专门表达充要条件的联接词。为了方便，现代逻辑就造了一个词“当且仅当”，拿它来表达充要条件。事实上 p 是 q 的充分不必要条件，或充要条件，人们断定“如果 p 则 q”，这样的断定也都是真的。事实上 p 是 q 的必要不充分条件，或充要条件，人们断定“只有 p 才 q”，这样的断定也都是真的。“如果，则”和“只有，才”的灵活性在于它们的概括性。假设，在现代汉语里没有“如果，则”和“只有，才”，而有联接词 A 和 B，我们用 A 仅仅表达充分不必要条件，用 B 仅仅表达必要不充分条件。这样，逻辑学家就有比创立“当且仅当”更大的迫切性来创立另一个联接词 C，用以表达充分不必要条件和充要条件的共性；还要创立一个联接词 D，用以表达必要不充分条件和充要条件的共性。我们知道，C 恰好就是“如果，则”，而 D 恰好就是“只有，才”。因此，“如果，则”在任何情况下都表达：前件是后件的充分不必要条件与充要条件的共性，即充分条件。不能错误地认为“如果，则”有时表达充分条件，有时表达充要条件。“如果天下雨，那么地就湿”并不表达天不下雨地也会湿这层意思（不必要条件）。“如果阶级消灭了，那么国家也就不存在了”并不表达阶级不消灭国家就存在这种信息（必要条件）。这两个例子中的“如果，那么”是同一个联接词，所起的作用是一样的。

但是，不少逻辑书认为，“如果，则”有时表达充要条件假言判断（以前叫作区别的假言判断）。例如：

> 马列主义、毛泽东思想的理论如果在实际斗争中被群众所真正掌握，那末它就会变成巨大的物质力量。（同上书，第 65 页）

如果一个数能被2整除，那末，它就是偶数。（《中学逻辑教学》，天津人民出版社，第62页）

任何数学家都不会承认“如果一个整数能被2整除，那么，它就是偶数”表达了能被2整除是偶数的充要条件的。我们有什么根据说“如果，则”在社会科学里可以表达充要条件呢？

由于错误地理解了“如果，则”，有的书就把以下违反逻辑的推理当作正确的推理，从而搅乱了读者的思想：

如果一种理论经得起实践的检验，那末它就是真理；马列主义理论是真理，所以，马列主义经得起实践的检验。

如果一种理论经得起实践的检验，那末它就是真理；唯心主义理论经不起实践的检验，所以，唯心主义理论不是真理。（《形式逻辑》，中国人民大学出版社一九八二年版①，第127页）

对初学逻辑的人来说，关于“如果，则”，至少有这样两个重点是应当向他们反复讲清楚的：第一，“如果p则q”推不出“如果q则p”，也推不出“如果不p则不q”。第二，“如果p则q”与“如果不q则不p”可以互推。关于第一点，许多书完全讲错了。上面关于“如果一种理论经得起实践的检验，那么它就是真理”的错误推论，就是这样。对第二点，有些书尚未提及。有的书还把充分条件、必要条件、充要条件分别理解为因果联系中的多因、合因（复合因）、一因（唯一条件）。这样，他们就无法阐明：p是q的充分条件，当且仅当，q是p的必要条件这条逻辑规律。

现代逻辑把“所有S是P”分析为“对任何个体x而言，如果x属于S则x属于P”。因之，误认为“如果p则q”可以推出“如果q则p”，就会错误地主张从“所有S是P”可以推出“所有P是S”（对任何个体x而言，如果x属于P则x属于S）。再进一步，必然导致主张所谓“扩充三段论”

---

① 经核查，《形式逻辑》一书出版信息有误，应为：中国人民大学哲学系逻辑教研室编《形式逻辑》，中国人民大学出版社，1980。——编者注

等违反逻辑的错误。

三　混淆事实和思维形式

以上关于“如果，则”的错误源于一个更深刻的错误：“看一个假言判断是不是充分必要条件假言判断，主要的是前件与后件所断定的实际关系。”（同上书，第65页）这就是混淆事实和思维形式的错误。这个错误表现在周延问题上，就误认为肯定判断谓项有时周延；表现在换位问题上，就误认为“所有S是P”有时可推出“所有P是S”；表现在特称判断上，就会误认为从MEP、MAS得不到SOP；表现在三段论理论中，就会误认为有“扩充三段论”。这个错误观点表现在模态问题上，就是：“确定一个判断是否是或然判断、实然判断或必然判断，不能根据字面上是否有‘可能’、‘实然’或‘必然’这些表明模态的词，而要根据判断所包含的实际的逻辑含义。‘一切物体之间互相都有引力’、‘凡人皆有死’这些判断都没有‘必然’几个字，可是毫无疑义的，它们是必然判断。因为这类判断不仅反映了客观事实，同时也反映了自然、社会的规律性和必然性。”（同上书，第74页）逻辑学对判断的分类是纯形式的。一个判断是什么判断，唯一地决定于它具有什么联接词（“或者”“并且”“并非”“如果，则”等）、什么量项（“所有”“有的”）、什么模态词（“必然”“可能”），等等，而完全不决定于它所反映的事实情况。如果说一个判断具有什么形式决定于它所反映的事实情况，那么，我们就应该说“有些人会死”是全称判断，因为天下无不死之人。但任何略知一点逻辑的人，都知道它不是全称判断。

混淆事实与思维形式，就会从根本上否认逻辑这门科学。最近看到某校一道逻辑学考题。问：“所有鸟都会飞”有什么逻辑错误？我体会出题者的意图，无非是认为“所有鸟都会飞”是有逻辑错误的。出题的同志，本意是善良的，想要让逻辑多联系实际，但实际的效果，却是在无形之中用各种各样的生活常识、政治常识替代了逻辑，这就不符合形式逻辑专门研究思维形式及其规律的目的了。

近两年形式逻辑读本的新动向*

目前多数逻辑工作者认为，几十年来形式逻辑的讲授，基本上是一百多年前的内容，虽有点修正和改革，但都没有突破传统逻辑的老框框。1984、1985 两年又出版了不少形式逻辑的教材、自学辅导读物等。在传统逻辑的基础上不同程度地吸收了数理逻辑的初步内容，探索着改革的道路。

这些读本大致有两种不同的类型。

一种类型是开始用现代逻辑（数理逻辑）来改造传统逻辑教材。如陈宗明、黎祖交的《干部简明逻辑》（浙江人民出版社）；徐元瑛、沙青的《普通逻辑纲要》（河北大学教材科）；夏兴有的《形式逻辑基础》（中国人民解放军西安学习学校函授部）；王颂平、鄂启庭的《形式逻辑》（中国人民警官大学函授部）。它们之中有的书明确指出逻辑是研究有效推理的学说，这是国际上多数学者所接受的说法。有的把形式逻辑（演绎逻辑）和归纳逻辑明确区别开来。在形式逻辑中，有的又明确区别命题逻辑和词项逻辑，并先介绍命题逻辑。有的把命题（判断）和演绎推理结合起来阐述。有的已着重阐述命题而不再详细讨论判断。有的还介绍了判定推理有效性的真值表方法。有的简介了规范逻辑。这些读本都删去了“充足理由律”。

另一种类型是回到五十年代的某些提法和术语，强调形式逻辑的局限性和辩证逻辑的重要性，强调思维形式与思维内容的统一，强调“充足理由律”的意义。如中国人民大学哲学系逻辑教研室的《形式逻辑》、中共中央党校哲学教研室的《形式逻辑纲要》和且大有、余式厚的《形式逻辑 200

---

* 原载《国内哲学动态》1986 年第 7 期。

题》（内蒙古人民出版社），它们认为如果前提不正确或者推理形式不正确，就不可能获得正确的结论，推理就一定不正确。以不正确的前提进行推理，就失去了进行推理的意义。有的书还强调指出，只管思维形势上的互相一致和首尾一贯，在完全“纯粹的状态下”来研究思维形式，不管思维内容是否正确，是形式主义的逻辑。有的书完全取消了逻辑学中国际通用的符号、公式，而代之以甲、乙、丙、丁、子、丑、寅、卯；在译名方面采用与众不同的术语，如把“复合判断”改为“复杂判断”。有的对肯定判断谓项不周延、全称肯定判断不能简单换位等提出异议。有的书指出，“如果，那么”有时表达充要条件；看一个假言判断是不是充要条件的，还要看前后件的实际关系。有的书认为“只要，就”表达充分必要条件；并肯定了下述推理的正确性：“只有社会主义国家才实行无产阶级专政；中国是社会主义国家；所以，中国实行无产阶级专政。”有的书认为，在中国民主革命基本胜利后，有人幻想走第三条道路，有人虚构一个超出唯物主义和唯心主义之外的第三者，都是违反排中律的。摆事实讲道理；言之有理，持之有故；要以理服人；只能说服，不能压服；事实俱在，不容抵赖；等等，都包含了充足理由律的要求。有的书不把直接推理当作演绎推理；并认为归纳推理的前提与结论的联系也有必然性质，归纳推理也可用于证明。这一类型的书，也在一定程度上接受了数理逻辑的影响，如都讲负判断以及曾被认为是唯心主义的关系判断、关系推理；但强调数理逻辑不能取代传统逻辑。

此外，还有一些书是介乎这两种类型之间的。

形式逻辑教材中的主要缺点*

1949 年以前旧中国水平最高的逻辑书，当推 1937 年出版的金岳霖的《逻辑》。但是 50 年代初，新中国的大学里容不得金岳霖《逻辑》占一席之地，新中国的逻辑教材以苏联斯特罗果维契的《逻辑》为样板，1951 年苏联《哲学问题》发表的《逻辑问题讨论总结》，当时也成为指导中国逻辑学教学界的纲领性文件。

直到 1979 年，终于出版了成书于 1965 年的金岳霖主编的《形式逻辑》[①]。此书开始打破苏联逻辑教材的框框，吸收了数理逻辑的若干初步知识，较准确地阐述了传统逻辑的基本知识。该书在陈述逻辑基本知识方面的改进，至少表现在下述各方面：概念间的对立关系（如“黑”与“白”之间的关系）改为反对关系（黑与其他任一颜色之间的关系）；判断分三分（直言、假言、选言）改为二分（简单、复合）；增添联言判断、负判断；选言判断、假言判断形式由主谓项关系改为支判断关系；明确“或者”表达相容的选言，“要么”表达不相容的选言；假言判断由二分（区别的、非区别的）改为三分（充分条件、必要条件、充分必要条件）；模态判断由分析到词项（“S 必然是 P”等）改为由分析到判断（“必然 P”等）；增加了关系判断、关系推理，演绎推理的定义由一般原理推出特殊场合的知识改为必然性推理；否定了把一切演绎推理化归为三段论的做法；取消了杜撰的“科学归纳法”；明确了归纳推理不能用于证明；抛弃了充足理由律。

---

* 原载《现代哲学》1992 年第 4 期。有微调。

① 金岳霖主编《形式逻辑》，人民出版社，1979。——编者注

这本书的出版，对中国形式逻辑教学内容的革新产生了积极的影响。然而，由于该书成书已近三十年，且出版后除改正个别错字外从未作过修订，在形式逻辑学科体系的不断发展中，其日益表现出不足之处，并由于其在我国形式逻辑学科中具有重要的影响而使得我国形式逻辑的教材存在着不少缺点。

目前高校文科形式逻辑教材有如下主要缺点。

（1）缺乏关于集合的基本观念。

有一个错误的划分的例子：

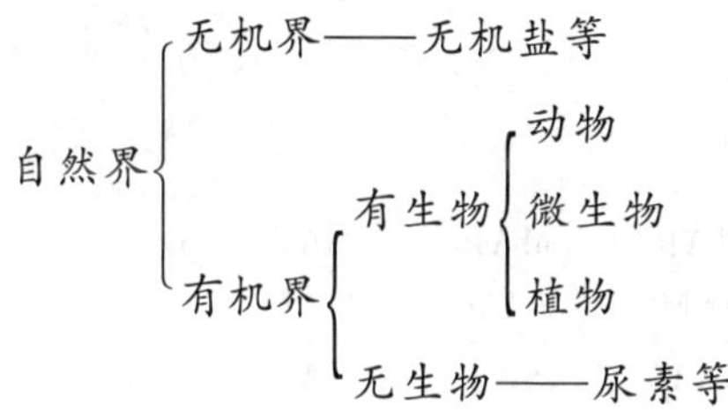

它竟被当作正确划分的例子，至今已引用了30多年而未被作者纠正。[①]这个例子之所以错误，就在于作者没有注意到，所谓划分就是把一个集合分为它的若干真子集，即把一个属分为若干种。

有的书说，可以通过全部种概念减全部种差的方法给最大类概念下定义。它的一般形式可以表示为："最大类概念 = 全部种概念 - 全部种差。例如，'物质'这个范畴就是用这种方法下定义的。"[②]

产生上述没有确切含义的公式的根源，在于作者既不明确传统逻辑所谓下定义是对事物下定义，不是对概念下定义；又不愿意从集合的观点来考虑问题。从集合的观点来看，每一个种差如果能决定一个种（指最大类的真子集），那么从全部种中排除掉全部种差，岂不是空集？最大类怎能等同于空集？

"一个概念的外延，是由具有这个概念所反映的特有属性的那些事物所

① 曹武：《一个误用了三十余年的例子》，《逻辑与语言学习》1986年第4期。

② 中国人民大学哲学系逻辑教研室编《形式逻辑》，中国人民大学出版社，1984，第40页。

组成的类。虚假概念是没有外延的，在客观世界中没有一个相应于虚假概念的事物类。”[①] 既然承认概念的外延是该概念所反映的那些事物所组成的那个集合，那么就应该承认虚概念也是有外延的，它们的外延就是空集。任何论域中都有空集，空集的特点是有集合无元素。

（2）对传统逻辑的核心内容三段论的论述不严密，甚至错误。

严格说来，所谓演绎推理就是有效推理，也就是形式正确的推理。非有效推理不可能是必然性推理。三段论不一定有效，只有有效的三段论才是演绎推理。不能说凡三段论都是演绎推理。

什么是三段论？许多书上的定义是有漏洞的。它们没有把下列各有效推理形式排除出三段论：

$$\begin{array}{cccc} MAM & MAP & MAP & SAP \\ SAS & SAM & SAM & MAM \\ \hline PAP & SAM & SAS & SAP \end{array}$$

金岳霖主编的《形式逻辑》在三段论的定义中有这样一句话：“就主项和谓项说，……每个概念在两个判断中各出现一次。”[②] 这句话也可以说成：组成三段论的任意两个命题，包含一个共同的词项。可惜许多教材对这句并非废话的话弃之不顾。

有些书至今还说：“所谓公理就是一种不证自明的道理。”[③] 我认为，一种理论总表现为相当数量的命题，这些命题中的若干命题，可以作为出发点，推出其他命题；作为出发点的那些命题就是公理。然而，现代公理体系中的公理往往是极不“自明”的。

公理必须是系统之内的，不能是系统之外的。传统逻辑的三段论有24个有效形式。传统逻辑在这24个形式构成一个系统的同时，又另立一条三段论公理，这就是在系统之外另立公理。这种做法既不符合亚里士多

① 金岳霖主编《形式逻辑》，第24页。

② 金岳霖主编《形式逻辑》，第154页。

③ 中国人民大学哲学系逻辑教研室编《形式逻辑》，第173页。

德原意，又是不可取的。今天包括了三段论的一阶逻辑早已形式化了，就更没有必要再向一般学生介绍逻辑史上的知识——三段论公理及其化归理论。

传统逻辑关于三段论公理有许多种提法。比较合理的提法，经过某种解释的公理，恰好是barbara。例如：“如果对一类事物的全部有所断定，那么对它的部分也就有所断定。”[①] 对一类事物的全部有所制定，即MAP（或MEP）。说事物的部分，是指M有子集，即SAM。对此部分也有所断定，即SAP（或SEP）。

传统逻辑关于三段论公理的提法，有的是完全错误的。如斯特罗果维契、楚巴欣等采用了一个错误的说法：事物属性的属性是事物本身的属性。如果把事物与其属性的关系理解为元素与集合的属于关系，那么事物的属性与事物的属性的属性的关系，就是集合与集合的集合之间的属于关系。属于关系不同于包含于关系，没有传递性。因之，事物的属性的属性未必是事物的属性。

有的书把三段论公理说成是：“凡对一类事物有所肯定，则对该类事物中每一个对象也有所肯定，凡对一类事物有所否定，则对该类事物中每一个对象也有所否定。”[②] 这个说法源于高尔斯基。他说：“如果已知特性P属于（或不属于）构成某个集的每一个对象，那么这个特性也属于（或不属于）这个集的任何一个个别的对象。”[③] 这个提法把“凡人皆有死，苏格拉底是人，所以，苏格拉底有死”当作典型的三段论。殊不知这是不符合亚里士多德的原意的。三段论反映三个集合之间的关系。“对该类事物的部分也有所断定”反映了S与P的关系。“对该类事物中的每一个对象也有所断定”反映的却是个体与集合的关系。

所有讲到三段论公理的欧拉图解的书，没有一本给出了完整的图解。它们都把集合的真包含关系当作包含关系。如用欧拉图解来表示barbara，它应该是：

---

① 《普通逻辑》，上海人民出版社，1986，第146页。

② 中国人民大学哲学系逻辑教研室编《形式逻辑》，第173页。

③ 高尔斯基：《逻辑学》，马兵译，上海人民出版社，1960，第222页。

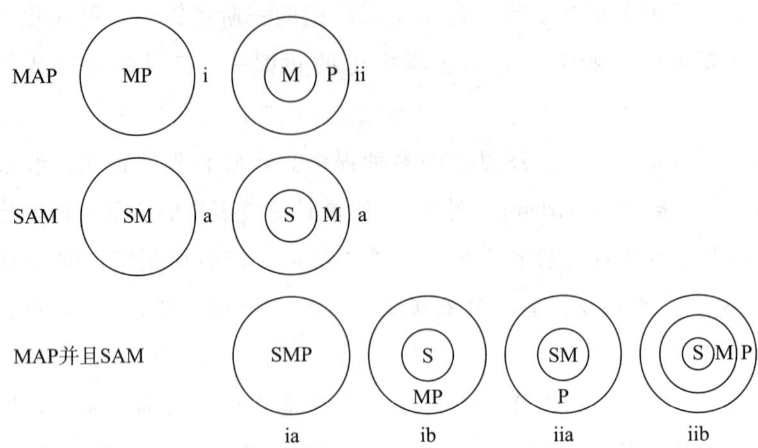

在以上 ia、ib、iia、iib 四种情况下，SAP 都真，故从 MAP、SAM 可推出 SAP。

此外，在上述四种情况下，SIP 也都真，故也可得结论 SIP。但 SEP、SOP 并非在上述四种情况下都真，故从 MAP、SAM 推不出 SEP，也推不出 SOP。

所有提到三段论公理的图解的书，都仅仅列出了 iib 一个图，遗漏了 ia、ib、iia 三个图。关于 celarent，情况是类似的。

三段论规则是三段论有效的充分必要条件。一般地说，基本规则有五条。包含有四个词项的推理未必是无效的，但都不是三段论。故“只能有三个词项”是三段论定义的一部分，而不是它的基本规则。

许多书不理解“如果结论否定，则必有一否定前提”是一条独立的基本规则。它也可以表述为：两肯定前提不得否定结论。不要这条基本规则，反映了作者对从“如 p 则 q”推不出“q 则 P”的认识的模糊。（比较中国人民大学哲学系逻辑教研室编的《形式逻辑》1959 年和 1984 年两个版本）

三段论各格的规则，是各该格三段论有效的必要条件，而不是充分条们。然而，有的书竟认为它们是各该格三段论有效的充要条件。“……在第一、二、三格的三段论中，如果不遵守这六条特殊的规则，否定它们的正确性，那么，其后果必定是要违反三段论总规则的；反之，遵守这六条特殊的规则，承认它们是正确的，也就一定会是遵守三段论总规则的。"[①] 这表明作者没有对所有 24 个三段论有效形式一一做过检验，就轻率地作出了概括。

（3）没有抓住关系命题、关系推理的形式。

金岳霖主编的《形式逻辑》是新中国成立以来形式逻辑教材首次向读者介绍关系命题和关系推理的书。重点在于介绍关系的一些性质和周礼全先生提出的混合关系三段论，而后者又为宋文淦同志所发挥。

形式逻辑对命题的分类，仅仅是从命题形式方面考虑的，与内容无关。关系命题中的关系是多少元（项）的，是首要的形式问题；有哪些量词，其次序如何，也是重要的形式问题。至于关系的性质（是否对称等等）则不是关系命题的形式问题。关系命题不能以非形式的关系的性质来分类。形式逻辑研究关系命题的种类，即研究其形式，它不是由关系的性质来确定的。"1 =1"是二元关系命题，等于关系是既对称又传递的。"曹操、曹丕是父子"也是二元关系命题，父子关系既不对称又不传递，怎能根据关系的性质来分析这两个命题的形式?

现在许多教材都谈所谓"对称关系推理、反对称关系推理、传递关系推理、反传递关系推理"。这四种推理都是非形式的。例如，对于任意的一个谓词 R 来说，从 R（a，b）怎么能推出 R（b，a）或者推出 R（ab）呢?（这里的 a、b 是自由个体变元）所谓关系推理，属于二元或多元谓词逻辑的领域，而不是根据前提中关系的性质进行的推理。像"大于 b，所以，b 不大于 a"这样的推理，分析起来是省略了假言前提的。它应该是：如果 a 大于 b 则 b 不大于 a，a 大于 b，所以，b 不大于 a。

根据关系的特性来区分关系命题的形式和关系推理的形式，是非形式的。这种错误的做法也源于高尔斯基。他说："这种推理（指关系推理——引者）的基础是关系的逻辑特性。"[②]

（4）关于假言命题的一些似是而非的说法。

"从事物情况的存在与不存在这个角度来看，条件可以分为三种。这就

① 中共中央党校哲学教研室：《形式逻辑纲要》，中共中央党校出版社，1985，第 152 页。
② 高尔斯基：《逻辑学》，第 258 页。

是充分条件、必要条件与充分必要条件。断定事物情况的条件关系的假言判断，也相应地分为三种。这就是充分条件假言判断、必要条件假言判断与充分必要条件假言判断。”[①] 这个提法影响极大，但却是似是而非的。

把条件划分为充分、必要、充分必要三类，子项并不相互排斥。有的充分条件是必要条件；凡充分必要条件是充分条件；凡充分必要条件是必要条件。根据上述不正确的对条件的划分来对假言命题进行划分，不可能是正确的。

我们有这样的共识：天下雨是地湿的充分条件；反之，地湿是天下雨的必要条件。天下雨不是地不湿的充分条件。但是，我们不能说“只有天下雨地才湿”是充分条件假命题，也不能说“天下雨当且仅当地湿”是充分条件假言命题。我们却应该说“如果天下雨则地湿”是充分条件的假言命题。这些都是关于命题形式的。

根据命题形式的区别把假言命题分为充分条件的、必要条件的和充必要条件的，子项是互相排斥的。这三类假言命题的区别，在于而且仅仅在于其命题联结词分别是“如果，则”“只有，才”和“当且仅当”。不同的联结词组成不同的假言命题。

有的书认为假言命题的分类，不能仅仅看联结词。它们认为，在日常用语的分析中，除去从联结项上辨别外，还需要对判断所表达的实际条件关系进行分析，加以区别。例如：

如果某人是北京居民，则某人一定有北京居民身份证。

这个判断虽然用的是充分条件假言判断联结词的形式，但从判断所表达的实际关系分析，则表达的是充分必要条件假言判断。

事物情况 p 与 q 之间有何条件联系，如天下雨是地湿的什么条件，是客观事物方面的问题，不是逻辑问题。一命题是何种假言命题，如“天下雨当且仅当地湿”是什么命题，则是命题形式方面的问题、逻辑问题。两种

① 金岳霖主编《形式逻辑》，第 107 页。

问题是截然不同的，不能混淆。截然不同的问题并不是毫无联系的问题。其联系又表现在：

"P当且仅当q"真，当且仅当，P是q的充分必要条件。

"如果P则q"真，当且仅当，P是q的充分条件。

"只有P才q"真，当且仅当，P是q的必要条件。

我们不能说"如果某人是北京居民，则某人一定有北京居民身份证"是充分必要条件假言命题，因为它的联结词是"如果，则"，不是"当且仅当"。至于北京居民是不是有北京居民身份证的充分必要条件，根本不是逻辑问题，在逻辑里根本不必讨论。

有人说，在日常语言里没有"当且仅当"一词，只能用"如果，则"来表达充分必要条件。这个说法也是似是而非的。在日常语言里，可以用"如果P则q并且如果q则P"等等来表达P是q的充分必要条件。仅仅用"如果P则q"不足以表达P是q的充分必要条件。

也有人说作为语言形式的"如果P则q"既可以表达充分必要条件，也可以表达充分条件；但作为命题形式的"如果P则q"则只表达充分条件。这种说法似乎为形式逻辑争了一席之地，实际却是从根本上否定了形式逻辑所研究的命题形式是语言形式的科学抽象。如果这个说法成立，就有"充足理由"宣布，在形式逻辑或普通逻辑中，"如果，则"只表达充分条件，但在"语言逻辑"里，"如果，则"则既可表达充分条件，又可表达充分必要条件。不管"如果P则q"究竟是什么形式，归根到底，"如果一个数能被2整除，那么它就是偶数"是不是表达了能被2整除是偶数的充分必要条件？如果说它表达了充分必要条件，则是违反包含于中学，甚至小学数学课中的逻辑训练的。因此这种说法是不能成立的。暂且不管"如果P则q"是什么形式，反正"如果一个数能被2整除，那么它就是偶数"一句话，代替不了"如果一个数能被2整除，那么它就是偶数，并且，如果一个数是偶数，那么它能被2整除"两句话。问题的困难在于，有的人即使承认"如果一个数能被2整除，那么它就是偶数"不是充分必要条件假言命题，他也绝不承认“如果理论掌握群众，就会变成物质力量”不是充分必要条件假言命题。这里有个心态问题。这种心态阻碍了形式逻辑在中国的普及和提高。“如果，则”能不能表达充分必要条件的争论，是肯定命题的谓项能不能周延的争论的延伸。

有的书说充分必要条件假言判断也叫唯一条件假言判断。例如“只要是一个合格的共产党员，他就一定能起模范带头作用”，“只要一个数能被2整除，这个数就一定是偶数”。实际上充分必要条件绝不是唯一的。例如，对任一三角形而言，三角相等，三边相等，三高相等，三中线相等，等等，都是互为充分必要条件的。“只要，就”不能表达充分必要条件，这一点它与“如果，则”完全相同。

（5）不愿抛弃充足理由律。

有的书说：“充足理由律的基本内容是：在论证过程中，一个判断被确定为真，总是有充足理由的”，“充足理由律的公式是：‘A 真，因为 B 真并且 B 能推出 A’。”[①]

也有的书说：“充足理由律的内容是，在思维论证过程中，要确定一个判断是真的，必须有充足理由”，“充足理由律的公式可表示为：$B\wedge(B\rightarrow A)\rightarrow A$，即 A 真，因为 B 真并且‘如 B，则 A 真’”[②]。

说论证必须具有充足理由，这不能说错。但怎样才是具备了充足理由？没有人能独立于其他逻辑知识说出个道道来。讲了充足理由律，并不能增加任何新鲜的逻辑知识。不讲充足理由律，也绝不减少任何有用的逻辑知识。金岳霖主编的《形式逻辑》不讲充足理由律，《普通逻辑》讲充足理由律，仅仅基于这点区别，我们能找出哪一个具体问题，前者解决不了而后者能解决？充足理由律不仅说不清何谓真，也说不清何谓推出。所以，我认为，除了具体的推理形式外，没有必要另立一条抽象的、一般的、空洞的充足理由律。所谓充足理由律既不是任何逻辑系统中的定理，也不是关于任何逻辑系统的元定理。把命题逻辑中的定理 modus Ponens（$B\wedge(B\rightarrow A)\rightarrow A$）硬叫作充足理由律是十分可笑的。

---

① 《普通逻辑》，第130页。

② 中国人民大学哲学系逻辑教研室编《形式逻辑》，第135页。

主张讲充足理由律者莫不宣称：能不能形式化，不应当作为是不是形式逻辑基本规律的鉴定标准。但他们又都要提出充足理由律的公式来以便使它挤入形式逻辑基本规律的行列。如果在表达充足理由律时使用变项，就应当遵守使用变项的规则。在同一语境中，相同的变项代表相同的对象。这意味着：允许不同的变项代表相同的对象。当 B 就是 A 时，“充足理由律的公式”理应成立。“A 真，因为 A 真并且 A 能推出 A。”这是“A 真，因为 B 真并且 B 能推出 A”的特例。任何真命题都是它自身的充足理由。这样的充足理由是不是充足理由？此外，这个公式也否认了前提假的间接证明是符合“充足理由律”的。

有人过虑：不讲充足理由律会给诡辩敞开大门。其实，那些提倡充足理由律的书，往往充满了诡辩，如斯特罗果维契、高尔斯基、楚巴欣的书。作为一句废话的充足理由律，如何能驳倒或者堵住天下一切诡辩？许多传统逻辑名著是不讲充足理由律的，现代逻辑更没有它的地位。不讲充足理由律丝毫不影响逻辑的声誉；愈讲充足理由律愈损害逻辑的声誉，偏爱它的诸君无非是要把内容引入纯形式的形式逻辑。偏爱充足理由律的同志们不愿意提到毛泽东的这样一段话：“什么充足理由律？我看没有什么充足理由律。不同的阶级有不同的理由。哪一个阶级有充足的理由？”① 看来充足理由律的问题基本上不是科学问题，而是个心态问题。

由于上述缺点的存在，高校文科形式逻辑教材应该继续革新。金岳霖主编的《形式逻辑》的某些论点，一开始就阻碍了形式逻辑课程的进一步革新。这主要表现在，该书把“形式逻辑”约定为“传统逻辑”，认为如果把数理逻辑中的一套硬搬到形式逻辑中来，甚至用数理逻辑来代替形式逻辑，则是错误的。该书不是向前看承认数理逻辑是现代形式逻辑，而是力图划清数理逻辑与传统逻辑的界线。20 世纪 90 年代的马克思主义者，居然把形式逻辑局限在 19 世纪中叶流行于欧洲教本中的传统逻辑，岂不是严重脱离实际的吗？

1987 年出版的《中国大百科全书·哲学》，1985 年②出版的《哲学大辞

---

① 龚育之等：《毛泽东的读书生活》，三联书店，1986，第 134～135 页。——编者注

② 应为 1988 年。——编者注

典·逻辑学卷》，进一步推动了中国逻辑学教学的革新。这两部大型工具书认识到了数理逻辑是现代逻辑的主流，形式化方法是现代逻辑的主要方法。

近年来，一批锐意革新的形式逻辑教材问世了，中国高校文科逻辑教材的革新出现了新局面。它们之中有：《逻辑学引论》（何应灿、彭漪涟主编，华东师大出版社，1988）、《现代公共逻辑》（孔易人主编，电子工业出版社，1991）、《实用符号逻辑》（茹季札，西北大学出版社，1991）、《自然演绎逻辑导论》（陈晓平，武汉大学出版社，1991）、《形式逻辑纲要》（郁慕镛、俞瑾主编，江苏科技出版社，1992）、《新逻辑教程》（宋文坚主编，北京大学出版社，1992）。然而，我们逻辑学教材目前的情况是，国家教委组织编写的两本文科逻辑教材及一些发行量很大、成书较早的形式逻辑教材的内容远远落后于一批新编写的教材。这种情况有点像大中型企业的经济效益不如中小型企业。究其所以，我认为阻碍我们继续前进的主要思想障碍是：我的指导思想是正确的，因之，我写的逻辑教材的学术水平也是最高的。对不同的学术观点，分别贴上阶级立场的标签，只能阻碍学术的发展与繁荣。[①] 党的十四大为中国的发展展示了宏伟的蓝图，这也为高校文科形式逻辑教材继续革新、跟上国际先进学术水平开辟了广阔的前景。

---

① 参见李延铸等《逻辑哲学导论》“序”，陕西人民出版社，1991。

郑重推荐三本逻辑新教材*

十一届三中全会以来，文科逻辑课程的面貌不断有所革新。但有时我觉得改革的步子太慢了一点。例如，成书于60年代中期，出版于70年代末的《形式逻辑》（金岳霖主编），是以传统逻辑为本的，至今10余年，从未修订。又如，1979年出版的《普通逻辑》也以传统逻辑为主体，虽曾数度修订，增加新内容，但基本格局未动。这是我国仅有的两本国家教委组织的文科逻辑教材的情况。今春，无意之间见到了新出版的三本不要求读者预先具备任何逻辑基础知识的，适用于文科学生的现代逻辑教本。它们是：

孔易人主编，陈寿灿、汪岩桥副主编：《现代公共逻辑》，北京，电子工业出版社，1991年9月，387页，6.00元；

茹季札著：《实用符号逻辑》，西安，西北大学出版社，1991年10月，275页，4.70元；

陈晓平著：《自然演绎逻辑导论》，武汉，武汉大学出版社，1991年11月，301页，3.25元；

三书的作者都长期从事逻辑教育工作，在讲稿的基础上正式出版了教材。它们共同的基本内容是最狭义的数理逻辑，即一阶逻辑，以及现代模态命题逻辑基础。传统逻辑的核心内容三段论理论，已经融入这三本书中。它们都附有一定分量的习题，以利读者。

《现代公共逻辑》共分7篇27章，介绍了概念逻辑（包括直观集合论、传统逻辑的定义理论）、命题逻辑、谓词逻辑、模态逻辑、多值逻辑、规范

---

* 原载《逻辑与语言学习》1993年第3期。

逻辑、时间逻辑、认知逻辑、优先逻辑、多量逻辑、模糊逻辑、次协调逻辑、自然语言逻辑、归纳逻辑和论证逻辑。本书传统逻辑内容保留较多，如概念、传统性质命题及其推理、经验归纳法、论证、假说等章，基本上是传统的理论。本书兼顾演绎和归纳，介绍了一阶逻辑演算和模态逻辑演算 S5，以及它们的元逻辑性质。并简要陈述了哥德尔不完全性定理和悖论。本书内容丰富，为读者提供了一个相当广阔的视野。但各章深浅不一，某些地方表述不够严密确切，如把对象语言和元语言当作一条元逻辑规律。

《实用符号逻辑》不谈归纳，全书分概念和类演算、命题、命题逻辑、量词逻辑、模态逻辑与合情推理 5 章。本书不拘泥于形式上的严谨，以通俗易懂为根本要求，语言生动，论述富于启发性，有利于读者领会现代逻辑基本知识的精神实质。本书略去了一阶逻辑元逻辑问题的讨论，这对初学者来说是合适的。

《自然演绎逻辑导论》也只介绍演绎逻辑，共分 7 章，先后阐述命题逻辑、三段论逻辑、谓词逻辑和模态逻辑。本书也略去了逻辑演算的元逻辑问题。对于推演的细节，讲述细微严密，使读者可以得到更多的现代逻辑基本技能的训练。但某些地方未免媚俗，如不得提及充足理由律。

这三本书的出版证实了一阶逻辑基础知识是可以直接向没有学过传统逻辑的文科学生普及的。茹季札先生是一位老前辈。他回忆 30 年代末欲学数理逻辑而缺乏材料之苦。今天他能迫切感到有向青年读者普及现代逻辑知识的必要。他说："任重而道远的我们这两三代人有责任认真学一学逻辑，学一学科学的思想方法；我们有责任把理性主义的精华再研讨一下。这是历史的使命!"亲爱的读者同志们，加快经济发展，必须依靠科技和教育。现代逻辑对于科技和教育，有着重大的实用和方法论意义。如果你想学一点现代逻辑，就请你阅读这三本通俗教材吧!

“吸收论”的两种归宿

——中国高校文科逻辑教学走向何处*

［内容提要］80年代初数理逻辑与传统逻辑的关系的争论中，大致有4种观点：取代论、统一论、吸收论、永恒论（并存论）。吸收论不过是权宜之计，不可能无穷无尽地吸收下去。永恒论不应该是吸收论的终点，吸收论理应向取代论转化。大学里还是需要讲传统逻辑的，它是西方逻辑史的内容，不是普通逻辑，即逻辑概论的内容。

中国传统学术缺乏逻辑精神。本文把逻辑精神归结为两点：一、只管推理形式是否有效，不管命题是真是假。二、亿万次证实不能代替证明。

逻辑是研究推理形式的科学，它与任何科学一样，都与真理（分举）有关，但却不是专门研究真理（合举）的。真理（合举）是哲学研究的对象。逻辑是工具性科学，现代逻辑还是形式科学；而哲学是有阶级性的，是意识形态。从学术上讲，由于混淆逻辑与哲学的这种原则区别，30～40年代曾把传统逻辑当作形而上学批判，50年代初曾把数理逻辑当作帝国主义时代为垄断资产阶级利益服务的伪科学批判。这些批判主要是意识形态原因引起的。

80年代初，我曾与逻辑学界一些同仁争论过在高校文科教学中，数理逻辑能否取代传统逻辑的问题。当时有些同仁不承认数理逻辑是现代形式逻辑，只承认它是形式逻辑的一个分支；有的同仁认为数理逻辑是数学，

* 原载《南京社会科学》2000年第8期。有修改。

不是逻辑。现在马佩同志可以承认数理逻辑是现代形式逻辑，却绝不承认它是“真正的现代逻辑”。快 20 年过去了，王路同志似乎又一次引发了数理逻辑能否取代传统逻辑（限定于高校文科教学范围）的争论。① 这样看来，中国的逻辑教学要与国际接轨谈何容易！难就难在非学术因素的作用大于学术因素的作用。10 多年前有人说过，中国现今的逻辑界是以马克思列宁主义、毛泽东思想为指导的，就是比西方国家的先进。21 世纪高校文科逻辑课怎样讲，是每一位逻辑学界同仁都关心的。我和王路都不是教师，难免看人挑担不吃力，却还要在旁边指手画脚说些风凉话。说错了敬请各位同仁批评指正。

1978 年，中国社会科学院哲学研究所逻辑室的同仁在全国（第一次）逻辑讨论会上提出了“逻辑要现代化”的口号。② 有些同志对此很为反感，他们主张只提“逻辑要为四化服务”，不提“逻辑学自身也要现代化”。事后王宪钧先生对我们“逻辑要现代化”一说颇有训诲。他认为世界上逻辑早就现代化了，中国的问题是要在教学方面跟上国际水平。王先生对我是有所批评的，他认为周延、三段论这些题目谈不上研究。他的意思在 1979 年的全国第二次逻辑讨论会上已公开发表。③

我不知道周礼全先生在口头谈话中，在著作中，有“逻辑要现代化”的提法。他认为当务之急是运用现代逻辑、现代语言学、现代修辞学的成果，重现亚里士多德的理想。周先生对黑格尔哲学的造诣很深，是不仅能讲，而且能用的。他对逻辑有否定之否定的设想，而且构造了一个逻辑概

---

① 王路：《论我国的逻辑教学》，《西南师范大学学报》（哲社版），1999 年第 2 期；马佩：《也谈我国的逻辑教学——与王路先生商榷》，《西南师范大学学报》（哲社版），1999 年第 5 期；郁慕镛：《关于我国逻辑教学的若干问题》，《南京社会科学》2000 年第 2 期。

② 参阅《哲学研究》编辑部编《逻辑学文集》，吉林人民出版社，1979。倪鼎夫：“逻辑科学要为四个现代化服务，逻辑学自身也要现代化，我们应当研究具有现代化内容的逻辑科学。”（第 28 页）张家龙：《形式逻辑要现代化》，第 56 ~ 67 页。又，张家龙：《再论形式逻辑的现代化》，中国逻辑学会形式逻辑研究会编《形式逻辑研究》，北京师范大学出版社，1984，第 40 ~ 53 页。

③ 王宪钧：《逻辑课程的现代化》，北京市逻辑学会编辑组编《全国逻辑讨论会论文选集（1979）》，中国社会科学出版社，1981，第 1 ~ 6 页。我提交全国（第一次）逻辑讨论会的论文题目是：《关于周延和假言判断的几个问题》。

念的体系——成功交际的理论。[①]

有一位师长，他自称非常不满意王宪钧、周礼全所提倡的“逻辑要现代化”主张。所以我要说一说20年前的一些实际情况，避免以讹传讹。70年代末鼓吹“逻辑要现代化”，倪鼎夫、张家龙是主力，我忝陪末座帮腔。这个口号如有不妥之处，与王、周两位先生是没有关系的。

80年代初，我曾称“传统逻辑迟早要送进历史博物馆”，引起轩然大波，至今为某些同仁所不齿。[②] 这句话的原创权属于胡世华先生。我不是听胡先生亲述的，是听王宪钧先生转述的。我在长期接触中有一个印象：胡先生、王先生、晏成书先生一向是这样主张。但他们从没公开宣扬。送进历史不博物馆不等于抛弃，历史博物馆不是垃圾站，历史博物馆里藏的是完成了历史使命的宝贝。

70年代末，王宪钧先生曾说：“普通逻辑”像“普通物理”“普通化学”一样应该是一门课程的名称，不是一门学科的名称。我以为很对。“普通逻辑”一词源于康德，普通逻辑者、初等逻辑之谓也。或者像马佩同志那样拐一个弯说，普通逻辑是普通思维阶段的逻辑。所谓普通思维阶段，就是相对于作为高等思维阶段的辩证思维阶段，乃初等思维阶段。我认为思维有不同的阶段，不能证明不同阶段有不同的推理形式、不同的逻辑。所谓“争个我高你低”，绝不是形式逻辑在争，而是“辩证逻辑”至今还在贬低形式逻辑。愈来愈多的逻辑学界同仁放弃了初高等数学的比喻。但是搞哲学原理的同仁，恐怕情况正好相反。至于马佩同志所主张的那种“辩证思维逻辑（简称辩证逻辑）”，虽然他自称为真正的现代逻辑，鄙意它已转化为诡辩术。因为他宣称“二加二等于又不等于四；四减一等于又不等于三；二加一大于又不大于二”等等所谓“辩证判断”。近阅《北京晚报》（2000年2月23日，第1版），有一报导：“1－1＝2”。以此推荐给马佩同志，作为其辩证逻辑中的辩证判断的实例“一减一等于又不等于二”。未知可否。

---

① 周礼全：《形式逻辑应尝试研究自然语言的具体意义》，《光明日报》1961年5月26日。周礼全主编《逻辑——正确思维和成功交际的理论》，人民出版社，1994。

② 赵总宽主编的《逻辑学百年》有这样的话：“激进现代派认为传统逻辑的内容已十分陈旧落后，早应‘扔进历史的垃圾堆’……”（北京出版社，1999，第412页）不知何所指。

80年代初关于中国高校文科逻辑教学能否以数理逻辑取代传统逻辑，我大致概括为4种观点。“第一种意见可以称为‘取代论’。这是认为传统逻辑迟早要送进历史博物馆，在高校文科教学中应逐步地、稳妥地以数理逻辑来取代传统逻辑。持这种意见的有诸葛殷同、张家龙、弓肇祥、黄厚仁等。第二种意见可以称为‘统一论’。马玉珂认为高校文科低年级应保留形式逻辑一切合理、有用的内容和充分吸收、引进数理逻辑的成果，以辩证逻辑为统率，建立一门统一的逻辑学。第三种意见可称为‘吸收论’，这种意见可以吴家国为代表，认为随着现代逻辑知识的逐步普及，应既在传统逻辑中逐步扩大现代逻辑内容的比重，又不至于用现代逻辑取代传统逻辑。第四种意见可以叫做‘永恒论’。持这种意见的有方华、杜岫石、刘凤璞、赵总宽、沈剑英等。他们认为，如果把数理逻辑中的内容全部硬搬到形式逻辑中来，甚至用数理逻辑完全代替形式逻辑，则是十分错误的。形式逻辑是永恒的，改革后的传统逻辑仍然是传统形式逻辑。”① 吸收现代逻辑来讲传统逻辑，吸收得愈来愈多，就趋近于取代论。吸收而终究为传统逻辑保留地盘，就趋近于永恒论。鄙意吸收论不过是一种不得已而为之的权宜之计。吸收论不外两种归宿，是不可能无穷无尽地吸收下去的。最极端的永恒论者是反对讲传统逻辑吸收任何现代逻辑内容的。改革开放以前，我赞成吸收论；改革开放以后，认识有所提高，我主张取代论。

外国大学讲逻辑，可以完全讲现代逻辑，为什么中国就不行？在中学里学过几何，学过直观集合论的大学生，完全可以听懂数理逻辑。最粗浅地讲数理逻辑，不需要“复杂的形式推导”。有些外国现代逻辑通俗读本就是这样的。数理逻辑不神秘，入门是方便的，深造也是可能的。反之，即使是讲传统逻辑的三段论，有些推导对缺乏数学基础的听众来讲，也是难懂的。给文科大学生讲数理逻辑还是传统逻辑，决定于教师而不是学生。

---

① 任俊明、安起民主编《中国当代哲学史》，社会科学文献出版社，1999，第875～876页。赵总宽主编《逻辑学百年》对第四种意见的叙述如下：“第四种，‘并存论’方案。方案的提出者坚持认为，传统形式逻辑具有永恒性，它的发展具有定向性。形式逻辑即使经历了改革，它也仍然应当是传统形式逻辑。因此，传统形式逻辑与数理逻辑这两种逻辑必须并存，不应当用一个取代另一个，也不应当由一个去吸收另一个。”（北京出版社，1999，第118页）

数学系出身，当学生时没有学过传统逻辑的青年教师，完全可以胜任哲学系逻辑教师的工作，这也说明了传统逻辑不是非学不可的基础知识。但是，在哲学系讲逻辑，“三段论”这个名词总是要出现的。因为西方哲学史不能没有这个名词。这当然不能成为否定取代论的理由。大学里还是需要讲传统逻辑的，它是西方逻辑史的内容，不是普通逻辑，即逻辑概论的内容。

以《形式逻辑原理》为教材，失败了。这不能说明取代论不能成立，恰恰说明了吸收论有不可克服的弱点。我们写这本书的原意，并不是提供一本教材，而是在于提供一本给教师看的参考书。它显然是不适宜于作为大学本科生的教材的。

1949 年以后，“文革”以前的逻辑课，如果以苏联教材为样板（我当大学生时盛行一个说法，不学习苏联，是立场问题），那是基本上把传统逻辑讲歪了的。最基本的错误有三点：1. 把“如果，则”看成是可以换位的。2. 混淆子集与元素的区别。3. 混淆事实与命题形式的区别。那些书是没有下面要谈的逻辑精神的。这类教材的确使人“愈学愈糊涂”。

近年来的逻辑界大有改进，但仍有问题。老毛病没有完全克服，又添了一个新毛病：混淆逻辑与元逻辑。郁慕镛同志提出许多重要逻辑教材“不仅没有前进，相反在有些地方却倒退了”。他还说“普通逻辑教学中存在的问题正是‘吸收’现代逻辑不够造成的”。这些我都非常赞成。他没有提出的问题还很多，比如说许多书上三段论的定义不严格。金岳霖主编的《形式逻辑》也有源于苏联的错误说法。如在介绍关系推理时说：“纯粹关系推理，根据于关系的逻辑特性。”这个错误在中国已广为流传。

反过来讲，最极端的永恒论者认为郁慕镛同志提的这些问题，都是受了数理逻辑的污染才产生的，原汁原味的传统逻辑本来就没有这些问题。传统逻辑中原汁原味的“是”好得很，没有什么属于、包含于、等同于的区别，这些区别都是数理逻辑无事生非硬造出来的。我想我们要发展，要前进，逻辑的分析总是愈来愈细致，而不是愈来愈粗疏的吧！今天讲三段论，谁也不是照亚里士多德《工具论》的样子讲的吧！究竟什么是原汁原味呢？

郁慕镛同志还提出“要重视培育学生的逻辑精神”。我更是非常之赞成。

杨振宁说："可是这个推演的精神，逻辑的精神，在中国传统里头没有。"① 具有逻辑知识不见得具有逻辑精神，正如具有科学知识不见得具有科学精神一样。像斯特罗果维契的《逻辑》那样的苏联教材，有很多地方是缺乏逻辑精神的。何谓逻辑精神？据我的粗浅体会：第一，就是50年代当作形式主义、唯心主义、资产阶级学术思想批判的原则：逻辑只管推理形式是否有效，不管命题是真是假。现在许多同仁都明白这一点了，但也还有人认为前提假，为什么还要推？岂不是脱离实际？也有哲学家说"前提真且推理形式正确则结论必真这一逻辑规律的有效性是有条件的"。第二，改革开放以来，我还强调：亿万次证实不能代替证明。现在的逻辑教材，还没有强调这一点。现在的哲学教材更远离这一点。要使大学生掌握这种精神，我们还有大量的工作要做。我不知道所谓"高等逻辑"的"辩证逻辑"，有没有这种精神。我知道传统逻辑确实有这种精神，问题是它的内容今天看来实在太陈旧了。

传统逻辑是很贫乏的。中国古代的"侔"（"白马马也，乘白马乘马也"）就无法用西方的传统逻辑来处理，而只能用数理逻辑来处理。大家都知道"所有候选人都有人拥护"推不出"有人拥护所有候选人"，但后者却可以推出前者。传统逻辑无法处理这类推理。有人会说，我们把这类推理吸收到"普通逻辑"中去不就得了。不行，这不是添加个别推理形式的问题，必须改换整个理论框架。正因为如此，金岳霖主编的《形式逻辑》就没有能讲所谓"纯粹关系推理"。吸收数理逻辑的内容，可以权且把"所有""有"叫作量词，或量项。它们在自然语言里都是常项。然而数理逻辑的形式语言中的量词，经过解释，却是带变项的，它们可以分别读作"对论域中的任何个体 X 而言""在论域中至少有一个体 X 使得"。传统逻辑的一个致命弱点是命题的主谓项没有统一的论域。

马佩同志认为传统逻辑中还有许许多多好东西是现代逻辑无法取代的。情况完全不是这样。归纳（包括假说、类比）是不同于演绎逻辑（形式逻辑）的另一门逻辑。而命题、演绎、证明（归纳不能用于证明）、思维规律

---

① 见《参考消息》2000年3月6日，第8版。

已经完全包括在数理逻辑之中了。数理逻辑关于个体词、谓词、摹状词等的研究，关于所指和所谓的研究，远比传统逻辑关于词项（概念）的理论全面而深刻。所谓“概念外延间的5种关系”是传统逻辑在摸索中向数理逻辑过渡时的产物，它在理论上的缺陷是不把空集当作集合，因此也就没有全集，没有真正意义上的论域的观念。在传统逻辑的框框里，无法给矛盾关系、对立关系下定义。[①] 至于拿限制、概括等去教大学生，不是太看低他们了吗？所谓限制、概括，是建立在靠不住的假设上面的：派给一个属性，可以决定一个集合。至于“充足理由律”，这是一句伟大的废话，我们不能为它浪费时间。

我想用极通俗的话来说说几种逻辑的不同。看看能不能抓住它们的“要害”来货比货。传统逻辑是说“凡人皆有死”可推出“有人有死”；“有人有死”推不出“有人不死”。在50年代讲形式逻辑要让一般干部听懂前面一点，是相当困难的。归纳逻辑是说，已死的人都死了，可以推知：“凡人皆有死。”辩证逻辑如果有前述逻辑精神的话，它应该是说：“人有死又不死。”“有人有死”可推出“有人不死”。[②] 数理逻辑是说：“凡人皆有死”加上前提“有人”方可推出“有人有死”。“有人有死”推不出“有人不死”。语言逻辑是说[③]：“凡人皆有死”加上预设“有人”方可推出“有人有死”；在交际语境中说“有人有死”违反了合作准则之一的充分准则。[④] 在交际语境中说“有人是幸福的”，据充分准则，它隐涵“有人不是幸福的”。设事实上有人拥护所有候选人。在交际语境中，说话者对听话者说：“所有候选人都有人拥护”，是否违反了充分准则？如果语境中还应考虑到：选举规则规定任何人至多拥护一个候选人，否则拥护无效，上面那句话是否违反合作准则？语言逻辑是尚待完善的一门现代逻辑分支。

---

① A、B有矛盾关系当且仅当：A、B都不是空集，所有A是C，所有B是C，并且没有C既不是A又不是B。A、B有对立关系当且仅当：A、B都不是空集，所有A是C，所有B是C，并且有C既不是A又不是B。

② 黑格尔本人的例子是：“一些人是幸福的”直接包含“一些人不是幸福的”。见《逻辑学》下卷，杨一之译，商务印书馆，1976，第319页。

③ 据周礼全成功交际的理论。

④ 此处的充分准则可表述为：在交际语境中说话在对听话者说直陈句A，他必须相信判断A所断定的事实，是他所能提供的最大量的事态。

郁慕镛同志大可不必说："'法轮功'李洪志的歪理邪说中贯穿的是反逻辑的诡辩，我们揭批时用什么逻辑？普通逻辑。"我认为他倒不如说："马、恩、列、斯、毛批判论敌时用什么逻辑？传统逻辑。"我不敢说在揭批反逻辑的诡辩时，"辩证逻辑"有没有用。以前我们只会用传统逻辑来揭批反逻辑的诡辩，现在有了现代逻辑，用它来揭批反逻辑的诡辩不是更为有力吗？我们可以说，传统逻辑虽然在某一多少宽广的领域中（宽广程度看研究对象的性质而定）是合用的，甚至是必要的，可是迟早它总要遇着一定的界限。比如说，不可知论有这样一个反逻辑的诡辩：根据"任何人在任何时候都有尚未认识的东西"，去论证"有一个东西对任何时候的任何人来说，都是不能认识的"。不用数理逻辑，仅用传统逻辑，怎样去揭批它？

传统逻辑有过丰功伟绩，现在也该"致仕"了。永恒论不该是吸收论的终点，吸收论理应向取代论转化。对于吸收论，我们可以等待。但岁月蹉跎，时不再来。至于把诡辩术叫作真正的现代逻辑，还要写到高校文科教材中去，那是逻辑这门科学被长期扭曲的变态反应。

第三部分

当代中国的逻辑学

——逻辑思想与逻辑史

关于中国逻辑史研究的几点看法*

近10年来中国逻辑史的研究取得了巨大的成绩和进步。突出的成果有依靠集体的力量完成的五卷本《中国逻辑史》和五卷本《中国逻辑史资料选》，以及国家教委组织编写的高等学校材《中国逻辑史教程》等。从思想上讲，大多数同志认识到了中国认识论史和中国辩证法史不能代替中国逻辑史；认识到了所谓逻辑史，不是用逻辑的历史，而是讲逻辑的历史。

近年来中国逻辑史研究在新的基础上产生了新的不同意见，这完全是科学发展的正常现象。周云之同志《再论中国逻辑史研究的对象和方法》（载《哲学研究》1991年第6期。以下简称“周文”）和罗斯文同志《关于中国逻辑史是否应当是中国形式逻辑史的一场争论》（载《哲学动态》1991年第6期）两文，集中反映了中国逻辑史方面近年来提出的新的不同意见。我对这些问题有三点看法，提出来供大家参考。

一　中国古代逻辑基本上还处在逻辑的初始阶段

中国古代逻辑是一座有待于进一步发掘的丰富宝藏，这是问题的一个方面；另一方面，中国古代逻辑虽然研究了推理，但尚未从具体推理中抽象出推理形式来。古人在探索有效地进行推理的道路上作了种种努力，然而并没有取得决定性的成功。我同意“周文”的意见：“中国古代只有一些比较零散的、完全用自然语言表达的、不很严格的、有关思维形式方面的思想和理论。”我也赞同五卷本《中国逻辑史》全书最后一句话：“实在说

---

* 原载《哲学研究》1991年第11期。

来，墨家逻辑以至整个中国古代的逻辑，作为形式逻辑，无疑是一种没有充分发展或不够成熟完善的形式逻辑。”（《中国逻辑史·现代卷》，第 350 页）中国古代逻辑基本上还处在逻辑的初始阶段，这主要还不在于中国古人讲命题，讲推理，却没有真正使用变项，更重要的是中国古人还没有真正研究过任何一个逻辑常项。运用了变项，不一定就是逻辑。如古希腊的数学已经运用了变项。一门科学要成为逻辑，首先得研究不属于任何其他科学的，但任何其他科学都要使用的逻辑常项。没有逻辑常项，就根本谈不到推理形式。似乎中国学者至今尚未充分注意到这个关键性问题。现在有些同志说《墨经》也提出了相当于变项的个别语词，如“彼”“此”等。其最早出处大约是沈有鼎先生解读的“‘彼此彼此’与‘彼此’同”等。（《墨经的逻辑学》，中国社会科学出版社，1980，第 26～27 页）“彼”“此”在这句话中相当于对象语言，“与”“同”相当于元语言。如果把“彼”“此”看作变项，那么对象语言里还缺乏常项。“彼”“此”是依靠什么常项结合起来成为“彼此”的？《墨经》并没有交代。把“彼此”解释为“彼”和“此”的并，或者交，“‘彼此彼此’与‘彼此’同”都是说得通的。一般地说，古汉语中有两名并举的形式，应该是两物的并还是交？这个问题并没有现成的答案。现在人们常说《墨经》里的“尽”表达了全称命题。但事实上《墨经》里的大量全称命题，如“白马，马也”“狗，犬也”“盗人，人也”等等，都不包含“尽”这个词。“尽”在《墨经》里与其说是一个逻辑常项，不如说是一类命题的名称，即全称命题的名称。我体会“白马，马也”“狗，犬也”等等，在《墨经》看来都是“尽”。至于“尽”的形式是什么，《墨经》并没有说清楚。我们明白了“全称”与“所有”的区别，就会明白“尽”与逻辑常项的区别。从古汉语的语法来看，很难把“白马，马也”中的“也”当作像西方传统逻辑里的“A”、集合论里的“⊆”那样的常项。特别是由于古汉语当时尚缺乏区别主语和谓语的语法理论；“言为尽悖”在《墨经》看来又是悖的，即假的，故也难于把“言为尽悖”中的“尽”当作与“A”“⊆”相应的常项。中国古代逻辑提出了一些命题形式、推理形式的名称，但却没有真正提出过命题形式、推理形式。《墨经》讲的故、理、类、譬、侔、援、推等等，恐怕都是这种情况。它们无一是逻辑常项。例如，《墨经》虽然使用了“侔”的名称，但没有提出侔的形式。西方逻辑讨论到中项不周延、端项不当周延等形式错误时，都从反面巩固了三段论规则的客观性。可是《墨经》关于“是而不然”“不是而然”的讨论都惑于反例而建立不起有效的侔的形式来，最终导致否定侔的普遍有效性。“辞之体也，有所至而正”，“不可常用也”。紧密结合政治、伦理的例子来讲逻辑，只要讲得对，就是很大的优点。可惜《墨经》不免因政治、伦理的倾向而损害逻辑。《墨经》承认“狗犬也，杀狗杀犬也”，但不承认“盗人人也，杀盗杀人也”。这就从逻辑滑向诡辩了。中国古代逻辑恐怕从未认清演绎的必然性，而空谈“类可推不可必推”。再如，人们常常称赞《墨经》正确地解决了“乘马”是不周，“不乘马”是周。可是，《墨经》先有“爱人”是周，“不爱人”是不周的说法。《墨经》的阶级立场决定了它周与不周的说法是圆滑的、非形式的。如果我们认为“周”就是周延，“不周”就是不周延，那么，《墨经》的说法正好是：有的肯定命题谓项不周延，有的肯定命题谓项周延；有的否定命题谓项周延，有的否定命题谓项不周延。这恰恰是违反形式逻辑的糊涂观念。“乘马”“不乘马”是关系命题。西方逻辑的周延理论，是关于直言命题的。《墨经》讲的一周一不周，未必就是周延理论。

逻辑要成为一门学问必须有语法学的基础。中国古代语法学不发达，这就限制了逻辑的发展。中国古代还没有单句和复句的明确区别，就难以产生成型的命题逻辑；没有主语和谓语的明确区别，就难以产生成型的词项逻辑。沈有鼎先生说《墨经》的成就不在古代希腊、印度逻辑之下。(《墨经的逻辑学》，第 90 页）这话太过誉了。在这方面，我们还是要坚持实事求是的原则，既不要故意拔高，也不要故意贬低中国古代逻辑的成就。

有同志认为中国古代逻辑是非形式逻辑。何谓“非形式逻辑”？我认为这个译名不贴切，容易使人误解为非逻辑。所谓非形式逻辑，在两种情况下都应该译为“非形式的逻辑”。1931 年德国逻辑学家肖尔兹用 nonformal logic 一词指科学理论（theory of seience)，即最广义的、获得科学认识的工具的理论中除形式逻辑以外的部分。肖尔兹在注中说 nonformal logic 基本上分为自然科学的逻辑和精神科学的逻辑两部分。这里的 nonformal logic，张家龙同志准确地译为“非形式的逻辑”（《简明逻辑史》，商务印书馆，1977）。60 年代末北美一些学者提出 informal logic（非形式的逻辑、无形式的逻辑），我体会它是现代逻辑在政治、社会领域的应用。informal logic 还不是一种具有特定常项和推理规则的逻辑分支，它主要研究政治、社会生活中的论证。最近两年，许多同志说的“非形式逻辑”大致都是指 informal logic。nonformal logic 和 informal logic 其前缀 non、in，都是限制“形式”的，不是限制“逻辑”的。我们在引用外来的术语“非形式的逻辑”时，应该忠实于它们的原意。

中国古代有没有逻辑，有多少逻辑，不能凭感情说话，只能凭事实说话。有的同志把中国古代认识论学说、辩证法学说都说成逻辑思想。这丝毫不能增添中国古代逻辑的风采。这个教训我们应该记取。实事求是地对待中国古代逻辑，是进一步提高中国逻辑史研究的先决条件。

二　中国古代逻辑史不能归结为古汉语的语义学史

近年来有些同志认为逻辑的对象是语言，逻辑学可以归结为语义学，中国古代逻辑就是汉语的语义学。这种意见有其合理的一面，但从整体上讲，我不能同意。

先说逻辑的对象不是语言。

思维有认识、心理和逻辑等方面的问题。逻辑主要是关于推理形式的理论，是一种工具性科学。逻辑不属于意识形态，不是哲学。逻辑研究思维跟哲学研究思维只有有了明确的区别，推理有效性问题才能获得科学的解决。反对逻辑跟认识论分家的意见，其理由不是科学方面的，仅仅是哲学方面的，本文不拟讨论。

逻辑研究思维与心理学研究思维也必须有明确的区分。传统逻辑在经常遇到的违反逻辑的错误面前，弄不清楚逻辑究竟是规律还是规范。高路同志提出：形式逻辑的同一律、排中律、不矛盾律等是对思维活动及其表达形式的规范、戒律，并不是思维本身具有的内在必然规律。……在日常思维活动中，违反逻辑的现象屡见不鲜，怎么能说是“规律”呢？（转引自龚育之等《毛泽东的读书生活》，第 136 页）这种模糊性反映了传统逻辑没有分清逻辑与心理学的界限。逻辑所研究的不是人事实上怎样推理的问题，推理有效性不能归结为人人都这么想；反之，推理有效性常常表现为大家都不这么想。逻辑研究作为前提和结论的命题之间的不依人的意志为转移的客观关系，即内在必然性。逻辑规律是纯形式的规律，正因为它们是规律，所以它们可以起规范人的思维的作用。违反逻辑规律要求的无效推理，并没有推翻逻辑规律的客观必然性。正如有人断定“二加二等于四又不等于四”是辩证法，却不能改变其逻辑上为假的客观然性一样。（章沛等：《辩证逻辑教程》，南京大学出版社，1989，第 232 页）逻辑规律不能靠证实来建立。不同意逻辑中的心理主义，在这一点上，我的看法跟认为逻辑的对象是语言的同志是完全一致的。

思维除了认识和心理，是不是就没有可以成为逻辑研究的独立对象了呢？由于思维与语言往往不可分割地联系在一起，推理形式必须用语言来表达，因之，撇开了认识和心理，逻辑只能研究语言，再也没有别的东西可以留给逻辑了。是否如此呢？我认为不是这样的。推理有效性问题是思维形式的问题，逻辑也还是一门思维科学。推理形式的有效性不能归结为语言的某种属性。推理有效性不能归结为人人都这么说；反之，推理有效性常常表现为大家都不这么说。如果仅仅从认识、心理或语言的角度来考虑，就很难找出“p，所以，p 或者 q”这样理论上极为重要而实际生活中极少见的推理形式。逻辑承认：“论域中所有个体有 F 性质”可推出“论域中有个体有 F 性质”，但不承认“所有 S 是 P”可推出“有 S 是 P”，这也难以从认识、心理或语言的角度来解释。有的同志不明白“所有 S 是 P”不能换位的道理，原因之一就是他们总是从认识、心理或语言的角度去对待推理，没有从逻辑（即纯形式）的角度去对待推理。

自然语言有民族性，推理形式无民族性。这也是不能把逻辑的对象归结为语言的一个理由。自然语言具有约定性，而推理形式不具有约定性。这是不能把逻辑的对象归结为语言的另一个理由。如果大文豪犯了某个语法或语义错误，它可能不被大众认为是错误，而是一件雅事而群起效之。逻辑却没有这种便宜事。

主张逻辑的对象是语言的同志，他们心目中的语言似乎不是形式语言，而是自然语言。这个问题他们没有明确说起过，然而在这里是应当论及的。

有了形式语言就有对象语言和元语言的区别。一般说形式语言是对象语言，自然语言是元语言。这种区别造成一个假象，似乎逻辑的对象就是对象语言本身，而忘掉了逻辑真正的目的在于通过对象语言去研究推理形式。形式语言是研究推理形式的工具。有的文章甚至说有了逻辑演算，“作为思维对象的实在消失了，作为思维主体的人也已不复存在”（《哲学动态》1991 年第 7 期，第 32 页）。这委实有点危言耸听。建构形式语言的动机是解决数学和逻辑的无矛盾（一致、协调性）问题，不是为了解决哲学问题。逻辑发展到今天，重点已经转移到对形式系统及用以构成它的形式语言的研究。形式语言和形式系统已经成为逻辑研究的对象，现代逻辑扩大了逻辑的对象这一事实不足以证明逻辑的对象只是语言，不足以证明逻辑的传统对象——推理形式已经消失，更不涉及思维主体的存在与否这样的哲学问题。这是因为现代逻辑除了把形式语言、形式系统当作对象外，还把形式语言、形式系统作为工具研究推理形式。而且，天下没有唯一的形式语言，不同形式语言构成的不同的形式系统之间可能有等价关系，这是逻辑所特别关注的问题。这种等价关系的存在说明不同形式系统背后存在着一类人共同的并且不以任何个人意志为转移的推理形式。这种推理形式以及它们之间的联系正是亚里士多德以来所有逻辑学家不断进行探索的东西。

语言的确是逻辑研究的、可以感觉到的直接对象，然而语言不是逻辑研究真正的、最终的对象。逻辑不能停留在语言上面，而要深入到语言背后，抓住推理形式方面的本质和规律。逻辑是语言的多的背后的一，语言是思维不可缺少的载体。逻辑追求的不是载体的规律，而是被载之物的形式规律。语言背后是否存在着非认识的、非心理的、思维的逻辑规律？这也许是一个哲学问题，不是一个实证科学的问题。但本文所述推理形式与语言的区别是不是还是很实在的？

再说逻辑不等于语义学。自然语言的语义学就是语言学的语义学。形式语言的语义学就是逻辑的语言学，实质上就是模型论。逻辑既不能归结为语言学的语义学，也不能归结为逻辑的语义学。

逻辑的确要研究自然语言的某些语义问题。逻辑发端于对助范畴词即逻辑常项“并非”“或者”“并且”“如果…则”“所有”“有的”的语义研究。但逻辑与范畴词“人”“口”“手”的语义没有什么关系。其次，逻辑研究逻辑常项的语义，跟汉语的语义学研究连词“并且”、代词“所有”等等的语义不尽相同。逻辑研究它们要跟推理挂钩，而汉语的语义学不必如此。从自然语言的角度看，“所有”没有理由繁化为“对论域中所有个体 x 而言”；“有的”没有理由繁化为“论域中有个体 x 使得”。更进一步说，逻辑不能停留在单个语词或语句的语义研究上，它更重要的任务是结合自然语言的语法，寻求推理形式的规律。语言学的语法学制约着逻辑的产生和发展。语言学的语法学不能归结为语言学的语义学，逻辑当然也不能归结为语言学的语义学。

对形式语言来说，语法学和语义学是同样重要的。形式系统中的证明是纯语法的，与语义无关。逻辑语义学不能取代逻辑语法学。语义学都研究表达式与意义的关系，但形式语言中的任何表达式都不是自然语言中的表达式。形式语言的语义学与自然语言的语义学不同，事实上也是纯形式的。逻辑语义学不能归结为语言学的语义学。

总起来说逻辑不能归结为语义学。中国古代逻辑不等于古汉语的语义学。要进一步提高中国逻辑史研究的水平，仍需要抓住逻辑的主题——推理来做文章。另一方面，我们应当提倡用现代语言学、符号学、信息论等现代科学的工具、方法、观点来对中国古代逻辑思想新的探索。在这方面，我的意见跟主张逻辑的对象是语言的同志们也是一致的。

三　以现代逻辑的工具、方法、观点来研究中国古代逻辑，是提高中国逻辑史研究水平的关键之一

逻辑的研究是科学的研究，而逻辑史的研究则是元科学的研究。元科学应该站在比科学更高的层次上来研究科学。现代人研究中国古代逻辑，必须有一套现代人的工具、方法、观点。

如果我们不受西方学术的“污染”，就中国论中国，也就不必用“逻辑”一词来描述中国古代逻辑。既然用“逻辑”一词来称呼中国古代逻辑，就已经受了西方学术的“污染”。西方逻辑有传统的和现代的区别。我们如

要借鉴，当然应该用其最精良的新式武器来装备自己，绝没有只用其“落脚货”的道理。为什么要用西方逻辑来研究中国古代逻辑？因为西方逻辑发展至今天的水平远远较中国古代逻辑为高，而且已经成为全世界各族人民的共同财富，而不仅仅是欧洲人的专利品。

从研究的对象来说，中国古代有多少逻辑学说，就是多少逻辑学说，要实事求是。从研究的工具、方法、观点来说，应该不厌其新，愈新愈好。中国逻辑史的材料比较稳定，很难经常发现新资料。工具、方法、观点则事实上日新月异。要使中国逻辑史研究不断推陈出新，恐怕主要应该依靠工具、方法、观点的不断更新。目前国际上研究逻辑史（包括中国的、印度的），其工具都是现代逻辑。我们没有任何理由故步自封。我认为继续用传统逻辑的工具、方法、观点研究中国古代逻辑，取得新的重大进展的希望已经不太大了。中国逻辑史研究能否提高到新的水平，就决定于我们能不能运用各种现代科学知识（包括符号学、信息论、现代语言学等），特别是现代逻辑的知识去处理历史资料。

当然，我这样说，并不意味着以西方传统逻辑为工具研究中国古代逻辑已经没有可改的余地了。比如说，据沈有鼎先生的考证，“或”字在《墨经》中还没有后来的“或者”“可能”的用法。可是，许多同志不是先从文字的训诂方面来反驳沈先生的意见，而是看见一个“或”字就说它是选言判断，甚至是选言推理。又如，《墨经》区别小故与大故，这是了不起的成就。拿我们今天的话来说，是区别了必要不充分条件与充分必要条件。但是，根据这一点和“假今不然也”这句话就认为《墨经》揭示了假言命题的不同性质和形式，揭示了假言推理的不同过程和形式，理由并不充分。《墨经》从来没有说过表达小故、大故的是哪个逻辑常项。《墨经》里假言命题不少，但这是用逻辑，不是讲逻辑。我觉得许多同志不区别这样四个方面的问题：不同的客观条件联系、不同的假言命题、不同的假言命题的形式、不同的假言命题的名称。这种缺乏分析的做法是不可取的。

“周文”认为“数理逻辑是提高中国逻辑史研究水平的更有效的方法和途径，这是就科学知识和科学工具上讲的”。但又认为“有人说，中国逻辑史之是否有新水平就决定于能不能用数理逻辑方法去表达、分析中国古代的逻辑思想，这就从根本上否定了用传统逻辑的理论和方法研究中国古代逻辑史的途径，从而也否定了中国逻辑史研究的现有成果。因为迄今为止的中国逻辑史研究基本上还是依据于传统逻辑的理论和运用传统逻辑的方法”。所以，这种论点实际上是一种片面的观点。它虽然可能激励一些人去努力用数理逻辑的方法研究中国逻辑史，也可能带来盲目地、不严格地使用数理逻辑方法的成果，甚至引出随意拔高或过分贬低中国古代逻辑的片面结论。我认为“周文”的说法表面上是自相矛盾的，实际上强调用现代逻辑的工具、方法、观点研究中国古代逻辑，是提高中国逻辑史研究水平的一个关键。

我的意见并不否定中国逻辑史研究已经取得的成就，而是指出了今后发展的方向。正因为以前多数人的研究基本上停留在传统逻辑的水平上，因之要有所前进，就必须革新工具、方法和观点。用现代逻辑来研究中国古代逻辑，不一定非要满纸公式不可。沈有鼎先生研究《墨经》比别人高明之处就在于他的工具是现代的、先进的。他用数理逻辑作工具把“言尽悖”“非诽”的错误分析得清清楚楚。沈先生的分析比梁启超的说法严密得多了。后人却往往分不清传统逻辑与数理逻辑的区别，把“言尽悖”误解为悖论。沈先生对“‘彼此彼此’与‘彼此’同”的分析，既用双引号，又用单引号，就是数理逻辑的方法。他自己说得很清楚，解释是根据数理逻辑的公式 $a \cup a = a$ 进行的。

“周文”怕数理逻辑的方法带来种种消极作用。这就过虑了。用传统逻辑的方法研究中国逻辑史，也可能带来种种负面影响。这类毛病我们没有少见，但我们不能因噎废食。梁启超和潘梓年对中国逻辑学的发展是有贡献的；但前者不清楚周延的实质，后者不理解“如果…则”的特性。我们能责怪传统逻辑么？

用新工具、新方法、新观点来研究中国古代逻辑，当然不应该理解为贴时髦标签，乃至歪曲利用新的科学知识；也不应该导致认为任何一种新的逻辑分支、新的学科，中国都古已有之。先是反对，反对不了就说我们中国古已有之。这是对待新知识的一种常见病。以数理逻辑来研究中国古代逻辑，不等于写一部中国古代数理逻辑史。反过来说，写不出一部中国古代数理逻辑史，不等于不应该用数理逻辑来研究中国古代逻辑史。西方人用数理逻辑来研究西方逻辑史，他们并没有说亚里士多德是数理逻辑的先驱，而仍推莱布尼茨为数理逻辑鼻祖。中国古代反倒有了数理逻辑，可以写出一部中国数理逻辑史来，岂非太不合实际了吗？元科学里有的东西，未见得科学里也有。中国逻辑史作为元科学的水平与作为科学的中国古代逻辑的水平，毕竟是两回事。

“周文”还认为中国古代逻辑思想“实际上都是可以用传统逻辑的理论来加以分析、解释和表述的”。即使事实的确如此，我认为还是应该提倡用现代逻辑的理论来研究中国古代逻辑思想，因为元科学应该比科学站得更高，看得更远。但是“周文”的上述论断不完全合乎事实。最明白无误的例子莫过于《墨经》的“侔”和《韩非子》的“矛盾之说”。这两个例子涉及的都是关系命题，不用现代逻辑的工具，只能愈分析愈糊涂。拿“矛盾之说”来看，两个“矛盾谓项分别属于不同主项”，为什么是反对关系？这是谁也没有说清楚过的事。又如“周文”提到的达名、类名和私名，用现代逻辑的观点来分析，就会出现传统逻辑所忽略的种种问题。“周文”说“达名、类名和私名就可以分析为相当于……和单独概念（不严格）”。这括号中的“不严格”三字，就是数理逻辑的“污染”，仅仅依靠传统逻辑，何以解释？为什么传统逻辑不足以分析中国古代逻辑资料？一个重要的原因是传统逻辑主要属于一元谓词逻辑，主要讨论直言命题及其推理，没有关于关系命题及其推理，即关于二元或多元谓词逻辑的系统理论；而中国古代逻辑经常讨论的是关系命题及其推理。

马克思说过，人体解剖是猴体解剖的钥匙。[①] 现代逻辑难道不是研究古代逻辑的钥匙吗？

要使中国逻辑史的研究更上一层楼，当然不能仅仅依靠工具、方法、观点的更新。还要有一个准确、全面掌握古文献材料的扎实基础。在这方面，我完全同意“周文”的意见。工具、方法、观点的革新，一定也会影响到对古文献材料的新的开发利用。

---

① 参见《马克思恩格斯选集》第2卷，人民出版社，1972，第108页。——编者注

中国50~60年代的逻辑争论*

黑格尔和恩格斯把传统形式逻辑当作形而上学来批判，但恩格斯还认为在一定范围里形而上学是有用的。20世纪30年代，苏联对德波林学派的政治批判殃及了传统形式逻辑，它的科学性被彻底否定。30~40年代在中国宣传唯物辩证法一定要批判传统形式逻辑，有人还“宣判”了它的死刑。在另一片天地里，开创于17世纪，建立于19世纪中叶的数理逻辑（现代形式逻辑）到了20世纪30年代已日趋成熟。这是近两千年来逻辑史上的一次大飞跃。30~40年代数理逻辑在中国也已经扎下根来。斯大林在1938年发表的《论辩证唯物主义与历史唯物主义》中已不再批判形式逻辑。自从1940年斯大林提倡干部学习形式逻辑起，苏联的逻辑学开始复苏了，各种观点竞相著书立说；当然，逻辑学家们心有余悸是可以理解的。也许由于战时的阻隔吧，中国理论界在逻辑问题上没有来得及紧跟苏联。艾思奇在解放初三进清华园时还狠批了形式逻辑一通。1950年斯大林的《马克思主义和语言学问题》发表，形式逻辑在中国才获“平反”。但数理逻辑仍被视为在帝国主义时代为垄断资产阶级利益服务的伪科学。要到50年代中期，中国才随着苏联承认数理逻辑是科学。50~60年代里，毛泽东多次提倡学点逻辑，逻辑空前地受到重视。但是，全盘否定传统逻辑和现代逻辑的错误在哪里？造成这类错误的原因是什么？却从未认真总结过，以致贻害至今。

新中国成立后对于逻辑科学来说，最迫切的任务是要在马克思主义指导下重建传统逻辑的哲学基础。这就是既要论证传统逻辑是科学，又要维

---

* 原载中国逻辑学会编《逻辑今探》，社会科学文献出版社，1999。有删节。

护自黑格尔以来对传统逻辑的批判的权威性；既要论证传统逻辑不是形而上学，又要论证辩证法是逻辑，而且是高等逻辑。人们力图从黑格尔、恩格斯、列宁关于逻辑的言论中引申出不同于全盘否定传统逻辑的结论。

1949 年 12 月 13、14 日，苏联斯特罗果维契《逻辑》的第三章《形式逻辑与唯物辩证法》的译文在《人民日报》上连载；次年由学习杂志社出了单行本。这是新中国哲学家、逻辑学家学习的样板。斯特罗果维契认为：形式逻辑是认识的必要条件而非充分条件，要正确而完整地认识现实，必须应用唯一科学的方法——唯物辩证法。根据列宁的指示，形式逻辑应作下列修正。1. 承认形式逻辑是初级逻辑而辩证逻辑是高级逻辑。2. 把形式逻辑从中世纪经院哲学和资产阶级学者的唯心主义歪曲中解放出来。他所着重批判的唯心主义，一是“形式主义”，即认为形式逻辑只管形式对错，不管内容真假的常识；二是关系逻辑，即二元以上的谓词逻辑。这两点批判显然都是错误的。3. 把一切无益的和人为的东西从形式逻辑中清除出去。在他看来数理逻辑专门捏造一些新的思维公式、无内容并和实践分离的新公式。4. 讲授和研究形式逻辑要服从阶级斗争的需要。这是为政治需要曲解逻辑埋下的伏笔。

为从全盘否定传统逻辑到承认它是科学的大转变，给出一个似能自圆其说的理论根据来的第一篇文章是马特的《论逻辑思维的初步规律》（1954 年）。1956 年历史学家周谷城对流行于中国学术界的、从苏联搬过来的逻辑观点提出了挑战。1957 年王方名也发表了一系列论文，在一定意义上成为周谷城的同盟军。很快就形成了围攻周谷城的争论。1959 年后，极左思潮愈演愈烈，逻辑学界也热衷于修正和改造传统逻辑。1961 年王忍之在《红旗》上发表了《论形式逻辑的对象和作用》一文，它似对逻辑学界的高调泼了点凉水，使争论又产生了一个高潮。

50～60 年代逻辑争论是逻辑争生存权的争论，大致涉及以下一些问题。

一　形式逻辑的客观基础

恩格斯和列宁都说过客观规律和思维规律是一致的。现在我们承认形式逻辑是关于思维的科学，以前说它是形而上学纯属误会，那么形式逻辑与形而上学区别在哪里？很多人认为唯物辩证法承认形式逻辑规律仅是思维规律，把它们当作客观规律则是形而上学，正如恩格斯对同一律有所批评那样。王方名曾说，硬要为 A＝A 在客观事物中找对应关系，这是把思维的形式结构强加于客观事物。逻辑形式的规律本来是一种具体的科学规律，一经搬到存在规律和认识规律中，就成了典型的形而上学思想。这个说法极具代表性。客观世界是辩证的，思维（或知性思维）却是形式逻辑的；而服从形式逻辑规律的思维可以正确反映客观世界（否认这一点似是不可知论），这岂不是唯心主义？或者说至少也是二元论吧？为了摆脱这种困境，就需要说形式逻辑是有客观基础的，以示坚持唯物主义。

许多人认为形式逻辑的客观基础是客观事物的相对稳定性和质的规律性。王方名指出这个源于普列哈诺夫的说法有种种困难。他自己认为形式逻辑的客观基础是“思维的社会制约性”。马特痛斥此说是唯心主义的约定论观点。20 多年后，马特已谢世，王方名说他以前的提法不妥，应改为“基于‘社会关系的总和’的社会必然性”。形式逻辑的客观基础究竟是这个还是那个，大家意见并不一致，但没有人明确说形式逻辑没有客观基础。周谷城说，形式逻辑自成立以来，从不发生有无物质基础的问题。这被人当作否认形式逻辑有客观基础的唯心主义观点来批判。不过，周谷城也认为“同一律不是事物自身存在、发展、变化之法则”。

金岳霖没有使用“客观基础”一词。他认为解决客观事物的确实性和思维认识经常出现的不确定性的矛盾主要是形式逻辑的任务，而这种确实性是同一、不二、无三的。金岳霖没被扣形而上学帽子，恐怕是由于批判家们没有看明白他所写的究竟是什么意思吧！

关于形式逻辑客观基础的争论，我认为“天下本无事，庸人自扰之”。传统逻辑一向认为逻辑规律既是思维规律又是存在规律，即两者是一致的。而现代逻辑系统中的定理可以解释为有效推理形式，也可以解释为别的东西。

二　形式逻辑的对象

人们必须为形式逻辑重新下定义，以期合乎发展了的哲学观点。“文革”前一般都认为形式逻辑是关于正确思维的初步规律和形式的科学。此定义中“正确”两字是要把错误思维排除于形式逻辑的视野，怕形式逻辑为诡辩服务。“初步”两字是虚位以待辩证逻辑。此定义凸显规律使它位居形式之前，其背景是把同一律等与辩证法的规律作对比，在以前是证明它为形而上学，现在则是断定它初级。讲辩证逻辑的往往相应于“形式逻辑的基本规律”，弄出几条“辩证逻辑的基本规律”来。这有点作茧自缚的味道。“文革”以后，“正确”“初步”两字眼就逐渐消失了。而“思维形式”挪到了“规律”之前，因为这里的规律是思维形式的规律，研究思维形式，就是要找出它们的规律。

对上述定义中“形式”一词是有歧义的，这造成了许多不必要的混乱。关键在于形式逻辑是研究概念、判断、推理等思维形态的，还是研究命题形式和推理形式的？抑或是研究哲学范畴的（黑格尔把哲学范畴叫作思维形式）？至今在文献里“思维形式”是不确定的。吴家国的意见很具有代表性。他认为所谓“思维形式结构”只是思维形式的一部分，如以此定义形式逻辑，势必要把归纳、充足理由律、思维方法等都排斥在外。他主张形式逻辑是研究思维形式及其规律以及普通逻辑方法的科学。金岳霖、周礼全等至少在70年代末仍基本上持这种意见（参见金岳霖主编《形式逻辑》第一章）。

周谷城主张形式逻辑的对象是思维过程，是推论方式。王方名则认为形式逻辑主要是研究推理和证明的。他还正确地指出思维规律和思维形式不是两个平行的对象，所谓思维规律实质上是思维形式的结构的规律。他进一步认为形式逻辑即演绎逻辑不包括归纳逻辑。30年后，《中国大百科全书·哲学》卷出版，才肯定逻辑“是一门以推理形式为主要研究对象的科学”，并在王宪钧的坚持下把“形式逻辑”当作“演绎逻辑”的同义词。

三 形式逻辑要不要撇开内容

推理有效性的定义离不开命题的真。前提或结论是假的推理仍可以是有效的。也就是在这个意义上说，形式逻辑研究思维形式是撇开内容的。这是形式逻辑的精神实质所在。解放前金岳霖是阐明这一点的代表人物，新中国成立后他却为此作了自我批判。1956 年周谷城说，“认识的真不真，是各科的事；推理的错不错，是形式逻辑的事”。王方名也说，“形式逻辑研究的是逻辑形式，逻辑形式的确是作用于思维的‘对错方面’，而不作用于‘真假方面’”。对此，潘梓年认为，说形式逻辑只管推理形式是否正确，不管它在内容上是否真实，就是要使逻辑研究离开了实际去做“纯”形式的研究。离开了内容就没有什么形式可言，而离开了真实也就没有什么正确可言。如果形式逻辑真的管不到推理的是否真实，那我们还有什么必要再去研究它呢？李世繁说得更明确：正确形式如果与真实内容相结合，它就是正确的；不与真实内容相结合，就是不正确的。80 年代仍有人坚持这种论点。例如有人认为在“纯粹状态下”研究思维形式的是形式主义的逻辑，是唯心主义的。有人否认归谬法和反证法有假前提。这种论点的一个变异是认为不要求推理的前提真，就失去了进行推理的意义。

金岳霖当然不可能同意李世繁等人的意见。但他在潘梓年的影响下，提出了蕴涵没有阶级性而推理形式有阶级性的论点。公开撰文支持这个论点的人实在不易找到，但认为说蕴涵没有阶级性仍为资产阶级学术思想的尾巴的批判家倒是有的。

王忍之说形式逻辑研究思维的形式方面的问题，形式逻辑是暂时撇开了具体的思维内容来研究思维形式的。愈来愈左的逻辑学家在不同程度上不满意王忍之的意见，虽然他们话说得比较婉转。

周谷城和王方名的意见有重大缺陷。他们把“推出”等同于“不矛盾”。“真实性”和“正确性”的区别有十分专业化的理由。王忍之没有采用这种区分。

四　形式逻辑的作用

逻辑学家必须说出形式逻辑有正面的效用，但不敢说过了头，必须防止在辩证法面前“僭越”。马特认为形式逻辑的作用在于它是认识方法（从已知推未知）。周谷城说形式逻辑的主要功用是帮助人作正确的推理。王方名说形式逻辑主要作用是解决人们说话写文章不合逻辑的问题，即表述论证的作用。马特认为资产阶级逻辑学家或者否认演绎的作用，或者认为演绎与认识无关，这都是唯心主义；周谷城、王方名否认形式逻辑是认识方法，因此他们是宣扬唯心主义。王方名、周谷城则认为唯一科学的认识方法是辩证法，马特把形式逻辑当作认识方法，这就是宣传形而上学。可是1962年马特又作自我批评，认为形式逻辑“有认识现实方法的职能”是不确切的，必须改为“恩格斯原来所使用的从已知到未知的方法”。1978年在全国第二次逻辑讨论会上，仍有人认为“说形式逻辑也是认识工具、认识方法，就夸大了它的作用，贬低了辩证法，因而是一种形而上学观点”。形式逻辑是不是单纯的表述工具？演绎推理能否获得新知识？形式逻辑有无局限性？人们对这些问题说了许多话，他们束缚于某些人为的框框，对逻辑特别是现代逻辑又缺乏了解。这样的学术争论现在已是不堪回首了。

五　形式逻辑与辩证法的关系

自称为逻辑的黑格尔哲学是哲学范畴（其中一小部分原为传统逻辑名词）的体系。列宁所说马克思“《资本论》的逻辑”是政治经济学范畴（不含逻辑名词）的体系。他们都是辩证法大师。但辩证法并不像三段论那样是推理工具，为什么它也是逻辑？新中国成立后最早撰文（1955年）力图说明此理的是江天骥的《形式逻辑与辩证法》、李志才的《关于形式逻辑与辩证逻辑问题》。他们除了引经据典，提不出任何真正能使人心服口服的证据来。

周谷城写了许多文章。他认为辩证法是主，形式逻辑是从。他不同意辩证法也是逻辑，他没有提辩证逻辑。许多人批评周谷城，认为他反对辩证逻辑。他们的最后论据，无非是：恩格斯屡次把形式逻辑与辩证法并列起来。你周谷城为什么说两者不能并列？至于恩格斯还屡次把形而上学与辩证法并列起来，还说形而上学在一定范围里仍有用，这就没有人提了。

没有人公开反驳与辩证法、认识论同一的辩证逻辑是逻辑，而且是高等逻辑。但持怀疑态度的人是有的。证据是1979年出版的金岳霖主编的《形式逻辑》已经没有初高等数学的比喻。

17年里关于逻辑的争论应该说是很激烈的，大家都自以为是在保卫马克思主义，反对唯心主义、形而上学。可悲的是这种争论不仅游离于国际学术界，而且时过境迁，再也不能吸引青年学者了。50 ~ 60 年代现代逻辑又有了很大的发展，例如建立了克里普克可能世界语义学，哲学逻辑各分支也有了许多新的成果，创立了在一定程度上限制了矛盾律的弗协调逻辑，等等。

近 20 年来大致有几个热点引起了逻辑学界的关注和争议。第一，数理逻辑（主要是一阶逻辑）是不是现代形式逻辑？高校文科教学能不能以数理逻辑取代传统逻辑？第二，辩证逻辑是不是逻辑？第三，要不要区分辩证矛盾与逻辑矛盾？对立统一规律能不能公式化为“A 是 A 不是 A”？第四，逻辑的对象究竟是推理还是语言？近 10 年来，有一定权威性的工具书，如《中国大百科全书 · 哲学》（1987），《哲学大辞典》（1988），已经承认数理逻辑是现代形式逻辑，并放弃了初高等数学的比喻。1996 年，中国人民大学哲学系逻辑教研室编写的《逻辑学》只字未提辩证逻辑。逻辑学界的前进步伐虽然慢了一点，然而哲学界对逻辑的看法，恐怕仍停留在半个世纪以前，高校哲学教材《辩证唯物主义原理》（1991）、《马克思主义哲学原理》（1994）和《马克思主义哲学基础》（1989）关于逻辑的陈述就是这样。后者甚至仍把形式逻辑等同于形而上学，而毫不提及数理逻辑。它说：“知性思维就是产生和运用固定范畴并依据同一律进行活动的思维，也就是在形式逻辑范围内活动的思维。”“由于知性思维模式不断强化着知性思维的缺点，它本身就是一种定型化了的形而上学思维方法。”我们要科教兴国，就应该克服这种观念上的落后！

周谷城先生对中国逻辑学界的宝贵贡献*

［内容摘要］20 世纪 50 年代中叶，苏联、中国的哲学界、逻辑学界认为马克思主义逻辑观的基本原则之一是：辩证法是高等逻辑，形式逻辑是初等逻辑。周谷城指出：辩证法是主，形式逻辑是从，形式逻辑不能与辩证法并列；形式逻辑的对象是推论方式。他的潜台词是：辩证法不是逻辑。他的观点遭到当时逻辑学界的多年反对。1979 年后他的上述观点才逐步为中国逻辑学界所接受。但至今中国哲学界仍坚持初高等逻辑的观点。周谷城认为形式逻辑规律只是思维的规律，不属于事物自身，这倒与他的多数论敌相一致。这是黑格尔观点的影响所致。

1956 年早春，中国逻辑学界发生了一件大事，这就是著名历史学家周谷城先生在《新建设》第 2 期上发表了《形式逻辑与辩证法》。[①] 这篇文章分 3 节。第 1 节说明形而上学对事物有所主张，如说“金属是不能溶解的”。形式逻辑（实指传统逻辑，下同）则对任何事物都没有主张，故据而可演出一个正确的论式：“凡金属是不能溶解的，金子是金属，故金子不能溶解。”可见形式逻辑是可以为形而上学服务的。第 2 节指出形式逻辑的对象是思维过程，是推论方式。形式逻辑与文法学、修辞学相近似。形式逻辑不能与辩证法并列。辩证法的规则是事物自身的，是指导我们认识的，而形式逻辑规律（如同一律）则不属于事物自身，但关于事物的认识的判

* 原载《复旦学报》（社会科学版）1998 年第 5 期。有删改。

① 以下引文不注出处者，皆引自此文。

断及论式却非有它们不可。第3节总结形式逻辑的功用是：把已有的知识由隐推到显（演绎），由零推到整（归纳），或凭已知的条件推论未知的现象或因素或作用等（类比）。周先生大声疾呼：我们要把形式逻辑从形而上学手里解放出来，使它转为辩证法服务。

逻辑的对象是全人类共同的、像数学那样精确的推理形式；辩证法是哲学，是意识形态。辩证法（dialectics）也是辩证方法（dialectical method），它具有认识功能，而认识是与阶级立场直接相关的。辩证法不具有逻辑功能，即它不具有规范全人类共同的推理形式的功能。不论唯心的辩证法还是唯物的辩证法，它们从来就不是像三段论那样“死框框”，甚至也不是像密尔王法那样较为活络的框框。唯物辩证法是无产阶级世界观，是马克思主义的组成部分，它不需要也不可能作数学处理，成为推理形式。辩证法可以有基本原则，但不可能像数学那样有什么公理、定理。在这个意义上说，辩证法与形式逻辑不能并列是显而易见的事实，这也是国际学术界公认的事实。若要把形式逻辑与辩证法并列起来，我认为除非：第一，硬把辩证法当作推理形式；第二，硬把形式逻辑当作形而上学。但是，这两点都是不科学的。

说辩证法是高等逻辑，形式逻辑是初等逻辑，是有历史渊源的。

康德不仅确立了“形式逻辑”一词的地位，还准确地把握了形式逻辑的精神实质，他清醒地认识到形式逻辑不研究具体命题及其内容，而只研究命题形式，特别是由命题形式构成的推理形式。康德还看到了一千多年来，逻辑学发展缓慢，缺乏创新的停滞局面。他以为形式逻辑已经定型，是缺少发展前景的学问。相对于形式逻辑，康德提出了一种高级的先验逻辑。这实际是一种涉及判断形式、推理形式的认识意义的哲学理论，而不是关于推理形式有效性的逻辑理论。

黑格尔庞大的哲学体系分为逻辑学、自然哲学、精神哲学三部分。他的逻辑学是总结了西方哲学史，又在“批判”传统逻辑的基础上展开的哲学范畴体系。黑格尔把形式逻辑与形而上学混为一谈，认为形式逻辑仅仅是知性逻辑。知性逻辑的思维形式（不是指命题形式、推理形式，而是指作为哲学范畴的概念、判断等）是没有内容的、不能转化的抽象形式，不能把握具体真理。但知性逻辑是认识过程不可缺少的低级阶段。黑格尔认为他讲的逻辑是高于知性逻辑的理性逻辑，其思维形式是结合内容的、互相转化的具体形式。理性逻辑是在不同规定性的有机统一中把握了本质的逻辑，是能把握具体真理的逻辑。马克思主义认为黑格尔哲学的合理内核就是辩证法。

恩格斯批判了黑格尔的唯心主义，在唯物主义的基础上继承了黑格尔关于“逻辑”的思想，并把它称之为辩证逻辑。他在《反杜林论》中说：“初等数学，即常数（应译为‘常量’——引者）的数学，至少就总的说来，是在形式逻辑的范围内活动的，而变数（应译为‘变量’——引者）的数学——其中最重要的部分是微积分——按其本质来说则不外是辩证法在数学方面的运用。”（吴黎平译，三联书店，1979，第 145 页）在《自然辩证法》中他又说：“辩证的逻辑和旧的仅仅形式的逻辑相反，它不象后者那样满足于把思维的运动的各种形式，即各种不同的判断和推理的形式列举出来和毫无关联地排列起来。相反地，辩证的逻辑使这些形式一个从另一个地推导出来，不把这些形式互相平列在一起，而使它们一个隶属于另一个，它使高级形式从低级形式中发展出来。”（于光远等译编，人民出版社，1984，第 114 页）恩格斯也不严格区别形式逻辑与形而上学，他还肯定了形而上学在日常生活及“科学小买卖”里的适用性。

列宁十分赞赏黑格尔关于逻辑的思想。他也认为逻辑是以最普通的或经常看到的东西为指南来研究形式的规定，而且只局限于此。辩证逻辑则要求我们更前进。

中国在 20 世纪 30 ~ 40 年代发生过一场“唯物辩证法”的论战。它对马克思主义在中国知识分子中的传播起到了积极的作用，但其负面影响是把形式逻辑学等同于形而上学，从而根本否定形式逻辑的科学性。当时苏联、中国的马克思主义者把辩证法叫作动的逻辑，把形式逻辑叫作静的逻辑，即形而上学；并断定形式逻辑已经反动透顶、一无用处。这种对形式逻辑的否定，一直保持到新中国成立之初。40 年代人们似乎没有充分注意到斯大林在 1938 年出版的《联共（布）党史简明教程》中，已经没有涉及形式逻辑的片言只语，也已经不用“A 是 A 又不是 A”这个公式。

1950 年 6 月斯大林发表了《马克思主义和语言学问题》使形式逻辑在中国“恢复了名誉”。但以前据以全盘否定形式逻辑的理论根据被全部保存下来，并成为论证辩证法是高等逻辑、形式逻辑是初等逻辑的依据；区别仅在于形式逻辑已不被当成形而上学。在 50 ~ 60 年代辩证法是高等逻辑，形式逻辑是初等逻辑的观点，被认为是马克思主义逻辑观的基本原则之一。所以，周先生事实上否认辩证法是逻辑的意见被视为离经叛道，也是必然的。

为什么形式逻辑不能不与辩证法并列？没有人说出持之有故、言之成理的理由。批判周先生的皇皇巨文的最终论据无非是恩格斯把形式逻辑与辩证法并列起来，你为什么说不能并列？（逸之：《批判关于逻辑问题的混乱观点》，《新建设》1956 年第 4 期）关于黑格尔的辩证法不是逻辑，还可以说明两点。

第一，黑格尔在其逻辑学的“概念论”（周礼全称之为狭义的黑格尔的辩证逻辑）中，把“概念、……、判断、……、推论、……、直言推论、假言推论、选言推论”等近 30 个传统逻辑名词当作哲学范畴处理。当然其用意绝非指导人能有效地推理。后者是黑格尔不屑一顾的雕虫小技。“概念论”无论在哲学上有多大的价值，从逻辑上看，是千疮百孔的。例如，黑格尔认为“有人是幸福的”隐含着“有人不是幸福的”。这个说法在哲学上很有意义。一部分人的幸福，总是以另一部分人的不幸为条件的。但如要把黑格尔的这个例子当作传统逻辑的直接推理，就是绝对的错误。

第二，黑格尔逻辑学的“本质论”（周礼全所谓广义黑格尔的辩证逻辑中的一部分）对传统逻辑的同一律、矛盾律、排中律进行了激烈的并常常是牵强附会的批判，把它们当作形而上学的基本原则。黑格尔提出了“A 是 A 又不是 A”的思想。能不能建构一种逻辑，以“A 是 A 又不是 A”（相对严格地说，即：$a = a$ 且 $a \neq a$，其中 a 是论域中的任何一个体，$a = a$ 是等同公理，$a \neq a$ 是等同公理的否定）为规律呢？至今没有这样的逻辑。我们已经有了没有矛盾律的逻辑（注意：这不是说有逻辑以矛盾律的否定为定理）；我们也已经有了没有排中律的逻辑；但把同一律与其否定的合取当作规律的逻辑，至今仍是不可想象的。黑格尔自己也没有使用过这种逻辑。例如，黑格尔虽然嘲笑了“一星球是一星球”这样的命题（黑格尔认定同一律只许人说“一星球是一星球”这样的话，这是对同一律的歪曲），但是他自己却没有到处说“一星球是一星球又不是一星球”那样的话。可见黑格尔在“本质论”中没有真正提出一种以“A 是 A 又不是 A”为规律的逻辑。

在古希腊，逻辑学叫作辩证法，在黑格尔著作中辩证法叫作逻辑学。黑格尔的逻辑学讲的是要外化为自然，再回到精神的客观的唯心主义的辩证法，而不是研究推理形式的真正的逻辑学。

什么是逻辑学？中国逻辑学界在 50～60 年代和现在提法是不一样的。1950 年，新中国的逻辑学家以苏联的教本为样板，把形式逻辑定义为研究思维的初步规律和形式的科学。直到 1987 年出版的《中国大百科全书·哲学》卷，才与国际学术界接轨，承认逻辑是一门以推理形式为主要研究对象的科学。这个改变，落后于周谷城先生的文章 32 年。

思维究竟分感性、理性两个阶段，还是有感性、知性、理性三个阶段？所谓形象思维、直觉思维，是不是思维的其他阶段？这里有认知科学的问题，也许更有认识论的问题。不管思维的什么阶段或什么类型的思维，只要有推理（不是联想、猜测），就有推理形式；有推理形式，就是逻辑的研究对象。以思维的阶段或类型来区分逻辑的等级是没有根据的。然而目前中国哲学界有些人士还很不理解形式逻辑（包括现代形式逻辑）。高等学校哲学教材仍误认为逻辑学是以人的思维为对象的，仍误认为存在着两门逻辑：形式逻辑即初等逻辑，辩证逻辑即高等逻辑。有一所高校哲学教材甚至仍把形式逻辑等同于形而上学。有的哲学著作力图抹煞辩证矛盾（对立统一）和逻辑矛盾（任一命题及其负命题的合取）的区别①，进而混淆形式逻辑与形而上学，这些都不能不说是倒退。

今天我们回忆周谷城先生，不能不敬佩他在 50～60 年代的理论勇气，不能不感谢他对形式逻辑松绑的功绩。

在 50 年代初，根据苏联教材的说法，在逻辑学领域必须着重批判认为

---

① 黑格尔和恩格斯所说的矛盾，就是矛盾。没有辩证矛盾与逻辑矛盾的区别。列宁除了讲矛盾外，单独提到过逻辑矛盾。20 世纪 30～40 年代的马克思主义者一般地也不区分辩证矛盾与逻辑矛盾。50 年代形式逻辑“平反”以后，辩证矛盾与逻辑矛盾的区别被理论界广泛接受。

形式逻辑不过问命题真假，只问推理形式是否正确（有效）的观点；并断言这是形式主义的、脱离实际的资产阶级学术观点。周谷城先生说："认识的真不真，是各科的事；推论的错不错，是形式逻辑的事。"形式逻辑可以为辩证法服务，也可以为形而上学服务。这自然不会为许多接受了上述苏联观点的人所容许。在有的人看来，逻辑如果是科学，就应该只能为无产阶级服务。一切思维，甚至连推论形式也应该有阶级性。有一位著名人士在批判周先生时说："说形式逻辑只管推理在形式上是否正确，不管它在内容上是否真实，就是要使逻辑研究离开了实际去做'纯'形式的研究，不能不说它是一种迷信观点，是属于资产阶级的学术观点。任何形式都是一定内容的形式，因而离开了真实，也就没有什么正确可言。如果形式逻辑真的管不到推理的是否真实，那我们还有什么必需再去研究它呢?"（"哲学研究"编辑部编《逻辑问题讨论集》，上海人民出版社，1959，第 177 页）扣的帽子不可谓不大，但毫无科学价值。

50 ~ 60 年代在所谓推理的正确性和真实性的争论中，有些逻辑学家坚持了形式逻辑的科学性。"文革"以后除了个别人仍坚持推理前提有错，推理形式必不正确外，也有些人把这个明显荒谬的论点作了一些修改。他们说虽然形式逻辑并不专门研究每个推理中的前提是否正确，但它要求用来进行推理的前提必是正确的，否则，就失去了进行推理的意义。他们甚至否认反证法、归谬法的前提是假的。这种修改过的说法完全无视人类必须与假命题打交道的实际需要。《毛泽东的读书生活》指出："毛泽东认为形式逻辑不管前提的思想内容，因而没有阶级性。"（第 131 页）此后，形式逻辑不管前提、结论真假这一点，日益为逻辑学界所理解。

历史学家周谷城先生道出并坚持了形式逻辑的基本原理，而逻辑学家却群起而攻之，这不能不使人深思！

反对周谷城先生的批判家们还说，周先生认为形式逻辑只是思维自身的规律，与事物的性质没有关系，这就是认为形式逻辑规律是没有客观基础的（《逻辑问题讨论集》，第 15 页）。周先生辩称："自有形式逻辑以来，就很明确，从不引起有无物质基础的问题。""思维规律之有物质基础，并没有人怀疑，更不须任何唯物论者的宣传和介绍。"（同上，第 120 页）"不

成问题的东西不要讨论。”（同上，第119页）

所谓形式逻辑客观基础问题，是50～60年代中国逻辑学界独有的一个问题。当时学术界在黑格尔的影响下，认为客观世界是没有同一律等的。但他们又必须承认形式逻辑是科学，于是只好说同一律等仅仅是思维，甚至仅仅是知性思维的“初步”规律。为了坚持辩证法，他们认为如果把这些规律当作客观世界的规律（正如亚里士多德以来的传统逻辑那样），那就陷入了形而上学。思维（也许只是知性思维）是形式逻辑的，客观世界却是辩证法的，而形式逻辑又是认识客观世界不可缺少的工具，这岂不是二元论乃至唯心主义？为消解这个困难，学者们就制造出一个“客观基础”论来，说同一律等绝不是客观事物的规律，但在物质世界里存在着与这些规律相对应的客观基础。诚如周先生所说，逻辑史上从来不讨论形式逻辑客观基础的问题。亚里士多德提出矛盾律、排中律，首先是作为客观事物的规律提出来的：任何事物不能既有某属性又没有某属性；任何事物或者有某属性或者没有某属性，后来的同一律也是如此。正因为客观事物是自身同一的，所以反映事物的思维也应该自身同一。一定要说客观事物没有自身同一性，而思维必须自身同一，这对于真正的唯物主义者来说，是说不通的。

周先生的确没有说过“形式逻辑的客观基础是某某”这样的话，我认为这无关紧要。重要的是周先生这方面的想法，是与当时学术界的一般观点（当然包括周先生的批判者）一致的。他们都否认同一律等是客观事物本身的规律。在这一点上，周先生还有几句警句：“事物自身尽可以是变化的，但推论的方式却只能在某时限内不变。以‘同一的’推论‘不同一’，以‘暂时不变的’推论‘经常变化的’，以形式逻辑的符号推论辩证认识的所得：这等关系的本身也可以说是‘辩证的’亦即形式逻辑与辩证法的正确关系。”我很怀疑这个以不变应万变的道理是彻底唯物主义的，是真正辩证的。以不变应不变，又以变应变，不是更合理吗？[①] 在难以自圆其说的地方，加上“辩证的”一词以救急，就真的辩证了吗？

---

① 现代逻辑是可以刻画变化的。数学分析（微积分）可以刻画位移，而数学分析的推理工具仍为形式逻辑（包括现代形式逻辑）。这方面的问题本文不及细述。

从周先生一系列论文看来，他论及的形式逻辑，止于百年前的传统逻辑，他对19世纪中叶建立、20世纪30年代已臻成熟的数理逻辑——现代形式逻辑，是视而不见的。他说："形式逻辑的演绎推理与数学的演绎推理是否一回事，我并无一定的把握。"（"哲学研究"编辑部编《逻辑问题讨论续集》，上海人民出版社，1960，第531页）这恐怕是受了50年代初把数理逻辑说成是在帝国主义时代为垄断资产阶级利益服务的伪科学的观点的影响。

周先生文章里谈到形式逻辑的一些细节存在着某些不足之处。周先生以"其结论的道理仍只能是前提中所已有的"（同上，第531页）为理由，否认演绎推理能够获得新知识。他只承认演绎推理是由隐推到显，不承认演绎推理可以从已知推到未知。这是不符合事实的。仅仅以孤零零单个三段论为例，自然就难以理解演绎推理能获得新知识的认识功能。就古希腊的几何学而言，定理从客观上讲都是公理"所已有的"，用现代逻辑的术语来讲，就是公理客观地蕴涵了定理。但从认识方面看，知道了所有的公理，并不见得就知道无穷条定理中的任一条。这恐怕也是只见树木，不见森林吧。周先生对演绎的推出关系的理解，也是不周全的。他说："推理的错与不错，……只问前提与结论之间有无矛盾。"并非凡与前提不矛盾的命题，都是可以演绎地推出的。"有人不是幸福的"与"有人是幸福的"并不相矛盾，但后者推不出前者。从前提有效地推出与之相矛盾的结论，也是常见的事，这就是发生在反证法或归谬法中的事实。这一点在古希腊就已经知道了。如果对数理逻辑有一定的了解，就更容易理解演绎是可以获得新知识的；演绎的推出关系不能定义为结论与前提不相矛盾。以上这些细节对作为历史学家的周先生来说，是不应苛求的。但对于逻辑学家来说，是失之毫厘，可以谬以千里的。我所以特别提出这些技术性问题，是希望哲学家们更好地了解形式逻辑——不管是传统的还是现代的。传统逻辑并不深奥，现代逻辑也是可以掌握的。也许是由于种种心态方面的因素，使得很清楚明白的逻辑问题竟弄得很模糊、很复杂。要澄清这些问题，就会想起周谷城先生曾经在50~60年代给予我们逻辑学界的特殊帮助。

当代中国的逻辑学*

上　篇

有两千年历史的逻辑学是在哲学的怀抱里产生和缓慢地发展起来的。19世纪中叶由于全面采取了数学方法并着重研究了数学中的逻辑问题，促成了数理逻辑即现代形式逻辑的建立，并促进了古典归纳逻辑向现代归纳逻辑的发展。这个变革是一次真正的科学飞跃，它促使逻辑从哲学中彻底独立出来并成为一门主要研究推理形式，进而研究公理方法、形式系统的科学。另一方面，至今逻辑与哲学仍有着千丝万缕的联系。很遗憾，这种联系有时体现为某些作为意识形态的哲学否定或贬低作为工具性科学的逻辑的意义。本文仅仅叙述当代中国逻辑与哲学关系比较密切的方面，而不涉及技术性较强的部分。

新一代逻辑学家是在苏联教材的熏陶中培养出来的。而苏联逻辑教材存在着不可容忍的缺陷，它们严重曲解了传统逻辑和现代逻辑。一些人愈来愈强调所谓的形式逻辑的"局限性"，把形式逻辑"修正和改造"得面目全非。只有少数逻辑学家有幸作出了可贵的研究成果。

---

* 原名《逻辑学》，任俊明、安启民主编《中国当代哲学史》（1949～1999），社会科学文献出版社，1999，第9章第3节和第22章。有删改。

一　恩格斯和列宁关于逻辑的论述

中华人民共和国的建立标志着马克思主义成为全社会的指导思想。当代中国逻辑学的发展与列宁、恩格斯乃至黑格尔关于逻辑的论述密切相关，因之必须简单回顾马克思主义关于逻辑的理论。

马克思主义关于逻辑的学说直接源于黑格尔。古希腊以“辩证法”（意译为“论辩术”）指古罗马时始称为逻辑的学科。黑格尔反其意而用之，以“逻辑”来称呼他自己的哲学体系的第一部分。这个体系的“合理内核”今人叫作辩证法。黑格尔不理解其先贤莱布尼兹关于数理逻辑的基本设想，也未及见到现代逻辑的创建，他对传统逻辑（黑格尔、恩格斯、列宁所说的形式逻辑乃是传统逻辑；本文基本上沿用“形式逻辑”一词）持猛烈的批评态度，他常常曲解传统逻辑。他的《哲学全书》的第一部分叫作“逻辑学”（在西方语言中，“逻辑”与“逻辑学”没有区别），其中许多地方是借用传统逻辑名词阐发他的辩证法思想，这与怎样有效地进行推理没有丝毫关系。

恩格斯把形式逻辑与辩证法并列，把形而上学与辩证法并列，不明确区分形式逻辑与形而上学，但也不全盘否定形而上学。[①] 他把形式逻辑、形而上学比喻为初等数学，把辩证法比喻为高等数学。[②] 恩格斯使用了“辩证逻辑”一词并把它与形式逻辑对立起来。他认为辩证逻辑与形式逻辑相反，不满足于把思维形式列举出来并毫无关联地排列起来，而使高级形式从低级形式中发展出来。[③]

恩格斯批评同一律 a = a 是形而上学世界观的基本命题。他认为同一律主张“每一个事物自身和它自身同一”就是主张“一切都是永恒的”，这仅对家事范围内的应用是足够的。[④] 恩格斯像黑格尔那样，没有区别辩证矛盾（对立统一）与逻辑矛盾（一命题及其否定的合取）。他指出位移就是矛盾：

---

① 恩格斯：《反杜林论》，吴黎平译，人民出版社，1979，第 20、25 页。恩格斯：《自然辩证法》，于光远等译编，人民出版社，1984，第 65 ~ 66 页。

② 《反杜林论》，第 130、145 页。

③ 《自然辩证法》，第 112、114 ~ 115 页。

④ 《自然辩证法》，第 89 ~ 91 页。

“运动本身就是矛盾；甚至简单的机械的位移之所以能够实现，也只是因为物体在同一瞬间既在一个地方又在另一个地方，既在同一个地方又不在同一个地方。这种矛盾的连续产生和同时解决正好就是运动。”[①] 他还批评“非此即彼”，主张“又在适当的地方承认‘亦此亦彼’”[②]。

此外，恩格斯还指出人的主观的思维和客观的世界服从于同样的规律。他还说：“形式逻辑本身从亚里士多德直到今天都是一个激烈争议的场所。”[③]

列宁在《哲学笔记》中针对黑格尔的逻辑学，认为逻辑即认识论、真理论，任何科学都是应用逻辑，逻辑规律是客观规律的反映，是一致的。他还认为逻辑、辩证法、认识论三者是同一的。他认为“虽说马克思没有遗留下‘逻辑’（大写字母的），但他遗留下‘资本论’的逻辑”[④]。列宁认为学校里只能讲形式逻辑，而且只应当低年级讲，并且在讲解时还要加上修正。他认为形式逻辑是根据最普遍的或最常见的东西来做形式上的定义。而辩证逻辑要求真正认识事物，必须把握、研究事物的一切方面、联系和“中介”；要求从事物的发展、“自己运动”、变化中观察事物；要求把人的全部实践包括到事物的“定义”中去；没有抽象的真理，真理总是具体的。[⑤] 列宁曾论及命题的辩证法，认为从任何一个命题开始，如“树叶是绿的”“伊万是人”“哈巴狗是狗”，等等，就已经有辩证法；个别就是一般。[⑥] 列宁还指出：“‘逻辑矛盾’——当然在正确的逻辑思维的条件下，——无论在经济分析中或在政治分析中都是不应当有的。”[⑦]

恩格斯和列宁继承了黑格尔关于逻辑的一系列论点。但他们承认形而上学、形式逻辑在一定条件下的作用；他们承认逻辑规律与客观规律是一致的。

---

① 《反杜林论》，第 128 页。

② 《自然辩证法》，第 84 ~ 85 页。

③ 《自然辩证法》，第 116、15、46 页。

④ 《列宁全集》第 38 卷，人民出版社，1959，第 357 页。

⑤ 《列宁全集》第 4 卷，第 453 页。

⑥ 《列宁全集》第 38 卷，第 409 页。

⑦ 《列宁全集》第 23 卷，第 33 页。

二　20世纪对传统逻辑的全盘否定和重新肯定

20世纪逻辑学（包括形式逻辑、归纳逻辑、自然语言逻辑）得到了空前的大发展。另一方面，从20年代开始，国际上有一股以辩证法否定形式逻辑（实指传统逻辑）的思潮，其根据即黑格尔、恩格斯、列宁关于逻辑的许多话。到了30年代，苏联对德波林学派的政治批判更殃及了形式逻辑的学术地位。当时的马克思主义者，包括中国的马克思主义者普遍认为形式逻辑是静的逻辑，是反动的形而上学；而辩证法则是动的逻辑，是辩证的逻辑。有些马克思主义者还宣布了形式逻辑的“死刑”。另一方面，那时中国也有一些人利用形式逻辑反对辩证法。20年代末，张申府、金岳霖等已在中国介绍数理逻辑。中国自己的现代逻辑专家在40年代已经成长起来。1938年斯大林发表《论辩证唯物主义和历史唯物主义》。他在阐述辩证法时已经没有批评形式逻辑的片言只语。1940年，斯大林提倡干部学习形式逻辑。1946年苏共中央颁布了关于中学讲授逻辑的决议。但在中国，中华人民共和国成立初期，形式逻辑仍是被批判的对象。直到1950年，斯大林发表了《马克思主义和语言学问题》，传统逻辑在新中国才算是开禁了。50年代初，苏联斯特罗果维契的《逻辑》① 和《哲学问题》杂志《逻辑问题讨论总结》② 成为中国逻辑学界的指导性文献。至于数理逻辑，在苏联、东欧诸国和中国，则被视作帝国主义时代为垄断资产阶级利益服务的伪科学。50年代中期，电子计算机的威力显示后，各国马克思主义者才逐渐承认数理逻辑是科学。中华人民共和国成立后，迫切需要在马克思主义指导下重建传统逻辑的哲学基础。这就是既要论证传统逻辑是科学，又要维护自黑格尔以来对传统逻辑的批评的合理性；既要论证传统逻辑不是形而上学，又要论证辩证法是逻辑，而且是高等逻辑。人们力图从黑格尔、恩格斯、列宁关于逻辑的言论中，引申出不同于20~40年代的结论。中国学术界在50~60年代关于逻辑曾经展开过热烈的争论。这种争论是不可避免的，是逻辑学争生存的争论，但却是游离于国际上逻辑学发展的主流的。

---

① 1949年版，1950年由人民出版社出版了中译本。

② 1951年发表，中译本见巴克拉节等著，谢宁等译《逻辑问题讨论集》（三联书店，1954）。

1949 年 12 月 13～14 日，斯特罗果维契《逻辑》的第三章《形式逻辑与唯物辩证法》的中译文在《人民日报》上发表，次年由学习杂志社出了单行本。斯特罗果维契认为形式逻辑是认识的必要条件而非充分条件，要正确而完整地认识现实，必须应用唯一科学的方法——唯物辩证法。他说根据列宁的指示，形式逻辑应作下列四方面的修正。（1）承认形式逻辑是初级逻辑，而辩证法也是逻辑，而且是高级逻辑。（2）把形式逻辑从中世纪经院哲学家和资产阶级学者的唯心主义歪曲中解放出来。他着重批判所谓形式逻辑中的唯心主义观点。一是所谓“形式主义”，即认为形式逻辑不管推理前提是否真实，只管推理形式是否有效（正确）。二是关系逻辑，即二元以上的谓词逻辑。（3）把一切无益的和人为的东西从形式逻辑中排除出去。在他看来，数理逻辑专门捏造出一些新的思维公式，捏造出一些无内容并和实践分离的新公式。（4）研究或讲授形式逻辑要服从阶级斗争的需要。这就是为曲解形式逻辑留下的伏笔。

三 形式逻辑客观基础的争论

在传统逻辑里，思维规律（如同一律）首先是事物的规律；事物的同一决定了思维的同一，思维的同一反映了事物的同一。但根据黑格尔和恩格斯的意见，对任一事物 a 而言，a 与自身既同一又不同一。50 年代的理论工作者承认，过去否认同一律是思维规律实属不当，但他们绝不承认同一律等也是事物的规律，以坚持辩证法。王方名说：“硬要为 A = A 在客观事物中找对应关系，这是把思维的形式结构强加于客观事物。”“逻辑形式的规律本来是一种具体的科学规律，一经搬到存在规律和认识规律中，就成了典型的形而上学思想。”[①] 客观世界是辩证的，思维（或者说初级思维）却是形式逻辑的；而服从形式逻辑的思维可以正确反映辩证的客观世界（否认这一点似是不可知论），这岂不是唯心主义？或者至少说也是二元论吧？这岂不违反了恩格斯和列宁所说的客观规律和思维规律一致的论断？周谷城意识到这个理论上的陷阱，无法解脱而名之曰“辩证的”：

① 王方名：《逻辑探索——王方名学术论文选》，中国人民大学出版社，1993，第 25、52～53 页。

“以‘同一的’推论‘不同一’，以‘暂时不变的’推论‘经常变化的’，以形式逻辑的符号推论辩证认识的所得：这等关系的本身也可以说是‘辩证的’，亦即形式逻辑与辩证法的正确关系。”而别人为了摆脱这个困境，就提出了形式逻辑有客观基础的说法，意思是说形式逻辑是客观事物某些方面的反映。

至今在逻辑学界很流行这样的说法：形式逻辑的客观基础是客观事物的相对稳定性和质的规定性。[①] 王方名指出了这个源于普列汉诺夫的说法的种种困难。他说逻辑形式（即思维形式的结构）离开了语言材料根本不可想像。因之，他认为逻辑形式的客观基础要从思维的社会历史性质方面来探讨。他进一步提出，“思维的社会制约性”作为形式逻辑的客观基础。[②] 马特痛斥这是唯心主义。[③] 20 多年后，王方名修正了过去的提法，认为形式逻辑的客观基础应该是“基于‘社会关系的总和’的社会必然性”[④]。当时被认为否认形式逻辑有客观基础的典型代表是周谷城。他认为：“同一律不是事物自身存在、发展、变化之法则。”“自然界的事物中尽管无同一律可言，但关于事物之认识的判断及论式却非有同一律不可。”[⑤] 他还指出：“自有形式逻辑以来，就很明确，从不引起有无物质基础的问题。”[⑥] 朱丰杰也认为同一律乃是概念的同一律，而不是事物的同一性，不反映客观世界的任何规律。[⑦]

金岳霖对形式逻辑的客观基础有他自己的看法。他认为解决客观事物的确实性和思维认识经常出现的不确定性的矛盾主要是形式逻辑的任务；同一律、矛盾律、排中律反映客观事物的确实性，而这种确实性是同一、不二、无三的。[⑧] 金岳霖把事物的确实性，即同一、不二、无三当作同一律、矛盾律、排中律的客观基础，应该说是与黑格尔的主张相反的。在黑

① 马佩：《与周谷城先生商榷形式逻辑与辩证法问题》，《新建设》1956 年第 9 期。

② 王方名：《逻辑探索——王方名学术论文选》，第 24 页。

③ 马特：《马克思主义和逻辑问题——形式逻辑问题论辩集》，三联书店，1962，第 1 ~ 15 页。

④ 王方名等：《说话写文章的逻辑》，教育科学出版社，1980，第 242 页。

⑤ 周谷城：《形式逻辑与辩证法》，《新建设》1956 年第 2 期。

⑥ 周谷城：《五论形式逻辑与辩证法》，《新建设》1957 年第 6 期。

⑦ 朱丰杰：《论同一律》，《哲学研究》1957 年第 4 期。

⑧ 《金岳霖文集》第 4 卷，甘肃人民出版社，1995，第 383 ~ 402 页。

格尔看来，世界是不一、兼二、有三的。

周礼全曾撰文介绍亚里士多德的意见。亚里士多德认为矛盾律与排中律既是存在（事物）的根本规律，也是思维、认识与语义的根本规律。① 此文写于60年代初，油印稿曾在北京散发过。文章事实上反映了周礼全自己的主张。

金岳霖、周礼全的意见应该说是把传统逻辑规律看作也是客观事物的规律。

四 形式逻辑研究对象的争论

人们必须为形式逻辑重新下定义，以期合乎发展了的哲学观点。在苏联教材的影响下，理论界一般认为形式逻辑是关于正确思维的初步规律和形式的科学。“正确”一词是要把错误思想排除出形式逻辑的视野，以免它为诡辩服务。“初步”一词是虚位以待辩证逻辑。此定义凸显规律，使之居于形式之前，是要把同一律等与辩证法的规律作对比。王方名批评“正确”“初步”这两个形容词纯属多余。② 70年代末以来，这两个字眼已经在形式逻辑教本中消失了。

上述形式逻辑定义中对“形式”一词，或者说“思维形式”一词的理解很不一致，造成了许多不必要的混乱。问题的关键在于，形式逻辑是研究概念、判断、推理的，还是研究命题形式、推理形式的。

吴家国的意见很具代表性。他认为“所谓‘思维形式结构’，只是思维形式的一部分”，如果以此定义形式逻辑，势必要把归纳逻辑、充足理由律、逻辑方法等都排斥在外，是不妥的。他主张“形式逻辑是研究思维形式及其规律以及普通逻辑方法的科学”③。金岳霖、周礼全等至少在70年代末仍持这种观点。④

周谷城、王方名则主张形式逻辑的对象是推理形式。这个观点与弗雷

① 周礼全：《亚里士多德论矛盾律与排中律》，《哲学研究》1981年第11～12期。

② 王方名：《论形式逻辑问题》，中国人民大学出版社，1957。

③ 吴家国：《形式逻辑研究什么？怎样研究?》，《红旗》1961年第14期。

④ 金岳霖主编《形式逻辑》第1章，人民出版社，1979。

格以来的现代逻辑暗合。周谷城说:“形式逻辑的对象是思维过程,是推论方式。”[①] 王方名说:“形式逻辑主要是研究推理和证明的。”[②] 他还指出思维规律和思维形式不是两个平行的对象,所谓思维规律,实质上是思维形式的结构(或称逻辑形式)的规律。他还正确地指出形式逻辑即演绎逻辑,不包括归纳逻辑。80 年代,《中国大百科全书·哲学》出版,才肯定逻辑“是一门以推理形式为主要研究对象的科学”。此书把“形式逻辑”当作“演绎逻辑”的同义词,它不包括归纳逻辑。

五 形式逻辑要不要撇开思维内容的争论

推理有效性(正确性)的定义离不开命题的真,但它不能简单归结为命题的真。前提或结论假的推理仍可以是有效的。也就是在这个意义上说,形式逻辑研究思维形式是撇开内容的。这是形式逻辑的精神实质所在。中华人民共和国成立前,金岳霖是阐明这一点的代表人物;中华人民共和国成立后,他为此作了自我批判。周谷城说:“认识的真不真,是各科的事;推理的错不错,是形式逻辑的事。”[③] 王方名也说:“形式逻辑研究的是逻辑形式,逻辑形式的确是作用于思维的‘对错方面’,而不作用于‘真假方面。”[④] 马特认为周谷城、王方名直接违反马克思主义的唯物主义原理,是在宣扬唯心主义。[⑤] 机械地理解内容决定形式,使得一些人陷入了荒谬的境地。潘梓年说:“说形式逻辑只管推理形式是否正确,不管它在内容上是否真实,就是要使逻辑研究离开了实际去做‘纯’形式的研究。”“任何形式都是一定内容的形式,离开了内容就没有什么形式可言,因而离开了真实也就没有什么正确可言。如果形式逻辑真的管不到推理的是否真实,那我们还有什么必要再去研究它呢?”[⑥] 李世繁说得更具体:“正确形式如果与真

---

① 周谷城:《形式逻辑与辩证法》,《新建设》1956 年第 2 期。

② 王方名:《逻辑探索——王方名学术论文选》,第 10 页。

③ 周谷城:《形式逻辑与辩证法》,《新建设》1956 年第 2 期。

④ 王方名:《论形式逻辑问题》,第 63 页。

⑤ 马特:《马克思主义和逻辑问题——形式逻辑问题论辩集》,第 12 页。

⑥ 宰木(潘梓年):《逻辑研究同样要联系实际》,《哲学研究》1958 年第 7 期。

实内容相结合，它就是正确的；不与真实内容相结合，就是不正确的。”[①]这段话彻底暴露了这种观点“不论在事实上，在理论上，都是站不住脚的”[②]。

金岳霖当然不会简单同意李世繁那样的意见。但他却提出了蕴涵没有阶级性而推理形式有阶级性，不同阶级有不同的推理形式的论点。他硬说如果前提有假，推理就不存在。[③]

随着政治形势的变化，逻辑学家热衷于“修正和改造”传统逻辑。出乎大家意料的是《红旗》于1961年第7期上发表了王忍之的《论形式逻辑的对象和作用》。他指出：“形式逻辑所研究的问题，相对于思维内容来说，乃是形式方面的问题，它研究概念、判断、推理的形式，揭示思维形式结构的规律。”形式逻辑“是暂时撇开了具体的思维内容来研究思维形式的”。当时一些逻辑学家在不同程度上不满意王忍之的意见，但说得比较婉转。“文化大革命”以后，愈来愈多的逻辑学家终于承认形式逻辑研究思维的形式方面的问题，是撇开（至少是暂时撇开）思维内容的。但是，即使在80年代仍有人认为：在完全“纯粹的状态下”研究思维形式，不管思维内容是否正确，是把思维形式和认识客观现实的任务完全脱离开来，这是形式主义的逻辑，是对形式逻辑的歪曲，在本质上是唯心主义的。[④] 也有些人把上述过于荒谬的提法作了某些变更，他们说“虽然形式逻辑并不专门研究每个推理中的前提是否正确，但它要求用来进行推理的前提是正确的，不这样要求，就失去了进行推理的意义”[⑤]。有人甚至否认反证法、归谬法的前提是假的这一铁的事实。[⑥]

六　形式逻辑作用的争论

既然有了辩证法，还要形式逻辑干什么？这是五六十年代中国逻辑学

---

① 李世繁：《论推理的逻辑性问题》，《新建设》1959年第3期。

② 张尚水：《对“在三段论里，前提虚假，形式是否正确？”一文的几点意见》，《光明日报》1959年6月7日。

③ 《金岳霖文集》第4卷，第239~249、292~352、357页。

④ 且大有等：《形式逻辑200题》，内蒙古人民出版社，1984，第4页。

⑤ 中共中央党校哲学教研室：《形式逻辑纲要》，中共中央党校出版社，1985，第130页。

⑥ 杜岫石主编《形式逻辑与数理逻辑比较研究》，吉林人民出版社，1987，第192~194页。

家面前的一道难题。这里涉及形式逻辑是不是单纯的表述工具，演绎推理能不能推出新知识，形式逻辑的作用有没有局限性等问题。

马特认为形式逻辑的作用在于它是认识方法。周谷城说形式逻辑的主要功用是帮助人作正确的推理。王方名说形式逻辑主要作用是解决人们说话写文章不合逻辑的问题，即表述论证的作用。马特认为资产阶级逻辑学家或者否认演绎的作用，或者认为演绎与认识无关；周谷城、王方名否认形式逻辑是认识方法，因此他们是在宣扬唯心主义。周谷城、王方名认为唯一科学的认识方法是辩证法；马特把形式逻辑当作认识方法，这就是宣扬形而上学。后来马特作了自我批评，认为说形式逻辑“有认识现实方法的职能”是不确切的，必须改为“恩格斯原来所使用的从已知到未知的方法”。[①]

直至70年代末，仍有人认为说形式逻辑也是认识工具、认识方法，就夸大了它的作用，贬低了辩证法，因而是一种形而上学观点。“形式逻辑不同于形而上学。前者不是认识（观察）客观事物的思维方法；后者是认识（观察）客观事物的思维方法；如果把形式逻辑看作认识事物的方法，那就是把形式逻辑和形而上学混为一谈。”[②]

七　形式逻辑与辩证逻辑关系的不同理解

黑格尔哲学是哲学范畴（其中一小部分是传统逻辑名词）的体系。列宁所说马克思“《资本论》的逻辑”是经济学范畴（不含逻辑名词）的体系。然而辩证法并不像三段论那样是推理工具，为什么它也是逻辑？中华人民共和国建立之后最早阐述辩证法是逻辑，而且是高等逻辑的文章，有江天骥的《形式逻辑与辩证法》[③] 和李志才的《关于形式逻辑与辩证逻辑问题》[④] 等。

周谷城写了许多文章反复说明形式逻辑不能与辩证法并列。他说：辩证法是“主”，属于宇宙观；形式逻辑是“从”，属于推论范围。为辩证法

---

① 马特：《马克思主义和逻辑问题——形式逻辑问题论辩集》，三联书店，1962，再版序。

② 杜汝楫：《关于形式逻辑的对象和性质》，《全国逻辑讨论会论文选集（1979）》，中国社会科学出版社，1981，第59页。

③ 《新建设》1955年第6期。

④ 《哲学研究》1955年第3期。

服务，主从虽有区别，却时刻不能分离。[①]

反对周谷城上述意见者当然认为他是反对辩证逻辑的。但是，周谷城说的只是形式逻辑与辩证法，他从来没有谈到辩证逻辑。批评周谷城不赞成把形式逻辑与辩证法并列起来的最后根据，仅仅是恩格斯屡次把形式逻辑与辩证法并列起来。这一点江天骥说得最清楚。[②]

五六十年代，关于辩证逻辑的许多问题都尚未展开。本文将在下篇继续叙述这方面的情况。

八　50～60年代中国逻辑研究的成果

从1949年到1966年，科学的逻辑研究开展不易，主要困难在于逻辑与辩证法、认识论的混淆难以澄清，逮不住真正的逻辑问题。国际上逻辑科学的发展却不可能停顿下来等待我们。

从1949年到1966年，逻辑与哲学有关的方面，应该提到的研究成果至少有下面几项。

胡世华（1912～1998）的《一个N_0值命题演算的构造》[③] 首次把多值逻辑的值推广到可数无穷。此文的哲学意义在于纠正了这样一个片面印象：表面上看，值数愈高的逻辑愈贫乏。实际上由于值数低的逻辑系统可以嵌入到值数高的逻辑系统中去，值数高的逻辑内容愈加丰富。

沈有鼎（1908～1989）于1952年发现了一个“所有有根类的类的悖论”，1954年他又发现了两个语义悖论。[④]

在1965年，上海科技出版社出版了莫绍揆写的《数理逻辑导论》，这是1949年后第一本全面介绍数理逻辑而颇具特色的教材。

《光明日报》的《哲学》副刊1954年6月2日至1955年3月9日连续发表了沈有鼎的长文《墨辩的逻辑学》。这是站在现代逻辑高度整理研究中国逻辑史的第一部著作。它总结了《墨经》的认识论和逻辑学。关于逻辑

---

① 周谷城：《形式逻辑与辩证法》，三联书店，1962。

② 逸之：《批判关于逻辑问题的混乱观点》，《新建设》1956年第4期。

③ 《中国科学》1950年第1卷第2～4期。

④ 《沈有鼎文集》，人民出版社，1992，第211～214、215～219页。

的论述至今尚无超过此文的著作问世。这组文章于1980年改名为《墨经中的逻辑学》，由中国社会科学出版社出了单行本。

概念反映事物的本质（或本质属性）。这个提法由来已久。但此说虽然符合《实践论》的文字，但必然导致这样一个有困难的结论：感性认识没有概念、判断、推理，总之没有逻辑；逻辑仅仅属于理性认识。由此可见《实践论》所说的逻辑、论理，乃是与认识论、辩证法同一的逻辑。周礼全《论概念发展底两个主要阶段》[①] 力图求得一个比较合理的解释。60年代，周礼全把他的思想概括为这样的定义："概念是反映事物的特有属性（固有属性或本质属性）的思维形态。"可以作这样的解释：感性认识中的概念仅仅反映事物的固有属性，而理性认识中的概念则反映事物的本质属性，固有属性和本质属性合称特有属性。

下　篇

粉碎"四人帮"后，逻辑学家积极投入到批判林彪、江青反革命集团的斗争中去，逻辑教学与研究也逐步恢复。1978年召开了"文化大革命"前筹备多年而未能实现的全国逻辑讨论会，提出了逻辑要为四个现代化服务，逻辑自身也要现代化。1979年召开了第二次全国逻辑讨论会，会上成立了中国逻辑学会。中国逻辑学界蹒跚地走上了与国际学术界接轨的道路。中国逻辑学的发展从此翻开了新的一页。我们要重申：现代逻辑已经不属于哲学学科。本文仅仅叙述当代中国的逻辑学与哲学关系密切的一些情况，并不反映中国逻辑学界的全面情况。

一　几个引起争论的热点

50~60年代逻辑学的争论起因于传统逻辑在新中国需要重新奠定哲学基础。80~90年代逻辑学的争论规模已远不如前，它起因于中国是否需要

① 《哲学研究》1956年第3~4期；单行本，科学出版社，1957。

跟上世界逻辑科学发展的水平。这是逻辑争发展权的争论。近 20 年来，大致有几个热点引起了逻辑学界的关心和争议。

（一）数理逻辑（主要指一阶逻辑）是不是现代形式逻辑？高校文科教学能不能以数理逻辑取代传统逻辑？

新中国成立前，金岳霖、胡世华等在大学里讲授逻辑，主要就是讲数理逻辑。还在 1961 年，康宏逵就指出："数理逻辑就是现代形式逻辑。""在人类知识发展的现阶段，唯一可以作为科学存在的形式逻辑就是数理逻辑。古典形式逻辑和传统逻辑中的形式逻辑学说全都过时了。"[①] 这是一句符合世界潮流的大实话。

1978 年，鉴于中国当时的逻辑教学和研究远远落后于国际水平的事实，中国社会科学院哲学研究所逻辑室的专家们在全国逻辑讨论会上提出了逻辑学要现代化的努力方向。[②] 王宪钧在 1979 年举行的全国第二次逻辑讨论会上强调指出世界上的逻辑学早已现代化了。中国逻辑课程必须跟上去，要现代化。[③] 有些逻辑学家对此颇有反感，他们认为新中国的逻辑学是以马克思列宁主义、毛泽东思想为指导的，而只有在马克思主义指导下，才能对逻辑作出正确的解释，才能更好地发挥其作用。新中国的形式逻辑就是比西方的先进，根本不发生什么"陈旧"与否的问题，也无所谓"知识老化""知识爆炸"的问题。[④]

一些逻辑学家持国际上流行的看法，认为数理逻辑就是现代形式逻辑。称它为"数学的"，是因为一方面，广泛使用人工的符号语言，并发展为使用形式化的公理方法，同时也应用了某些数学工具和具体的结果；另一方面，现代形式逻辑的发展受到数学基础研究的推动，特别是受到深入研究数学证明的逻辑规律和数学基础研究中提出来的逻辑问题的推动。数理逻辑既是以研究推理规律为核心内容的逻辑，同时又具有数学的性质。[⑤] 数理

① 《数理逻辑就是现代形式逻辑》，《文汇报》1961 年 9 月 29 日。

② 《逻辑学文集》，吉林人民出版社，1979，第 28、56 ~ 67、157 页。

③ 《全国逻辑讨论会论文选集（1979）》，中国社会科学出版社，1981，第 1 ~ 6 页。

④ 杜岫石：《有必要用数理逻辑取代形式逻辑吗?》，《社会科学战线》1982 年第 4 期。

⑤ 中国大百科全书总编辑委员会《哲学》编辑委员会、中国大百科全书出版社编辑部编《中国大百科全书·哲学》，中国大百科全书出版社，1987，第 1034 页。

逻辑对传统的形式逻辑的思想和方法，进行了概括并加以发展，因而从根本上讲，它是传统形式逻辑发展到最新阶段的成果，是西方逻辑发展的必然结果。[①]

也有一些学者否认数理逻辑是现代形式逻辑，甚至否认它是逻辑。林邦瑾认为数理逻辑是一门特殊的离散数学。[②] 杜岫石认为数理逻辑是研究真值函数和命题函数的数学。[③] 赵总宽认为传统逻辑和数理逻辑的基本理论观点不同，对象范围不同，抽象程度不同，主要作用不同。[④] 有许多人认为数理逻辑仅仅是形式逻辑的一个分支，而不是主体。

对传统逻辑和数理逻辑的估价不同，自然对高校文科怎样讲授形式逻辑的主张也不相同。1983 年全国第二次形式逻辑讨论会在长沙举行。会上及会后，就高校文科逻辑课程而言，数理逻辑能不能取代传统逻辑，进行了热烈的争论。第一种意见可以称为“取代论”。这是认为传统逻辑迟早要被送进历史博物馆，在高校文科教学中应逐步地、稳妥地以数理逻辑来取代传统逻辑。持这种意见的有诸葛殷同、张家龙、弓肇祥、黄厚仁等。第二种意见可以称为“统一论”。马玉珂认为高校文科低年级应保留形式逻辑一切合理、有用的内容和充分吸收、引进数理逻辑的成果，以辩证逻辑为统率，建立一门统一的逻辑学。第三种意见可称为“吸收论”。这种意见可以吴家国为代表，认为随着现代逻辑知识的逐步普及，应既在传统逻辑中逐步扩大现代逻辑内容的比重，又不至于用现代逻辑取代传统逻辑。第四种意见可以叫作“永恒论”。持这种意见的有方华、杜岫石、刘凤璞、赵总宽、沈剑英等。他们认为：如果把数理逻辑中的内容全部硬搬到形式逻辑中来，甚至用数理逻辑完全代替形式逻辑，则是十分错误的。形式逻辑是永恒的，改革后的传统逻辑仍然是传统形式逻辑。以上这些意见大致都收入了《形式逻辑研究》（北京师范大学出版社，1984）和《（1983）形式逻

---

① 《哲学大辞典·逻辑学卷》编辑委员会编《哲学大辞典·逻辑学卷》，上海辞书出版社，1988，第 498 页。

② 《形式逻辑和数理逻辑是两门不同的学科》，《社会科学战线》1985 年第 1 期。

③ 《形式逻辑与数理逻辑比较研究》，吉林人民出版社，1987。

④ 《解决形式逻辑的发展问题必须从实际出发》，《（1983）形式逻辑研究》，湖南人民出版社，1985，第 47～50 页。

辑研究》(湖南人民出版社，1985)。

到了90年代，高校文科逻辑教材愈来愈向数理逻辑靠拢已成为明显的趋向。例如，中国人民大学逻辑教研室编的《逻辑学》(中国人民大学出版社，1996)承认了数理逻辑是现代形式逻辑。

(二)辩证逻辑是不是逻辑?

50年代以来，中国曾有过种种不同的辩证逻辑定义。下面是其中影响较大的若干种。①辩证逻辑是辩证法或马克思主义辩证法。②辩证逻辑是主观辩证法或思维辩证法。③辩证逻辑是把唯物辩证法运用于研究思维形式及其规律。④辩证逻辑的主要内容就是我们在认识具体真理这一统一体的过程中所实际运用的一系列概念之相互联系、不断转化和发展的体系。⑤辩证逻辑是思维形式的辩证法。⑥辩证逻辑是思维自身矛盾运动的规律。⑦辩证逻辑是研究人类辩证思维的科学，即关于辩证思维的形式、规律和方法的科学。⑧辩证逻辑就是关于辩证思维的系统构成及其规律的学说。⑨辩证逻辑是作为思维方法论的唯物辩证法。以上这些定义中的“思维形式”是有歧义的。较早的定义直接把辩证法当作逻辑，较迟的定义则对辩证法和逻辑作了适度的区别。根据上述那些定义设计出来的辩证逻辑事实上有以下五个不同的方向：①辩证法(dialectics)或辩证方法(dialectical method)；②认识论；③范畴体系；④科学方法论；⑤逻辑。辩证逻辑的逻辑方向又有两种不同的倾向。一是以传统逻辑为模式，寻求辩证的概念、辩证的判断、辩证的推理和辩证思维的基本规律，等等。另一种是以一阶逻辑为模式，建构辩证逻辑的形式系统。显然，这五个方向的学说不能都是逻辑。坚持辩证逻辑是逻辑的主张的最后根据是黑格尔、恩格斯、列宁的有关论述。

各人设计出来的辩证逻辑体系可以有极大的区别，但在辩证逻辑的基本性质方面，辩证逻辑专家们意见似乎完全一致。他们认为相对形式逻辑而言，辩证逻辑有以下各基本特征。①它是辩证法、认识论、逻辑三者的统一。②形式逻辑是常数(应译为常量)的逻辑，是初等逻辑；辩证逻辑是变数(应译为变量)的逻辑，是高等逻辑。③形式逻辑是以固定范畴建立起来的逻辑，辩证逻辑是以流动范畴建立起来的逻辑。④形式逻辑是形式撇开内容的纯形式的逻辑，辩证逻辑是形式结合内容的逻辑。⑤形式逻辑把各种不同的判断和推理形式列举出来，互相平列起来，毫无关联地排列起来；辩证逻辑由此及彼地推出这些形式，使它们互相隶属，从低级形式发展出高级形式。⑥辩证逻辑是逻辑的东西和历史的东西一致的逻辑。⑦形式逻辑是知性（悟性、普通、抽象）思维的逻辑；辩证逻辑是理性（辩证、具体）思维的逻辑。显然，以上各点皆源自黑格尔。

以上所说的辩证逻辑远没有得到国际、国内学术界的公认。除黑格尔称为逻辑的哲学体系外，也没有公认的辩证逻辑的典型实例。

80 年代后期以来，许多逻辑学家认识到所谓辩证逻辑未必是逻辑。《中国大百科全书·哲学》中有关辩证逻辑的条目就没有编入逻辑类。90 年代初诸葛殷同的《辩证逻辑究竟是不是逻辑？——两部高校辩证逻辑教材读后感》[①] 和《再议辩证逻辑》[②] 两文，对辩证逻辑的一些根本性质提出了不同意见。批评辩证逻辑的意见，大致有以下几个方面。

第一，逻辑是思维形式学不是思维形态学，更不是思维学。普通思维和辩证思维的区分不能证实有两种不同的逻辑——形式逻辑和辩证逻辑。因为迄今为止，人们还不能证实辩证思维的命题形式和推理形式与普通思维的命题形式和推理形式有所不同。现代逻辑已经有了许多分支。异常逻辑的兴起表明了逻辑不是唯一的。但所谓与辩证法、认识论同一的辩证逻辑还不是一种真正的逻辑。一个复杂的理论体系，一个复杂的法律体系，往往不可避免要出现逻辑矛盾。弗协调逻辑就是适应包含了矛盾的体系而产生的逻辑系统。它是一种在一定程度上既容忍逻辑矛盾而又不容许胡思乱想的逻辑。但没有一种逻辑系统是可以逻辑矛盾为定理的，这就是说弗协调逻辑本身又必须是具有无矛盾性（协调性、一致性）的。逻辑作为一门形式科学与作为意识形态的，与辩证法、认识论统一的辩证逻辑有原则区别。

第二，传统逻辑太贫乏，不足以担当微积分的推理工具。一阶逻辑是微积分的推理工具。另一方面，自黑格尔以来的种种自称为辩证逻辑的理

---

① 《哲学动态》1991 年第 5 期。

② 《哲学动态》1992 年第 4 期。

论都不是微积分的推理工具。如果承认微积分作为数学进入了辩证思维的领域，那么就应该同时承认它的推理工具即一阶逻辑也进入了辩证思维的领域。从这个意义上讲，如果说传统逻辑是初等数学的话，那么一阶逻辑就是高等的辩证的数学了。初等数学和黑格尔、恩格斯所看到的传统逻辑都已应用变元。高等数学和现代逻辑不仅应用变元，而且应用函数。微积分和一阶逻辑之所以能刻画变量，并不由于它们应用了变元，而是由于它们应用了函数。不能说有了“变数”（这个译名是不确切的），运动就进入了数学。应该说有了函数，数学才能刻画位移。

第三，现代逻辑揭示了思维形式的活生生的而不是思辨的辩证法。亚里士多德的三段论理论，传统逻辑的对当关系、直接推理理论，讲的都是思维形式的联系和转化。但这种联系和转化在传统逻辑里远没有充分展开，有时甚至是牵强的（如把一切推理都化归为三段论）。恩格斯在《自然辩证法》中说，数学中的四则等运算，从一个形式到另一个相反形式的转化，并不是无聊的游戏，而是数学的最有力的杠杆之一。[①] 这些话几乎可以一字不改地适用于数理逻辑。现代逻辑中充满了丰富的、活生生的联系和转化。联结词是可以互相转化的，量词也一样。不同的逻辑系统，也有联系和转化。这种联系和转化是像数学那样精确的，而不是思辨的。黑格尔的范畴体系，从“普遍的概念”到“选言推论”，其联系和转化是思辨的，缺乏事实的、科学的根据。

有一种颇为流行的说法，认为在形式逻辑看来，下述三个判断都是同一种全称肯定判断：“摩擦是热的一个源泉。”“一切机械运动都能借摩擦转化为热。”“在每一情况的特定条件下，任何一个运动形式都能够而且不得不直接或间接地转变为其他任何运动形式。”而辩证逻辑则认为它们是不同性质的判断，即分别为个别性判断、特殊性判断和普遍性判断。这种说法是似是而非的。黑格尔、恩格斯所见到的传统逻辑无法细致分析它们的形式，特别是第 3 个例子，至少有 3 个量词。在同一语境里，即使它们都是全称肯定命题，但形式也不同一，正如 barbara 中 3 个命题的形式是不同一的。

---

① 恩格斯：《自然辩证法》，于光远等译编，人民出版社，1984，第 163 ~ 164 页。

用这样3个例子来批评传统逻辑，是没有说服力的。当人们颂扬黑格尔范畴体系中的“反思判断”由“单称判断”过渡到“特称判断”，再过渡到“全称判断”，说这是符合认识发展次序的时候，人们不应忘记黑格尔范畴体系中的“概念”却是由“普遍的概念”过渡到“特殊的概念”，再过渡到“个别的东西”的。

很多人认为像“伊万是人”“树叶是绿的”“哈巴狗是狗”这样简单的判断，就其主项与谓项而言，主项指称个别的、偶然的、现象的东西，谓项指称一般的、必然的、本质的东西。任何一个判断都蕴含着辩证法的一切要素①，这个说法也是不确切的。它混淆了元素对集合的属于关系，子集对集合的包含关系，集合之间的相容关系（注意：并非树叶都是绿的）。伊万是个别，人是一般，等等，与其说是命题的辩证法，不如说是元素与集合的辩证法。我们必须承认假命题也是命题。“伊万不是人”“没有树叶是绿的”“有哈巴狗不是狗”，等等，也是命题，它们也应该有辩证法，如果辩证法是普遍的话。命题形式的辩证法似应说是逻辑常元与变元的对立统一。推理形式的辩证法似应说是前提形式与结论形式的对立统一。

第四，不能机械地理解内容决定形式。形式逻辑是纯形式的。辩证逻辑诸原则不适合于作为形式科学的逻辑。

何谓“思维内容”？一向缺少严格的定义。不能说判断所涉及的特殊对象就是判断的思维内容。因为思维内容是主观对客观的反映，不是客观本身。也不能说可以代入构成思维形式的变元的值（概念或命题）就是思维内容。例如，各个自身同一的“金属”“元素”可以组成具体内容不同的命题。如“凡金属是元素”“无金属是元素”，等等。命题的思维内容是形式不同而等值的各命题所提供的共同信息。形式不同而等值的命题如“有金属是元素”和“有元素是金属”，它们的具体思维内容是同一的，它们的一般思维内容可以说是集合的相容关系。

所谓形式逻辑是纯形式的，这是指某一推理是否有效不决定于它的具体内容而决定于其形式。另一方面，思维形式的语义，是它的一般内容。

---

① 中国大百科全书总编辑委员会《哲学》编辑委员会、中国大百科全书出版社编辑部编《中国大百科全书·哲学》，中国大百科全书出版社，1987，第841页。

例如 barbara 这个推理形式体现了思维的一般内容，即集合的包含于关系的传递性。形式逻辑撇开的是思维的具体内容，而不是一般内容。

上面提及的辩证逻辑的 7 条基本原则，是针对黑格尔自称为逻辑的范畴体系说的，并不真正适合于作为形式科学的逻辑。我们无法解释为什么对任一思维形式（如 barbara）而言，如果纯形式地研究它，所得出的结果仅仅是运用了固定范畴，揭示了普通思维的规律；它只能用于刻画常量，不能用于刻画变量？而结合具体内容来研究它，运用的就是流动范畴，得出的结果就揭示了辩证思维的规律；它就既能刻画常量，又能刻画变量。思维形式结合了具体内容，未必能使逻辑与辩证法、认识论同一，未必能使逻辑与历史一致。

（三）要不要区分辩证矛盾和逻辑矛盾？对立统一规律能不能公式化为“A 是 A 又不是 A”？

20～40 年代，否定传统逻辑的思想不区分辩证矛盾和逻辑矛盾。50 年代以后，两种不同矛盾的区分是认识的进步。目前中国学术界一般承认这种区分的合理性。例如无产阶级与资产阶级的矛盾，社会主义与资本主义的矛盾，无论如何与逻辑矛盾风马牛不相及。在逻辑学界和哲学界，近年来也有一种意见认为“辩证矛盾与矛盾律所讲的（逻辑的）矛盾，实际上就是同一矛盾”①。这个意见没有认真考虑过：是否一切辩证矛盾都应表达为逻辑矛盾？是否一切逻辑矛盾都表达了辩证矛盾，从而任一命题与它的否定都是真的？

传统逻辑常用“A 是 A”来表示同一律。从现代逻辑看来，它不是一个严格的公式。我们可以把它理解为关于等词的公理 $a=a$（a 是自由个体变元，也可以写为 $x=x$）。“A 是 A 又不是 A”更缺乏严格性。它至少可能有两种不同的理解。一种理解是同一律 $a=a$ 及其否定 $a\neq a$ 的合取。另一种理解是任一命题 p 及其否定“并非 p”的合取。对立统一是一个十分宽泛、深刻的哲学概念，但它却不具有像数学、逻辑那样的精确性。中华人民共和国成立前，曾有人把这个公式当作辩证法的规律，但中华人民共和国成立

---

① 邓晓芒：《思辨的张力——黑格尔辩证法新探》，湖南教育出版社，1992。

后许多人放弃了这个公式。80 年代出版的《中国大百科全书·哲学》、《哲学大辞典·逻辑学卷》（傅季重主编[1]，上海辞书出版社），两本辩证逻辑高校文科教材《辩证逻辑导论》（张巨青主编，人民出版社，1989）和《辩证逻辑教程》（章沛等主编，南京大学出版社，1989）都没有把对立统一规律公式化为“A 是 A 又不是 A”，并且都对辩证矛盾和逻辑矛盾作了区别。

近年来，有人重新肯定“A 是 A 又不是 A”并把它作为辩证逻辑的公理。这种意见认为，承认唯物辩证法的对立统一律，就必须承认从形式逻辑看来是诡辩而从辩证法看来不是诡辩的对立统一思维律：A 是 A 又不是 A。[2] 另一方面，这种意见又认为，辩证矛盾和逻辑矛盾是根本不同的。[3] 李廉、孙显元等还把“A 是 A 又不是 A”当作与辩证法、认识论同一的辩证逻辑的公理。这就是预设了作为意识形态的认识论、辩证法是可以像数学那样公理化的。这种意见又认为同一律、矛盾律等仅仅是普通思维的规律，不是事物的规律。

还有一种意见认为：关于对立统一律的陈述必须遵守矛盾律。这种意见从来不用“A 是 A 又不是 A”这个公式，并把“在同一时刻既在这里又不在这里”当作一个不分析其内部结构的复合谓词。把黑格尔的话“某事物的运动，……因为它在同一时刻既在这里又不在这里，它在这个这里既是又不是”改写为“一个运动的事物是 H”，而 H 代表“在同一时刻既在这里又不在这里”，是一句无意义的话。[4] 这种意见暂时回避了“在同一时刻在这里又不在这里”究竟是不是逻辑矛盾的问题。从黑格尔的辩证法思想看来，辩证法的精髓恰恰是要打破不能设想自相矛盾的形而上学偏见，“一个运动的事物既是 B 又不是 B”不仅是有意义的，而且是辩证的。持这种意见的学者之中，有少数人认为矛盾律等等不仅是思维规律，而且是存在规律。更多的学者认为矛盾律等等仅仅是思维的规律，如果把它们当作存在规律，就是形而上学。

---

① 傅季重为本卷编辑委员会主编。全书同。——编者注

② 马佩：《不要用普通逻辑否定辩证逻辑》，《哲学研究》1993 年增刊。

③ 马佩：《也谈“A 是 A 又不是 A”与辩证逻辑——与诸葛殷同同志商榷》，《哲学研究》1994 年第 9 期。

④ 周礼全：《黑格尔的辩证逻辑》，中国社会科学出版社，1989。

另有一种意见认为：在一阶逻辑的范围里，必须排斥各种逻辑矛盾，包括同一律及其否定的合取。但在多值逻辑、弗协调逻辑等其他逻辑里，逻辑矛盾的性质有所改变，在一定条件下是可以允许的。没有矛盾律的逻辑系统不等于把逻辑矛盾当成定理的逻辑系统。二值的经典逻辑的矛盾律和排中律固然不是多值逻辑的定理，但是多值逻辑有它自己的“矛盾律”和“排中律”。如对于 n 值逻辑来讲，任一命题不能同时具有 n 个值；任一命题至少具有 n 个值之一。唯物辩证法必须使用某种逻辑来作为推理工具。究竟哪种逻辑是唯物辩证法的推理工具，至今并不清楚。这种意见还认为同一律、矛盾律等首先是存在规律，其次才是思维规律。

上面这种意见还认为生产力和生产关系的矛盾、经济基础和上层建筑的矛盾等等，都不能归结为“A 是 A 又不是 A”这个公式。即使把任一命题和它的否定看成对立统一，也不能使它们都成为真的。所谓辩证判断，有的从形式上看也不能硬套这个公式，如“帝国主义是真老虎又是纸老虎”。有的所谓辩证判断是不科学的，包含了逻辑矛盾。位移是一种向量，它不等于轨迹。位移着的质点 a 在任一时点 w，如果 a 在空间的点 x，则 a 不能不在 x，也不能又在另一点 y（y≠x）。对于位移着的 a 来说，任一时点 w，有唯一的空间的点 x 与 w 对应。黑格尔对位移的说法是思辨的，不是科学的。

（四）逻辑的对象究竟是推理还是语言？

中国的逻辑书常常充塞着太多心理学或认识论的内容，而忽视了真正的逻辑问题。只可意会、“不可言传”的思维形式不如“可以言传”的语言来得实在。为了发展逻辑而又不采用形式化方法，不走愈来愈与数学结合的道路，国际上认为逻辑的对象是语言的观点，也在中国产生了影响。

李先焜等在 1989 年出版的《语言逻辑引论》中提出：“逻辑研究的对象是语言。”“一般都认为逻辑是研究思维形式和思维规律的科学，逻辑研究的对象是人的思维。实际上，这只是一种历史的观念，而且是一种不太科学的观念。逻辑研究的直接对象应该说是语言。”[①] 他的意见似应对逻辑

---

① 《语言逻辑引论》，湖南教育出版社，1989，第 21 ~ 22 页。

研究的对象和直接对象加以区别。陈宗明在1993年出版的《汉语逻辑概论》中进一步发挥说："由于思维和语言是同一个过程，逻辑透过语言的表面现象来研究它的深层结构，从而揭示语言过程中的思维结构。""现代逻辑的研究对象是人工语言，似乎无意为分析自然语言服务。"[①] 他的意见似乎是说自然（语言）逻辑的对象是某种自然语言，例如汉语。无论自然语言还是人工语言，都是语言符号。在90年代主张逻辑研究语言的学者，又倾向于主张逻辑的对象是语言符号，倾向于把逻辑学从属于符号学。

陈波认为逻辑研究语言其实是为着研究语言所表达的思维。语言的深层结构即逻辑形式。[②] 王路认为从亚里士多德到中世纪，直到现代，逻辑学和语言学都是从语言着手进行研究的。逻辑研究的是语言表达的推理，而且主要是研究推理形式。[③] 诸葛殷同认为推理的有效性不能归结为语言的某种属性。推理有效性不能归结为人人都这么说；反之，它常表现为大家都不这么说。形式语言是逻辑研究的工具而不是对象。[④] 马佩则力图为"逻辑的对象是语言而不是思维"这一观点寻找资产阶级唯心主义的帽子。[⑤]

上述两类意见一般都不把逻辑的对象规定为正确思维。

周礼全力图扩大弗雷格以来缩小了的逻辑的范围，实现新的逻辑、语法、修辞的三结合；实现语形、语义、语用的三结合；在现代科学的基础上重新实现亚里士多德的逻辑理想。他把逻辑归结为关于正确思维和成功交际的理论。在他看来，所谓正确思维就是有效地进行推理，而成功的交际则是善于应用自然语言。他说逻辑"在讲述成功交际的理论时也以自然语言作为主要研究对象"[⑥]。

经过反复梳耙，专家们内心深处感到中国逻辑史中关于思维形式的材料实在够不上说丰富。研究工作怎样打开新的局面，是专家们深切关心的问题。如果逻辑以语言为对象，中国逻辑史就以古汉语为对象。这是一个

① 《汉语逻辑概论》，人民出版社，1993，第2~3、8页。
② 《维护一个传统的信条——兼与李先焜先生商榷》，《哲学研究》1989年第6期。
③ 《逻辑和语言》，《哲学研究》1989年第7期。
④ 《关于中国逻辑史研究的几点看法》，《哲学研究》1991年第11期。
⑤ 《马克思主义的逻辑哲学探析》，河南大学出版社，1992，第87~94页。
⑥ 《逻辑——正确思维和有效交际的理论》，人民出版社，1994。

有诱惑力的命题。蔡伯铭提出，中国古代逻辑是以古汉语为直接研究对象的。所谓正名，是名词概念问题，涉及自然语言的语义。名、辞、说、辩与其说是思维形式，毋宁说是语言形式。中国古代逻辑史实质上就是古汉语语义学史。[①] 周云之、王路等认为，自然语言的语义学是语言学的语义学；形式语言的语义学是逻辑语义学，实质上就是模型论。逻辑既不能归结为语言学的语义学，也不能归结为逻辑的语义学。

逻辑的对象究竟是推理，还是语言，或者两者兼而有之？要不要摆脱形式化方法？不同的自然语言有没有不同的逻辑？逻辑学家们将会更深入地进行探索。对于不同的学术观点，硬扣唯心主义的帽子是有害无利的。

二　逻辑教材建设和研究进展

改革开放以来，文科逻辑教学内容逐步革新。国际上重要的逻辑著作陆续被译成中文出版的有：《语义学引论》（〔波兰〕沙夫著，罗兰、周易译，商务印书馆，1979）、《亚里士多德的三段论》（〔波兰〕卢卡西维茨著，李真、李先焜译，商务印书馆，1981）、《数理逻辑通俗讲话》（〔美〕王浩著，科学出版社，1981）、《逻辑导论》（〔美〕苏佩斯著，宋文淦等译，中国社会科学出版社，1984）、《语言学中的逻辑》（〔瑞典〕奥尔伍德等著，王维贤等译，河北人民出版社，1984）、《元数学导论》（〔美〕克林著，莫绍揆译，科学出版社，上册 1984，下册 1985）、《逻辑学的发展》（〔英〕W. 涅尔、M. 涅尔著，张家龙、洪汉鼎译，商务印书馆，1985）、《指号、语言和行为》（〔美〕莫里斯著，罗兰、周易译，上海人民出版社，1989）、《数学家的逻辑》（〔美〕哈米尔顿著，骆如枫等译，商务印书馆，1989）。

近 20 年来，逻辑领域里的研究工作也逐步启动。到 90 年代中期，中国逻辑学界的水平与国际先进水平比较，还有相当差距。特别是文科的逻辑教育，除少数例外，仍局限于传统逻辑；广大哲学界人士对现代逻辑仍是比较陌生的，甚至是心存疑虑的。

---

① 《把中国逻辑史的研究提高一步》，《湖北师范学院学报》1992 年第 2 期。

（一）高校文科教材的建设和大型工具书的出版

1949年后，高等学校文科的逻辑课开始是用苏联教材，后来也有了中国人编的教材，但仍是按照苏联的模式来编写的，错误较多。60年代初由周扬负责领导、组织全国力量编写了一套高校文科各学科的教材，其中有金岳霖主编的《形式逻辑》，但交稿后一直压到1979年才由人民出版社出版。这套教材的编写力求稳妥。但这并不妨碍《形式逻辑》一书突破了苏联50年代的某些框框，清除了苏联教材的常识性错误，在传统逻辑的框架里增加了一些现代逻辑的初步知识，它在中国逻辑学界产生了相当大的影响。金岳霖主编的《形式逻辑》明确地强调演绎推理前提的真实性与形式的正确性是相对独立的。该书介绍了关系的性质、关系判断和关系推理，并首次提出了“混合关系三段论”及其规则。这两点在苏联曾被认为是资产阶级逻辑理论的反动的、唯心主义的、形而上学的观点的典型。该书突破苏联教材框框之处还有：把概念定义为“反映事物的特有属性（固有属性或本质属性）的思维形态”①，并介绍了虚假概念；仔细地讨论了真实定义与语词定义的同异；介绍了命题逻辑的初步知识，利用真值表阐述了负判断、联言判断、2种选言判断、3种不同的假言判断以及复合判断之间的联系；根据前提与结论之间是否有必然联系把推理分为演绎、归纳两类；删去了充足理由律；等等。该书充分剖析了源于苏联教材的许多错误，为正确地理解传统逻辑开辟了道路。

金岳霖主编的《形式逻辑》终究是60年代前期撰写的，有些提法是有缺陷的，其不良影响也颇大。这主要表现在：第一，不把数理逻辑当作现代形式逻辑看待，强调两者的不同，说“如果把数理逻辑中的一套硬搬到形式逻辑中来，甚至用数理逻辑来代替形式逻辑，则是错误的”②。第二，既说概念的外延是事物（分举），又说概念的外延是事物类（合举）。既说概念都有外延，又说虚假概念没有外延。③ 第三，不区别命题与判断。第四，对3种条件（充分条件、必要条件、充分必要条件）的划分是相容的，

---

① 金岳霖主编《形式逻辑》，人民出版社，1979，第18页。

② 金岳霖主编《形式逻辑》，第9页。

③ 金岳霖主编《形式逻辑》，第22、24页。

没有根据形式的不同对假言判断进行分类，把充分条件等同于实质蕴涵。[1]第五，因循苏联的提法，说关系推理是根据关系的逻辑特性进行的。该书事实上把形式逻辑定义为传统逻辑。出版近 20 年来，已经日益不适应教材革新的需要。

1979 年还出版了另一本高校文科逻辑教材《普通逻辑》（上海人民出版社）。该书曾不断修订，1993 年出版了增订本。它也是在传统逻辑的框架中增加了一些现代逻辑的初步知识，例如真值表和集合代数。但是它对三段论的论述不如金岳霖主编的《形式逻辑》严格。该书增订本中先讲复合命题及其推理，再讲简单命题及其推理，是对旧体系的一大突破。它还放弃了初、高等数学的比喻，但保留了充足理由律。

80～90 年代，高等学校文科逻辑基础课的教材出得相当多，其中除少数（如宋文坚主编《新逻辑教程》，北京大学出版社，1992）外，都仍以传统逻辑为主体，吸收一点零星的现代逻辑内容。有的评论认为，连金岳霖主编的《形式逻辑》都还没有赶上 1937 年出版的金岳霖的《逻辑》（商务印书馆）的学术水平。这是很中肯的。

胡世华、陆钟万著《数理逻辑基础》（科学出版社，1981，1982）是一本介绍数理逻辑各分支的共同基础——逻辑演算的重要著作，其特点是用自然推理的方法构造逻辑演算。该书还讨论了形式数学系统如初等代数、自然数理论、集合论和实数理论的形式系统，并陈述了哥德尔不完备性定理。莫绍揆的《数理逻辑教程》（华中工学院出版社，1982）是颇具特色的教材，作者有不少创见。如：没有高级谓词（函词）、永真假性的特征数等。该书使用了前置法和中置法两套符号。王宪钧的《数理逻辑引论》（北京大学出版社，1982）介绍了一阶逻辑的公理系统及其元逻辑。该书也是中国第一部数理逻辑史专著。作者高度评价了康托尔（G. F. L. P. Cantor，1845～1918）和哥德尔（K. Godel，1906～1978）的唯物主义倾向和超穷思想；在论述布劳维尔（L. E. J. Brouwor，1881～1966）学派时，指出应严格区分直觉主义与构造主义、构造性逻辑和构造数学；又指出希尔伯特

---

① 金岳霖主编《形式逻辑》，第 107 页。

（D. Hilbert，1862～1943）不是有些人所谓的“形式主义”。上述三部著作都是在作者几十年授课和研究的基础上写成的，是当代中国许多逻辑学家的启蒙读物。

朱水林的《现代逻辑引论》（上海人民出版社，1989）、张尚水的《数理逻辑导引》（中国社会科学出版社，1990）等都详尽地介绍了一阶逻辑及其元逻辑，并各有特色，如有的还介绍了模态逻辑，有的还介绍了模型论基础知识等。这些书都适于作高校文科或理科的逻辑教材。

1987 年《中国大百科全书·哲学》卷出版，它把逻辑定义为以推理形式为主要研究对象的科学，把形式逻辑定义为演绎逻辑；并指出现代逻辑的主流是数理逻辑（现代形式逻辑），它还包括非经典的逻辑、现代归纳逻辑和自然语言逻辑（自然逻辑、语言逻辑）。1988 年出版的《哲学大辞典·逻辑学卷》（傅季重主编，上海辞书出版社）虽然承认辩证逻辑是逻辑，但也没有提及初、高等数学的比喻，并承认数理逻辑是现代形式逻辑。这两部大型工具书进一步摆脱了 50 年代苏联逻辑学界的某些框框，体现了中国逻辑学界观念上的大转变。他们大量介绍现代逻辑各方面的知识，表现了中国逻辑学界与国际逻辑学界接轨的强烈愿望和不懈努力。1994 年出版的《逻辑百科辞典》（周礼全主编，四川教育出版社）虽然包括辩证逻辑，但是并没有把它列入现代逻辑的范围，也不要求它的定义符合逻辑的定义。这显示了辩证逻辑在中国的独特地位。

1989 年出版了两本高校文科辩证逻辑教材：《辩证逻辑导论》（张巨青主编，人民出版社）和《辩证逻辑教程》（章沛等主编，南京大学出版社）。它们对辩证逻辑所下的定义是一致的，所引恩格斯和列宁的论述是同一的；此外，它们就很少有共同点。前者着重阐述科学方法论，没有专门论及推理。后者内容庞杂，在许多地方论及判断形式和推理形式，但它对符号的使用完全随心所欲，缺少必要的明确性和严格性。它甚至把下述诡辩当作辩证判断：二加二等于又不等于四；四减一等于又不等于三；二加一大于又不大于二。①

① 章沛等主编《辩证逻辑教程》，南京大学出版社，1989，第 232 页。

1988 年出版了两本高校适用的中国逻辑史教材：《中国逻辑史教程》（温公颐主编，上海人民出版社）和《中国逻辑思想史教程》（杨沛荪主编，甘肃人民出版社）。它们都从先秦的邓析开始，前者写到“五四”，后者写到中华人民共和国建立前夕。这两本书的出版结束了中国人讲中国逻辑史而没有通史教材的历史。

1984 年出版了杨百顺的《西方逻辑史》（四川人民出版社），这是第一部中国人写的西方逻辑通史教材。次年，马玉珂主编的《西方逻辑史》（中国人民大学出版社）出版。它们的问世，表明中国学者已逐步摆脱 50 年代初苏联学术界一笔抹煞西方中世纪逻辑的错误和否认现代逻辑进步意义的错误。1991 年出版了宋文坚的《西方形式逻辑史》（中国社会科学出版社），这本教材不包括归纳逻辑和辩证逻辑的历史。

（二）逻辑研究的进展

改革开放以来，随着观念方面的深刻转变，逻辑学家的研究工作真正有了开展。从整体上来看，中国逻辑学界仍处于学习、介绍、消化国际逻辑学先进成果的阶段。在个别领域，例如知道逻辑、时态逻辑、弗协调逻辑、集合论悖论、自然语言逻辑等方面，也取得了一些令人瞩目的成果。

现代逻辑大致可以区分为数理逻辑、现代归纳逻辑、自然语言逻辑三大部分。狭义的数理逻辑也称经典逻辑，它包括五个部分：逻辑演算（主要是一阶逻辑）、模型论、公理集合论、递归论和证明论。后四部分是数理逻辑的主体，也属于数学。广义的数理逻辑包括称为哲学逻辑的各种非经典逻辑系统。本书只介绍与哲学关系比较密切的研究成果。

王世强的《模型论基础》（科学出版社，1987）是中国第一本介绍模型论基本知识的专著，它特别重视模型论在数学各分支中的应用。王世强把二值模型论中的一些基本结果推广到了格值模型论。

张锦文的《公理集合论导引》（科学出版社，1991）是中国第一本介绍公理集合论的专著。它介绍了公理集合论的基本概念、方法和成果。晏成书的《集合论导引》（中国社会科学出版社，1994）是既通俗又严密地介绍公理集合论的著作。

朱水林主编的《逻辑语义学研究》（上海教育出版社，1992）系统论述了逻辑语义学的基本理论及其发展阶段。该书介绍了塔尔斯基（A. Tarski，1901～1983）的外延逻辑语义理论、卡尔纳普（R. Carnap，1891～1970）的外延内涵方法、克里普克（S. A. Kripke，1940～）的可能世界语义学、蒙太格（R. Montague，1930～1971）的蒙太格语法、λ演算和组合逻辑等。

80年代中期以后，对哲学逻辑的研究是收获颇丰的。周礼全的《模态逻辑引论》（上海人民出版社，1986）是中国第一本模态逻辑专著。它叙述了自古希腊亚里士多德起至20世纪60年代为止的模态逻辑发展历史；介绍了狭义模态逻辑的各个系统，即关于“必然”和“可能”的逻辑系统。此后，出版了许多介绍广义模态逻辑的著作。冯棉的《广义模态逻辑》（华东师范大学出版社，1990）除介绍狭义模态逻辑外，还介绍了道义逻辑和时态逻辑。弓肇祥的《广义模态逻辑》（中国社会科学出版社，1993）还介绍了各种认知逻辑。

徐明于1988年，王学刚于1992年，分别有时态逻辑的论文发表于国外，都是有所创新的。马希文对知道逻辑的研究是具有开创性的。他构造了两种等价的知道逻辑系统，并建立了一种能行的“可能组合”算法，有助于在计算机上加以实现。他指出一劳永逸地建立一个与自然语言等价的形式系统，在语言学和逻辑学两方面都是不可能的。[①] 宋文淦的《问题逻辑理论新探》[②] 在总结国外问题逻辑已有成果的基础上，采用解答集方法论，给出了一个问题逻辑的自然推演系统。张清宇在弗协调逻辑的研究方面做了开拓性工作，他建立了弗协调的模态逻辑、时态逻辑和条件句逻辑。[③]

20世纪发展起来的现代归纳逻辑还没有公认的系统，它是不同的甚至是互相冲突的理论，其特点是用数理逻辑、概率论和数理统计等工具对归纳推理进行数量化、公理化、形式化的研究。中国对现代归纳逻辑的研究尚处于追踪国际学术发展轨迹的阶段。邓生庆的《归纳逻辑——从古典向现代类型的演进》（四川大学出版社，1991）是中国第一部叙述归纳逻辑史的著作，它为研究归纳逻辑提供了必要的背景知识和基础知识。王雨田主

---

① 《人工智能中的逻辑问题》，《哲学研究》1985年第1期。

② 《湖北大学学报》（哲学社会科学版）1991年第3期。

③ 张锦文主编《数理和应用逻辑文集》，北京大学出版社，1992。

编的《归纳逻辑导引》（上海人民出版社，1992）介绍了古今各派归纳理论。李小五的《现代归纳逻辑与概率逻辑》（科学出版社，1992）系统评述了20世纪，特别是20世纪50年代以来归纳逻辑和概率逻辑的各种理论。陈晓平的《归纳逻辑与归纳悖论》（武汉大学出版社，1994）以归纳悖论的提出和解决为线索，介绍了归纳逻辑的各个主要派别。

自然语言逻辑是20世纪兴起的一个逻辑分支学科，尚缺乏公认的定义和体系。周礼全最早在中国提倡自然语言逻辑的研究。《语言逻辑引论》（王维贤、李先焜、陈宗明著，湖北教育出版社，1989）认为逻辑的对象是语言，语言逻辑就是自然语言的语形、语义、语用三者的结合，即指号学。该书力图利用现代逻辑的理论来研究自然语言中的有效推理形式；也力图利用内涵逻辑和深层结构理论来研究自然语言的语义；并在自然语言的语用研究中，使逻辑与修辞学结合起来。陈宗明主编的《汉语逻辑概论》（人民出版社，1993）认为现代逻辑的对象是人工语言；语言逻辑的对象是自然语言，不同民族有不同的语言逻辑。该书从汉语的表层结构入手研究汉语语形，采用义素分析法（内涵分析法）研究汉语语义，联系中国文化传统研究汉语的语用。

周礼全主编的《逻辑——正确思维和有效交际的理论》（人民出版社，1994）在正确思维部分主要介绍了哲学逻辑，为读者提供有效的推理形式。该书的重点是研究成功的交际——达到说话者预期目的的交际（即说话者传达信息，以影响听话者的思想、感情和行动的活动）。该书是语形、语义、语用相结合，逻辑、语法、修辞相结合的理论。周礼全执笔的“意义”一节和“语境”“隐涵”“预设”三章，总结了国外研究的成果，提出了自己新的观点，形成了一种目的在于提高人的思维能力和善于应用自然语言的独特理论。

邹崇理的《一个运用蒙太格语法与广义量词方法分析汉语量化词组的部分语句系统》（《哲学研究》1993年增刊）是把蒙太格语法运用到现代汉语的创新性成果。

逻辑哲学的研究也已经展开。陈波的《逻辑哲学引论》（人民出版社，1990）讨论了蕴涵、形式化、可能世界语义学、意义、模态逻辑、多值逻辑、归纳逻辑、自然语言逻辑的哲学问题，以及悖论、逻辑的本质等问题。1991 年又出版了冯棉等著《哲学逻辑与逻辑哲学》（华东师范大学出版社）。

世界上逻辑学说有三个古老的来源，即中国、印度、希腊。1989 年出版了李匡武主编的《中国逻辑史》（甘肃人民出版社）。这部著作是组织全国力量撰写的，它分为先秦、两汉魏晋南北朝、唐明、近代、现代 5 卷。关于藏传因明和“五四”至中华人民共和国成立前的材料是最富有新意的。该书认识到 40 年来中国逻辑史研究中两个严重不良倾向应该早日结束，即：以认识论史、辩证法史代替逻辑史；以用逻辑的历史代替讲逻辑的历史。该书的缺憾是基本上局限于西方传统逻辑的水平来看待中国逻辑思想。与该书配合的资料选集是中国逻辑史研究会资料编选组编的《中国逻辑史资料选》（甘肃人民出版社；先秦卷、汉至明卷，1985；因明卷、近代卷、现代卷，1991）。

从 80 年代到 90 年代初，许多学者都以“名辩学”来称呼中国古代逻辑思想（当然也有不同意见），并注意到研究邓析以前的逻辑思想和近现代的逻辑思想。到了 90 年代后期，许多学者都已认识到名辩学不能等同于中国古代逻辑。产生了以下三种不同意见。①名辩学的核心是逻辑学，但并非名辩学就是中国古代逻辑。②名辩学是符号学。③名学研究名，辩学研究谈说论辩，两者都不同于逻辑。

张家龙的《从数理逻辑观点看〈周易〉》[①] 构造了一个关于八卦的形式系统。彭漪涟在《中国近代逻辑思想史论》（上海人民出版社，1991）中评述了严复、梁启超、王国维、章太炎、胡适、章士钊的逻辑思想。他认为中国近代逻辑思想结束了中国历史上长期缺乏形式逻辑传统的局面，推动了中国近代科学的发展。张清宇参照国外词项逻辑的最新理论，研究《墨经》名、辞及有关推理的形式，构造了一个形式系统。[②]

五六世纪印度的因明传到中国内地后，曾一度辉煌过，后来几乎失传。晚清因明随佛学而复苏，这就是汉传因明。中国学术界对因明的研究基本上限于中国的因明，对印度逻辑史的研究还有待开展。改革开放以来，因

---

① 《哲学动态》1989 年第 11 期。

② 《名辞逻辑》，《中国哲学史专刊》1994 年第 1 期。

明研究受到重视。翻译或注释出版了多种重要文献，发表了一批学术著作。重要译著有：法尊译《释量论》《释量论释》（中国佛教协会，1981）；《集量论略解》（中国社会科学出版社，1982）；王森、杨化群、韩镜清三种不同译本的《正理滴论》（刘培育编《因明研究佛家逻辑》，吉林教育出版社，1994）。重要的因明著作有：吕澂著《因明入正理论讲解》（张春波整理，中华书局，1983）；沈剑英著《因明学研究》（东方出版中心，1985），该书附《正理经》译文；沈剑英著《佛家逻辑》（开明出版社，1992），该书附有《因明正理门论》的合译和详解。新中国成立后重要的因明论文都收集在以下 3 种论文集中：《因明论文集》（刘培育等编，甘肃人民出版社，1982）、《因明新探》（刘培育等编，甘肃人民出版社，1989）、《因明研究佛家逻辑》（刘培育编，吉林教育出版社，1994）。巫寿康的《〈因明正理门论〉研究》（三联书店，1994）用数理逻辑工具辨析《因明正理门论》的思想，重新定义了“同品”“异品”。但是，郑伟宏认为三支作法虽然避免了古因明无穷类比的缺陷，但新因明本身不过是最大限度的类比论证。巫寿康仅凭陈那“生决定解”4 字，断定三支作法是演绎推理，并以此去寻找《因明正理门论》的矛盾，不惜修改陈那的“异品”定义，是一种因明研究的错误导向。①

长期以来藏传因明的情况鲜为学术界所知。近年来已开始对藏传因明的研究。杨化群的《藏传因明学》（西藏人民出版社，1990）是中国第一部介绍藏传因明的汉文著作，它还收入了一些重要藏传因明著作的汉译。剧宗林的《藏传佛教因明史略》（民族出版社，1994）是又一本藏传因明史专著。

中国逻辑史研究的范围是拓广了，然而研究的深度还有待提高。中国逻辑史上许多具体问题，一时还难以求得共识。例如，公孙龙主张“白马非马”，《墨经》主张“杀盗非杀人也”，究竟是不是诡辩？《墨经》说的“故”“理”“类”究竟是什么？近年来有些学者指出，中国逻辑史研究尚未走出附会西方传统逻辑的境界。运用现代科学知识来重新审查全部中国

① 郑伟宏：《佛家逻辑通论》，复旦大学出版社，1996，第 78～104 页。

逻辑思想史材料，应该说是目前的重要任务。

中国学者对西方逻辑史的研究有一个相对有利的条件，就是研究者一般都具备现代逻辑的素养。研究的热点是亚里士多德、西方中世纪逻辑、数理逻辑史。王路的《亚里士多德的逻辑学说》（中国社会科学出版社，1991）认为，亚里士多德对证明推理的论述形成三段论理论，对辩论推理的论述形成四谓词理论，对强辩推理的论述形成谬误理论。张家龙的《亚里士多德模态逻辑的现代解释》（《哲学研究》1990 年第 1 期）不同意卢卡西维兹等人的著名观点，提出了自己新的解释。张家龙的《数理逻辑发展史》（社会科学文献出版社，1993）介绍了到 50 年代初逻辑演算、模型论、公理集合论、递归论和证明论的建立和发展过程；详述了哥德尔不完全性定理、塔尔斯基形式语言真值概念、图林机理论①的内容及其哲学意义；介绍了为解决第三次数学危机，逻辑主义、直觉主义、形式主义三大学派所取得的重要成果。杨百顺的《比较逻辑史》（四川人民出版社，1989）是中国第一部比较古代希腊、古代印度和古代中国逻辑学说产生、形成和发展的历史的著作。

许多辩证逻辑论文和专著理应属于哲学范围。有些学者依照传统逻辑的模样来描绘辩证逻辑，例如提出所谓“主词辩证判断”“宾词辩证判断”“互相矛盾的辩证判断”，等等；但它们缺乏确定的意义，不可能取得逻辑学界的普遍赞同。有些学者所提出的公式，例如使用太极图阴阳鱼的图形为基本符号的公式，不符合使用符号的基本规则。逻辑学家和数学家都知道，形式化方法是有局限性的，不能设想某种具体的科学方法是不具有任何局限性的。有些学者批评把形式逻辑形式化犯了片面性的错误，但他们又断言与辩证法、认识论同一的辩证逻辑，与历史一致的辩证逻辑不但可以形式化，而且又可以克服形式化方法的局限性。他们宣称形式化的辩证逻辑可以一阶逻辑为子系统，它可以既是协调的又是完全的，而且是可判定的。他们认为一阶逻辑不可判定的根源在于不掌握辩证法。这种看法是没有科学根据的，辩证法不是一种进行数学或逻辑证明的工具。应该说，

---

① 图林机理论即图灵机理论。——编者注

把辩证逻辑真正当作逻辑来研究，局面远未打开。

* * *

中国是世界逻辑学说三个发源地之一。先秦的名辩学说中包含着优秀的逻辑思想。但秦汉以降，逻辑学说几近湮没。隋唐时，印度逻辑学说随佛教传至中国中原地带，又东渐朝鲜、日本，不久在中国本土汉传因明随慈恩宗的衰落而成绝学。明末西方逻辑首次传入中国，但仅在教堂里束之高阁。中国传统文化缺少逻辑意识应是不争的事实。20 世纪 20～40 年代传统形式逻辑又被辩证论者当作反动的形而上学妄加批判。逻辑在中国的命运多舛，可叹可悲！改革开放以来，中国逻辑学界的面貌有了显著的改观，但某些哲学家似乎以不变应万变，他们对逻辑的认识还停滞在 50～60 年代，甚至尚停滞在 40 年代。半个世纪以前全盘否定传统逻辑的那些理论根据，依然盘踞在他们脑海之中。高校哲学教材《辩证唯物主义原理》（修订本）（肖前等主编，人民出版社，1991）和《马克思主义哲学原理》（肖前主编，中国人民大学出版社，1994）都认为，逻辑学是以人的思维为对象的，而不提是以推理形式为对象的；都认为，逻辑研究怎样正确思维，而不提研究怎样正确地推理。它们认为，只存在两门逻辑：形式逻辑，即初等逻辑；辩证逻辑，即高等逻辑。它们认为，数理逻辑是 19 世纪以后兴起的形式逻辑的一个分支，而不是现代逻辑的主体。另一本高校哲学教材《马克思主义哲学基础》（高清海主编，人民出版社，1987）仍把形式逻辑等同于形而上学，而只字不提现代逻辑。它说："知性思维就是产生和运用固定范畴并依据同一律进行活动的思维，也就是在形式逻辑范围内活动的思维。""由于知性思维模式不断强化着知性思维的缺点，它本身就是一种定型化了的形而上学思维方法。"① 把作为意识形态的辩证法当作逻辑，又把作为推理工具的形式逻辑当作形而上学，这势必影响对逻辑的正确理解和发展。

① 高清海主编《马克思主义哲学基础》，人民出版社，1987，第 381、400 页。

学习周礼全先生的道德文章*

今年4月底，为了筹备纪念周礼全先生八十寿辰，我与中国科学院软件研究所杨东平研究员联系，诚邀他出席有关的活动。东平兄给我回了个电话，说：届时他不在国内，故不能参加有关活动，深以为憾。他还特别强调了以下两点。第一，周先生正义感很强。听说有一次在外地作学术报告，谈到不正之风，竟声泪俱下。听众为之感慨不已……第二，周先生对国内逻辑现代化起了很好的作用。他在国内介绍非经典逻辑，对搞“形式逻辑”的同仁影响很大。也有一部分搞辩证逻辑的同志对他有意见。

对东平兄提出的两点褒扬，我谈谈自己的看法，并愿意向周先生虚心学习。

1989年下半年逻辑学界没有什么大的学术活动。所谓周先生作学术报告，谈到“不正之风”，竟声泪俱下，那是1990年10月，中国逻辑学会形式逻辑研究会、西方逻辑史研究会和湖北大学联合召开的全国第5次形式逻辑讨论会和全国第6次西方逻辑史讨论会期间，武汉大学校长陶德麟教授邀请周先生至该校作学术讲演，我有幸敬陪末座。周先生讲演中提到了康德的名言“在我上者有日月星辰，在我心中有道德规律”，又提到张载的名言“为天地立心，为生民立命，为往圣继绝学，为万世开太平”。说到这里，周先生“老泪纵横，不能自已”。[①] 周先生的凛然正气，感人肺腑。会后陶

---

* 原载王路、刘奋荣主编《逻辑、语言与思维——周礼全先生八十寿辰纪念文集》，中国科学文化出版社，2002。有删节。

① 周礼全：《周礼全集》，中国社会科学出版社，2000，第18～19页。

校长赐宴，我与杨祖陶师在席上低声交谈了几句，彼此唏嘘而已。[①]

周先生少年时代立志当一名将军，后来专事哲学研究。他一辈子国事、天下事事事关心。他离休时曾说，学者 70 岁以后可以从政。不过他对政治的看法，也只能是书生之见。

我们钦佩周先生的正义感，它还表现在周先生在学术上敢于批评“权威”而未必正确的论点。

《论概念发展的两个主要阶段》的核心在于否定了“概念反映事物的本质”这一至今流传甚广的提法。事实上，错误认识和感性认识（不是指感觉、知觉等生动直观）也都运用概念。在 1965 年定稿的《形式逻辑》（金岳霖主编）中，周先生在金岳霖、王宪钧等先生的支持下，力排众议，是这样定义概念的：“概念是反映事物的特有属性（固有属性或本质属性）的思维形态。”这里不把概念定义为思维形式，是要强调逻辑是专门研究思维形式（命题形式和推理形式）的工具性科学，而不是研究概念、判断、推理的哲学科学。

从客观上讲，周先生大力促进了现代逻辑在社会主义新中国的传播。但是，我认为周先生自己似乎从来没有“逻辑要现代化”的说法。周先生是立志创新的人。新中国成立前想创立哲学体系。可惜他在清华大学的研究生毕业论文至今没有找到。新中国成立后他刻意创立新的逻辑体系。他主张：在新的基础上回到亚里士多德的传统。在现代逻辑、现代语法和现代修辞的基础上，在现代的语形学、语义学和语用学的基础上，实现新的三结合。成功交际的理论就是他创立的这样一个逻辑体系，当然它不是演绎系统。

“逻辑要现代化”是中国社会科学院哲学研究所逻辑室的同仁在 1978 年全国逻辑讨论会上提出来的主张。当时积极倡导此说法的有倪鼎夫、张尚水、张家龙诸兄。[②] 周先生固然没有反对，但自己也没有说过类似的话。后来王宪钧先生曾对张尚水、家龙和我等几个他的学生谈过这个问题。王

---

① 1952 年院系调整后，周先生、杨先生都任教于北京大学。杨先生是我学习马克思主义的启蒙老师。后来两位老师都调离北京大学。

② 《哲学研究》编辑部编《逻辑学文集》，吉林人民出版社，1979。

先生认为，弗雷格、罗素以来逻辑早就现代化了。只是中国目前的逻辑教学太落后，要现代化。他的意见于1979年第二次全国逻辑讨论会上公开宣讲过。[①]

上世纪70年代末、80年代初，对“逻辑要现代化”反感之极的同仁可不少。有的认为数理逻辑仅仅是形式逻辑的一个分支。“如果把数理逻辑中的一套硬搬到形式逻辑中来，甚至用数理逻辑来代替形式逻辑，则是错误的。”[②] 也有人认为应该提“逻辑要为四化服务”，不要提“逻辑要现代化”。他们质问：人家不提“物理要现代化”，为什么我们要提“逻辑要现代化”？主张“逻辑现代化”有一个前提，就是：中国目前研究的、讲的逻辑早已落后于国际学术界了。有人针对这个前提认为，新中国的逻辑学是在马克思列宁主义、毛泽东思想指导下的，就是比西方的先进，是最先进的逻辑，而辩证逻辑乃是真正的现代逻辑。

对逻辑现代化，或者说对现代逻辑，为什么会有同仁如此反感呢？鄙意有几个原因。一、20世纪30~40年代的马克思主义者认为，形式逻辑（实指传统逻辑）就是形而上学。上世纪40年代末50年代初的马克思主义者认为数理逻辑是帝国主义时代为垄断资产阶级服务的伪科学。二、列宁以后的马克思主义者相信：在马克思主义产生以后提出来的一切意识形态包括逻辑，都是反马克思主义的。（其实逻辑不是意识形态。数理逻辑是马克思、恩格斯所未及见的）三、他们所了解的逻辑，仅仅是新中国成立初介绍到中国来的、据说是世界上最先进的、事实上错误百出的苏联逻辑教材中所讲的逻辑。如果逻辑要现代化，他们就前功尽弃了。

上世纪80年代初方华同志曾对我等提出过这样的问题：从前全盘否定形式逻辑错了，现在你们为什么又要说形式逻辑过时了？20年后的今天，仍然有同仁提出这个问题。可见逻辑学界同仁之间，沟通远非易事。上世纪30~40年代全盘否定传统逻辑，源于否定它的同一律、矛盾律和排中律，主张“A是A又不是A”“A是B又不是B”等。这是从根本上否定了传统

① 北京市逻辑学会编辑组编《全国逻辑讨论会论文选集1979》，中国社会科学出版社，1981，第1~6页。

② 金岳霖主编《形式逻辑》，人民出版社，1979，第一章。

逻辑。其余波就是20世纪50年代说什么全称肯定命题可以换位为全称肯定命题，有不符合三段论规则的有效三段论——扩充三段论，等等。现在主张“逻辑要现代化”，是说传统逻辑虽然有用，但是很不够用，应该提倡更先进的工具——现代逻辑。周先生的《亚里士多德论矛盾律与排中律》就是一篇保卫传统逻辑、反对全盘否定传统逻辑的文章。在周先生看来，传统逻辑的合理内容，是应该被现代逻辑所继承的。

周先生在《逻辑——正确思维和成功交际的理论》中对逻辑的历史描述，没有一字提及辩证逻辑。这部力作也没有给逻辑下定义。（《中国大百科全书》哲学卷中的逻辑定义，虽是周先生执笔的，但必然揉进了别人的意见）另一方面，周先生在上世纪80年代说“探索和创立具有今天水平的辩证逻辑”[①]。正因为如此，对《黑格尔的辩证逻辑》可以作“左的”“右的”不同解释，甚至有人估计书中那些尖刻批评黑格尔辩证逻辑的话，为编辑者妄加。

周先生从未公开、明确说过黑格尔的辩证逻辑是不是逻辑。周先生肯定了黑格尔辩证逻辑中的合理思想，如说由单称判断到特称判断，再到全称判断的发展。同时，他又批评了黑格尔对传统逻辑的歪曲。例如，黑格尔说：“一些人是幸福的”隐含着“一些人不是幸福的”这一直接后果。[②]黑格尔类似的对传统逻辑的歪曲和诡辩，实在太多了，周先生没有一一指出来。我认为，可以毫不夸张地说，黑格尔绝对不能帮助人们学会推理，虽然他是辩证法大师。从这一点上来说，所谓“黑格尔辩证逻辑”根本不是逻辑。

周先生受分析哲学、黑格尔哲学的影响都非常深。分析和思辨这两种截然不同的倾向，巧妙地结合在他的哲学著作和逻辑著作中。必须说明，我在这里说的分析和思辨两种倾向绝不能简单等同于形而上学倾向和辩证法倾向。黑格尔的影响最明显地表现在《逻辑——正确思维和成功交际的理论》的第1章“语言、意义和逻辑”中“意义”那一节。这是一个从命题、命题态度、意谓，到意思的范畴体系。周先生对成功交际理论的定性

① 周礼全：《周礼全集》，第100页。

② 黑格尔：《逻辑学》下卷，杨一之译，商务印书馆，1976，第319页。

（两个“三结合”），也表明了黑格尔的影响。周先生对传统逻辑笔下留情，对数理逻辑有所不满，力图创立一种新的逻辑，也就是肯定、否定、否定之否定的想法。兼容并包分析哲学和黑格尔哲学的特点，也许是我们在学术上最值得向周先生学习的长处。

《逻辑——正确思维和成功交际的理论》的第二部分介绍了各种逻辑系统，不是周先生执笔的，主旨是讲推理的有效性。周先生把这一部分概括为正确思维，似乎是受上世纪 50 年代苏联文献的影响。有把推理等同于思维，把有效等同于正确之嫌。这个提法也使人想起《王港逻辑》。

周先生对黑格尔的辩证逻辑作了广义和狭义两种理解。他认为后者是“主观性”这一部分的思想体系。很多人接受了这种区别。但是，对传统逻辑同一律、矛盾律、排中律的批评及提出“A 又不是 A”，等等，应该说是黑格尔辩证逻辑的不可分割的重要内容，并至今为辩证逻辑专家所中意，然而这些都不在“主观性”这个框框里面。

论金岳霖的逻辑思想*

一　金岳霖为中国现代逻辑奠基①

古代中国的名辩学说，包含了丰富的逻辑思想，因此古代中国是世界逻辑学说发源地之一。然而古代中国学者还没有着力研究逻辑常项（如亚里士多德研究“所有”“有”等），也没有使用变元，故不能从具体例子中抽象出推理形式来，而逻辑主要是研究推理形式的。古代中国缺少语法学的研究以充当逻辑研究的预备知识。古圣贤没有抽象出主语、谓语、单句、复句等与逻辑直接有关的语法知识。中国古代的数学有很好的成绩，但长于计算，短于求证，没有使用变元的习惯，没有用之于几何学的公理方法可以借鉴，推理技巧的应用受到很大的限制。因此，可以说中国传统学术一般地说缺乏逻辑精神，不善于抽象地、形式地考虑问题。

明末西方的逻辑首次传入中国，没有产生什么大的影响。清末西方逻辑再次传入中国。“五四”以后逻辑书出版不少，高级中学也有了逻辑教材。这些仅仅是西方传统逻辑在中国的传播。

1879 年德国数学家弗雷格正式建立了逻辑演算，开创了现代逻辑的历史。1920 年英国哲学家罗素在北京大学作了关于哲学和逻辑的演讲，简要介绍了命题演算和逻辑代数。次年演讲记录整理成《数理逻辑》一书出版。这是现代逻辑传入中国的开始。以后，一些学者在中国传播现代逻辑知识，

---

* 原载刘培育主编《金岳霖思想研究》卷三《逻辑论》，中国社会科学出版社，2004。有删改。

① 本标题原为卷三《逻辑论》的第一章。以下顺延，同理。——编者注

翻译、讲课、著书。其中金岳霖是影响最大的，堪称中国现代逻辑的奠基人。他于1927年开始在清华大学系统地讲授数理逻辑。其讲义《逻辑》于1935年由清华大学出版部铅印。1936年[①]底《逻辑》由商务印书馆收入《大学丛书》正式出版。1961年和1978年两次再版。

《逻辑》分四部：第一部“传统的演绎逻辑”，第二部“对于传统逻辑的批评”，第三部“介绍一逻辑系统”，第四部“关于逻辑系统之种种”。该书的显著特色在于：①公开申明“归纳与演绎大不相同。我认为它们终究是要分家的，所以本书没有归纳的部分”；[②] ②公开申明“自数理逻辑或符号逻辑兴，知识论与逻辑学始慢慢地变成两种不同的学问。……逻辑与知识在事实上虽然连在一块，而逻辑学与知识论不能不分开”；[③] ③逻辑是研究形式方面对与不对的问题，不研究真与不真的问题。这是逻辑的精神实质所在。前两点还可以说是见仁见智，观点可以不同。这第3点，如果把握不住，就没有逻辑可言。

（一）对传统逻辑的批评

《逻辑》在论及假言推论时指出：“表示必要条件的假言命题，在传统逻辑之中没有明文的承认，而在日用语言中反有现成的形式。我们可以把这一部分的假言推理加入传统逻辑。日用语言中的‘除非——不’是表示必要条件的假言命题。”[④] 这是中国逻辑书第一次提出必要条件假言命题，并以“除非，不”为逻辑常项。到了20世纪50年代，中国逻辑书改以“只有，才”表示必要条件。

金岳霖对传统演绎逻辑的批评主要集中在词项逻辑（即传统逻辑的对当关系、直接推理和三段论）部分。他的批评虽未明说，却显然是立足于数理逻辑的，在许多情况下与空类或者说与存在问题有关。

金岳霖说：“普通均以为内包（内涵）愈深刻外延愈狭，内包愈浅则外延愈广。反过来似乎也可以说：外延愈广则内包愈浅，外延愈狭则内包愈

---

① 多见1937年出版。——编者注

② 金岳霖：《逻辑》，《金岳霖文集》第1卷，甘肃人民出版社，1995，第630页。

③ 同上书，第632~633页。

④ 金岳霖：《逻辑》，《金岳霖文集》第1卷，第680~682页。

深。其实外延狭，内包不必深。龙的外延非常之狭，至少比人狭，而龙的内包不必比人的内包深。凡没有具体分子的类词，其外延皆狭，而其内包不必深。”① 他对传统逻辑的所谓内涵与外延成反比律的批评，就是指出了如果外延所指的具体的分子不存在，或者说外延所组成一个空类，反比律就不成立。

金岳霖认为不应当把逻辑里的命题当作知识论里的判断。传统逻辑局限于主宾词式的命题，无法应付表示关系的命题及其推理，因此传统逻辑范围太狭。他又指出把命题限制到主宾词式，这类命题中的“是”意义非常不清楚。“是”可以表示两类的包含于关系，个体与类的属于关系，宾词所代表的属性可以形容主词所代表的东西，无条件的两概念的当然关系，在相当条件之下的一种一定的情形，一种实然的情形。因此传统逻辑又太混沌。

关于传统逻辑里的对当关系和直接推理，金岳霖讨论了 A、E、I、O 四种命题及其主词存在问题。他说，主词存在问题不是事实上主词所代表的东西究竟存在与否，而是这些命题对于这些东西的存在与不存在的态度，这个态度还将影响到各命题的意义与它们彼此的关系。对于主词（所代表的东西）存在与否，可以有五种不同的态度：①肯定主词不存在；②假定主词不存在；③不假设主词存在或不存在；④假设主词存在；⑤肯定主词存在。提出一命题一般不至于肯定或假设主词不存在，因此前两种态度可以不谈。第三种态度是逻辑里通常态度，第四、五两种态度在日常生活中亦常有之。他对 A、E、I、O 四种命题作了以下三种解释。

1. 不假设主词存在或不存在

SA_nP　　无论有 S 与否，凡 S 皆 P

SE_nP　　无论有 S 与否，无 S 是 P

SI_nP　　有 S 是 P，或无 S

SO_nP　　有 S 不是 P，或无 S

① 金岳霖：《逻辑》，《金岳霖文集》第 1 卷，第 634 页。

2. 假设主词存在

SA_hP　　如有 S，凡 S 是 P

SE_hP　　如有 S，无 S 是 P

SI_hP　　如有 S，有 S 是 P

SO_hP　　如有 S，有 S 不是 P

3. 肯定主词存在

SA_cP　　有 S，凡 S 是 P

SE_cP　　有 S，无 S 是 P

SI_cP　　有 S，有 S 是 P

SO_cP　　有 S，有 S 不是 P

金岳霖把三种不同解释之下的对待（对当）关系总结为下列三个方阵图。

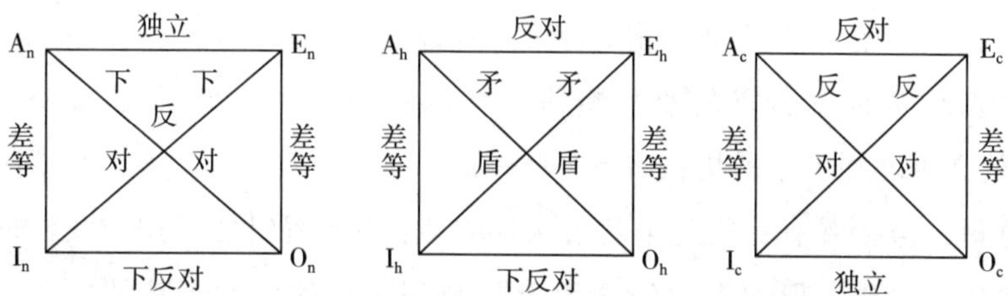

他指出，传统的对待关系成立的情况是 A、E、I、O 既不是假设主词存在，也不是肯定主词存在。如把传统逻辑的 A、E、I、O 解释为 A_h、E_h、I_h、O_h，则对待关系成立，这就是说传统逻辑忽略了空类问题。这同样也影响到直接推理中的换质与换位。在上述三种解释下，传统逻辑的换质换位都说不通。

最后，金岳霖介绍了数理逻辑对 A、E、I、O 的解释。即把全称命题解释为不假设主词存在的命题 A_n、E_n，把特称命题解释为肯定主词存在的命题 I_c、O_c，并指出这样解释的系统外的理由主要是解决空类问题。全称命题要不假设主词存在，才能无疑地全称；特称命题要肯定主词存在，才能无疑地特称。系统内的理由，一方面是简单与便利，另一方面是对待关系和直接推理可以一致。金岳霖把 A_n、E_n、I_c、O_c 的对待关系总结为以下方阵图：

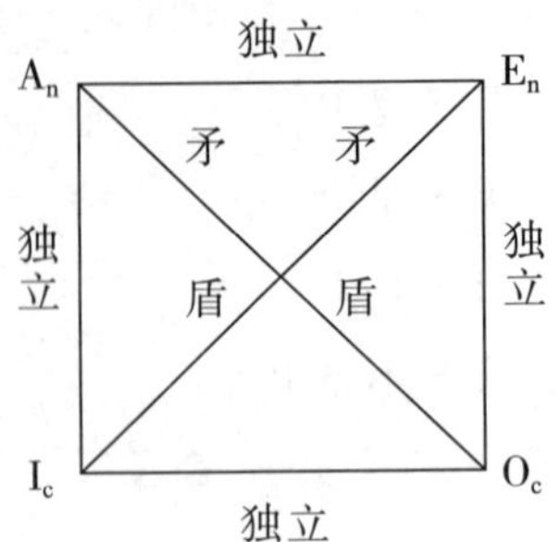

在上述方阵中，最重要的矛盾关系保留下来了，也解决了传统逻辑的换质换位中的所有毛病。传统逻辑 SAP 的戾换法是：

$$SAP \to SEP' \to P'ES \to P'AS' \to S'IP' \to S'OP$$

P 在前提 SAP 中不周延而在结论 S′OP 中竟然周延，这是不合理的。从具体例子看，这种戾换法可能从真前提得出假结论。如：从“所有人都是宇宙分子”推出“有非人不是宇宙分子”。简言之，按照上述数理逻辑的解释，就把一切从全称推特称的直接推理，全部排除掉了。如果要从 SAP 推出 SIP，就必须增加 1 个前提：有 S。

这里，金岳霖有一段至今发人深省的话：“要逻辑之适用，我们固然要研究实用的命题；但如果我们把逻辑限制到实用的命题，其结果可以使逻辑不适用。”①

传统逻辑的三段论有 24 个有效式，其中有 5 个是所谓弱式，金岳霖在批评三段论理论时，没有提弱式，只论及 19 个形式。他是从三个方面来考虑问题的：①主词存在问题；②主宾式命题；③直言命题或假言命题。从主词存在与否着想，19 个形式中，只有第 1 格的 AAA、EAE、AII、EIO 和第 2 格的 EAE、AEE、EIO、AOO 共 8 个形式，无论 A、E、I、O 的解释如何都成立。其余第 3 格的 AAI、IEI、AII、EAO、EIO 与第 4 格的 AAI、AEE、EAO、EIO 有些说得通，有些说不通，要看 A、E、I、O 的解释如何。如把 A、E、I、O 解释为 A_n、E_n、I_c、O_c，则 19 个形式中还有第 3 格和第 4 格的 AAI、EAO 共 4 个形式不能成立，其他形式均成立。这就是说三段论应

① 金岳霖：《逻辑》，《金岳霖文集》第 1 卷，第 740 页。

该有且仅有15个形式成立，这正是数理逻辑承认的形式。可以归结为这样一句话，传统逻辑里三段论24个形式中只有15个是普遍有效的。从数理逻辑来看，三段论应该增加1条规则：如没有特称前提则结论不能特称。即5个弱式也是不能成立的。

金岳霖说他的这些批评的“宗旨在使初学者的批评的训练，使其对于任何逻辑及任何思想，均能运用其批评的能力”①。他的这些批评意见也充分体现了把简单的问题说得很复杂的本领。现在数理逻辑的初学者学习全称命题和存在命题的区别，要简便得多了。

金岳霖指出限于直言命题的传统逻辑三段论理论范围太狭，没有论及类的三段论、关系的三段论。传统逻辑里讲假言推理，其形式常常是分析到词项的，并不是简单的命题逻辑。因此他认为有一部分是可以与三段论合起来的。同样，他也指出传统逻辑中的析取推理（选言推理）也没有分清名词的析取和命题的析取。他还认为二难推理不是普遍形式问题，而是一种特殊的辩论工具。

金岳霖对传统逻辑的批评，说明了传统逻辑已成历史陈迹。

（二）摘要介绍《数学原理》的逻辑系统

金岳霖的《逻辑》第三部“介绍——逻辑系统”选取了《数学原理》第1卷（1910年）的304条定理，组成了一个精干的逻辑公理系统，其中包括未解析的命题的推演（命题演算）定理67条、具一表面任指词的命题的推演（一元谓词演算）定理18条、具两表面任指词的命题的推演（二元谓词演算）定理18条、具相同的思想的命题的推演（带等词的谓词演算）定理17条、具叙述词的命题的推演（带摹状词的谓词演算）定理18条、类的推演（类演算）定理82条、关系的推演（关系演算）定理84条。金岳霖对这系统中的多数定理给出了证明，但许多证明不是原书的，因为他对原书有所删节，需要另行证明以示衔接。他还对许多定理给出了直观的解释。《逻辑》与当时的普遍情况相同，缺少严格的语义学。金岳霖所选用的定理有许多是与传统逻辑有关的。如矛盾律和排中律、三段论Barbara

① 金岳霖：《逻辑》，《金岳霖文集》第1卷，第776页。

等。这也表明了传统逻辑中的正确推理形式已全部为数理逻辑所囊括。

金岳霖在介绍各种演算时加了不少解释性的引文，有时也叙述了自己的意见。他有关推论所作的解释弁言涉及罗素系统的一个缺陷，即没有明确区分对象语言和元语言，因而没有给出全部语法规则。罗素虽然说分离规则（真命题所蕴涵的命题是真命题）不能用符号语言表示，但他并没有把分离规则作为语法规则提出，而是把它与系统的公理并列。罗素还应用了代入规则，但也没有明确地加以陈述。罗素的系统还不是一个完全自足的系统。金岳霖说："以下系统是现在所称为自足系统的系统，它有它本身所备的推论原则。既然如此，它的基本命题不仅是前提（公理——引者），而且是推论的方式（变形规则——引者）。命题只有一套，而用法不只一样。"[①] 他在此并未明确提出对象语言和元语言的区别，因为当时普遍都尚未重视这一区别。不过，他在这里对于"基本命题（公理）"的两种不同用法是很明白的。一种是用作结论的根据（前提），这是指它们在对象语言中的作用。另一种是用作推论的根据（变形规则），这是指它们在元语言中的作用。金岳霖在这方面的认识已经比罗素当年有所进步，但尚未克服罗素系统的缺陷。

金岳霖在关于等词的解释弁言中，陈述了在同一律方面跟罗素不同的主张。罗素在《数学原理》中认为"$x = x$"表示同一律，这是任何个体的自身同一。金岳霖认为 $x = x$ 的同是相同，不是同一。他认为 $x = x$"免不了变迁的问题，除非把这命题的效力限制到时点上去"[②]。他主张同一律的同是谓词方面的同、概念方面的同、关系方面的同、共相方面的同。金岳霖认为同一律是命题逻辑的 $p \supset p$ 或者 $p \equiv p$。在这个问题上，金岳霖与罗素的区别主要是哲学观点的区别，逻辑意义甚小。无论如何，金岳霖是承认 $x = x$ 的。

从金岳霖所介绍的摘自《数学原理》第 1 卷的 304 条定理来看，数理逻辑远比传统逻辑严密、丰富、深刻。今后的世界要谈逻辑，首先应该是数理逻辑。金岳霖的《逻辑》是中国 1949 年前对逻辑演算最全面、最系统

① 金岳霖：《逻辑》，《金岳霖文集》第 1 卷，第 770 页。

② 同上书，第 806 页。

的介绍，在中国传播数理逻辑知识方面影响最大的著作。

（三）关于公理系统和逻辑系统的讨论

在《逻辑》的第四部中，金岳霖对演绎系统（公理系统）和逻辑系统作了一般性的介绍和哲学讨论，最后还对逻辑系统的元逻辑性质进行了讨论。

金岳霖说演绎系统区别于其他系统有三个特点。①其出发点大都是任意选取的若干命题，称为基本命题（公理）。人们不必证明它们也不必假设它们，取不取它们作为基本命题完全可以武断。②演绎系统内部不能有不相融洽的地方。③演绎系统中的概念，除最初利用几个在系统范围之外的概念外，其他都可以用系统中的基本概念来规定。金岳霖讲的公理系统的特点，对初学者来说，是十分必要的知识。也许可以说，第一个特点他讲得有点故作危言的味道。实际上有价值的公理系统，公理绝不是武断的、任意选取的。他只是极而言之罢了。第三点是可以做得到的。第二点就是后面还要提到的一致性问题。做公理系统时，只能保证不把一个命题及其否定都当作公理，但不容易保证这个系统永远是融洽的。

金岳霖指出演绎系统大都分为两大部分，演绎干部（公理系统的出发点）和演绎支部（公理系统的定理）。后者是从前者推论出来的。他说："从心理方面说，或从认识方面说，推论出来的命题或者有'新'的命题。"[①] 这就是对演绎推理能不能得到新知识的非常辩证的科学回答。他还说："证明与证实不同。证明仅有系统内的标准，证实尚有系统外的标准。如果我们把一演绎系统仅仅视为一演绎系统，我们仅有证明的问题；如果我们同时把它当作一门科学，则除证明问题之外，尚有证实问题。"[②] 事实上科学发展到一定水平，才能公理化，因之科学先遇到证实问题，然后才遇到证明问题。逻辑是一门形式科学，它既有系统内的证明，又有系统外的证明，如果说它也有证实问题的话，那与物理、化学的证实会有非常不一样的地方。

金岳霖举了一个"演绎干部通式"即一个完全抽象的公理系统的出发点，以结束关于演绎系统的讨论。实际上它就是一种公理化的布尔代数的

---

① 《金岳霖文集》第1卷，第843页。

② 《金岳霖文集》第1卷，第843页。

出发点，类代数、命题代数等都是它的解释。这个通式绝不是任意的、武断的。

对逻辑系统与演绎系统的区别，金岳霖作了如下陈述。如果一个演绎系统是把可能分为 n 种（特殊的是 2 种，对应于二值逻辑），则在该系统范围内，列举 n 种可能而分别承认之，这就是必然。分别承认 n 种可能的命题就是该系统中的必然命题。在该系统范围之内，列举 n 种可能而均否认之，是该系统所不能承认其为可能的情况，这就是不可能或矛盾。否认此 n 种可能的命题是该系统中的矛盾命题。逻辑系统不同于其他演绎系统的特点就在于所保留者都是必然命题。逻辑系统是表示必然的演绎系统，是表示逻辑的工具。逻辑系统所要淘汰的就是矛盾命题。逻辑系统推行的工具（推演规则、变形规则）就是把各种形式不同的必然命题保留起来，加以组织，使它们成一系统。这里所说的必然命题，典型的例子就是命题演算的定理。它们的合取范式的每一个简单析取就是承认 n 种可能的必然命题。而非逻辑的演绎系统的定理，就不具有这种性质。这里所说的矛盾命题，其析取范式的每一个简单合取就是否认 n 种可能的矛盾命题。非逻辑的演绎系统的推行工具是逻辑，逻辑系统的推行工具是推演规则（变形规则）。

金岳霖认为，必然为逻辑之所取，矛盾为逻辑之所舍。其他既非矛盾又非必然的命题（可满足公式），逻辑既不舍也不取。逻辑系统之所取为逻辑上之所不能不取。既非必然又非矛盾的命题在逻辑上均能取而不必取。

最后金岳霖讨论了逻辑系统的元逻辑问题。他指出逻辑系统的演绎干部中的基本命题（公理）大都有三个条件：①够用；②独立；③一致。能否满足此三个条件，似乎只能表示或证实而不能证明。这似乎是系统之外的问题，而不是系统之内的问题。我们似乎不能以一系统之内的方法证明该系统基本命题满足这三个条件。“够用与不够用的问题，当然要看一系统所要达到的目的是什么。”[①] “命题独立与否，也不是证明的问题，而是表示或证实的问题。……它似乎有一种已经承认的方法。此方法即利用各种不同的事实以之为基本命题的解释。设有五个基本命题，如以一种事实上的

① 《金岳霖文集》第 1 卷，第 911 页。

解释，第一命题能说得通，或是真的，而其余四个命题都是假的，则第一命题对于其余四个命题为独立。分别引用同样方法于其余四命题，我们可以分别地表示其余的命题是否独立。”① “所谓一致者即无矛盾。”② “我们不能以系统之内的方法证明基本命题的一致，结果也就是以系统范围之外的方法表示它们一致。”③ 金岳霖在这里讨论的，就是逻辑系统完全性、独立性和一致性问题。这些讨论已经把读者的注意力从无穷无尽的推理形式吸引到逻辑的公理系统（注意，还不是形式系统）及其特性上来，从逻辑的层次提高到了元逻辑的层次上来。金岳霖的这些意见，对当时中国逻辑学界是非常具有启发性的。关于逻辑系统的元逻辑问题，金岳霖尚未讨论判定问题。他的许多意见，似乎是针对命题演算说的，似乎没有着重考虑谓词演算的特性。

金岳霖的《逻辑》介绍了20世纪20年代希尔伯特提出形式化要求之前的现代逻辑知识，此书正式出版时，哥德尔的两个不完全性定理已经证明。

金岳霖在清华大学的讲课及《逻辑》一书，激发了一批青年学者研究现代逻辑的热情，他们面临的困难多多，但他们终究为现代逻辑在中国的生存和发展作出了有益的贡献。

二　金岳霖的逻辑一元论

金岳霖在《逻辑》中并没有界说什么是逻辑。1927年他曾把逻辑描述为“一个命题的必然序列”。“逻辑是一个命题或判断序列，或可任意命名的从一个得出另一个序列，但是它不是任意一个序列或具有许多可选序列的序列，它是一个序列并且只是这个序列。它是一个必然序列。”④ 他认为：“‘必然’这一概念甚至比‘真’这一概念更基本，因此不能用‘真’定义‘必然’。”⑤ 这个必然序列不是一个演绎推理的定义。因为其中的任一命题都不是人们日常所说的命题，而是不能提供“任何关于事实的消息”的逻

① 《金岳霖文集》第1卷，第912页。
② 同上书，第913页。
③ 同上书，第912页。
④ 金岳霖：《序》，《金岳霖学术论文选》，中国社会科学出版社，1990，第463页。
⑤ 同上书，第463页。

辑命题。实际上这是指一个重言式的证明。金岳霖的“必然”概念与今天学者讲的从前提的真过渡到结论真的必然性不完全一样，后者“真”比“必然”似乎更根本一些。金岳霖的“必然”是与重言式的合取范式联系在一起的。重言式只属于命题逻辑。谓词逻辑没有合取范式，怎样来理解谓词逻辑的必然呢？金岳霖没有论及。1941 年金岳霖说：“逻辑学的对象——逻辑——就是必然的理。”① 他还认为：“我们已经看到逻辑是哲学的本质，逻辑是科学的结构，正是通过逻辑将感觉数据组成事实，而且逻辑是生活寻求满足其愿望的实际工具。”②

金岳霖还在 1927 年就说：“似乎学哲学的学生一般忽视了一个问题，即逻辑已发展得远远超出原来的范围。”“三段论逻辑过于狭窄，不能满足科学的要求，这是真的。但科学本身是合逻辑的，这也是真的。”③ 他甚至用如下尖刻的话形容传统逻辑：“它不再是一些肤浅的哲学家手中简单的玩物。”④ 1941 年时他又说：“我们既分别对象与内容，我们所要表示的是说传统逻辑学与数理逻辑学的内容虽有不同而它们的对象仍只是逻辑而已。”⑤“传统逻辑学与数理逻辑学的对象是同一的对象，它们不是两门学问，是一门学问的两阶段。……从传统逻辑学的不妥处着想，数理逻辑学的确是逻辑学的进步。”⑥ 所以在此处引用金岳霖的这些话，因为至今有人还没有理解到传统逻辑的历史使命已经在 20 世纪里完成了。怀旧也许是人的感情之必需，但它不应阻碍科学的发展。

金岳霖指出逻辑与逻辑系统的关系，是 type（普型）和 token（殊型）的关系。他说 1910 年与 1925 年版的《数学原理》“排列不同，组织亦异，但是，它们并不表示两种不同的逻辑”⑦。不同学者做出来的出发点不同的逻辑系统，是不是彼此等价，或者说是不是同一种逻辑，是需要严格地证

---

① 金岳霖：《论不同的逻辑》，《金岳霖文集》第 2 卷，第 400 页。

② 金岳霖：《序》，《金岳霖学术论文选》，第 464 页。

③ 同上书，第 455 页。

④ 同上书，第 456 页。

⑤ 金岳霖：《论不同的逻辑》，《金岳霖文集》第 2 卷，第 398 页。

⑥ 同上书，第 397 页。

⑦ 金岳霖：《论不同的逻辑》，《金岳霖文集》第 2 卷，第 394 页。

明的。两个逻辑系统的定理彼此重合，就说明两者是刻画了同一种逻辑。

那么，会不会某个逻辑系统的定理，实质上不可能是另一逻辑系统的定理呢？

（一）有不同的逻辑吗？

金岳霖一再强调“事实上虽有不同的逻辑系统，理论上没有不同的逻辑”[①]。这里所说的理论，就是金岳霖的一个坚定不移的哲学信念——逻辑一元论。哲学信念使一些人坚守一个逻辑，一些人力图找出另一个逻辑。黑格尔就是想另创一种逻辑的哲学家，他虽然有坚定的哲学信念和敏锐的哲学头脑，却缺少数学的、逻辑的严格技巧去发现另类逻辑。

金岳霖承认的唯一逻辑就是一阶逻辑，或者称经典逻辑。在一阶逻辑的基础上添加某些特殊的哲学概念、范畴，并添加有关的公理和变形规则，可以得到许多经典逻辑的扩充系统，最早的例子就是模态逻辑。仅仅是一阶逻辑及其扩充，还可以说最基本的逻辑是唯一的。那些扩充了的系统，例如模态逻辑，总会有些定理不是一阶逻辑的定理，这是显然的。这里不谈这种情况。现在是要问：能否拒绝一阶逻辑里的某些定理，而仍能组成一逻辑系统？

荷兰数学家布劳维尔在 1908 年提出了对无穷事物而言排中律不可靠的论点。他认为传统的逻辑来源于对有穷事物的思维，但对有穷事物有效的规律对于无穷事物却不见得适用。如：全体大于部分，一类自然数必有一个最大者，对于无穷集合来讲都不成立。他认为能证明的是真的，能否证的或者其否定能证明的是假的。在可证和可否证之间还有第三种可能，即不可解，因之排中律不是普遍有效的。例如，圆周率是一无穷小数，不可能把整个表达式完全展开，因此既不能证明也不能否证：“圆周率的小数表达式中有 7 个连接的 7。”布劳维尔的学生海廷于 1930 年建立了第一个完整的直觉主义逻辑系统。他把布劳维尔的想法形式化了，并为布劳维尔所接受。直觉主义逻辑还拒绝双重否定律，不承认存在性定理的间接证明。金岳霖著作中数次提到过布劳维尔，可惜他与直觉主义逻辑擦肩而过。[②] 直觉

① 金岳霖：《不相融的逻辑系统》，《金岳霖文集》第 1 卷，第 620 页。

② 金岳霖：《思想律与自相矛盾》，《金岳霖文集》第 1 卷，第 566 页。

主义逻辑的出现，证实了可以有一种逻辑的确与经典逻辑不一样，经典逻辑的某些定理不是直觉主义逻辑的定理。

20 世纪初波兰的卢卡西维奇和俄国的瓦西里耶夫相互独立地认为，类似非欧几何，修正亚里士多德逻辑的基本定律将会产生非亚里士多德逻辑。他们都建议取消矛盾律。巴西的达·科斯塔于 1958 年构造了一系列弗协调逻辑系统。弗协调逻辑容忍矛盾，不取消矛盾，不从矛盾双方中只取一方来谋求协调，它与经典逻辑不同，要求不从相互否定的两公式推出一切公式。弗协调逻辑的出现又一次证实了经典逻辑不是唯一的逻辑。

经典逻辑的特点是：①外延性的；②二值的；③假设个体域非空；④专名总是指称个体域中的某个个体，不允许有空词项。凡是因否定或修改经典逻辑上述四个特征中某一特征而建立起来的逻辑，称为异常逻辑。多值逻辑、相干逻辑、直觉主义逻辑、模糊逻辑、弗协调逻辑、弗完全逻辑（paracomplete logic）等都是异常逻辑。20 世纪中叶起大量异常逻辑的出现，证实了经典逻辑绝不是唯一的逻辑。

金岳霖说逻辑就是必然的理。既然这些理（例如矛盾律、排中律）是必然的，他就难以设想它们会不成立。因此他认定逻辑只能有一个，不能有其他的逻辑。现在我们看到，既然逻辑不止有一种，可以有多种，那么，在不同的范围里，就可以有不同的必然的理。

（二）事物在时点空点上自同

金岳霖说："只要我们所说的话有意义，我们就不能不承认同一律。"① 他不赞成把同一律表示为 x = x（甲是甲）。他认为同一律表示为"如果 x 是甲，它就是甲"更为恰当。他说："同一律的同是绝对的同，是没有异的同。"② 这种同，他认为不是个体的同，而是谓词的同。③ "同一律中之同，是甲与甲的同。这样的同只有普遍的抽象的思想有之，而具体的单个的东西不能有这样的同。"④ 金岳霖不赞成把 x = x 叫作同一律，而把 p→p

---

① 金岳霖：《思想律与自相矛盾》，《金岳霖文集》第 1 卷，第 550 页。
② 金岳霖：《思想律与自相矛盾》，《金岳霖文集》第 1 卷，第 551 页。
③ 金岳霖：《逻辑》，《金岳霖文集》第 1 卷，第 806 页。
④ 金岳霖：《思想律与自相矛盾》，《金岳霖文集》第 1 卷，第 551 页。

叫作同一律，似乎还有一层未言明之意。他把矛盾律、排中律这些重言式叫作必然的理，$p \to p$ 与 $p \vee \neg p$，$\neg (p \wedge \neg p)$ 在经典逻辑里是可以互相定义的，但 $x = x$ 是谓词逻辑定理、普效式，不是简单的重言式，它与命题逻辑公式不能互相定义。

金岳霖认为同一律是独立于时空范围的。一个具体的东西在时空中总是变迁的。我们一定要把同一律放到时空范围之内，就只能限制到时点空点上。他说："一件东西的变迁的秩序之中，步步各自本身相同。"[①] "一个个具体的东西在时点空点上之所以能完全与它自己相同者，不过是因为在时点空点上不能变迁。"[②] "最严格的单个的具体的东西只能在时点空点存在。在时间空间它们就变了。如果我们把同一律引用到单个的具体的东西，同一律就说不通了。如果我们把同一律限制到同一时空范围之内，其结果是把它限制到无量小的时点空点。"[③] 普遍的抽象的东西如自然数，应该说是自身同一的，这是无条件的、绝对的。至于单个的具体的事物，只要限制到时点空点，它也是自身同一的。逻辑系统中的个体词（个体变元）x，指称足够的大的论域中任一个体，它完全是普遍的抽象的东西，不是单个的具体的东西。因此作为定理的 $x = x$ 理应成立。黑格尔只是挖苦而不是否认 $x = x$，不过他同时还承认 $x \neq x$。在黑格尔体系中的任一范畴，都是同中有异，异中有同的。至于单个的具体的东西，在黑格尔看来，在任一时点空点，它们都是既 $x = x$，又 $x \neq x$ 的。

在 1927 年时，金岳霖曾批评"甲与甲自同"说："如果是完全的绝对的自同，那么，这句话不能成立，因为第一个甲与第二个甲就不同。写在纸上，这两个'甲'的地位不同，用在话里，它们的时间不同。而从文法字句方面看来，它们又不能不有分别。……这个命题既然发生许多甲与甲不同的地方，它自己就不能成立，因为它的本身与它的意义相冲突。"[④] 这段话讲得比 20 世纪 30 ~ 40 年代以辩证法否定形式逻辑的言论还要细致。但

① 金岳霖：《思想律与自相矛盾》，《金岳霖文集》第 1 卷，第 551 页。

② 同上书，第 552 页。

③ 同上书，第 551 页。

④ 金岳霖：《同·等与经验》，《金岳霖文集》第 1 卷，第 308 页。

这却是一种混淆甲的普型和殊型的错误。我们说："甲与甲自同"是在说甲的普型，不是说它的殊型。写在纸上、用在话里的甲，是甲的殊型。在"甲与甲自同"中有且只有一个甲的普型，所谓有两处不同的甲，那是甲的殊型，不是普型。当然，1927 年后，我们没有见到金岳霖再说这样的话。

"x = x"是带等词的谓词逻辑定理。"="叫作等词，是一个二元常谓词。其实个体词 x 跟谓词一样，都是抽象的东西，我们用不着考虑它会变迁。不论 x = x 也好，还是 p→p 也好，金岳霖把它们都看成是必然的理。值得注意的是，各种异常逻辑都不否认 x = x 和 p→p。

（三）事物在时间空间中变迁

拒绝同一律的逻辑大概不能成立。金岳霖从他的逻辑一元论信念出发，坚决保卫矛盾律和排中律。他从二分法的必然性说到矛盾律、排中律。"逻辑系统可以视为可能的分类。把可能的分类引用到命题上面去，就是命题的值的问题。命题有多少值要看我们预备把可能分为多少类。如果我们把可能分为两类，命题有两值。如果我们把可能分为三类或 n 类，命题有三值或 n 值。"① "二分法的紧要情形就是两部分，一方面彼此不相容，另一方面彼此无遗漏。"② 二分法的两部分彼此不相容就是矛盾律，彼此无遗漏就是排中律。二值逻辑与其说排中，不如说排三；三值逻辑则排四，n 值逻辑排 n + 1。他说："事实上 n 的数目太大时，n 可能与 n 值的解释均不易得。即勉强得到，而系统之是否为逻辑系统，也就发生问题。"③ 金岳霖屡屡提及多值逻辑，但话并不多。命题的值多了还是不是逻辑，他有疑问，没有继续发挥下去。

金岳霖确认："事物的变迁是我们所不能否认的事实。变迁本身也是我们不能否认的事实。但是承认事物的变迁与承认矛盾律完全是两件事。它们根本没有冲突，根本就用不着发生问题。"④ 事物的变迁与矛盾律的区别在哪里？"矛盾与时空的关系就是同一律与时空的关系。'一件东西不能同

① 金岳霖：《逻辑》，《金岳霖文集》第 1 卷，第 893 页。

② 同上书，第 899 页。

③ 同上书，第 894 页。

④ 金岳霖：《思想律与自相矛盾》，《金岳霖文集》第 1 卷，第 562 页。

时是A与不是A'可以解作'一件东西在它是A的时候（或地方）不能不是A'。这样说法是把那个东西提出时空影响之外。"[①]"一件具体的东西同时不能变，同地不能迁。一件在甲时的东西不能变到甲时，在甲地范围之外；它的根本条件就是同时同地。在甲时甲地的东西如果是A，它也不能不是A。……天演律与矛盾律的范围根本不同，性质也不同。前者是不同时不同地的情况，后者是同时同地的情形。"[②]他所说的"同时同地"是指同一时点、同一空点；"不同时不同地"是指不同时点、不同空点。总之，金岳霖认为天演律是说事物在时间、空间之中变迁；矛盾律是把事物提出时空影响之外，它就不能变迁，或者说，矛盾律是说事物在任一时点、空点不能变迁，状态各有所不同，两者不同一，而且任何两个时点、两个空点之间，还有不可数无穷多个时点和空点。这就形成了事物的变迁。金岳霖的变化观可以概括为：一件东西的变迁的秩序是，步步各自本身相同，步步彼此不同。最好再加一句话：步步之间还有不可数无穷多的步。

这里可以看到哲学信念对逻辑观点的深刻影响。金岳霖的哲学信念决定了他的逻辑一元论思想。

金岳霖一生努力排除（逻辑）矛盾。自相矛盾引起了他的特别注意。他还没有用"悖论"一词，但多次提到这种特殊的自相矛盾。他把说谎者悖论展开为这样几句话："'我说谎'，我真说谎，我就不说谎；我不说谎，我就真说谎。"[③]金岳霖还没有明确区别语义悖论和逻辑悖论（集合论悖论）。在《逻辑》一书及许多论文中也没有正面介绍罗素的类型论。他指出悖论"这类问题，似乎是一种丢圈子的走马灯，供小孩子的玩意则可，摆在哲学里似乎是不合格"[④]。但"无论批评与建设哲学都离不开自相矛盾的问题"[⑤]。因此金岳霖提出了关于解决悖论问题的"暂拟的解决方法"如下。

1. a. 如果有一类，其分子之中有可以包含这一类的本身者，则这

---

① 金岳霖：《思想律与自相矛盾》，《金岳霖文集》第1卷，第560页。
② 同上书，第562页。
③ 金岳霖：《论自相矛盾》，《金岳霖文集》第1卷，第288页。
④ 金岳霖：《论自相矛盾》，《金岳霖文集》第1卷，第288页。
⑤ 同上书，第288页。

一类为层次类。

b. 层次类之分子有层次的分别，其中第“N”层次之分子不必都有“N”以前层次所有的分子所都有的性质，也不必都无“N”以前层次所有的分子所都无的性质。

c. 论理学的符号不必有系统之外的意义。

2. 这个办法

a. 承认常识方面所承认的(XRY)R(X+Y)的情形，但把有这情形的类称提出普通类称范围之外。

b. 承认一层次类之“N”层次分子不属于N-1层次分子之内，所以不同层次的分子不至于相混。

c. 同时又承认不同层次的分子有普通的性质，能在一类称范围之内；所以-(-P)与P层次虽不同，而能同为真命题类称中之分子。反正的推论不至于推翻。

3. 任何命题都可以引用二分法，二分法的引用，在命题方面可以毫无限制。但另一方面，类称分为两种：普通类称与层次类称。二分法引用于普通类称一定普及于所有的分子，二分法引用于层次类称不普及于所有的分子。以层次类称为主词或宾词的命题不必有其他全称命题所有的普遍性。[①]

（四）逻辑是哲学的本质

金岳霖十分推重逻辑的功用。他说：“逻辑对生活、认识和哲学是必不可少的……如果我们要认识我们所在的世界，我们就必须有逻辑。”[②]

金岳霖认为“逻辑是科学的结构，正是通过逻辑将感觉数据组成事实”[③]。科学除证实外，必须要有所证明。这里讲的“结构”可以理解为推理和证明。“逻辑是证明一些正确的基本命题的工具，通过采用逻辑规则，

① 金岳霖：《思想律与自相矛盾》，《金岳霖文集》第1卷，第576~577页。

② 金岳霖：《序》，《金岳霖学术论文选》，第459页。

③ 同上书，第464页。

这些命题可以成为不容置疑的。”[①] 这里说的是逻辑的一个最明显的作用，它是推理和证明的工具。

其次，金岳霖还把逻辑当作哲学批评的强有力工具。他说：“自相矛盾，在哲学上是一种批评哲学的极厉害的工具。现在的哲学所最注意的似乎是逻辑，如果一种哲学在理论上有自相矛盾的地方，它就不容易成立。注重逻辑的人很喜欢用这个工具来批评哲学，康德的哲学、实验主义、休谟的哲学都时常得了‘自相矛盾’的批评。”[②] 他用指出自相矛盾的方法批评了康德哲学和实验主义，认为两者都有一种以本身的全体为本身的部分的情形。金岳霖特别注意培养学哲学的青年人的批评能力。不过，哲学终究是意识形态。某些哲学体系以包含自相矛盾为标榜的情况也是有的。

金岳霖更重视的是逻辑在建构哲学体系中起到理论框架的作用。他说：“逻辑就是哲学的本质。”[③] “逻辑一旦被相信，就是哲学中最强有力的工具之一。”[④] “现在的趋势似乎是以一种论理学所不能否认的命题为哲学的前提。这样一来，哲学受论理学的影响比从前更大。”[⑤] 为什么逻辑对哲学有如此特殊的作用？因为在金岳霖看来逻辑就是“必然的理”“先天的原则”[⑥]。而且这种必然的理也只有一套，即所谓只有一种逻辑。总之，金岳霖认定唯一的逻辑，或者说唯一的一套必然的理，它是先天的，是哲学的本质、前提和有力工具。他的哲学著作《论道》就是依据逻辑这个先天的、必然的理建构起来的。他的哲学体系中的“式”，就是穷尽一切的可能，即逻辑的必然的理。它的背后就是命题逻辑的定理都有合取范式这一元定理。但是命题逻辑的定理太贫乏了，没有量的概念。谓词逻辑的定理并不都有其合取范式。在适应经典逻辑的那个可能世界里，我们怎能保证穷尽一切的可能呢？况且经典逻辑不是唯一的逻辑。还有直觉主义逻辑、弗协调逻辑这样一些异常逻辑在，它们是不是代表着别的类型的必然的理呢？

---

① 金岳霖：《序》，《金岳霖学术论文选》，第 467 页。

② 金岳霖：《论自相矛盾》，《金岳霖文集》第 1 卷，第 283 页。

③ 金岳霖：《序》，《金岳霖学术论文选》，第 442 页。

④ 同上书，第 467 页。

⑤ 金岳霖：《思想律与自相矛盾》，《金岳霖文集》第 1 卷，第 567 页。

⑥ 金岳霖：《论不同的逻辑》，《金岳霖文集》第 2 卷，第 400 页。

金岳霖对逻辑作为哲学的工具的前景有一个设想："随着逻辑的发展，不同的哲学体系可能变得与不同的几何学有些相似了；推理可能是相同的，而思想却是不同的。"① 他的这个设想似乎太天真了些。哲学是一种意识形态，而逻辑愈来愈是一种形式科学。不同的哲学不仅思想不同，而且可能有不同的推理。意识形态的问题，往往是超乎逻辑范围的，或者说是非逻辑的。

（五）归纳原则是永真的，但与重言式不同

金岳霖同意罗素说的归纳原则："如果一类事物在大量的事例中以某种方式与第一类事物相联系，那么，第一类事物有可能始终以类似的方式与第二类事物相联系，并且，随着事例的增多，这种可能性几乎会趋近于确定性。"② 他也同意罗素所说："归纳原则不能归纳地得出，因为任何打算通过归纳得到这个原则显然就已经假设了这个原则。"③ 接着他把罗素的归纳原则总结为一个假言命题的图式：

$$
\begin{array}{l}
\text{如果 } at_1\text{—}bt_1 \\
\qquad at_2\text{—}bt_2 \\
\qquad \vdots\ \text{—}\ \vdots \\
\qquad at_n - bt_n \\
\hline
\text{那么 } A\text{—}B
\end{array}
$$

此图式中以 a，b 表示事物或特指的东西；以对 a，b 后附 t_1，t_2，…t_n 表示时间；以 A，B 分别表示 a，b 所属的事物类；以—表示经验到的联系。A—B 就是作为归纳目标的概括命题。④ 他还用谓词逻辑公式表示上述图式。其实可以不必如此复杂化。反之，上述图式不妨简化为：

---

① 金岳霖：《序》，《金岳霖学术论文选》，第 468 页。

② 金岳霖：《归纳原则与先验性》，《金岳霖学术论文选》，第 324 页。

③ 同上。

④ 金岳霖：《归纳原则与先验性》，《金岳霖学术论文选》，第 325 页。

如果所有观测到的 S 都是 P；

那么凡 S 是 P。

金岳霖承认归纳原则不具有重言式的性质，即它不是必然的理，但却是永真的。我们也可以说，从归纳原则的真的前件出发，不可能必然推出它的真的后件作为结论。他说："这个保证（指归纳原则——引者）虽然不是一个重言式，其本质却是先验性的。"①

金岳霖提出的图式的前件中都是正例。如果一旦出现反例，即如果出现 at_{n+1}—bt_{n+1}不成立的反例，也就是说如果出现有 S 不是 P 的反例，一般认为归纳无效，即不能得到结论"A—B"或"凡 S 是 P"。这就是归纳的局限性。它不能保证概括出真结论。金岳霖则认为不管新观测到的事例 at_{n+1}—bt_{n+1}是否成立，或简单地说，不管所观测到的 S 是不是 P，归纳原则都成立，因此它是永真的。他的论证大致是说：①设：前件"所有观测到的 S 都是 P"真，后件"凡 S 是 P"也真。假言命题"如果所有观测到的 S 是 P，则凡 S 是 P"当然是真的。②设：出现了反例，前件"所有观测到的 S 都是 P"假，后件"凡 S 是 P"就是假的。前后件都假，整个假言命题即归纳原则仍是真的。其实这里又把问题弄复杂化了。在第二种情况下，可以说只要前件假（出现反例），不必再问后件真假如何，反正整个假言命题（归纳原则）是真的。这里有一个关键性问题。归纳原则只是说在什么情况下，可以概括出结论"凡 S 是 P"或"A—B"；却根本没有说，在什么情况下，只可概括出结论"并非凡 S 是 P"。当出现反例时，根据演绎，就可推出"有 S 不是 P"，还可以推出"并非凡 S 是 P"。总之，归纳原则本身没有告诉我们有第二种情况（前件假）的可能，因之它也没有否定"A—B"的机制。假言命题"如 p 则 q"是不能反过来理解为"如非 p 则非 q"的。由此可见，归纳原则的确不像重言式，它并非普遍有效。可是人类别无选择，只能将就着用它去认识世界。金岳霖对归纳原则的议论只能说它是真的，却没有足够的理由说它是永真的。用形式语言表达的重言式是永真的，即

① 金岳霖：《归纳原则与先验性》，《金岳霖学术论文选》，第 324 页。

其变元在任何赋值下，它都是真的。归纳原则不是用形式语言表述的，它是用自然语言表述的。自然语言中的命题何谓永真？金岳霖从来没有定义过。金岳霖自称其兴趣完全不在于如何应用这个原则。他的意见不能帮助我们在进行归纳时更加得心应手一些，也不能在理论上提高归纳的可靠性。

在罗素的系统里，分离规则是作为公理出现的，它又作为变形规则使用。金岳霖在《逻辑》中介绍罗素系统时，把两个方面分得还比较清楚。但他在把上述归纳原则转化为推理图式时，有时却提出归纳原则是推理的前提之一，或推理方式。[①] 这里的含混就有可能导致 1960 年金岳霖所批评的伽罗尔 1895 年的错误：用假言命题表述的推理规则当作推理的前提之一。[②]

金岳霖关于归纳的论述还有一个问题。他说归纳原则是一个假言命题，“它底后件有‘大概’（probability 的汉译，即概率。此处或用‘可能’为妥——引者[③]）问题。……这原则没有说‘如果……大概则……’它说的是‘如果……则大概……’”[④]。他还把归纳原则的图式写成这样：

$$\begin{array}{l} \text{如果 } a_{t1}\text{—}b_{t1} \\ \qquad a_{t2}\text{—}b_{t2} \\ \qquad a_{t3}\text{—}b_{t3} \\ \qquad \vdots\ \text{—}\ \vdots \\ \hline \text{则（大概）A—B} \end{array}$$
[⑤]

这里增加一个模态词“大概（可能）”，在提高推理的性能方面，不起任何作用。金岳霖不谈概率问题。不过从概率的角度看，只要有一个正面的事例，归纳得出的概括命题“A—B”成立的概率就不会是零。[⑥]

---

① 金岳霖：《归纳总则与将来》，《金岳霖文集》第 2 卷，第 441 页。
② 金岳霖：《论“所以”》，《金岳霖文集》第 4 卷，第 332 ~ 337 页。
③ 金岳霖：《归纳总则与将来》，《金岳霖文集》第 2 卷，第 422 页。
④ 同上书，第 435 页。
⑤ 同上书，第 426、438 页。
⑥ 金岳霖：《归纳总则与将来》，《金岳霖文集》第 2 卷，第 422 页。

金岳霖认为逻辑命题（重言式、必然的理）是先天的，而先天的总是先验的。归纳原则是永真的，但不是先天的，仅仅是先验的。所谓先验的"是经验底必要条件"。"就是说如果它是假的，世界虽有，然而是任何知识者所不能经验的。"[①]"我们可以思议出一种情形，而在此情形下，逻辑命题为真而归纳原则为假。这可见归纳原则不是先天的原则。如果它是先天的原则，它就是逻辑命题那样的命题，它就无往而不真，根本就不能假。我们不能思议到逻辑命题为假的世界，然而我们可以思议到归纳原则为假的世界。它不是先天的原则，也就是因为它不是任何可能的所与底必要条件。"[②]

金岳霖虽然认定归纳原则是永真的，但终究进不了先天的、必然的理的逻辑圈子。这里还要赘言两句话：第一，既然人们可以思议出一种情形，在其中归纳原则为假，那么为什么还管它叫永真？第二，人们的确可以思议出一种情形，在其中某些逻辑命题不成立。例如直觉主义逻辑和弗协调逻辑。

三　金岳霖在逻辑方面的自我批判

金岳霖从20世纪30年代开始，在中国扎扎实实地引进了现代逻辑，并且培养了一批有成就的现代逻辑学家。对于逻辑学在中国的发展，应该说金岳霖是功莫大焉。那么为什么清华园解放时，金岳霖对形式逻辑今后的命运是忐忑不安的呢？[③] 为什么他还要对自己的逻辑思想作自我批判呢？简言之，这是时代潮流所决定的。

20世纪逻辑学得到了空前的大发展。另一方面，从20年代开始，国际上有一股以辩证法否定形式逻辑（实指传统逻辑）的思潮，其理论根据即黑格尔、恩格斯、列宁关于逻辑的许多话。到了30年代，苏联对德波林学派的政治打击导致了对形式逻辑的全盘否定。当时全世界的马克思主义者普遍认为形式逻辑是静的逻辑、反动的形而上学；而辩证法则是动的逻辑、辩证的逻辑，甚至是唯一科学的逻辑。

---

① 金岳霖：《归纳总则与将来》，《金岳霖文集》第2卷，第450页。

② 同上书，第449页。

③ 金岳霖：《琐忆》，《金岳霖文集》第4卷，第453页。

新中国成立后，金岳霖在许多文章中都批判了自己过去的逻辑思想，在大小会议上的口头检讨就更多了。1959 年发表的《对旧著〈逻辑〉一书的自我批判》[①]，是自我批判的集中表现，后收入 1961 年重印的《逻辑》（三联书店）作为前言。此书“文革”后又重印，哲学研究所逻辑室有的同仁劝他不收此文也罢，他说这文章是 17 年（指“文革”前 17 年）写的，而 17 年的路线是正确的，所以不能不收。

金岳霖晚年说《逻辑》中有很多很多错误。[②] 这些错误都是关于定理的推导的。因为《逻辑》是摘录罗素的《数学原理》第 1 卷，定理有所删节，自然会有疏漏。上述自我批判当然不是批判这些错误，因为这类定理推导方面的毛病，无论如何扣不上资产阶级学术思想的帽子。他的自我批判并没有涉及任何一条逻辑规则、规律、定理、元定理。甚至，也没有对照黑格尔的著作，批判自己与黑格尔说法不一致的地方。

金岳霖的自我批判分思维规律、概念、命题、推理、归纳五个方面。

（一）关于思维规律

金岳霖首先检讨了不讲充足理由律的错误。此律可追溯到德国哲学家莱布尼茨。英美人讲形式逻辑都不大讲此律。德国讲逻辑常讲此律。俄罗斯受德国影响较深，苏联讲形式逻辑也喜欢讲此律。西方人讲充足理由律的书大都叫“逻辑”不叫“形式逻辑”。现代逻辑根本不讲充足理由律，谁也没有发现这样做丢掉了什么好东西，值得检讨的。所谓充足理由律，笔者认为完全是一句伟大的废话。它缺乏可操作性，也不能用比较严密的语言来把它陈述出来。讲了充足理由律，绝不能使形式逻辑更有用。

从重言式彼此等值这一角度来看，同一律、矛盾律以及其他一切命题逻辑规律都是可以转化的。（具体怎样转化，是专业性很强的技术问题，哲学解决不了）这理应说是形式逻辑的活生生的辩证法。可是，金岳霖硬说强调这个转化是错误的。恩格斯针对数学运算曾说：“而这种从一个形式到另一个相反的形式的转变，并不是一种无聊的游戏，它是数学科学的最有

---

① 《哲学研究》1959 年第 5 期。（1959 年发表时的文章名为《对旧著“逻辑”一书的自我批判》。本文下同。——编者注）

② 金岳霖：《回忆录》，《金岳霖文集》第 4 卷，第 755 页。

利的杠杆之一，如果没有它，今天就几乎无法去进行一个比较困难的计算。”[①] 在数学是典型的辩证的东西，何以到逻辑里就是错误的呢？只能说这是一种偏见。

金岳霖在自我批判中没有否定同一律等思维规律本身，而是说以前把它们绝对化、无对化了。他举例说：“解放前在讲堂上我常常闭着眼睛，手向前一指，随便说一声：‘它或者是桌子或者不是’，然后睁开眼睛一看，说：‘一点也不错，它不是桌子’，方才说的那句话底后一半是真的。因此，‘它或者是桌子或者不是’这一句话是真的。”“我不只是进行了概念游戏，而且进行了有毒的宣传。”“我实在是进行欺骗。”[②] 笔者认为这个例子不是欺骗，更不是什么有毒的宣传。在那个语境下说的“它或者是桌子或者不是”确实表达了一个真判断，但这句话也确实是一句废话。黑格尔就指出过这一点。同语反复是逻辑规律的本质，其认识意义不在于教人尽说“或者是或者不是”式的废话，而在于规范推理使之具有有效性。利用这些“同语反复”进行推理是可以获得新知识的，而且它们常常是无法依靠感觉经验来证实的新知识。

金岳霖还批判了他讲排中律等抹杀了论域，而抹杀论域就是资产阶级的客观主义。在命题逻辑的层次上，还没有涉及个体的问题。没有涉及个体，就不需要讨论个体所属于的论域。到了谓词逻辑的层次上，才有论域的问题。命题逻辑还未发生论域问题，表明了它适用于任何论域。

金岳霖说他过去把思维规律绝对化或者无对化了。什么是“无对化”？他认为无对就是使抽象公式无所谓因条件的变化而起内容上的变化，有时就是抽象的公式因条件不同而有不同的具体内容。众所周知，在讨论语形时，逻辑规律是没有具体内容的；在进而讨论语义时，它们都是有内容的，即它们的解释。任何逻辑系统都应具有语形、语义两个方面，因此逻辑规律都是“有对”的，不是无对的。

金岳霖经过近10年的反省作出的自我批判，却没有从黑格尔辩证法的角度来进行。从黑格尔开始的对形式逻辑的批判，不论是全盘否定，还是

---

① 恩格斯：《自然辩证法》，于光远等译编，人民出版社，1984，第164页。

② 金岳霖：《对旧著〈逻辑〉一书的自我批判》，《金岳霖文集》第4卷，第254、255页。

指出它的局限性（承认它仅仅是初等的），主要集中在思维规律方面。这种意见认为同一律是抽象的同一，形式逻辑本身就违反了同一律。辩证法不仅承认“A是A”而且同时还承认“A不是A”；即使是把“A是A又不是A”分析成“A是A”和“A不是A”两者，也已经把活生生的辩证法给肢解了。金岳霖在自我批判中，对这类批判没有丝毫回应。因此，在推崇辩证逻辑，主张“A是A又不是A”的人看来，金岳霖的自我批判根本没有触及要害。后面我们还会碰到这个不可逾越的问题。金岳霖坚持的所谓“同一、不二、无三”恰恰是与黑格尔对立的。

（二）关于概念

金岳霖认为以前根本不讲概念，只谈一点名词（现在一般称“词项”）是错误的。笔者认为这样的自我批判没有实质的意义。形式逻辑是关于推理形式的科学，推理形式直接与命题形式有关，对命题形式的分析迟早要涉及词项或概念。但仅仅是词项或概念，它们还没有组成命题，是无法进行推理的。形式逻辑不能以黑格尔的“逻辑”（范畴体系）为标准大谈特谈概念，从这一概念发展到另一概念，包括“概念”“判断”“推理”等概念；却从不谈论从什么样的前提，能得什么样的结论。

金岳霖在自我批判中认为概念有真假，定义是概念的定义。笔者认为这与金岳霖的实际想法有距离。在日常接触中给我的印象是：第一，他反对概念有真假，真假只是判断的属性。定义是判断，所以它有真假。概念只有实与虚的问题。前者所反映的是实类，后者反映的是空类。反映空类的概念并不一定是不科学的。例如，他常常论及“不接触细菌的人”“不得传染病的人”。第二，他强调定义是对事物下定义，不是对概念下定义。笔者认为这两点才真正是唯物主义。

金岳霖在概念方面的自我批判，有一点是重要的，应该肯定的。这就是他说：“我当时认为，一类事物底共同点只是实然的情况而已。”① 现在他认识到事物的共性有必然性，即本质属性。以前他只承认逻辑必然性，不承认客观事物的必然性，这是错误的。这是他学习马克思主义的收获。我

---

① 金岳霖：《对旧著〈逻辑〉一书的自我批判》，《金岳霖文集》第4卷，第261页。

们也应该注意到这样一点：否认事物的客观性的唯心主义，不见得就否认必然性和本质；承认必然性和本质的，不一定承认事物的客观性。黑格尔就是一个适当的例子。

（三）关于命题

金岳霖在自我批判中非常仔细、生动地分析了命题与判断的区别，他事实上告诉人们，形式逻辑必须从命题讲起，然后才能处理判断。

金岳霖说："我现在认为，直言的全称肯定或否定是直接从归纳获得的判断。"[①] 此话片面。归纳是对经验中的事实的加工。许多全称命题是不可能直接由经验得到的，例如："凡不接触细菌的人都不得细菌性传染病。"世界上没有不接触细菌的人，没有不得传染病的人，科学家怎样去归纳？

金岳霖关于命题的自我批判重点在于批判数理逻辑把直言全称命题分析为假言命题。这是一些人当时不理解现代逻辑的反映。金岳霖对他们不是多作解释，而是迁就。这种态度是不可取的。

首先要说明为什么要把直言命题分析为复合命题，要把特称命题分析为联言命题。这是因为直言命题有主、谓两个词项。每一个词项都有论域，这一点是许多人能够理解的。由词项（可能多于两个）组成命题，这些词项必须在同一论域中。否则，命题的含义就无法确定。现代逻辑把每一个词项当作谓词，用个体变元来代表论域中的任一个体。这样，传统逻辑里的"有 S 是 P"就分析为：论域中至少有一个体 x，x 是 S 并且 x 是 P。传统逻辑的特称命题可以分析为联言命题，这比较容易理解，所以金岳霖没有对此作自我批判。

如果把全称命题"凡 S 是 P"分析为"对论域中任一个体 x 而言，x 是 S 并且 x 是 P"。那就是说，不仅 S 都是 P，而且论域中的每一个个体都既是 S 又是 P。这显然不是全称命题的原意。但我们可以把"凡 S 是 P"分析为"对论域中任一个体 x 而言，如果 x 是 S，则 x 是 P"。这是说是 S 的 x 一定是 P，但不见得每一个 x 都是 S，也许没有一个 x 是 S。这意味着，S 可以是空类。假言命题的前件（这里是"x 是 S"假），整个假言命题（这里是

① 金岳霖：《对旧著〈逻辑〉一书的自我批判》，《金岳霖文集》第 4 卷，第 267 页。

“如果 x 是 S 则 x 是 P”）还可以是真的。

金岳霖否认有必要研究存在问题（命题中词项的所指是否为空类的问题）。他说：“在具体的条件下当前的客观事物底存在是非肯定不可的，这也就是说，在具体的条件下，存在的问题是不应该提出的。”[①] 金岳霖的这个意见是站不住脚的。科学涉及抽象、一般、必然、规律、科学中的全称命题，其词项的所指未必存在于可以经验到的现象世界中，如不接触细菌的人。不论在任一具体条件下，马克思主义者都理所当然地应主张“救世主是不存在的”。这个命题绝对不是唯心主义吧？克隆人现在不存在，将来是否存在，谁也不敢打包票。但这不妨碍我们思考克隆人，对他下某些判断，进行推理，乃至立法。这种思考、判断、推理、立法，是有现实的社会迫切性的。因此，逻辑不能取消存在问题。

如果金岳霖真的取消了存在问题，就理应进一步批判现代逻辑全称不能推存在的论点。可是他没有在这一点上进行自我批判。而且，从我与金岳霖的接触来看，他从未否定过全称不能推存在的论点。由此可见，金岳霖在这个问题上的自我批判并没有落实到推理上、逻辑上，只是说了一些空话。

（四）关于推理

关于思维规律的自我批判应该是金岳霖自我批判的第一重点，因为黑格尔的辩证法是作为传统逻辑的同一律、矛盾律、排中律的对立物提出来的。关于推理的自我批判应该是金岳霖自我批判的第二重点。因为 20 世纪 40 年代末 50 年代初，苏联对所谓资产阶级逻辑的批判，重点在此。新中国成立初曾被中国当作样板学习的苏联斯特罗果维契的《逻辑》所突出批判的是：“资产阶级逻辑家通常赋予形式逻辑这一概念以这样一种意见，即形式逻辑一般地不过问判断和推论是否正确、这些判断和推理是否和现实一致，而只从事于验证思想在本质上是正确的或是错误的。在这一意义下，‘形式逻辑’便具有‘形式主义逻辑’的性质，而‘形式主义逻辑’，是和认识客观现实的任务脱离的。”[②] 在中国，持同样意见的代表人物说：“说形式逻辑只管推理在形式上是否正确，不管它在内容上是否真实，就是要使

① 金岳霖：《对旧著〈逻辑〉一书的自我批判》，《金岳霖文集》第 4 卷，第 268 页。

② 〔苏〕斯特罗果维契：《逻辑》，曹葆华、谢宁译，人民出版社，1950，第 9 页。

逻辑研究离开了实际去做‘纯’形式的研究，不能不说它是一种迷信观点，是属于资产阶级的学术观点。任何形式都是一定内容的形式，离开了内容就没有什么形式可言，因而离开了真实也就没有什么正确可言。如果形式逻辑真的管不到推理的是否真实，那我们还有什么必要再去研究它呢？”[①] 金岳霖在1950年前是在中国宣传只管形式对错（形式逻辑只研究推理形式是否有效），不管内容真假（形式逻辑不研究推理的前提、结论是否真）这一形式逻辑精神实质的“始作俑者”。[②] 现在要进行自我批判的，主要就是形式逻辑的这个精神实质。

金岳霖关于推理方面的自我批判，是突出批判他所谓的“分家论”，即形式上的对错（推理形式的是否有效，亦称正确性）和实质上的真假（推理的前提和结论的真假，亦称真实性）分家。

其实事情很简单，关于推理事实上有以下七种情况：

（1）前提真　　形式对　　结论真

（2）前提真　　形式错　　结论真

（3）前提真　　形式错　　结论假

（4）前提假　　形式对　　结论真

（5）前提假　　形式对　　结论假

（6）前提假　　形式错　　结论真

（7）前提假　　形式错　　结论假

这里所谓“前提真”是指前提都真，所谓“前提假”是指前提有假。推理形式不是命题，因之无所谓真假。

如果真正坚持实事求是的唯物主义态度，应该承认存在着上述七种情况。这样，所谓真实性与正确性的关系问题是可以迎刃而解的。推理形式是否有效直接与前提、结论的真假有关。有效的推理形式的定义是：如果具此形式的推理的前提都是真的，那么结论一定也是真的。在这个意义上讲，真实性与正确性是统一的。从有效推理形式的来源讲，两者也是统一的。事实上没有任何人说真实性与正确性是不统一的。演绎推理的认识意

---

① 《哲学研究》编辑部编《逻辑问题讨论集》，上海人民出版社，1959，第177页。

② 金岳霖：《对旧著〈逻辑〉一书的自我批判》，《金岳霖文集》第4卷，第258、273、289页。

义就在于从真前提只能得到真结论；反过来说，如果结论假，则前提必有假。但是，前提有假或结论假，推理形式不一定无效。前提和结论都真，推理形式不一定有效（学习形式逻辑的必要性之一就在于此）。从这两点来看，真实性与正确性有不一致的情况。统一不等于绝对一致。但是，不了解形式逻辑精神实质的人，把“内容决定形式”当作僵死教条的人，硬是理解不了这一点。

当年逻辑界有些人认为如果前提有假，推理形式一定错。他们坚决不承认在四、五两种情况下，推理形式是对的；在他们看来，(4)(5)分别就是(6)(7)。[①] 金岳霖提出一种较为“精致”的意见：(4)～(7)四种情况根本不存在，没有人（至少是无产阶级，也许还有人民群众）作这种推理。他认为所谓(4)(5)两种情况，只有蕴涵，没有推理。他确实也曾说过“凡金属是不能熔解的，金子是金属，故金子不能熔解……不但内容是虚伪的，而且形式也是错误的”[②]。但后来他又有所更正。[③] 在金岳霖看来，承认有(4)(5)两种情况，就是不把真前提与正确推理形式结合起来，就是真实性与正确性分家，就是形而上学，就是资产阶级学术思想。逻辑界有人认为：“由有虚假前提的三段论所形成的蕴涵也是虚假的，因为它们的前件和后件之间的联系是错误的。”[④] 也有人认为：“金岳霖同志虽然是主张真实性和正确性应该是统一的。但是从他对于‘蕴涵’的主张来看，却恰恰又推翻了自己的看法。……因而这种看法不能算是唯物主义的看法。”[⑤] 金岳霖也曾不很明确地说过，事后发现推理的前提原来是假的，这种情况是也许会发生的。[⑥] 后来他在《读王忍之文章之后》中又在事实上承认有(4)(5)两种情况。他说：“此所以在我们认真负责地作出一个推理以后，还是有真假对错四种不同的可能性。”[⑦] 1960 年他写了《论“所以”》，发挥了这方面的思

---

① 《哲学研究》编辑部编《逻辑问题讨论续集》，上海人民出版社，1960，第 14～21、208～228、229～245、285～308 页。

② 金岳霖：《论真实性与正确性的统一》，《金岳霖文集》第 4 卷，第 246 页。

③ 金岳霖：《读王忍之文章之后》，《金岳霖文集》第 4 卷，第 357 页。

④ 《哲学研究》编辑部编《逻辑问题讨论续集》，第 20 页。

⑤ 《“蕴涵”与“推论”不能混淆》，《光明日报》1959 年 6 月 14 日。

⑥ 金岳霖：《读王忍之文章之后》，《金岳霖文集》第 4 卷，第 362 页。

⑦ 同上书。

想。我们将在下一章中再谈这个问题。

（五）关于归纳

金岳霖关于归纳的自我批判是批判他以前认为归纳推理不是必然的观点。他认为："针对一时一地的具体条件和该时该地的科学水平，正确的归纳推论是必然的。"[①] 何谓"正确的归纳推论"？金岳霖没有给出明晰严格的定义，也没有给出其形式。演绎与归纳的区别太大，历史上把两者结合起来，放在一本书里讲，也改变不了归纳的本质。归纳推理没有必然性是国际逻辑学界的共识。

最后，金岳霖自我批判他"当时确实否认了形式逻辑的客观基础"。"形式逻辑的客观基础"一词是20世纪50年代初中国学者初创出来的。金岳霖20世纪30年代写《逻辑》时怎么会事先否认形式逻辑有客观基础呢？如果说《论道》中的式不是唯心主义的话，这岂不就是逻辑规律的客观基础？金岳霖在《对旧著〈逻辑〉一书的自我批判》的最后说，要补上形式逻辑客观基础方面的自我批判。后来他在1962年第3期《哲学研究》上发表了《客观事物的确实性和形式逻辑的头三条基本思维规律》。我们将在下一章里面讨论这个问题。

金岳霖对自己逻辑思想的批判，笔者基本上是不能同意的，这当然不是说1949年前金岳霖的逻辑思想是百分之百正确的。

四 金岳霖参加百家争鸣

形式逻辑本来并不是一门显学，然而20世纪50～60年代中国学术界出现了逻辑争论的热闹场面。其原因何在？原因在于中华人民共和国成立后，出现了从全盘否定形式逻辑到承认它是初等逻辑的大转弯，迫切需要在马克思主义指导下重建传统逻辑的哲学基础。这就是既要论证传统逻辑是科学，又要维护自黑格尔以来对传统逻辑的批判的合理性；既要论证传统逻辑不是形而上学，又要论证辩证法是逻辑，而且是高等逻辑。人们力图从黑格尔、恩格斯、列宁关于逻辑的言论中，引申出有别于20世纪20～40年

① 金岳霖：《对旧著〈逻辑〉一书的自我批判》，《金岳霖文集》第4卷，第284～285页。

代把形式逻辑等同于形而上学的结论。这绝不是轻而易举的事，因为当初全盘否定形式逻辑，把它当作形而上学批判的理论根据也还是黑格尔、恩格斯、列宁关于逻辑的那些言论。争论是不可避免的。参加争论的人主观上都以为自己是站在马克思主义立场上的，因此争论又不能不激烈。从一定意义上说，这是形式逻辑争生存权的争论。但这种争论却是游离于国际上逻辑学发展的主流的。一旦人们理解了形式逻辑的基本性质和内容，一旦人们的现代逻辑知识丰富了，一旦意识形态对逻辑的干扰停止了，这种争论就纯属多余。

20 世纪 50～60 年代，金岳霖前后有 6 篇文章参加逻辑的百家争鸣。这些文章在相当程度上还是作自我批判（可见他思想包袱之沉重）。他的这些文章主要谈两个问题。第一，自我批判深化，提出无产阶级的推理形式不同于资产阶级的推理形式。第二，自我批判的延伸，提出对形式逻辑客观基础的意见。

（一）“真实性与正确性的统一”

1956 年周谷城提出：“认识的真不真，是各科的事；推理的错不错，是形式逻辑的事。”[①] 他举这样的例子：“凡金属是不能熔解的，金子是金属，故金子不能熔解。”并说明这个推理的形式是正确的。不必问“凡金属是不能熔解的”“金子不能熔解”真不真。周谷城说的本来是传统逻辑的常识，但却遭到了一些人的反对。认为这个论点是为诡辩打开了大门。[②]

3 年后，金岳霖撰《论真实性与正确性的统一》[③]（《哲学研究》1959 年第 3 期），提出了自己的意见。次年，他又撰写了长文《论“所以”》（哲学研究 1960 年第 1 期），发挥了他的想法。

金岳霖针对上述周谷城举的例子说，应该区别这样两种情况：

（1）如 MAP，SAM，则 SAP

（2）MAP，SAM，所以 SAP

---

① 周谷城：《形式逻辑与辩证法》，《新建设》1956 年第 2 期。

② 《逻辑推理中真实性和正确性的关系问题》，《哲学研究》1959 年第 8、9 期合刊。

③ 在《哲学研究》1959 年第 3 期发表时的文章名为《论真实性与正确性底统一》。——编者注

（1）是逻辑蕴涵，（2）是推理形式，两者不可混淆。（1）是客观的，它的成立不依靠人的认识，没有阶级性。（2）是人的过渡，是人做出来的。金岳霖只承认假言判断：

如果凡金属是不能熔解的，并且金子是金属，则金子是不能熔解的。

他不承认有这样的推理：

凡金属是不能熔解的。

金子是金属。

所以，金子是不能熔解的。

他说推理形式既要求有逻辑蕴涵作为依据，又要求断定前提。“推理的发生，不只是相对于科学水平，而且也相对于阶级，认识基本上是有阶级性的。推理既然是断定前提的内容正确性到断定结论的内容正确性的过渡，它就是认识的一个很重要的环节，它也是基本上有阶级性的。”[①] 金岳霖认为前提假，就没有推理，至少人民大众、无产阶级没有这种推理，只有蕴涵。这就是说无产阶级的判断都是真的，以这些真判断为前提进行的推理形式也是正确的，其真实性与正确性就是这样统一的。金岳霖所谓的真实性与正确性的统一即是如此。

进一步，金岳霖认为罗素说的推理形式是：├MAP├SAM，∴├SAP。这是客观主义的，因而也是资产阶级的推理形式。而无产阶级的推理形式是：╞MAP，╞SAM，∴╞SAP。“‘╞’这个符号中的一横表示科学水平，另一横表示无产阶级。”[②] 不同的阶级没有共同的推理形式。这两阶级性不同的推理形式的形式根据则是没有阶级性的逻辑蕴涵：如 MAP 且 SAM 则 SAP。

---

① 金岳霖：《论“所以”》，《金岳霖文集》第 4 卷，第 319 页。

② 金岳霖：《论“所以”》，《金岳霖文集》第 4 卷，第 342 页。

人们一定会提出许多质疑，例如：金岳霖所说的没有阶级性的逻辑蕴涵，岂不是客观主义的东西、资产阶级学术思想？对前件假的蕴涵来说，岂不是真实性与正确性（这里的正确性要作一些技术性处理）是不统一的？前提结论都真，推理形式却错，这是常见的逻辑错误，无产阶级也难免，在这种情况下，真实性与统一性还统一吗？无产阶级的断定难道就没有假的情况？对于这些明摆着的问题，金岳霖没有作出澄清。

据笔者个人见闻所及，还没有人完全接受金岳霖的这套说法，相反倒是有人认为金岳霖的这套说法仍然是资产阶级学术思想的尾巴没有割掉。例如有人说："……如果认为：有虚假前提的三段论不是推理，而是蕴涵，这就等于说，有虚假前提的虚假三段论，由蕴涵来看，是真实的、合乎逻辑的。这样，岂不在逻辑里给诡辩留一个阵地吗？"① 也有人说："金岳霖同志虽然是主张真实性和正确性应该是统一的，但是从他对于'蕴涵'的主张来看，却恰恰又推翻了自己的看法。……这种所谓'客观事物的必然性'就是没有物质基础的。假如这里面有必然性的话，那恐怕也只是人们头脑中自造的必然性。因而这种看法不能算是唯物主义的看法。"②

金岳霖说推理形式有阶级性的论断，在逻辑的技术性问题上有两大漏洞。

第一，金岳霖所谓推理形式的根据逻辑蕴涵就是作为逻辑定理的蕴涵式，它的一般形式是：

$$(3)\ A_1 \rightarrow (A_2 \rightarrow \cdots (A_n \rightarrow B) \cdots)$$

（3）总可以根据分离规则（蕴涵消去律）逐步得到推理形式：

$$(4)\ A_1, \cdots, A_n \vdash B$$

对任何推理形式（4），只要有演绎定理（蕴涵引入律），总可以逐步得到（3）。如果任一推理形式（4）有阶级性，不能证实引用演绎定理可以把

① 李世繁：《关于"论真实性与正确性底统一"一文的商榷》，《哲学研究》1959年第4期。
② 《"蕴涵"与"推论"不能混淆》，《光明日报》1959年6月14日。

阶级性过滤掉，得到没有阶级性的蕴涵式（3）。反之，如果任一蕴涵式（3）是没有阶级性的，也不能证实引用分离规则可以添加阶级性，得到有阶级性的推理形式（4）。只要承认共同的形式根据是逻辑蕴涵，就是承认了共同的推理形式，反之亦然。无产阶级和资产阶级可以有不同的断定、不同的推理，但没有不同的推理形式。金岳霖只是给出了两种不同的刻画推理形式的公式，他没有给出两种不同的推理形式。区别仅在于断定符号的写法不同而已。多画一横道就多了一分无产阶级的阶级性，这岂不是把阶级性给庸俗化了、符号化了？

第二，金岳霖忽视了假设前提的推理，把推理等同于没有假设前提的证明，他没有注意到许多证明是以假设前提的推理作为不可缺少的组成部分的。他所说的“推理”实际上是没有假设前提的证明，不是通常所说的推理。逻辑蕴涵、推理、证明三者的区别都是不能抹杀的。推理的前提不必断定，即不必都是判断。证明的论据必须是已知为真的判断。但在许多证明中，出发点不必是论据，而是假设的前提。它的论据是由假设的前提推出来的。金岳霖所说的逻辑蕴涵是现代逻辑要把推理形式转化为判断（逻辑命题）而创造出来的。人们在推理时，并不先想好某个蕴涵式然后再去推。假设前提的推理应该说是常见的，蕴涵引入、归谬、反正，都是假设前提的推理。它们经常用之于证明。现以归谬法证明为例：$A\to(B\wedge\neg B)\vdash\neg A$。论据是$A\to(B\wedge\neg B)$。论据不是A，更不是$B\wedge\neg B$。如果追问，$A\to(B\wedge\neg B)$是哪儿来的？就会发现，由于$B\wedge\neg B$是逻辑矛盾，$A\to(B\wedge\neg B)$是一个不可证实的命题。人们断定它只能根据推理。从假设的前提A出发，运用逻辑规则，推出了$B\wedge\neg B$，就可以断定$A\to(B\wedge\neg B)$。从而根据归谬法不仅推出了$\neg A$而且也证明了$\neg A$。从A到$B\wedge\neg B$是以A为假设前提的推理，不是证明，但它是整个证明不可缺少的部分。从$A\to(B\wedge\neg B)$到$\neg A$既是推理又是证明。从A到$\neg A$是有假设前提的证明。“假如语言能够生产物质资料，那么夸夸其谈的人就会成为世界上最富的人了。”这个假言判断的前后件都假，是无法证实的；整个假言命题只能通过假设前提的推理来获得。

金岳霖在20世纪60年代认为无产阶级与资产阶级的逻辑是不同的。有阶级性的人，研究有阶级性的推理形式的逻辑学却没有阶级性。这是费解之一。不同阶级的不同的推理形式，它们具有共同的无阶级性的形式根据——逻辑蕴涵。这是费解之二。金岳霖晚年说："真理还是有阶级性的，硬是有阶级性的。"[①] 形式逻辑作为科学，应是真理无疑。它究竟有没有阶级性？这是费解之三。

周礼全曾撰文《〈论"所以"〉中的几个主要问题》，以作问难。[②] 金岳霖又撰文《推理形式的阶级性和必然性》，作了答辩。金岳霖强调没有全民的或全人类的共同的推理形式。推理没有重言式的必然性。无产阶级有无产阶级的逻辑。这个逻辑是一个庞大的科学体系。资产阶级有他们的剥削逻辑、掠夺逻辑、追求最大利润的逻辑、侵略逻辑、殖民主义逻辑。说到这里，显然已经与形式逻辑风马牛不相及了。

（二）关于思维规律的客观基础

"形式逻辑的客观基础""思维规律的客观基础"是中国逻辑学界在20世纪50年代提出来的概念。论者的初衷是要在形式逻辑领域里既坚持辩证法，又坚持唯物主义。

传统逻辑从亚里士多德提出矛盾律和排中律开始，它们就首先是事物的规律，其次才是思维的规律。后来的逻辑学家是继承了这个传统的。周谷城说得很对："自有形式逻辑以来，就很明确，从不引起有无物质基础的问题。"[③] 恩格斯说："我们的主观的思维和客观的世界服从于同样的规律，因而两者在自己的结果中不能相互矛盾，而必须彼此一致，这个事实绝对地统治着我们的整个理论思维。"[④] 黑格尔、恩格斯都认为形式逻辑规律是形而上学的，是与辩证法对立的。但是，他们从未全盘否定形而上学。20世纪30～40年代全盘否定形式逻辑的思潮认为形式逻辑规律就是形而上学，是反动的世界观。到了50年代，这种思潮演化为承认形式逻辑是初等逻辑，形式逻辑规律仅仅是正确思维的初步规律，如果把它们夸大为整个思维的

---

① 《金岳霖文集》第4卷，第722页。

② 《哲学研究》1961年第5期。

③ 周谷城：《五论形式逻辑与辩证法》，《新建设》1957年第6期。

④ 恩格斯：《自然辩证法》，第157页。

规律，夸大为客观世界的规律，就陷入了形而上学。50 年代的这种说法面临一个唯心主义的陷阱：形式逻辑规律与客观世界的规律不一致。于是，中国学术界就有人提出了客观基础说来避免走向唯心主义。他们认为客观事物具有某些特性，这些特性决定了形式逻辑规律，这些特性就是形式逻辑规律的客观基础。另一方面他们坚持：客观世界没有与形式逻辑规律相应的规律。在笔者看来，客观基础说是一个“天下本无事，庸人自扰之”的问题。

上一章提到金岳霖在《对旧著〈逻辑〉一书的自我批判》的最后说，要补上形式逻辑客观基础方面的自我批判。后来他发表了《客观事物的确实性和形式逻辑的头三条基本思维规律》（见《哲学研究》1962 年第 3 期），一方面继续自我批判，另一方面也是就形式逻辑的客观基础问题提出自己的意见，参加百家争鸣。

金岳霖说思维认识能够正确反映客观事物及其规律，有一个大矛盾需要解决，即客观事物的确实性和思维认识经常出现的不确定性的矛盾。解决这一矛盾的主要是形式逻辑。他说客观事物的本来面目只有一个，即它的确实性只有一个。客观确实性只有一个这条规律是同一律、矛盾律、排中律乃至整个形式逻辑的客观基础。用最简单的话说，确实性是同一的、不二的、无三的。但是思维过程中会不断产生不确定性，如自相矛盾，把不相干的论域的东西结合在一块儿等。客观事物的没有不确实性和思维认识之有不确定性是矛盾的。只有确定的思维认识才能正确地反映客观事物的确实性。同一律、矛盾律和排中律结合起来反映了客观事物的确实性只有一个。思维认识的确定性也只有一个，它们都必须是同一的、不二的、无三的。或者说，思维认识必须遵守同一律、矛盾律和排中律才能反映事物的确实性。这三条规律的作用正是克服思维的不确定性，它们是思维和思维形式的基本规律。他对同一的理解，仍为“如 x 是甲，则 x 是甲”，而不是“x = x”。他认为事实的确实性和思维的确定性都只有一个，因此逻辑也是唯一的。

金岳霖无非是说同一律、矛盾律、排中律所说的同一、不二、无三，保证了思维的确定性，它们反映了客观事物的确实性即同一、不二、无三。

后者就是前者的客观基础。这事实上还是把同一律、矛盾律、排中律先解释为事物规律（确实性），再把它们解释为思维规律（确定性）。金岳霖的思想回到了亚里士多德，但并不符合黑格尔本质论中同一（金岳霖说的同一是抽象同一，黑格尔说的同一是具体同一）、差别、根据这三个范畴的思想。在黑格尔看来，概念（或理念）既是确定的又是不确定的。事物的本来面目绝不只有一个而是多个。“一切事物都是有差异的……A 是一个差异物，所以 A 又不是 A。”[①] 黑格尔的意思，万事万物都是不一、兼二、有三的。黑格尔的“同一、差别、根据”有合理的方面，也有诡辩的方面。他说：“同一律的说法是：一切东西都是自相同一的，或 A = A；……这个命题的形式是已经与这个命题本身矛盾的，因为一个命题本应说出主词与谓词之间的差别，但这个命题却没有做到它的形式所要求的。”[②] 这段话的影响极大，1927 年的金岳霖就尚未摆脱它的蛊惑。这段话从来就是以辩证法批判形式逻辑的典型例子。但是，这段话是纯粹的诡辩。因为它混淆了两种不同的东西。用传统逻辑的话来说，它混淆了思维规律（这里是同一律）和命题形式（如“凡 S 是 P”）。以“凡 S 是 P”为例，它是没有真假可言的命题形式；而同一律“A = A”是说，在“凡 S 是 P”中，S = S，P = P。同一律“A = A”不是命题形式，而是真命题（“A = A”的命题形式在传统逻辑里处理不了，只能在现代逻辑中进行分析），是逻辑规律。用现代逻辑的话来说，黑格尔混淆了公式与定理的区别。逻辑学家有责任指明黑格尔的种种曲解形式逻辑的诡辩。他的“不一、兼二、有三”不是逻辑，不是科学，而是意识形态。

金岳霖的“同一、不二、无三”说，坚持了传统逻辑的同一律、矛盾律、排中律。但他没有把黑格尔的“不一、兼二、有三”分析透。他既没有指出黑格尔的错误，又没有接受黑格尔理论的启发。他没有吸收现代逻辑的某些新成果，未及认清直觉主义逻辑限制排中律的意义，没有看到弗协调逻辑限制矛盾律的意义。他坚持逻辑一元论，反对诡辩；但他不理解异常逻辑兴起的哲学意义。

---

① 黑格尔：《逻辑学》下卷，杨一之译，商务印书馆，1976，第 43 页。

② 黑格尔：《逻辑学》，梁志学译，人民出版社，2002，第 22 页。

《客观事物的确实性和形式逻辑的头三条基本思维规律》是金岳霖的得意之作。[1] 也许是文章写得太冗长，逻辑学界没有什么反应。后来他在《回忆录》中说："文章发表后如石沉大海。只有钱钟书先生作了口头上的反对，……至于平日搞逻辑学的人，没有人赞成，也没有人反对。"[2] 大家不知道钱先生是怎样反对的。想来精通黑格尔的钱先生，至少会指出，金岳霖的"同一、不二、无三"不符合黑格尔的辩证法，或者说"同一、不二、无三"在黑格尔看来仅仅是知性的、形而上学的，不是理性的、辩证的。

（三）建立统一的逻辑学体系

1961 年金岳霖在中国科学院哲学社会科学部学部委员会第三次扩大会议上的发言《关于修改形式逻辑和建立统一的逻辑学体系问题》，提出了逻辑学往哪里去的问题。他的意见是要建立以辩证法或辩证逻辑为主的统一的逻辑学体系。[3] 金岳霖首先提出当时困扰着逻辑学界的三大问题。

第一，形式逻辑的本来面目是在旧的科学基础上产生的，和我们的思维实践有相当大的距离。为使形式逻辑和思维实践密切结合，应如何修改形式逻辑？还有什么新的思维形式可以总结？1978 年 5 月 15 日在全国逻辑讨论会开幕式上，金岳霖的发言提出："从教科书着想，我建议提出'典型'来作为一个研究项目。……'典型'显然是一个认识世界中的形式，看来也是处理世界中的形式。它是一个十分重要的形式。它究竟是一个什么样的形式呢？它是否是形式逻辑中的一个形式呢？我建议形式逻辑工作者把典型这一范畴列为一项研究项目。"[4]

第二，1960 年高等院校进行课程改革后，教师教不下去了，学生也学不下去了。课程改革和修改形式逻辑不完全一样，但 1960 年后两者统一起来了。究竟怎样改革？

第三，究竟需要怎样的逻辑专业干部？

以上三个问题，金岳霖总结为一个问题：逻辑学往哪里去？他认为解

---

① 金岳霖：《回忆录》，《金岳霖文集》第 4 卷，第 760 ~ 761 页。

② 同上书，第 760 页。

③ 《新建设》1961 年第 1 期。

④ 金岳霖：《在全国逻辑讨论会开幕式上的发言》，《金岳霖文集》第 4 卷，第 448 页。

决这个问题要注意两点。

第一，要建立一个逻辑体系。“这个逻辑体系是既有辩证法或辩证逻辑因素在内，又有形式逻辑因素在内的，而又以前者为主的统一的逻辑体系。”① 金岳霖说这个“统一的逻辑”已经长期地存在了，就是斯大林说列宁的逻辑性强的逻辑的体系。这是为社会主义服务的逻辑。

第二，“研究逻辑学要以毛泽东思想为指导”。“要贯彻毛泽东思想到逻辑学里面去，也就至少要让唯物辩证法和形式逻辑挨边、碰头、打交道。……有人怕挨边会把唯物辩证法庸俗化了。……不挨边又怎么贯彻唯物辩证法的指导呢？另外也有人怕把形式逻辑辩证化了。……但是，我们不能老是怕把形式逻辑辩证化。显然，有这样一种戒心的话，我们也就会怕让唯物辩证法和形式逻辑挨边、碰头、打交道了。这又怎么能够贯彻唯物辩证法的指导呢？”②

对金岳霖的“统一的逻辑学体系”可以提出以下质疑。

第一，黑格尔的逻辑学，就是统一的逻辑学体系，不过是唯心主义的罢了。20 世纪 50 ~ 60 年代有学者提出要对黑格尔的体系作唯物主义的改造。这种意见与金岳霖的意见有一致的方面。区别在于金岳霖提的是统一逻辑，其他学者提的是范畴体系。不论是统一逻辑还是范畴体系，至今未见成效。

第二，辩证法是哲学、意识形态，不可能是逻辑（主要研究推理形式的逻辑）。形式逻辑早已“现代化”了，是数学性的形式科学。意识形态与形态系统不可能科学地统一起来成为一个体系。

第三，所谓辩证逻辑，事实上有以下五个不同的方向：①辩证法（dialectics）或辩证方法（dialectical method）；②认识论；③范畴体系；④科学方法论；⑤逻辑。前四种方向都不是逻辑，无法与形式逻辑统一。辩证逻辑的逻辑方向又有两种不同的倾向。一是以传统逻辑为模式，寻求辩证的概念、辩证的判断、辩证的推理、辩证思维的基本规律，等等。传统逻辑早已过时，依猫画虎是走不通的。另一种是以一阶逻辑为模式，建构辩证

---

① 金岳霖：《关于修改形式逻辑和建立统一的逻辑学体系问题》，《金岳霖文集》第 4 卷，第 355 页。

② 同上书，第 356 页。

逻辑的形式系统。这里有两个难以克服的困难。首先，究竟什么是辩证逻辑要研究的推理，没有共同的认识。其次，只要坚持辩证逻辑某些公认的特征，如辩证法、认识论、逻辑三者统一，逻辑与历史一致，等等，就不可能成为形式系统。至少可以说，迄今为止没有公认的可以称作逻辑的辩证逻辑，可以成为统一的逻辑体系的主角。

第四，所谓“斯大林说列宁的逻辑性强”中的“逻辑”，并非科学的逻辑概念。斯大林的原话是：“当时使我佩服的是列宁演说中的那种不可战胜的逻辑力量，这种逻辑力量虽然有些枯燥，但是紧紧地抓住听众，一步进一步地感动听众，然后就把听众俘虏得一个不剩。”[①] 形式逻辑所要研究的最典型的逻辑力量，是数学证明中的逻辑力量。

五 金岳霖做逻辑普及工作

进入20世纪60年代，苏联教材从政治上看是不适用了，必须编出一批高校文科教材，其中包括形式逻辑教材。金岳霖受命主编了一本《形式逻辑》。

（一）集体撰写《逻辑通俗读本》

1959年中国科学院哲学研究所逻辑组的同仁在金岳霖的带动下，写了一本《逻辑通俗读本》，他自己执笔第二章《判断》，此书当时有油印本发给北京市逻辑学界征求意见。直至1962年方由中国青年出版社出版，同年印了第2版。1978年第3版时改名为《形式逻辑简明读本》。1979年印了第4版，1982年第5版。国内有哈萨克文译本，国外有日文译本。此书出版后在学术界获得了好评。

20世纪50年代末60年代初，笔者参加过一些形式逻辑教材的编写工作，深知《判断》是争论最激烈的一章，也是能否把形式逻辑的精神实质充分写出来的最关键的一章。《逻辑通俗读本》的《判断》章，结构和论点与当时苏联教材、国内已有的几本读物迥异，有使人耳目一新之感。金岳霖讲判断，重点还是在告诉读者怎样掌握抽象的命题形式，而不是在讲判

---

① 《斯大林全集》第6卷，人民出版社，1956，第50页。

断所反映的具体事实。这与当时许多人讲逻辑忽视形式而重内容的做法是背道而驰的。

20 世纪 50 ~ 60 年代，受苏联教材的影响，公开出版的中国逻辑教材几乎都认为有些肯定判断的谓项周延。如说“等角三角形”在“凡等边三角形都是等角三角形”中周延，“凡等边三角形都是等角三角形”可以换位为“凡等角三角形都是等边三角形”。金岳霖在《判断》中坚持了形式逻辑的科学性，明确告诉读者全称肯定判断的谓项是不周延的，它不可以倒转过来说。当时中国逻辑学界能坚持这个科学观点的，只是少数人。不能正确处理周延问题，直接推理和三段论就根本无法讲下去。也就是说，演绎推理就根本讲不通。

金岳霖没有全面介绍对当关系，而是突出介绍矛盾关系和反对关系，并反复论述之，尽量使读者掌握这些基础知识。金岳霖所省略的是差等关系和下反对关系。

关于假言判断和选言判断，金岳霖一反康德、黑格尔以及当时苏联的说法，贯彻了现代逻辑以命题逻辑为起点的精神，着重阐述复合判断与直言判断的不同，复合判断是由判断组成的，而直言判断是由概念组成的。

金岳霖对假言判断功用的介绍是很生动的。他说假言判断能起取舍的作用。假的假言判断也可以利用，“有些迷信就是可以利用不正确的假言判断的方式来排除的。老年人当中有的可能仍然相信五月十三要下雨，‘那天关老爷磨刀’，这是迷信。我们可以用许多不正确的假言判断来提出问题：‘如果天不下雨，关老爷就不磨刀了吗？’‘如果在这一村下雨，在那一村不下雨，关老爷是不是在这一村磨刀，在那一村没有磨刀呢？’‘如果在好些地方下雨，关老爷是不是在好些地方同时磨刀呢？……通过这类不正确的假言判断，作为问题提出，有迷信的人不能回答，迷信也就破除了。……在科学发展中，好些新的科学发现也是靠假言判断的。……每一个试验都牵扯好些个假言判断，而它们又是我们在现在这一阶段上还不知道正确与否的假言判断；在试验的过程中，我们可以用实践来检验这些判断”[①]。当

① 金岳霖：《判断》，《金岳霖文集》第 4 卷，第 380 ~ 381 页。

金岳霖面向普及形式逻辑知识的实际工作时，他是实事求是的，他强调了假判断（或不知是否真的判断）也都有认识意义，而且在认识过程中是不可避免的。当然运用它们来进行推理也既是不可避免的，又是可以帮助人们达到真理的。

金岳霖提出了选言判断有相容的和不相容的区别。缺点是把不相干的穷尽问题牵扯进来了，因为仅在命题层次而不涉及词项及其论域时，不发生穷尽问题。其次是没有区分两种不同的选言联结词。这样，从形式上无法区分一个选言判断是相容的还是不相容的；这样任一选言判断的形式还是决定于“内容”，而不是“纯形式”的。据我所知，提出在现代汉语中“要么”表示不相容选言的是周礼全先生。

《判断》章的最富新意的特点是第三节《几种新的判断形式》。传统逻辑曾研究过“多数是”和“少数是”。这一节提出了“个别的是”“一般的是”“基本上是”，并进一步说明了“一般的是”和“个别的是”只是互相反对而不互相矛盾。对“基本上是”的否定要注意“不”字摆在什么地方，要注意否定的意思是引用到什么东西上去的。这一节还讨论了道义模态词“必需”（应为“必须”）及怎样否定它的问题。1996 年，周礼全告诉笔者，这部分材料是他应金岳霖的要求提供给金岳霖的。

《判断》这一章有一个很大的缺点，即没有利用变元来表达判断形式。当时哲学界很多人认为工农兵群众看不懂满纸符号公式的形式逻辑，要不脱离群众，就不能这样讲形式逻辑。有人说，有的农村老太太（指顾阿桃）识字不多但哲学学得很好，你们的形式逻辑难道真的比哲学还难学吗？公式化、形式化就是要把形式逻辑变成资产阶级精神贵族的专利品！笔者 1961 年到哲学所逻辑组工作后，参加过《逻辑通俗读本》的修订工作。第一步，我们用空位“×××”“……”来代替变元。第二步，根据习惯又以字母来表示变元。第 5 版《形式逻辑简明读本》的《判断》章，在尽可能保留原作优点的条件下，已经改得到处有符号公式了。

（二）主编《形式逻辑》

1961 年上半年由周扬主持高等学校文科教材的编写工作。经过严重的挫折，人们的头脑已经比较清醒了。周扬再三强调编书力求稳妥。6 月金岳霖受命任《形式逻辑》主编。他没有执笔。参加写书的人学术背景不同，意见分歧极大，但实行主编责任制。金岳霖参加了全部稿子的讨论。在激烈的争论中，他的发言不算多，但重要的分歧都由他拍板定案。他还公开申明，他个人的意见（如推理形式有阶级性）可以不写进去。统稿工作是由周礼全做的。交稿后适逢“文化大革命”。1979 年该书方由人民出版社出版。出版前夕的最后加工，金岳霖因年事已高没有参加，哪些地方有较大的修改，由周礼全向他作了汇报。因当初撰稿时力求稳妥，故改动不大，甚至例子都基本未动。

金岳霖主编的《形式逻辑》在相当程度上突破了苏联 20 世纪 50 ~ 60 年代的某些框框，消除了苏联教材散布的某些常识性错误，较准确地传播了传统逻辑知识，在传统逻辑的框架里增加了些许现代逻辑的初步知识。与苏联教材相比，内容大大丰富了，科学性也提高了。

20 世纪 50 ~ 60 年代的逻辑争论中常常涉及一个用词问题。当时，“思维形式”一词既指概念、判断、推理，又指命题形式和推理形式，有时还像黑格尔那样指哲学范畴（例如“假言判断”是黑格尔体系中的一个范畴)。为了避免歧义，《形式逻辑》不称概念、判断、推理为思维形式，而是称概念、判断为思维形态，称推理为思维过程。形式逻辑对象之一的思维形式，仅指判断形式和推理形式。“思维形态”一词是该书首创的，但至今未能通用。

一般哲学书至今都说概念反映事物的本质；一般逻辑书都说概念反映事物的本质属性。《形式逻辑》主要根据周礼全的意见，把概念定义为反映事物的特有属性（固有属性或本质属性）的思维形态。这个提法与金岳霖本人 1949 年后的提法不同，然而他同意采用周礼全的提法。如果把概念定义为反映事物的本质（或本质属性）的，那么只有认识的理性阶段才有概念、判断、推理，才有逻辑；而认识的感性阶段就是没有概念、判断、推理的，就是没有逻辑的，但这不符合人类的思维实际。

周礼全在书中论述了真实定义与语词定义的区别、关系、规则。语词定义又区分为说明的和规定的两类。这就与苏联教材十分贬低语词定义的做法有所区别。

关于判断分类，形式逻辑一书从现代逻辑的精神出发，改正了苏联教材沿用康德、黑格尔的所谓按主谓项之间的联系的性质进行分类，首先把非模态判断分为简单的和复合的两类。所谓简单判断是不包含其他判断的判断，而复合判断是包含其他判断的判断。（所谓“包含其他判断的判断”，是说不通的。例如，包含于负判断的判断，绝对不会是下判断的人所断定了的判断，而没有断定就无所谓判断。只能说“复合命题是包含其他命题的命题”。这个问题涉及形式逻辑究竟处理的是判断还是命题，这里不拟深入讨论）复合判断又从形式上区分为假言判断（三种）、选言判断（两种）、联言判断、负判断。在阐述复合判断的真假情况时，介绍了真值表。形式逻辑一书还讨论了后来所谓多重复合命题的形式和各种复合判断之间的等值关系。此外，还介绍了“多数 S 是 P”“少数 S 是 P”“S 一般地是 P”“S 个别地是 P”“S 基本上是 P”“只有 S 才是 P”“除 x 外 S 都是 P”“既然 p 那么 q”“因为 p 所以 q”等特殊的判断形式。

《形式逻辑》对周延问题进行了细致的分析，指出全称肯定判断的谓项不周延是没有例外的。

关于推理分类，《形式逻辑》认为演绎推理是前提与结论有必然性联系的推理，它绝不局限于三段论，传统逻辑的直接推理也是演绎的。（当时苏联教材称直接推理为判断的变形，是排除在演绎推理之外的。其理由是恐怕不大好说直接推理是从一般到特殊、个别的吧？）归纳推理是前提与结论之间有或然性联系的推理。类比推理也是归纳的。（当时苏联教材定义类比推理是从特殊到特殊的推理）《形式逻辑》不提流行很广的说法：演绎推理是从一般到特殊、个别的推理，因为这个说法是不能成立的。如果前提中没有特殊和个别，从一般性前提是推不出特殊性结论或个别性结论的。这是现代逻辑区别于传统逻辑的一个突出观点。在言谈中，金岳霖是终身坚持这个观点的。此外，涉及多个量项的推理就很难说什么普遍、特殊。例如从“有人反对所有提案”可推出“所有提案都有人反对”，但后者却推不出前者。在命题逻辑范围里也没有普遍和特殊的问题，只有谓词逻辑里才有这样的问题。

三段论是传统逻辑的核心内容。但一般书对三段论下的定义不够准确。

例如有的书说："三段论就是借助一个共同概念把两个直言判断联结起来，从而得出结论的演绎推理。"《形式逻辑》把三段论定义为：它由也只由三个性质判断组成，其中两个性质判断是前提，另一个性质判断是结论；就主项和谓项说，它包含而且只包含三个不同的概念，每个概念在两个判断中各出现一次。"每个概念在两个判断中各出现一次"这句话的必要性是排除一些有效的但非三段论推理。形式逻辑一书纠正了许多书对三段论规则的疏漏。该书不谈三段论公理，但指出实际上三段论第一格 AAA 和 EAE 就是它的公理。

20 世纪 50 年代末，苏联逻辑学提出所谓的"扩充三段论"，即一些不符合三段论规则却有效的三段论。这个说法是"有的肯定判断谓项周延""有的全称肯定判断可以简单换位"这些错误说法的扩大，而不是有效三段论的扩大。形式逻辑对此给予了详尽的批驳。

苏联斯特罗果维契 1949 年出版的《逻辑》批判所谓资产阶级逻辑思想的另一个基本点是批判关系逻辑，此书盲目地否认关系判断、关系推理的存在，即否认有二元及多元谓词逻辑。金岳霖主编的《形式逻辑》阐述了关系判断的形式、关系的对称性和传递性、关系判断的量项和关系推理。该书根据周礼全的建议，提出混合关系三段论，并给出了它的规则。

《形式逻辑》介绍了关于模态的一些基本概念，区别了命题的模态和事物的模态，提出了模态判断间的一些等值关系或蕴涵关系，还介绍了一些简单的模态推理。该书对模态的论述与受康德、黑格尔深刻影响的苏联教材是大异其趣的。

《形式逻辑》在《演绎推理》章论述了"三段论前提的真实性与形式正确性的问题"，这是 20 世纪 50 ~ 60 年代中国逻辑学界十分关心的问题，事实上这不仅是三段论的问题，而是整个演绎推理的特性问题。《形式逻辑》如实地指出，事实上确实有四种情形：①前提真实且形式正确；②前提真实而形式不正确；③前提不真实而形式正确；④前提不真实且形式不正确。

20 世纪 50 ~ 60 年代苏联教材流行所谓"科学归纳法"一说。传统归纳逻辑所讲的归纳方法都是科学的，尽管它常常是不完善的，在类比、求因果五法等之外另立一个"科学归纳法"的名目完全是画蛇添足。因此，由吴允曾执笔的《形式逻辑·归纳法》一章不取“科学归纳法”这个说法是很自然的。此章不称“归纳推理”，也不称“归纳方法”，这是王宪钧的意见。因为究竟什么是归纳推理的形式，不好说；而所谓归纳方法，则方法论的意味太浓。

求因果五法的结论都是或然地得到的（不是说它们的结论是或然命题）。苏联教材认为，求因果五法的结论是说所研究的情况是现象的原因。这是不全面的。应该说所研究的情况与现象有因果联系，因为前者可能是后者的结果而非原因。《形式逻辑》纠正了苏联教材的这个显然的疏忽。

苏联教材还乱用“证明”“论证”这些词，比如常提到所谓“归纳证明”（不是数学中的归纳证明。数学中的归纳证明与自然数的特性有关，是演绎而不是归纳）。《形式逻辑》指出证明就是演绎论证。苏联教材的归纳证明一说是显然错误的。

《形式逻辑》对同一律、矛盾律、排中律的论述，明显受到现代逻辑的影响。该书是从命题逻辑的角度来处理这三条规律的。它对于同一律的陈述，是对命题逻辑定理 $p \rightarrow p$ 的直观意义的解释。

欧洲中世纪逻辑曾被苏联学者贬得一无是处。《形式逻辑》指出，欧洲中世纪逻辑曾长期被遗忘，直至近代才重新被发现。根据国外新的研究成果，该书由吴允曾执笔，简要介绍了波底乌斯、布里丹等人的贡献。

《形式逻辑》在 1979 年出版前夕，删去了关于形式逻辑与辩证逻辑的关系有如初等数学与高等数学的比喻，删去了充足理由律。金岳霖表示同意。

金岳霖主编的《形式逻辑》终究是 20 世纪 60 年代前期的作品，一些提法是有缺陷的，其不良影响也颇大。这主要表现在下述一些方面。

对数理逻辑的偏见保留下来了。该书绪论不承认数理逻辑是现代形式逻辑；把形式逻辑定义为传统逻辑；强调形式逻辑和数理逻辑的区别。说：“如果把数理逻辑中的一套硬搬到形式逻辑中来，甚至用数理逻辑来代替形式逻辑，则是错误的。”①

概念的外延究竟是类（合举）还是事物（分举）？该书是不明确的。有的

① 金岳霖主编《形式逻辑》，人民出版社，1979，第 9 页。

地方说概念的外延是事物，有的地方又说概念的外延是事物类。该书既然承认概念都有外延，又说虚假概念没有外延，在客观世界中没有一个相应于虚假概念的事物类，在虚假概念问题上造成了混乱。虚假概念没有外延是金岳霖的一贯想法。应该说虚概念（虚假概念这一译名就有问题，因为概念无所谓真假问题）是有外延的，但它们的外延是空类。空类是没有分子的类。客观世界没有虚概念所指的事物（分举），但有其所指的类（合举）。

20 世纪 50 年代苏联教材只说判断，不说命题。这当然是有历史渊源的。康德、黑格尔、恩格斯论及的都是判断不是命题。然而，形式逻辑必须首先研究命题，加以断定的命题才是判断。不同的阶级有不同的判断，判断是有阶级性的。命题则不然，具有全人类性。《形式逻辑》不谈命题而只谈判断，是不妥当的。

《形式逻辑》说："从事物情况的存在与不存在这个角度来看，条件可以分为三种。这就是充分条件、必要条件与充分必要条件。断定事物情况之间的条件关系的假言判断也相应地分为三种。这就是充分条件假言判断、必要条件假言判断与充分必要条件假言判断。"① 充分必要条件既是充分条件又是必要条件，把条件分为上述三类，它们是相容的，因而是错误的。以这个错误的划分为标准对假言判断进行划分，更是错误。假言判断分为三类的标准是不同的联结词，相应的三个联结词是"如果，则""只有，才""当且仅当"。该书给出了三种不同假言判断的真值表。大家都知道，真值蕴涵与"如果，则"有距离，其实真值蕴涵与充分条件（它没有严格定义）同样有距离。命题逻辑有定理$(p\to q)\vee(q\to p)$，从真值蕴涵来说它一点问题也没有，但如果把它解释为：对任一 p、q 而言，p 是 q 的充分条件或者 q 是 p 的充分条件，也是很怪的。

金岳霖主编的《形式逻辑》对中国 20 世纪 80 年代的高校文科教学曾经起了很大的改革作用，但该书整体科学水平仍没有赶上金岳霖 1936 年出版的《逻辑》。

---

① 金岳霖主编《形式逻辑》，第 107 页。

六 其他工作

1949 年后，金岳霖没有在学校里讲过传统逻辑或现代逻辑。他在担任北京大学哲学系主任时，由他主持制定的四年教学大纲中，数理逻辑是哲学专业逻辑专门化的必修课。他任职哲学研究所后，1957 年曾辅导过北京大学王宪钧的研究生和逻辑教学研究室的青年教员学习他的《逻辑》；1961 年指导过倪鼎夫学习《穆勒名学》；1964 年组织上安排他招刘培育为研究生，但导师的工作大体上是周礼全协助他进行的。刘培育是他新中国成立后唯一的一位研究生。

20 世纪 50 年代，在中宣部的领导下，北京成立了一个全国逻辑讨论会的筹备组织，成员有潘梓年、金岳霖、胡锡奎、马特、周礼全等。他们每两周组织一次京津地区逻辑工作者的学术活动，有讲座，有讨论。金岳霖积极参加了这个组织的活动。

1960 年春，金岳霖曾带领哲学所逻辑组全体成员编写一本可作为高校教材用的形式逻辑书。笔者到哲学所工作后也参加过一些工作。记得在讨论时，金岳霖关于形式逻辑对象的意见有点与众不同。他主张形式逻辑的对象不仅是思维形式和规律，还应该限制到正确思维的思维形式（指正确思维的命题形式和推理形式），不研究错误思维的思维形式和思维规律；限制到初步的思维形式和思维规律，不研究高级的即辩证思维的思维形式和思维规律。他还强调仅仅研究劳动人民的思维形式和思维规律，不研究剥削阶级的思维形式和思维规律。金岳霖的这种想法必然导致思维形式和思维规律有阶级性的结论。

略谈沈有鼎先生对逻辑在中国的发展所作的两点贡献*

沈有鼎先生字公武，逻辑学家、哲学家。1908 年 11 月 25 日生于上海市。1929 年毕业于清华大学哲学系。同年公费留英。1931 年获哈佛大学硕士学位。1931～1934 年赴德国海德堡大学和弗赖堡大学①深造。1934 年回国后任清华大学教授。抗战时期任西南联合大学哲学系教授。1945～1948 年赴英国牛津大学访问研究。1948 年返国后仍任清华教授。1952 年院系调整后任北京大学哲学系教授。1955 年中国科学院成立哲学研究所（1977 年后改为中国社会科学院哲学研究所），调任该所研究员。1987 年离职休养，并继续担任硕士、博士研究生导师。1989 年 3 月 30 日病逝于北京寓所。

公武师（沈有鼎先生）的学术造诣是多方面的。② 他主攻逻辑。在逻辑领域，他主要研究现代逻辑和中国古代逻辑。他提出了所有有根类的悖论（1952，英文发表）和两个语义悖论（1954，英文发表），这是他对现代逻辑的主要贡献。《墨经的逻辑学》（1954～1955，连载于《光明日报》）是他研究中国古代逻辑的主要贡献。

本文将论及两点：一、公武师大力提倡异常逻辑的研究。二、公武师是站在现代逻辑高度来研究中国古代逻辑思想的。

公武师早年是清华大学龙荪师（金岳霖先生）的得意门生。后在清华

---

* 原载胡军编《观澜集》，北京大学出版社，2004。有删节。

① 即弗莱堡大学。——编者注

② 中国社会科学院哲学研究所逻辑室编《摹物求比——沈有鼎及其治学之路》，社会科学文献出版社，2000，第 136～145 页。

任教。清华园里讲求逻辑的风气很盛。但在20世纪三四十年代，中国的马克思主义者是把形式逻辑（实为传统逻辑，下同）当作形而上学加以批判的。[①] 全盘否定形式逻辑的思潮在1949年成为中国大地上的主流意识形态。但很快，1950年6月斯大林《马克思主义和语言学问题》开始发表以后，当时的主流思想就从全盘否定形式逻辑转变为认定形式逻辑是初等逻辑，而辩证法则是高等逻辑。直到20世纪80年代，初高等逻辑的说法才逐渐为中国学者所冷落。在20世纪50年代初期，现代逻辑（主要指数理逻辑，或称一阶逻辑）被当作帝国主义时代为垄断资产阶级服务的伪科学。20世纪50年代后期，电子计算机的威力充分显示以后，一切污蔑数理逻辑的谬论彻底破产。

公武师自称受过黑格尔哲学的影响[②]，但他在逻辑上是坚定的，丝毫不沾黑格尔式的违反逻辑的诡辩。另一方面，他也许受到黑格尔哲学的启发，大力提倡异常逻辑的研究，即各种非亚里士多德的研究，他没有逻辑一元论的成见。可惜他在生前，在这方面几乎没有公开发表的言论。

既然欧几里得几何之外，还有非欧几里得集合；那么亚里士多德逻辑之外，为什么不可能有非亚里士多德逻辑？逻辑学家如果没有意识形态方面的障碍，理应想到这一点。龙荪师已经接触到了多值逻辑、直觉主义逻辑，但却与之擦肩而过，始终坚持逻辑一元论的观点。所以造成这种局面，恐怕除了自身的学术视野以外，与所处的环境也有关。有些学者跟风瞎批形式逻辑，或为之界定地盘，这固不足道也。那些理解逻辑精神实质的学者，首先想到的往往是为逻辑的科学性辩护。在反对形形色色的反逻辑谬论的过程中，逻辑学家往往不知不觉地形成了逻辑一元论的思维定势，而不自觉其局限性。公武师难能可贵的是，一方面从不相信那些反逻辑的诡辩，另一方面又合理地设想有不同于亚里士多德逻辑的可能性。这，他称之为非形式逻辑、非古典逻辑、非亚里士多德逻辑。他重视直觉主义逻辑、构造性逻辑、衍推逻辑、相干逻辑；帮助青年学者林邦瑾、浦其瑾研究相

① 龚育之等：《毛泽东的读书生活》，三联书店，1986，第57、119～121页。

② 《沈有鼎文集》，人民出版社，1992，第537页。

干逻辑;[①] 支持他的学生张清宇研究相干逻辑、弗协调逻辑，并促使清宇获得了显著的成绩。他抱有“矛盾局部化”或“悖论不扩散”的设想，屡次提及应设法排除 $p\bar{p}\rightarrow q$。他说“不包含 $p\bar{p}\rightarrow\bar{q}$ 因而不怕悖论出现的数学系统，我估计在一定范围内是可以成功的”[②]。“应当有一种哲学语言，它是不顾罗素的恶性循环原则的，它可以容许通常认为违法的那些‘无根的’总体。或者换一个说法，它容许大量的自指语句。本来导致悖论的东西似乎都有自指语句结合否定，但有自指语句结合否定的东西不一定出悖论，特别是有自指语句而不紧连否定的东西似乎不会出悖论。……所以，首先我们可以考虑一种不出悖论而容许自指的普遍语言。这是这种思路的早先一个阶段，从车尔赤（指 Alonzo Church——引者）[③] 的免除矛盾的证明开始。第二个阶段就是打封闭针，或者说不是打封闭针，是本来具有这样一个道理，除了悖论可以不蔓延，甚而说悖论不是坏事，是真理，合乎辩证法等。”[④]

公武师是站在现代逻辑的高度来研究中国古代逻辑思想的第一人。恐怕治中国逻辑史的学者都能接受这一提法。但对一些人来说，上述提法在相当程度上只是一句礼貌话。他们认为沈先生还不是跟传统逻辑一样在那里讲概念、判断、推理等等么？除了他在解释“彼彼止于彼，此此止于此”时，引用了 $a\cup a=a$ 这一个集合论公式外，根本没有引用过任何现代逻辑的符号、公式。这种对公武师的误解相当普遍，有必要澄清一下。

第一，公武师不像传统逻辑那样“密切结合”内容，是从现代逻辑纯形式的角度来研究中国古代逻辑思想的。他认为“全称判断的表达方式，在古代中国语言中是用一个‘尽’字”；“特称判断的表达方式，在古代中国语言中是用一个‘或’字”；“必然判断的表达方式，在中国语言中是用一个‘必’字”。[⑤] 这都是从古汉语中的词所表达的逻辑常项的角度来区别命题形式的，与内容没有直接联系。梁启超早就看出“或”表示特称，但

① 《沈有鼎文集》，第 553 页，第 571 ~ 572 页。

② 《沈有鼎文集》，第 573 页。

③ 今多译为阿隆索·邱奇，著名逻辑学家、计算机专家。——编者注

④ 《沈有鼎文集》，第 573 ~ 574 页。

⑤ 《沈有鼎文集》，第 328 ~ 329 页。

他的认识是“密切结合内容”的，不是“形式的”，也不知道“或”跟“有的”有什么重大区别。公武师进一步看出《墨经》是用双重否定来定义全称的，即所谓“莫不然也”；《墨经》是用否定加全称来定义特称的，即所谓“不尽也”。他还指出《墨经》的“或”还没有达到亚里士多德的“有的”的科学水平。公武师认为“马或白”是含有存在量词的“有的马是白的，并且，有的马不是白的”；他没有把“马或白”理解为现在有人说的那样含有全称量词和析取词的“任何马是白的或不是白的”。其理由在于$\forall x(A(x) \vee B(x))$不等值于$\exists xA(x) \wedge \exists(x)B(x)$。现在还有学者认为《墨经》中的“特”有特称的意义，“假”相当于假言（梁启超就是这个意见）。但他们在《墨经》里找不出一个像“马特白”“天雨假地湿”的例子来证实自己的意见。他们没有想到在“今然也”的情况下，假言判断总是真的。总之，他们没有首先从逻辑常项来判断命题的形式。如果我们换一套说法，把特称判断叫作存在判断，把假言判断叫作条件判断，“特”和“假”还能附会为特称判断、假言判断吗？此外，他们也没有想到，假设不见得都是假言判断。

第二，在20世纪50年代前期，根据局限于传统逻辑的苏联教材的说法，承认关系判断、关系推理，就是资产阶级学术思想的表现。公武师不怕被扣帽子，根据现代逻辑堂而皇之地讨论了《墨经》关于关系判断的意见。如果不承认关系判断，就无法处理下面要提到的侔，因为侔的结论是关系判断。

第三，公武师从多元谓词逻辑的角度考虑，讨论了《墨经》提出的“侔”这类推理的形式有效性问题。他称侔为“复构式的直接推理”。

《墨经》提出的有效的侔就是“是而然”的侔，如“白马马也，乘白马乘马也”“获人也，爱获爱人也”。后来的西方逻辑有所谓复杂概念推理(inference by complex conception)，与之相当的实例如“马是四足动物，所以，马的头是四足动物的头”；“砒霜是毒药，所以，一剂砒霜是一剂毒药”；“贫穷诱发犯罪，所以，消除贫穷是消除诱发犯罪”。以前有人把侔说成是西方逻辑中的附性法，这有点道理，但不准确。公武师认为“是而然”的侔是有效的推理。

公武师说，“是而不然”和“不是而然”在《墨经》看来是错误的推理，或者说是推不出的。“是而不然”的著名例子是“盗人也，杀盗非杀人也”。其他“是而不然”的例子还有“车木也，乘车非乘木也”“盗人人也，多盗非多人也，无盗非无人也”，等等。公武师首先看出《墨经》认为从“盗人也”推不出“杀盗杀人也”。他说：“《小取篇》就在结论的主词与谓词中间插入一个‘非’字，这样就把原来那错误的肯定结论改为正确的否定判断，同时把推论关系取消了。”[①] 其次，他指出《墨经》的这个说法邻近于诡辩。[②] 推出关系之所以不能成立，在于墨家所谓“杀人”是“犯杀人罪”，而儒家所谓“杀人”是指“把人杀”。这个“是而不然”出于墨家的阶级利益。与“是而不然”的侔类似的后来的西方逻辑的例子有：“所有法官都是律师”推不出“法官的多数是律师的多数”；“所有大诗人都写韵文”推不出“大诗人中的大多数是韵文作家的大多数”。东西方逻辑学家都注意到了有关“多数”的不确定性。所谓“不是而然”的侔，例如：“斗鸡非鸡也，好斗鸡好鸡也”“且入井非入井也，止且入井止入井也”。公武师指出《墨经》不承认这些推理。“《小取篇》与《大取篇》就在结论的主词与谓词中间删掉一个‘非’字，这样就把原来错误的否定结论改为正确的肯定判断，同时把推论关系取消了。”[③] 进一步，他又说“不是而然”“并不见得特别合逻辑”。[④] 后来有人认为“是而不然”“不是而然”都是有效的侔。认为“盗人也”可推出“杀盗非杀人也”。这既没有逻辑学上的根据，也不符合《墨经》的原意，因为它们不是“比辞而俱行也”。

最后，本文试图探索一下公武师对《墨经》逻辑思想总体评价的真意何在。

在《墨经的逻辑学》的结论中，公武师指《墨经》的逻辑学说：“其成就不在古代希腊、印度逻辑学之下。”[⑤] 这原是在 20 世纪 50 年代中期，显示作者思想改造有所得，认识有所进步，充满了爱国主义浪漫情调的溢美

① 《沈有鼎文集》，第 353 页。

② 《沈有鼎文集》，第 352 页。

③ 《沈有鼎文集》，第 354 页。

④ 《沈有鼎文集》，第 54 页。

⑤ 《沈有鼎文集》，第 377 页。

之词，后人不必当真的。可是至今有人拿它当真了，而且从《墨经》中“发掘”出来的逻辑思想一年比一年丰富多彩，似乎《墨经》的逻辑思想比亚里士多德还强。我认为这是不切实际的。

《墨经》没有像亚里士多德那样明确地研究并普遍使用任何一个逻辑常项，更没有使用过变项（请注意，中国文献有所谓“逻辑变项”，在这是纯粹的杜撰）。当然也就不可能使用公式来刻画任何一个命题形式、推理形式。《墨经》的确提到了“尽”“或”等，但用“尽”表达全称命题的例子实在太少，而这部著作中的大量全称命题的例子，如“白马马也”“祭兄之鬼乃祭兄也”，等等，并没有使用“尽”这个词。《墨经》中只有推理的名称，只有推理的实例，但没有抽象的推理形式。在讲推理形式时，亚里士多德遇到困难（如“四项错误”）就发展出一套谬误理论来解决困难，维护形式的权威性。反观《墨经》，“是而然”的侔的例子很少，“是而不然”“不是而然”的例子很多。遇到这些困难（如“杀盗”是不是“杀人”）《墨经》却后退了。说什么“是故辟、侔、援、推之辞行而异，转而危，远而失，流而离本，则不可不审也，不可常用也”（《小取》）。这“不可常用也”就否定了推理形式的普遍性。西方逻辑自亚里士多德以来，是始终坚持这种由于完全撇开了具体内容而达到的无例外的普遍性的。他们坚决主张“可常用也”的，因为他们是纯形式的。亚里士多德不仅研究了个别的推理形式，而且把它们组成一个公理体系，这就是他的三段论理论。公理化思想也是中国欠缺的。中国古代逻辑明显不如古代希腊，这可能与中国古代没有语法学有关。中国古代没有单句、复句的区别，没有主语、谓语的区别，这必然影响到命题形式的抽象。中国古代数学长于计算，短于推理、证明，这恐怕也制约了逻辑的发展。

我认为公武师对王浩说的私房话，比他写在书上的公开话更真实：“中国古代逻辑思想史，正如张尚水所说，里面没有多少逻辑学。但正因为如金老所说，虽有萌芽而后来不发展，所以这些材料十分可贵。中国文字容易望文生义，故颇有人将现代物理学原理读成《墨经》。我认为这种方法太不科学了。故我对《墨经》的兴趣主要是文字学和语法的。《墨经》一书本来是奇书，以一书而兼讨论数学、力学、光学、经济学、逻辑和认识论诸问题，实在是时尚少有。”[①] 窃以为若将现代逻辑学原理读成《墨经》，这种方法也是太不科学的吧？

沈先生发表过的著作及遗稿、书信、讲课笔记等收集于《沈有鼎文集》（人民出版社，1992 年 10 月，北京）、《摹物求比——沈有鼎及其治学之路》（中国社会科学院哲学研究所逻辑室编，社会科学文献出版社，2000 年 2 月，北京）。

① 《沈有鼎文集》，第 585 页。

金岳霖的逻辑学说*

古代中国是世界逻辑学说发源地之一，但是后来中国知识界缺乏重视逻辑的传统。金岳霖从 1926 年开始在清华大学讲授逻辑，并在北京大学时有兼课。他的讲稿在 1936 年由商务印书馆收入《大学丛书》出版，名为《逻辑》。这本书对传统形式逻辑作了深入细致的批评，主要内容则是摘要介绍罗素的逻辑系统，它是 1949 年前中国学术水平最高的逻辑教材。它出版时，在世界上也是相当先进的。它强调演绎与归纳应该分家，逻辑与认识应该分家。金岳霖讲逻辑撇开了许多哲学的、心理学的讨论（这种讨论可以在他的《知识论》中见到)，他特别强调逻辑的“精神实质”在于只管推理形式是否正确，不管命题内容是否真实。(参见刘培育主编《金岳霖的回忆与回忆金岳霖》，四川教育出版社 1995 年版，第 175 页）这个“精神实质”是中国许多讲逻辑的人所不领会的，也是与黑格尔的思想大异其趣的。(我们完全撇开哲学来看这个问题，黑格尔认为“一些人是幸福的”隐含着“一些人不是幸福的”这一直接后果。这在逻辑上是根本不通的）金岳霖不是第一个在中国传播数理逻辑的人，但他是第一个大力传播现代逻辑知识，并在中国最早培育出一批现代逻辑学家来的人。

作为哲学家的金岳霖，逻辑是他建构哲学体系的工具。1941 年他的《论道》问世，这是他的本体论。他所提出的“式”是宇宙的根本规律，是穷尽一切的可能，也是逻辑的必然。“式”相当于经典的命题逻辑定理的合取范式。这个思想应该说源于经典的命题逻辑的定理都有合取范式这一元

---

* 原载《哲学研究》1998 年增刊。有删节。

定理。经典的命题逻辑虽然极基本，但却是比较贫乏的，只能在二值范围里讨论穷尽一切的可能（没有第三种可能）。如果要论及所有事物、所有属性，等等，就要运用具有量词的一阶逻辑。可是一阶逻辑的定理并不都有合取范式。在适应一阶逻辑的那个可能世界里，就不大好说穷尽一切的可能。《论道》中的“式”是把问题简单化了。它可以使人得到某种精神上的满足，但不足以说明客观世界的复杂性。1949 年后，金岳霖对《论道》作了自我批判（当时未发表），但没有涉及本文所提出的问题。

50 年代初传统形式逻辑虽被承认为科学，但是以前全盘否定传统形式逻辑的种种“理论根据”，全部保留至今。根据苏联当时的提法，必须坚持以下两点：第一，既承认形式逻辑是初等逻辑，又承认辩证法是逻辑，而且是高等逻辑。第二，批判逻辑学说中的唯心主义和形而上学观点，主要是所谓“形式主义”，即只管形式对错，不管内容真假。显然，传统形式逻辑的“精神实质”已经被阉割了。

1949 年后，金岳霖在困难的环境中，坚持了逻辑的常识，尽力在中国普及逻辑知识，这是功不可没的。金岳霖在内心对当时某些在中国曾奉为样板的苏联教材是很不赞同的。例如斯特罗果维契的《逻辑》、高尔斯基的《逻辑》。这些书从根本上说，是把逻辑讲歪了。它们都认为有些肯定命题的谓项周延，有些全称肯定命题可以简单换位，有些充分条件假言命题可以推出它的逆命题，有所谓“扩充三段论”是有效的但不符合三段论规则。例如：“人是有思维能力的，黑猩猩不是人；所以，黑猩猩没有思维能力。”当时这类错误都以某些哲学观念为保护伞而广为流传。对于这类错误，金岳霖从来没有姑息过，他在力所能及的范围里总要做些澄清的工作，以免人们误入歧途。

金岳霖主编的《形式逻辑》（人民出版社，1979）是在传统逻辑的框架里吸收了数理逻辑的初步知识，例如真值表。金岳霖自己没有执笔，但重大问题都经过集体讨论并由金岳霖拍板定案。他同意根据周礼全的意见，把概念定义为反映事物特有属性的思维形态，而不是定义为反映事物本质属性的思维形式。以“特有属性”取代“本质属性”是冒“大逆不道”的风险的。以“思维形态”取代“思维形式”是要避免歧义，防止逻辑与认识论、辩证法相混淆。该书初步改变了一切以苏联教材为样板的情况。

但是，《形式逻辑》也有一些提法是不确切的，至今仍有消极影响。这主要有：第一，容忍了妨碍进一步进行教学改革的说法："如果把数理逻辑中的一套硬搬到形式逻辑中来，甚至用数理逻辑来代替形式逻辑，则是错误的。"第二，把形式逻辑等同于传统逻辑，否认数理逻辑是现代形式逻辑。第三，概念的外延究竟是类，还是类的所有分子，执两可之说。虚假概念是否有外延，难以自圆其说。第四，把条件分为相容的三种：充分条件、必要条件、充分必要条件；又根据这个错误的分类把假言判断分为不相容的三种。此书整体学术水平还没有赶上30年代金岳霖的《逻辑》。

他的意见是前提假就不存在推理。金岳霖于1960年写了长文《论"所以"》。这篇文章"发展"了他在上述自我批判里提出的"'所以'本身有时是有阶级内容的"论点，提出了一个几乎没有人赞同的说法来迎合反"形式主义"。这个说法是：逻辑蕴涵没有阶级性而推论形式有阶级性。他说推论"所以"是人的过渡，是人做出的。推论是相对于科学水平的，而且也相对于阶级的。推论既然是断定前提的内容正确性到断定结论的内容正确性的过渡，它也是基本上有阶级性的。他以 Barbara 为例说，├MAP，├SAM，所以，├SAP 是客观主义的推论形式，是资产阶级的阶级性和党性的表现。无产阶级的推论形式则是：⊧ MAP，⊧ SAM，所以，⊧ SAP。他还认为两种不同形式的"形式根据"是逻辑蕴涵：如果 MAP 并且 SAM，则 SAP。他说逻辑蕴涵是不依赖人的认识的，因之是没有阶级性的。金岳霖没有说形式逻辑这门科学有阶级性。经过60～70年代思想上的大振荡之后，1978年金岳霖说，逻辑学没有阶级性，但用逻辑的人都有阶级性。1979～1980年他又特别强调真理是有阶级性的。有阶级性的人研究有阶级性的推理形式（但是它们的形式根据又是没有阶级性的），由此建立起来的科学——逻辑，却是没有阶级性的。金岳霖走入了阶级性的迷宫！他信奉在阶级社会中各种思想无不打上阶级烙印的哲学，又不甘心回到全盘否定形式逻辑的极端，说形式逻辑是有阶级性的。因此他的这套说法就左右为难了。

我认为金岳霖关于推理形式有阶级性的说法有几点失误：第一，他所说的“逻辑蕴涵”和推论形式是可以互相转换的，这种转换在数学上是精确的，与阶级性无关。他所说的“逻辑蕴涵”指：

$$A_1 \to (A_2 \to \cdots (A_n \to B) \cdots)$$

据分离规则（蕴涵消去律），由

$$A_1 \to (A_2 \to \cdots (A_n \to B) \cdots)$$

可逐步得到他所说的推论形式：A_1，…，$A_n \vdash B$。分离规则并不能为上述推演过程添加阶级性。对任何推论形式 A_1，…，$A_n \vdash B$ 而言，只要有演绎定理（蕴涵引入律），总可以逐步得到“逻辑蕴涵”：

$$A_1 \to (A_2 \to \cdots (A_n \to B) \cdots)$$

演绎定理并没有过滤掉阶级性的功能。第二，应该承认有假设前提的推理。例如反证法和归谬法那样，$\neg A \to A$ 或 $A \to \neg A$ 常常是不可证实的，其成立仅仅决定于从 $\neg A$ 可推出 A，从 A 可推出 $\neg A$。这两个推理的前提 $\neg A$，A 都不是断定了的，而是假设的。第三，金岳霖区别了“逻辑蕴涵”（它应该是一个命题）与推理，但是却把推理理解为证明。否认还不是证明的推理是推理，这是不切实际的。这与他自我批判时说不应该讲命题而应该判断，以免陷入“客观主义”的心态，是一致的。

金岳霖认为上述自我批判文章的一个根本缺点是没有提出形式逻辑的客观基础问题。他在 1962 年写了《客观事物的确实性和形式逻辑的头三条基本思维规律》一文。这是作为在形式逻辑客观基础问题上的自我批判，并进一步对当时的争论发表自己的意见。他认为解决客观事物的确实性和思维认识经常出现的不确定性的矛盾主要是形式逻辑的任务。同一律、矛盾律、排中律反映事物的确实性，而这种确实性是同一、不二、无三的。

这个意见事实上是认为同一律等三律既是事物规律，又是思维规律。他自认为这篇文章是实在论观点，是得意之作，可惜没有引起什么反应，言下有寂寞之感。当时乃至今天中国的辩证论者一般认为如果把形式逻辑规律当作客观事物的规律，就是形而上学。他们没有看出金岳霖所说的同一、不二、无三是与黑格尔的不一、兼二、有三思想对立的。辩证法与形式逻辑的关系，始终是金岳霖关心的重大问题。因为在 30～40 年代有人用辩证法来全盘否定形式逻辑；而 50 年代后又有人把辩证法当作高等逻辑，而把形式逻辑贬为初等逻辑。金岳霖晚年曾想写文章谈这个问题，但没有来得及实现。①

① 参见刘培育主编《金岳霖的回忆与回忆金岳霖》，四川教育出版社，1995，第 224 页。

试谈金岳霖先生解放后的逻辑思想*

金岳霖先生是融会中西哲学的著名学者，他对中国哲学作出了重大的贡献。金先生以前是新实在论者，解放后他真心诚意地逐步转变到马克思主义的立场。他宣传马克思主义，可能还不如讲旧哲学那样驾轻就熟，这是历史的必然。今天我们纪念他，不必惋惜已成过去的事实；但应当面向未来，为建设具有中国特色的社会主义而更好地奋斗。金先生的哲学体系中包含了许许多多哲学命题。今天我们来研究这个体系，我认为可以不必忙于对其中每一个命题，要么扣一个唯物主义的帽子，要么扣一个唯心主义的帽子；要么扣一个辩证法的帽子，要么扣一个形而上学的帽子。这种简单化的画脸谱的做法，是使我们吃过大亏的，理应吸取教训。今天更重要的似乎是，看看这些哲学命题哪些是合理的，哪些是不合理的；看看金先生研究哲学的方法，有无可取之处，从金先生的工作中可以得到什么启发、经验和教训。例如：一个具体事物不只是一堆殊相和共相，还有一种既非殊相又非共相而使此具体事物成为此具体事物的东西——能。这个说法，这样分析哲学问题的方法，究竟合理不合理，可取不可取？关于哲学方面的问题，本文不准备讨论。

本文要谈的是金先生解放后的逻辑思想。金先生的哲学体系的特色之一，是克服了中国哲学认识论和逻辑意识不强的弱点，充分运用了现代逻辑这种工具，建立起具有分析哲学色彩的哲学体系。但这并不妨碍我们撇

---

* 原载中国社会科学院哲学研究所编《金岳霖学术思想研究》，四川人民出版社，1987。有删改。

开金先生的哲学体系，去谈论他对逻辑的贡献，他对逻辑的意见。

金先生并不是第一个把数理逻辑（现代形式逻辑）介绍到中国来的人，但当时别人的介绍，影响没有他大。金先生在长期执教的基础上，于1937年正式出版了《逻辑》一书。这离怀特海和罗素的《数学原理》（1910～1913）已有20多年了。金先生《逻辑》中所介绍的数理逻辑，还不是完全形式化的，它已不是当时国际上最先进的科学成就。但比罗素更进步的成果，当时还没有人介绍到中国来。罗素的重大贡献，如类型论，金先生在书中也没有介绍。尽管如此，经过金先生的辛勤介绍，数理逻辑终究在中国生根、发芽、成长起来了。他培育了一批现代逻辑的人才。金先生不愧是中国现代逻辑的奠基者。

1949～1978年，金先生继续做了不少培育逻辑人才的工作，普及逻辑知识的工作。1952年，在他担任系主任的北京大学哲学系，当时还被某些人看作是在帝国主义时代为垄断资产阶级利益服务的伪科学——数理逻辑，已经赫然列在高年级的课程表上。从1961年到1965年，金先生主编了高校文科教材《形式逻辑》。这本书虽然未必达到解放前金先生所著《逻辑》的学术水平，虽然仍局限于传统逻辑，但已经开始突破斯特罗果维契的框框，并克服斯特罗果维契所传播的种种错误。金先生这些工作的成绩是必须肯定的。

金先生在转变为马克思主义者的过程中，没有写出全面批判自己哲学体系的著作，却写出了关于逻辑思想的自我批判。金先生的这个自我批判，是关于逻辑的哲学问题的，不是关于逻辑的技术性问题的。我认为，金先生的自我批判是在极左思潮的影响下写出来的，事实上对新中国逻辑科学的发展远非有利。

金先生的自我批判包含了许多片面的说法。一个例子是，他批判资产阶级学者反逻辑，却讳言也有马克思主义者反对过形式逻辑，反对过现代形式逻辑。他说："在二十世纪，和这个看法对立的是资产阶级逻辑学家的看法，……他们当中有的是反逻辑的，这些人直接地否认了形式逻辑，席勒就是最好的例子，在不同的程度上杜威也是。"① 也就在二十世纪，许多

① 金岳霖：《对旧著"逻辑"一书的自我批判》，《哲学研究》1959年第5期。

马克思主义者曾把形式逻辑当作形而上学来批判，并宣布过形式逻辑的死刑。直到五十年代初，现代形式逻辑还被某些马克思主义者当作伪科学来批判。这些历史事实，逻辑工作者是知道的。解放初，金先生还在清华园与艾思奇同志机智地争论过形式逻辑的命运，这是当时在场的人都不会忘记的。

第二个例子是，金先生知道恩格斯曾强调过算术运算的转化，但他却批判强调逻辑运算的转化。恩格斯说："看来，再没有什么东西比四则（一切数学的要素）的差别具有更牢固的基础。然而，乘法一开始就表现为一定数目的相同数量的缩简的加法，除法则为其缩简的减法，……代数的运算却进步了很多。每一个减法（$a-b$）都可以用加法（$-b+a$）表示出来，每一个除法$\frac{a}{b}$都可以用乘法 $a\times\frac{1}{b}$表示出来。……计算方法的一切固定差别都消失了，一切都可以用相反的形式表示出来。……而这种从一个形式到另一个相反的形式的转变，并不是一种无聊的游戏，它是数学科学的最有力的杠杆之一，如果没有它，今天就几乎无法去进行一个比较困难的计算。"① 在现代逻辑中，不同的命题联结词可以转化；不同的量词也可以转化；系统与系统、逻辑的公理系统与自然推理系统，也都可以转化。按照恩格斯对数学的说法，这应该并不是一种无聊的游戏，而是逻辑科学的最有力的杠杆之一。可是，金先生在谈到思维规律时说："在某种定义下，'如果——则'，'既——又'可以转化为'或者'。果然如此，前两个思维规律都可以表示为和排中律同样形式的同语反复式的'逻辑命题'。强调这个转化是错误的，因为，我们可能利用这个转化来抹煞作为推论方式这三个规律底不同的特点。"② 强调转化不等于抹煞区别。恩格斯强调了转化，但没有抹煞区别。金先生解放前并没有强调了转化而抹煞区别，五十年代也没有人强调了转化而抹煞区别。但当时，可能直到现在，有人为了贬低形式逻辑，抬高辩证逻辑，不许形式逻辑讲联系，讲转化。这倒是有的。

---

① 恩格斯：《自然辩证法》，人民出版社，1971，第235～236页。

② 金岳霖：《对旧著"逻辑"一书的自我批判》，《哲学研究》1959年第5期。

金先生的自我批判牵涉形式逻辑和认识论要不要分家，归纳是不是形式逻辑，充足理由律是不是形式逻辑规律等等一系列问题。我认为，目前在世界范围内，形式逻辑与认识论是已经分了家的；讲形式逻辑的书一般是不包括归纳的；多数逻辑学家并不认为充足理由律是形式逻辑规律。金先生与解放前不同的这些意见，无非来自斯特罗果维契。这些问题现在都可以略而不论。我认为金先生解放后发表的逻辑文章，有一个核心问题，就是刻意论证推理形式有阶级性，不同的阶级有不同的推理形式，乃至不同的逻辑。据我所知，金先生的这个意见，是一直坚持到晚年的。

金先生一系列文章谈的都是推论、推论形式；他没有提推理、推理形式。我认为金先生所说的推论、推论形式，就是我们所说的推理、推理形式。在五十年代我国逻辑学界关于推理的真实性和正确性的关系的争论中，金先生撰文说："周谷城先生的论点原先是就整个的演绎部分提出的。……我只就真实性和正确性在推论上的统一，来表示我的意见。……真实性和正确性底争论集中在推论或推理上。我认为这个问题是由蕴涵和推论两方面来的。"① 金先生在这里已经表明了他所说的推论，就是别人所说的推理。本文根据目前的习惯，认为"推论"和"推理"是同义的，本文选用"推理"而不用"推论"。

金先生认为"所以"所体现的推理是断定逻辑蕴涵的前件使它转化为前提，通过这个断定过渡到断定后件使它转化为结论的思维活动├MAP，├SAM，∴├SAP是资产阶级散布大非的工具，⊧ MAP，⊧ SAM，∴⊧ SAP是无产阶级坚持大是的工具。├是资产阶级的客观主义，⊧ 是无产阶级的马克思主义。"⊧ "中的一横表示科学水平，另一横表示无产阶级。他还认为"如果MAP并且SAM，则SAP"是全人类共同的，但这是"逻辑蕴涵"（即通常所谓重言式的主蕴涵词所体现的关系），是"推理的形式根据，但不是推理"。②

金先生归根到底还承认"逻辑蕴涵""推理的形式根据""如果MAP并

① 金岳霖：《论真实性与正确性底统一》，《哲学研究》1959年第3期。

② 金岳霖：《论"所以"》，《哲学研究》1960年第1期。《论推论形式的阶级性和必然性》，《哲学研究》1962年第5期。

且 SAM 则 SAP”是无产阶级和资产阶级共同的，它是独立于人的认识的。这是金先生的“有阶级性”论的“不彻底”的地方，但却是逻辑的常识。我认为，金先生所谓的逻辑蕴涵与推理形式“MAP，SAM，所以 SAP”之间并无鸿沟，只有区别。从逻辑上来看，有了前者（即 ⊢MAP∧SAM→SAP）就必然有后者（即 MAP，SAM ⊢SAP）。金先生用“∴”表示演绎的推出关系。本文根据目前习惯，改用“⊢”，而且前者比后者还强。不同的阶级只要有 ⊢MAP∧SAM→SAP，就有共同的推理形式 MAP，SAM ⊢SAP。推理形式同样是不依人的意志为转移的。逻辑学不是心理学，不研究不同的人是否都从 MAP，SAM 推到 SAP。逻辑学也不同于认识论，不研究 MAP，SAM 与 SAP 之间的认识条件和认识关系。金先生承认有全人类的逻辑蕴涵、推理的形式根据，就应该承认全人类有共同的推理形式，虽然金先生自己力图把这两者区别开来。金先生尊重科学，所以他承认逻辑蕴涵，推理的形式根据没有阶级性。

MAP∧SAM→SAP 是客观的，这一点没有疑问；但绝不是人人都赞同、接受的，三十年代到今天，反对者时或有之。某些人的反对，绝不能取消它的存在。MAP∧SAM→SAP 是客观的，而且我们已经认识了它，它是我们所断定了的客观化的命题形式之间的关系。推理形式不是命题，故没有断定，也不能断定。从逻辑史上讲，我们把推理形式抽象为逻辑真理，抽象为“推理的形式根据”，就是把推理形式抽象为逻辑系统中的命题，而且还不仅仅是命题，它还是我们逻辑系统中断定了的命题——判断，所以理应有断定。此外不同的逻辑系统，还可能有不同的“逻辑蕴涵”。由于这些原因，本文在 MAP∧SAM→SAP 之前，加上断定符号“⊢”。逻辑蕴涵的存在固然不靠断定，但我们认识到了它，就是对它加以断定。这一点我的看法跟金先生自我批判中的意思不一样。

金先生独创了一个符号“⊨”，这实在是多余的。因为在“⊢MAP，⊢SAM，∴ ⊢SAP”中和在“⊨ MAP，⊨ SAM∴ SAP”中，“⊢”与“⊨”是一一对应的。从语形上看，多一横少一横，完全无关宏旨。我说“⊢”中的竖是无产阶级，横是科学水平，又何尝不可？仅仅靠“⊢”和“⊨”来区别大是大非，是极难说服人的。

金先生关于推理的定义，我是不能同意的。推理无须断定前提，无须断定结论。推理仅仅是命题之间的关系。逻辑所研究的从前提到结论的过渡，不是心理的，不是认识的，而是纯形式的，独立于人的意志的。从逻辑的技术上来说，由逻辑蕴涵转化到推理形式，是从 $\vdash MAP \wedge SAM \rightarrow SAP$ 转化到 MAP，SAM $\vdash$SAP。在逻辑蕴涵中不能没有“$\vdash$”，没有“$\vdash$”就无法转化；但在推理形式中，既不需要“$\vdash$”，也没有“⊧ ”的地位。

金先生所说的推理，与其说是推理，不如说是证明。但是，金先生自己非但从来没有这样明确说过，可是在《知识论》里，曾经明明白白地论述过推论（即推理）与证明的区别。推理的前提不必断定，是命题；证明的论据要断定，是判断。这是生活中的简单事实。任何人不能禁止周谷城先生从“凡金属是不能熔解的，金子是金属”推出“金子不能熔解”。但我不敢说周先生根据现代逻辑一定断定了“如果凡金属是不能熔解的并且金子是金属，那么金子不能熔解”。恐怕谁也不会相信周先生作了这样的证明：“凡金属是不能熔解的，金子是金属，故金子不能熔解。”从这个例子来看，推理没有断定，只是命题之间的关系和过渡；逻辑蕴涵是断定一个假言判断；证明要断定论据。其间的区别是分明的。

如果我们把金先生所说的推理，统统改为证明，是不是就取消了分歧？这也不是。因为，证明的形式可以归结为推理的形式，证明的形式同样是没有阶级性的；而站在什么立场上，具有何等科学水平，断定哪些论据，却永远不是形式方面的问题。马克思主义者之间有不同意见时，也可能断定不同的论据来证明不同的论题。仅仅依靠“⊧ ”无法宣布自己是百分之百的马克思主义者，也不能依靠“⊧ ”来宣布唯有自己是科学的。此外，证明并非仅仅由论据与论题所组成，证明还常常需要假设（不是断定）前提的。

在逻辑蕴涵和证明之间，必须有另一种思维形态——推理的存在。金先生承认“如果金属是不能熔解的，而且金子是金属，那么金子不能熔解”是无阶级性的逻辑蕴涵。我们必须从逻辑上而不是从哲学上追问：这个假言判断能否证实？按照我的理解，金先生会认为它是无法证实的。那么，为什么不同阶级的人都接受它，都断定它呢？正是在这一点上，金先生似乎没有正面回答周礼全先生的诘难。[①] 我认为，无阶级性的这一假言判断，所以被我们断定，根据就在于我们都承认这样一个三段论是有效的："凡金属是不能熔解的，金子是金属，故金子不能熔解。"我们对组成这个三段论的每一个命题，都不需要加以断定，但整个三段论我们认为是有效的，根据蕴涵引入律，我们就必然地得到了那个假言判断。我们不能设想，那个三段论的形式是有阶级性的，经过蕴涵引入律的转换，就把阶级性给过滤掉了。如果那个三段论按照金先生的意思不是推理而只是逻辑蕴涵，那么整个思想过程就会变成是从逻辑蕴涵到逻辑蕴涵，非但找不到逻辑蕴涵的来源，反而蕴涵引入律就退化为同一律 P→P。从承认一个三段论的有效性过渡到断定一个假言判断，这样一种思维的过渡，是不应否认的。因此，推理（不加断定的）是一种确确实实的思维形态。

从思维的实际情况来看，证明（不是逻辑的公理系统中的证明）常常是需要假设前提的。根据假设前提进行的推理，并不就是金先生所说的逻辑蕴涵，而是要得到那个逻辑蕴涵来作为论据的过程；它也还不是完整的证明，而是证明的一个先行组成部分。总之，在逻辑蕴涵与证明之间，必然存在着推理，它是不需要断定的。推理之是否有效，与断定无关而仅与形式有关。因之，有效的推理形式就与断定无关，与阶级性无关。

在论证推理形式有阶级性时，金先生还说："一句话，马克思列宁主义的真理只有一个，而'所以'是贯彻这个真理的。""我们的'所以'既贯彻了马克思列宁主义的要求，辩证唯物主义的充足理由，又贯彻了形式逻辑的形式正确性，它的正确性是最高的正确性。我们的逻辑性是最强的逻辑性"[②]。无论在60年代，还是现在，虽然有同志支持或拥护金先生的推理形式有阶级性的意见，但人数并不多。肯定金先生自我批判的态度的人却很多。在纪念金先生的时候，批评金先生的上述重要意见，议论金先生自我批判的精神，似乎不太合宜。本文所以敝帚自珍的意思，无非是想到金先生所说的逻辑蕴涵、推理的形式根据，至今仍有人要想把它当作尾巴割掉而已。

---

① 参见周礼全《〈论"所以"〉中的几个主要问题》，《哲学研究》1961年第5期。

② 金岳霖：《论"所以"》，《哲学研究》1960年第1期。

金先生是中国现代逻辑的奠基者。但是解放后他自认为这种奠基工作流传所及，发生过极为有害的影响，应该进行彻底的自我批判。[1] 解放前金先生主张逻辑学和认识论分家；解放后他认为一般的逻辑是不能和认识论分家的[2]；还提倡过建立以辩证法或辩证逻辑为主的统一的逻辑体系[3]。金先生解放后的逻辑思想是矛盾的。他主张推理形式有阶级性，但他不坚持把这个观点写到他所主编的《形式逻辑》中去。他跟很多人一样，说概念是反映客观事物底本质属性的[4]；但他同意周礼全先生的意见在《形式逻辑》中说概念反映事物的特有属性（固有属性或本质属性）。这在当时，是要有很大的勇气的。金先生在自我批判中谈到排中律，他说："解放前在讲堂上我常常闭着眼睛，手向前一指，随便说一声：'它或者是桌子或者不是'，然后睁开眼睛一看，说：'一点也不错，……'"，"我不只是进行了概念游戏，而且进行了有毒的宣传。我实在是进行欺骗，……"[5] 后来，金先生又很精彩地捍卫了同一律、矛盾律和排中律。他认为客观事物的形色状态具有确实性，而确实性是同一、不二、无三的。客观化了的思维认识也有确实性，但不一定有确定性。只有确定的思维认识才能正确反映客观事物的确实性。因而这三条规律既有反映性又有规范性。[6] 金先生的意思，是不是可以理解为：形色状态是谓词，确实性是谓词的谓词。确实性体现为 $\forall x(F(x)\rightarrow F(x))$；$\neg\exists x(F(x)\wedge\neg F(x))$；$\forall x(F(x)\wedge\neg F(x))$。这些都是客观事物的规律。同时，正确的客观化的思想同样不以人的意志为转移，具有同一、不二、无三的特性。这就是逻辑的规律。人的思想不断克服不确定性又不断产生不确定性，要正确地认识对象，必需遵守同一律、矛盾律和排中律的要求。这就是认识的规律，或称规范性的规律。粉碎"四人帮"以后，有一次我去看望金先生，他突然对我说了一句孤零零的

---

① 金岳霖：《对旧著"逻辑"一书的自我批判》，《哲学研究》1959 年第 5 期。

② 同上。

③ 金岳霖：《关于修改形式逻辑和建立统一的逻辑学体系问题》，《新建设》1961 年 1 月号。

④ 金岳霖：《对旧著"逻辑"一书的自我批判》，《哲学研究》1959 年第 5 期。

⑤ 同上。

⑥ 金岳霖：《客观事物的确实性和形式逻辑的头三条基本思维规律》，《哲学研究》1962 年第 3 期。

话："我当初就从心底里看不起那些书。"我理解金先生是指斯特罗果维契的《逻辑》。在 1952 年我考入北京大学时，学不学习此书，是提到阶级立场高度来认识的。上面那句话，是金先生暮年在学术方面留给我的唯一的一句话。解放前，金先生的逻辑思想有错误，那是认识上的错误。解放后，金先生的逻辑思想依然有错误，那是在力图站稳马克思主义的立场过程中所犯的错误。正因为金先生是一位从非马克思主义者逐步转变为马克思主义者的大学者，就难免在他的思想中包含着种种矛盾；也正因为存在着这些矛盾，金先生才是一位公认的大学者。

第四部分

寻觅了半个世纪的辩证逻辑

——有关辩证逻辑

辩证逻辑究竟是不是逻辑?

——两部高校辩证逻辑教材读后感*

“思维形式”一词在传统逻辑里一是指概念、判断、推理等思维形态，一是指命题（判断）形式、推理形式等。此外黑格尔又把范畴叫作思维形式。本文为了避免不必要的纠缠，“思维形式”仅指命题（判断）形式和推理形式。

日常语言里“逻辑”一词可以指规律，也可以指歪理，如“强盗逻辑”。

逻辑作为一门科学是关于思维的学问；但逻辑并非思维学，亦非思维形态学。它不仅没有全面研究思维，甚至没有全面研究推理。逻辑仅仅是思维形式学。对于演绎，它主要研究推理的有效性；对于归纳，它可以说主要是研究推理的合理性。

有无辩证思维形态是认识论课题。只要这个问题不涉及思维形式，逻辑可以不管。有无辩证思维形式则是逻辑问题。思维形态的辩证法也是认识论课题。只要这个问题不涉及思维形式，逻辑也可以不管。但思维形式的辩证法不仅哲学要管，逻辑也要管，这是逻辑的哲学问题。现代逻辑所揭示的思维形式的活生生的、丰富的辩证法，不是黑格尔所能猜测到的。

“辩证逻辑”一词为恩格斯所首创。恩格斯关于辩证逻辑的学说直接源于黑格尔。黑格尔是马克思以前最伟大的辩证法学家。黑格尔对诡辩论的批判是马克思以前最深刻的。但黑格尔又是一位不时搞点诡辩的哲学家。他对形式逻辑的批评，有些就是诡辩。（参见拙文《澄清对同一律的某些误

---

* 原载《哲学动态》1991 年第 5 期。略有修改。

解》,《云南教育学院学报》1989 年 4 期）黑格尔对形式逻辑从传统阶段发展到现代阶段，事实上没有作出过什么贡献。黑格尔经常揶揄沟通推理与计算的设想，他不理解莱布尼茨这一光辉思想所包含的辩证法。

百多年来，辩证逻辑在世界范围里的学术地位尚待确立。在中国，只是到了本世纪 70 年代后期，学者才开始建构各种各样的辩证逻辑体系，并出版了不少专著。

国家教委委托编写的高等学校文科教材中，有两部辩证逻辑书。一是张巨青主编的《辩证逻辑导论》（人民出版社 1989 年 7 月版，以下简称《导论》)，一是章沛、李志才、马佩、李廉主编的《辩证逻辑教程》（南京大学出版社 1989 年 11 月版，以下简称《教程》)。本文准备从逻辑，即思维形式角度，谈谈对这两部教材的看法。当或不当，敬请两书作者及广大读者指正。

《教程》正文共分三编。第一编“辩证思维规律”、第二编“辩证思维方法”，都没有讨论思维形式，与逻辑无涉。第三编“辩证思维形式”，既讨论辩证的思维形态，又讨论辩证的思维形式，还讨论范畴。本文要加以评论的，仅仅是其有关辩证思维形式的部分。

《教程》提出的辩证判断的形式极多。其中有：（S 和非 S）是 P；S 是非 S；如果 P 则非 P；等等。（为印刷方便，在尽可能不损害原意的条件下，符号都进行了简化，下同）这些公式不遵守使用常项和变项的规则，混淆词项和命题的区别、自然语言和人工语言的区别，缺少量词……总之，它们没有逻辑这门科学所要求的确切的含义。

《教程》所谓的辩证判断具有不同于形式逻辑所研究的形式。一个封闭的平面直线图形至少有三个角，可以有四个角、五个角，……比四边形少一个角的是三角形，不是五边形。所谓方桌去掉一角，从数字上讲，是件直线与矩形相邻两边相交，所产生的两个图形是什么图形的问题。这有两种可能。一是直线与矩形的相邻两边相交，但不是矩形的对角线，该直线把矩形分成相邻的一个五边形和三角形。另一种情形是，直线就是矩形的对角线，直线把矩形分为相邻的两个三角形。怎能由此证明正整数的减法应是 $4-1\neq3$？辩证逻辑与诡辩理应有一绝对分明的界线。上述三个例子都既不合数学，又不合逻辑。

《教程》还论述了辩证判断间的两种逻辑关系。（第 240 ~ 243 页）一是逻辑矛盾关系，一是蕴涵关系。它们纯粹是形式逻辑关系。《教程》在此没有揭示出辩证逻辑的关系。

《教程》强调辩证推理的形式，可惜没有结合该书已提出的辩证判断形式来进行论述。该书也没有提出任何有确切含义的、别人可以理解的辩证推理的形式。《教程》没有告诉我们，所谓辩证推理，是其前提或结论是辩证判断的推理，还是其形式不同于形式逻辑所研究的那些形式的推理。不阐明一种推理的形式，是不可能教会读者掌握那种推理的。所有的辩证逻辑书都从未提出过辩证推理的习题，让读者做一做，这恐怕是很能说明问题的。

《教程》附有专章论述辩证逻辑的形式化问题。所谓形式化，实即纯形式地研究思维形式的极致。《教程》提出“将辩证逻辑形式化不仅是必要的，而且是可能的”（第 404 页）的冗长讨论后，建构了两个系统 DPNR 和 DQNR。如果这两个系统能够成立的话，那么它可以是逻辑，但却不是《教程》三编正文所建构的辩证逻辑。目前没有两本辩证逻辑著作所建构的体系是相同的，泛论辩证逻辑形式化解决不了三编《教程》的内容形式化的必要性和可能性。《教程》所谓对立统一思维律，抽象上升为具体思维律、辩证分析综合法、辩证归纳演绎法、逻辑的与历史的统一法，等等，在这些系统里缺少相应的定理。我们也没有根据可以说这些系统的定理，与《教程》所说的辩证推理形式是相当的。DPNR 和 DQNR 缺少一切辩证逻辑所公开宣布的基本特征：与辩证法、认识论三者统一。如果我们承认《教程》三编正文的内容是辩证逻辑，依我管见，它是不可能形式化的。如果 DPNR 和 DQNR 是一种形式化的辩证逻辑，那么三编《教程》的内容就不会是逻辑。形式化总是有局限性的。这种局限性不是靠哲学，而是靠逻辑来证明的。如果辩证逻辑也形式化了，那它势必也染上了形式化的“不治之症”，形式逻辑与辩证逻辑就会“同病相怜”，没有高低之分了。也许有人设想辩证逻辑既可形式化，可又没有局限性。这种设想缺乏科学的根据。说到底，逻辑不一定形式化，形式化的也不一定是逻辑。当务之急是要对辩证逻辑的基本内容取得共识，然后才谈得上把这种理论形式化。

《导论》与许多辩证逻辑专著不同，不讨论辩证的思维形态和思维形式的辩证法。《导论》这样处理是很高明的。《导论》阐述了判断、概念、科学理论的辩证法，归纳与演绎（两种认识方法）、分析与综合、逻辑与历史、抽象与具体的辩证关系，探求真理的辩证过程。《导论》的有关论述都很深刻精辟。《导论》把辩证逻辑看成是认识的理论（第 35 页）；认识史的概括与总结（第 34、37 页）、理性思维的学说，主要是探讨辩证的理性思维（第 65 页）、关于理性方法的逻辑（第 30 页）。根据这些带定义性的说明和该书整个内容，《导论》讨论的问题也许大致属于科学方法论的范围。在《导论》看来，形式逻辑是逻辑，又是广义的科学方法论；辩证逻辑是科学方法论，又是广义的逻辑（第 4 页）。《导论》既然不谈推理，不谈思维形式，就离开了逻辑的主题。因之我认为《导论》也是一部哲学书，不是逻辑书。笼统地说“辩证逻辑是要研究思维形式的”（《导论》，第 33 页），不能使该书成为真正的逻辑书。迄今为止，在研究辩证逻辑的学者中间，对辩证思维形式莫衷一是。已经提出来的那些形式，经不起“初等逻辑”的驳难。作为“高等逻辑”的辩证逻辑，如果不谈思维形式，何以还是逻辑？这终究是一个难题。有些学者喜欢把“逻辑”一词的含义扩大，使它可用之于辩证逻辑，认为逻辑可以有多种类型，形式逻辑和辩证逻辑都是逻辑。如果这仅仅是用词和命名的问题，那就无所谓真假。问题在于，在形式逻辑和辩证逻辑两者之上，再概括出更一般的逻辑，并不顺理成章。辩证逻辑是不是逻辑，与其说是科学问题，恐怕不如说是心态问题。

《导论》和《教程》都把思维（理论思维）分成两个阶段。《教程》称之为普通思维和辩证思维（第一章第一节），《导论》称之为知性思维和理性思维（第二章第三节、第十章）。《教程》说：“普通逻辑（即形式逻辑——引者）是普通思维的逻辑总结，它研究普通思维的规律、方法和形式；辩证逻辑是辩证思维的逻辑总结，它研究辩证思维的逻辑总结，它研究辩证思维的规律、方法和形式。”（第 11 ~ 12 页）《导论》说：“辩证逻辑就是关于辩证思维的系统构成及规律的学说。”（第 23 页）《导论》有时也把形式逻辑叫作“知性逻辑”。（第 173 页）这两部教材都把辩证逻辑定义为辩证（理性）思维学。人们可以这样给辩证逻辑下定义，但人们不应该主观地把形式逻辑定义为普通（知性、悟性、抽象）思维学。形式逻辑不是全面研究普通思维的学问。另一方面，如果有不属于普通思维（不论是直觉思维、形象思维、灵感思维，还是辩证思维，等等）的推理，其形式也还是形式逻辑应该研究的对象。把辩证逻辑定义为辩证思维学，还有一个小小的问题不能回避：辩证思维中有没有推理？如果有，其形式与普通思维中的推理的形式有何区别？《教程》是回答了这个问题的，可惜该书的答案不能令人满意。《导论》的答案，我们没有见到。

《导论》说“形式逻辑是‘纯形式’地考察人的思维形式，撇开思维的内容，撇开思维的运动发展”（第 34 页）。“与此相反，辩证逻辑不离开认识的内容来考察判断和推理的类型，而是从认识的深化运动，从反映客观现实的程度如何着眼，研究各种判断类型和推理类型的地位和价值。”（第 35 页）“辩证逻辑的研究结果是揭示各种判断形式和推理形式之间的辩证关系，把握它们的发展和转化。”（第 34 页）从字面上看，说形式逻辑是形式撇开内容的，辩证逻辑是形式结合内容的，倒也很清晰确定。可是，当我们把这个论断跟形式逻辑是普通思维的逻辑，辩证逻辑是辩证思维的逻辑这个论断结合起来时，就会又遇到一个问题。对于同一个思维形式，为什么纯形式地研究所得出的结果仅仅揭示了普通思维的规律，即形式逻辑规律；而结合内容来研究所得出的结果，就变成揭示了辩证思维的规律，即辩证逻辑规律？不能简单地说关于判断辩证分类的著名例子，是三个形式同一的全称肯定判断。

《导论》和《教程》有一个观点是共同的，其他各种辩证逻辑文献也大都如此。它们首先引用一段不确切的译文：“初等数学，即常数的数学，是在形式逻辑的范围内活动的，至少总的说来是这样；而变数的数学——其中最重要的部分是微积分——本质上不外是辩证法在数学方面的运用。”①然后说明如下：“虽然高等数学也应用常数，但运用变数才是数学中的转折点，从而也就进入辩证思维的领域。”（《导论》第 31 页，参阅《教程》第

① 《马克思恩格斯选集》第 3 卷，人民出版社，1972，第 174 ~ 175 页。——编者注

11 页）

上述引文中的“常数”“变数”正确的译文应是“常量”“变量”。初等数学、传统逻辑（黑格尔、恩格斯所见的形式逻辑）都已应用变元（变项）；高等数学、数理逻辑（现代逻辑）不仅应用变元，而且应用函数。微积分之所以能刻画变量，并不因为它应用了变元，而是因为它应用了函数。不能说有了“变数”，运动就进入了数学。应该说有了函数，数学就能刻画运动。微积分的逻辑框架，固然不是传统逻辑，而是一阶逻辑。如果承认微积分作为数学进入了辩证思维的领域，就必须同时承认它的逻辑框架一阶逻辑也进入了辩证思维的领域。从这个意义上讲，如果说传统逻辑是初等逻辑的话，那么数理逻辑就是高等的辩证逻辑了。而同时发明微积分的莱布尼茨正好就是这种辩证逻辑的先驱者。

辩证逻辑究竟是什么？尚需斟酌。

再议辩证逻辑*

我写了评《辩证逻辑导论》（以下简称《导论》）和《辩证逻辑教程》（以下简称《教程》）的《辩证逻辑究竟是不是逻辑?》（以下简称《拙文》）后，蒙两教材作者不吝赐教，接连发表了3篇文章：周洪仁同志的《逻辑的类型难道是唯一的吗?》（以下简称《周文》）、马佩同志的《对〈辩证逻辑究竟是不是逻辑?〉的答复》（以下简称《马文》）、孙显元同志的《辩证逻辑与形式逻辑的根本原则》（以下简称《孙文》）。现愿借《哲学动态》宝贵篇幅，进一步论述鄙见，敬祈方家匡正。

一　从研究对象和基本性质看，《导论》和《教程》所说的辩证逻辑，与逻辑有根本区别

什么是逻辑？目前至少有两种截然不同的意见。一种说法是：逻辑是一门以推理形式为主要研究对象的科学。这个提法符合逻辑的历史和现状。另一种说法是：逻辑的主要内容就是概念的矛盾运动。因此，逻辑学同时又是辩证法。按照这种说法，传统逻辑的核心内容三段论和密尔五法，都不能是逻辑，现代逻辑的种种系统更不能是逻辑。

主要研究推理形式的逻辑，其类型不是唯一的。一般说来，有纯形式的演绎逻辑（形式逻辑）和归纳逻辑、传统逻辑和现代逻辑的区别。现代演绎逻辑也还有经典逻辑和异常逻辑的区别。多值逻辑没有矛盾律和排中律，直觉主义逻辑限制排中律，弗协调逻辑限制矛盾律，相干逻辑没有蕴

* 原载《哲学动态》1992 年第 4 期。有删节。

涵怪论。逻辑当然也是关于证明（演绎论证）和论证（包括演绎和归纳）的科学。逻辑规律，如同一律、矛盾律，都是推理形式的规律。

《导论》和《教程》所研究的辩证逻辑是与辩证法和认识论统一的、形式结合内容的、关于认识和真理的理论。这种理论不以推理形式为研究对象，缺乏工具科学的可操作性。这样的辩证逻辑，其对象和基本性质显然与上述各种不同类型的逻辑完全不同。

推理只能从若干命题过渡到一个命题。仅仅研究概念而不涉及推理的学问，还不是逻辑。《孙文》说“概念和理论体系都是思维形式”，这话混淆了“思维形式”一词的不同含义。《孙文》认为辩证逻辑“不是推理的逻辑，而是概念的逻辑”，这又混淆了“逻辑”一词的不同含义。《孙文》把“A 是 A 又非 A”当作辩证逻辑的公理，这样的辩证逻辑已不是概念的系统，而是命题的系统。逻辑把概念当作命题中的非命题成分看待，研究其在推理形式中的作用。《马文》以为数理逻辑从命题开始讲起，就是根本不要概念，这纯属误会。

二 逻辑范围的历史变迁不能说明逻辑应该包括《导论》和《教程》所陈述的辩证逻辑

历史上逻辑的范围不是一成不变的。现代逻辑与传统逻辑比较，某些方面内容有缩小，某些方面又有扩大。这种变化都是由其内因决定的。变化还将继续下去，但至少在目前各种不同类型的逻辑仍以推理形式为主要研究对象。

今天要扩大逻辑的范围，使之包括《导论》和《教程》所陈述的辩证逻辑，从科学发展的内因来看，是缺乏根据的。恩格斯曾把他所见的形式逻辑即传统逻辑与辩证法并列起来，都看作哲学，即“从全部以前的哲学中，还保存独立意义的”① 学说。弗雷格以后，逻辑彻底与哲学分了家，成为一门完全独立于哲学的科学。这促进了逻辑的飞跃发展。现在要求走回头路，把与辩证法、认识论统一的辩证逻辑当作逻辑，再次模糊作为意识

① 恩格斯：《反杜林论·概论》，人民出版社，1956，第 24 页。——编者注

形态的哲学与作为工具性科学的逻辑的界限，其必要性何在？

三 存在着辩证思维、辩证思维形态，由此不能说明《导论》和《教程》所说的辩证逻辑是逻辑

《周文》和《马文》都认为思维发展有两个阶段，这决定了有两种逻辑：形式逻辑和辩证逻辑。这是没有充分根据的。思维有多少阶段，基本上与逻辑无关。如果从思维形式上无法区别普通思维和辩证思维，无法区别普通思维形态和辩证思维形态，就不足以说明普通思维的逻辑不同于辩证思维的逻辑。形式逻辑研究思维形式不局限于普通思维，这本是常识。没有一本形式逻辑书曾规定过：形式逻辑是关于普通思维的形式、规律和方法的科学。

《周文》说："这里的'S 是 P'或'妈妈是人'的判断形式，恐怕不只是形式逻辑一种吧！"《周文》如果只使用"S 是 P"一个公式去陈述不同的命题形式，那么《周文》就造成了不应有的名词歧义。《周文》没有使用不同的公式去陈述不同的命题形式，因此《周文》如果没有歧义，就只讨论了唯一的一个命题形式。形式逻辑认为反映 S 与 P 的同一性的是"凡 S 是 P，并且，凡 P 是 S"，反映其差异性的是"有 P 不是 S，或者，有 S 不是 P"。

《周文》批评《拙文》说："这是不是好象初等数学对高等数学说：'你没有常量，所以你不是数学'?!"这个虚拟的问题是不能成立的。因为初等数学只能处理常量，不能处理变量；高等数学不仅能处理常量，而且能处理变量，常量不过是变量的极限。

辩证逻辑是一种深刻的哲学理论，有它自身的价值。至于它是不是逻辑，相对下面要谈的那些实质性问题来，并不显得特别重要。

四 "4 - 1(= ∧ ≠)3"和"A 是 A 又非 A"都是诡辩

《马文》坚持《教程》中"4 - 1(= ∧ ≠)3"等例子是辩证判断。我认为这些例子从形式逻辑看来都是诡辩。《教程》和《马文》如果能坚决、彻底、全面地奉行"辩证逻辑"，应该断定"4 - 1 = n 并且 4 - 1 ≠ n"。再进一

步，应该断定“m－n＝k并且m－n≠k”。m，n，k为任意实数。识破此类说法是诡辩，并不需要高深的学问，而仅仅需要健康的心态。

同一律a＝a是作为微积分的逻辑框架带等词的一阶逻辑的公理之一，至今远未在实践中被排除。它是为一切现代逻辑分支包括各种异常逻辑所承认的。a≠a则为任何逻辑分支、任何数学分支所排斥。在许多辩证逻辑专家看来，辩证逻辑不仅承认a＝a，而且还承认a≠a。可是，为什么《教程》只说“真理是真理，谬误是谬误，真理不是谬误，谬误不是真理”（第14页），而不再说“真理不是真理，谬误不是谬误”？把“A是A又非A”当作公理的辩证逻辑为什么不公开宣布“辩证逻辑是辩证逻辑又不是辩证逻辑”？

五　辩证逻辑为什么要形式化，怎样形式化？

《马文》批评数理逻辑把同一律形式化，犯了片面化的错误。实际上《教程》和《马文》要批判的就是同一律a＝a，特别是它的本体论意义：事物自身同一。a＝a在二阶逻辑里可以定义为：凡a的属性是a的属性。事物自身同一不能误解为事物永恒不变。

那么，辩证逻辑又何须要学着数理逻辑搞什么形式化？不处处依据数理逻辑的原则来搞形式化，是科学的形式化吗？在数理逻辑中，哪些是形式化的，哪些不是形式化的（仍然属于逻辑），是清楚的。《马文》批评《拙文》说：“认为普通逻辑中已经形式化的部分是逻辑，从而否认未形式化部分是逻辑”，这个意见完全是强加于我的。《马文》还说：“辩证逻辑中的有些内容可以形式化，有些内容不可以形式化。”表面上看，这话很对。但我们必须具体地弄清楚：《教程》三编正文中的哪些内容形式化了，哪些还没有？《马文》批评《拙文》的说法：“有人设想辩证逻辑既可形式化，又可没有局限性”，是无的放矢。请马佩同志再读一读《教程》的这一段话：“在辩证逻辑形式化过程中，……将使经典逻辑的形式化方法得到扩充和发展，从而有助于克服已有形式化方法所暴露出来的某些局限性。……”（第404页）形式化的辩证逻辑，可以既是协调的，又是完全的，而且是可判定的！这不是克服了一阶逻辑的局限性了吗？

六　形式逻辑揭示了思维形式的辩证法

《导论》说："辩证逻辑与形式逻辑的最基本差别，可以说是：辩证逻辑是以流动范畴建立起来的逻辑学说，是'变数的逻辑'；而形式逻辑是以固定范畴建立起来的逻辑学说，是'常数的逻辑'。"（第 31 页）恩格斯当年提出固定范畴和流动范畴，本来是针对哲学派别，即形而上学和辩证法讲的。(《自然辩证法 · 毕希纳》) 后人把固定范畴和流动范畴用于形式逻辑和辩证逻辑，就是把形式逻辑等同于形而上学。如果说微积分是以流动范畴建立起来的高等数学，那么，就应该承认微积分的逻辑框架一阶逻辑也是以流动范畴建立起来的高等逻辑。从黑格尔到《导论》《教程》所提出的辩证逻辑，事实上都不是微积分的逻辑框架，为什么它们反倒是高等逻辑?

《导论》（第 34 页）和《教程》（第 225 页）都认为形式逻辑把各种不同的判断形式和推理形式列举出来，毫无关联地排列起来；辩证逻辑由此及彼地推出这些形式，使它们互相隶属，从低级发展出高级形式。这个论断是不符合形式逻辑的实际情况的。逻辑方阵就是直言命题形式的联系图，其中的全称和特称是相互转化的。换质就是肯定和否定的相互转化。亚里士多德三段论理论是推理形式的演绎系统，各个有效形式绝不是平列的。但联系和转化在传统逻辑里远没有充分展开，有时甚至是牵强的（如把一切推理化为三段论)。因此，这些联系和转化容易为人视而不见。恩格斯在《自然辩证法》中说数学中的四则等运算，从一个形式到另一个相反形式的转化，并不是无聊的游戏，而是数学的最有力的杠杆之一。这些话几乎可以一字不改地用于数理逻辑。数理逻辑中思维形式的联系和转化是纯形式的，是象数学那样精确的。黑格尔的逻辑是形式结合内容的，但这是思辨的联系和转化，相当缺乏事实的、科学的根据。

“A 是 A”和“A 是‘A 又非 A’”

——与孙显元先生商榷*

孙显元教授《论辩证逻辑的公理》（《浙江社会科学》1992 年第 2 期，以下简称《孙文》）提出把“A 是‘A 又非 A’”作为辩证逻辑的公理。我对此颇有疑问，特提出求证于方家。

《孙文》说“形式逻辑的公理是同一律，用公式来表示，它就是‘A 是 A’”。这话相当成问题。传统形式逻辑不是公理系统，因之不可能有公理；亚里士多德的三段论理论是公理系统，但他没有把同一律当作公理。现代形式逻辑都是形式系统（公理系统或自然推理系统），自然推理系统没有公理。就命题逻辑来说，如果把 $P \to P$ 叫作同一律，那么除相干逻辑外，没有系统以 $P \to P$ 为公理。在带等词的谓词逻辑公理系统里，$a = a$（或写为 $x = x$）应该是同一律，它是任何系统的公理之一。$a = a$ 当然不是不带等词的谓词逻辑的公理。

《孙文》说“在‘A 是 A’的公式中，我们以‘鲁迅’代表第一个 A，以‘《阿 Q 正传》的作者’作表第二个 A，于是就可以得到‘A 是 A’的真判断为：‘鲁迅是《阿 Q 正传》的作者’。”《孙文》在这里所作的代入违反了形式逻辑的代入规则：以同一词项代入同一变项。正确地代入只能得到“鲁迅是鲁迅”，或者“《阿 Q 正传》的作者是《阿 Q 正传》的作者”。“鲁迅”是专名，指称个体；“《阿 Q 正传》的作者”是摹状词，指称单元集。它们不是同一词项。接着，《孙文》又违反代入规则，“将这个‘A（非

* 原载《浙江社会科学》1993 年第 3 期。

A)'代入形式逻辑的同一律公式中，那么，它就成为：'A 就是"A（非A)"'"。正确地进行代入，应该得出"A（非 A）是 A（非 A)"，它是同一律的特例。

"A 是 A"这个传统形式逻辑公式是不精确的。传统逻辑不明确集合与元素的区别，因之"A 是 A"也许是 a = a，也许是 A⊆A，也许是 A = A，等等。在现代逻辑里，我们再也不应该笼统地谈论"A 是 A"。

《孙文》说："辩证逻辑的公理也是同一律，……它就是：'A 是"A 又非 A"'。"并说，"这些符号和演算规划并不适用于辩证逻辑，因此我们不能用形式逻辑的眼界来对待辩证逻辑的公式"。但《孙文》并没有给出辩证逻辑的基本符号及其形成规则，又没有给出辩证逻辑的演算规则。这不仅无法使上述公理推导出任何定理；而且，是事先堵死了形式逻辑对辩证逻辑的批评，为诡辩敞开了大门。以逻辑眼界高低为借口，只许辩证逻辑以自封的高等身份批评所谓初等的形式逻辑，而不许形式逻辑对辩证逻辑进行反批评，这是合理吗？

《孙文》认为"A 是'A 又非 A'""是辩证逻辑全部理论的出发点和前提"，"辩证逻辑的性质和内容，都是由这个公式所决定的"，并以"民主是民主又集中"为例。其他例子还有"既抽象又具体""既个别又普遍""既是原因又是结果"，等等。

在《孙文》，"A 是'A 又非 A'"中"A 又非 A"的引号起着区别辩证法与折衷主义的关键作用，引号中的"又"是不能分配出引号的。《孙文》说"'A 是 A'又'A 是非 A'"不是辩证法的公式而是折衷主义的公式。但在上述 4 个具体例子中，都没有出现引号，而且还归结为"既……又……"的形式，这是为什么？根据《孙文》所说的辩证逻辑公理，人们理所当然要说：真理是"真理又错误"，错误是"错误又真理"，形而上学是"形而上学又辩证法"。这难道不对吗？

“A是A又不是A”与辩证逻辑*

一　对立统一规律能归结为“A是A又不是A”吗?

黑格尔提出思辨逻辑的确是对传统逻辑同一律、矛盾律和排中律的一种否定。他把形式逻辑混同于形而上学但没有加以全盘否定。他没有明确地意识到：第一，是否一切辩证矛盾（对立统一）都是逻辑矛盾（一命题及其否定的合取）？例如，资产阶级与无产阶级的对立统一，能归结为逻辑矛盾吗？第二，是否一切逻辑矛盾都是辩证矛盾？例如，设想写一部书，其中每一句话都是黑格尔《大逻辑》或《小逻辑》中的话的逻辑否定，反之亦然。黑格尔的著作与这本想像中的著作都是片面的，只有这两部著作合在一起，才能算是辩证法。这个看法，黑格尔及其后人能接受吗？如果说“差异就是矛盾”，那么一命题及其否定当然有差异从而也是对立统一。但这能使任一命题及其否定同时都真吗？

20世纪20～40年代的辩证论者不仅全盘否定了形而上学，而且也全盘否定了形式逻辑。在他们看来，矛盾就是矛盾，不应有辩证矛盾和逻辑矛盾的区分。他们认为形式逻辑要避免矛盾，而辩证法则要肯定矛盾。他们反对形式逻辑的同一律“A是A”，主张辩证法的矛盾律“A是A又不是A”（参见《毛泽东哲学批注集》，中央文献出版社，1988，第162、197页）。

50年代以来，形式逻辑的地位改善了。不论讲辩证法还是讲逻辑，一

---

* 原载《哲学研究》1994年第2期。

般都要区分辩证矛盾和逻辑矛盾，这是一种进步。从那时起，一般文献不再把"A是A又不是A"当作辩证法的公式。毛泽东在《矛盾论》收入《毛泽东选集》公开发表时，删去了"形式论理的同一律与辩证法的矛盾律"一节（龚育之等:《毛泽东的读书生活》，三联书店，1986，第57~58页）。毛泽东还多次强调写文章不能前后矛盾。《中国大百科全书》哲学卷、《哲学大辞典》（冯契主编）在阐述辩证矛盾时都不用那个公式。高校文科教材《普通逻辑》（增订本，1993）说:"思维中出现的逻辑矛盾跟辩证法所讲的客观事物的矛盾是两回事，绝不能把两者混为一谈。"甚至，连《辩证逻辑教程》（马佩等主编）也不采用这个公式。

但目前在辩证逻辑问题上，仍有同志有意无意地重复上述50年代以前的观点。例如马佩同志说:"承认唯物辩证法的对立统一律，就必须承认对立统一思维律'A是"A且非A"'。"（《不要用普通逻辑否定辩证逻辑》，载《哲学研究》1993年增刊）鉴于这个问题对于如何看待辩证法及其与逻辑学的关系有重要意义，这里拟对马佩同志这个观点作一分析。

"A是A"是传统形式逻辑的同一律，其含义是任一事物自身同一。我以为它在现代逻辑中更精确的表述是 $a=a$（或记为 $x=x$，可读为论域中任一个体自身同一）。同一律在现代逻辑的各种异常逻辑系统中都成立。"A是A又不是A"是既承认同一律又否认同一律。无论从传统逻辑或现代的经典逻辑，还是各种异常逻辑看来，它都是一种不能接受、必须排除的谬误。至于"A是'A且非A'"与"A是A又不是A"区别何在，马佩同志没有交代。所以本文略而不论。重要的是马佩同志承认"A是'A且非A'"从形式逻辑看来是诡辩。（《不要用普通逻辑否定辩证逻辑》，载《哲学研究》1993年增刊）把形式逻辑认为是诡辩的"A是A又不是A"当作辩证法的核心——对立统一规律，马佩同志回到了20~40年代的观点。

我曾指出《辩证逻辑教程》第232页的三个例子（2加2等于4又不等于4；4减1等于3又不等于3；2加1大于2又不大于2）是诡辩（《五十年代辩证逻辑研究的反思》，载《云南学术探索》1992年第5期）。马佩同志比该书又多走了几步。他把该书说的"真理是真理，谬误是谬误，真理不是谬错，谬误不是真理"修改为"真理是'真理且非真理'"（《不要用普通逻辑否定辩证逻辑》，载《哲学研究》1993 年增刊）。但是还有一步，马佩同志尚未有决心跨出去，即承认“辩证法是辩证法又不是辩证法”。

辩证法所说的矛盾是“事物自身所包含的既相互排斥又相互依存、既对立又统一的关系”（《中国大百科全书·哲学》卷第 597 页）。把极为广泛、丰富的辩证法的基本概念“矛盾”归结为纯形式的逻辑矛盾“A 是 A 又不是 A”岂不是把辩证法简单化、庸俗化了吗？

关于“A 是 A 又不是 A”的探讨，主要是逻辑问题。马佩同志所主张的辩证逻辑还有许多哲理方面的原则、原理。它们与这个公式有什么关联？有了这一公式，逻辑与辩证法、认识论三者就统一了吗？逻辑与历史就一致了吗？形式与内容就结合了吗？有了这一公式，逻辑就可以充当微积分的推理工具了吗？这些问题值得进一步探索。

二　对两个例子的分析

马佩同志说“A 是‘A 且非 A’”的实例之一是：“帝国主义既是真老虎又是纸老虎。”（《不要用普通逻辑否定辩证逻辑》，载《哲学研究》1993 年增刊）这话至少是极不确切的。“A 是‘A 且非 A’”的实例只能是“帝国主义是‘帝国主义且非帝国主义’”。根据代入并不能从“A 是‘A 且非 A’”得出“A 是‘B 且非 B’”。

杨学渊同志已经说明了“帝国主义既是真老虎又是纸老虎”不是逻辑矛盾。（参见《辩证命题的语形、语义和语用分析》，载《哲学研究》1993 年增刊）本文不再赘述。如果有人说“从战略上看，帝国主义既是真老虎又是纸老虎”，这句话才符合马佩同志的意思，但却不是毛泽东的原意。

马佩同志还说“A 是‘A 且非 A’”的另一实例是“运动是物体在同一瞬间既在同一个地方，又不在同一个地方”（《不要用普通逻辑否定辩证逻辑》，载《哲学研究》1993 年增刊）。

这个例子源自黑格尔，他说“某物之所以运动，不仅因为它在这个‘此刻’在这里，在那个‘此刻’在那里，而且因为它在同一个‘此刻’在这里又不在这里，因为它在同一个‘这里’同时又有又非有。”（《逻辑学》下卷，商务印书馆，1976，第 67 页）

周礼全先生对这个例子的分析具有很大的代表性，他把黑格尔所说的"在同一时刻既在这里又不在这里"记为"H"而不再分析其结构。这样，黑格尔的话就成为"一个运动的事物是H"。周先生正确地指出，就语义方面说，"一个运动的事物既是H又不是H"是无意义的。此外，他还进一步地指出"在这里"和"不在这里"在黑格尔看来并不都是现实的属性。黑格尔认为矛盾是"自在的"或相当于亚里士多德所说的"潜在的"（《黑格尔的辩证逻辑》，中国社会科学出版社，1989，第170～177页）。我以为周先生的分析还没有彻底解决问题。如果H的确是逻辑矛盾，那么运动就是一个空集。

我把"物体"理解为一个质点a，"同一瞬间"理解为一时间段 $[w_{i_1}, \cdots, w_{i_j}, \cdots, w_{i_2}]$ $(j \in \omega_1)$，"一个地方"理解为三维空间的点 $[x_j, y_k, z_l]$（以下简写为 x_j）。

位移是过程，不能仅仅发生在一个时点上，也不能仅仅发生在一个空间的点上。a在时间段中的位移的轨迹是 $[x_{j_1}, \cdots, x_{j_j}, \cdots, x_{j_2}]$ $(j \in \omega_1)$。ω_1 个点 x_j 构成三维空间的线段。a的位移是时间对空间的函数：$f(w_i) = x_j$，并且，如果 $w_{i_r} \neq x_{j_s}$ 则 $x_{j_r} \neq x_{j_s}$。即对时段中任一时点 w_i，有空间唯一的点 x_j 与之对应，而且有不同的空间的点对应于不同的时点。有人会认为这样理解质点a的位移是割裂了运动。这种顾虑纯属思辨的多余。因为就时间段和a的轨迹而言，任意两点之间存在着无穷多个点。这可以说是割而不断吧！而且a在 x_j 上的速度是可以精确确定的，只要它不等于零，位移就没有被掩盖、推开、隐藏、搁置起来。把位移理解为函数关系，是经过实践检验的，其逻辑框架是一阶逻辑。

当所有 $f(w_i)$ 的值均为 x_{j_r} 时，$f(w_i) = x_j$ 成立而 $f^{-1}(x_j) = w_i$ 不成立。这说明a在上述时间段中没有位移，是静止的。

当至少有两个不同的 x_{j_r} 和 x_{j_s}，而所有 $f^{-1}(x_j)$ 的值均为 w_{i_r} 时，$f^{-1}(x_j) = w_i$ 成立而 $f(w_i) = x_j$ 不成立。这说明a在时点 w_{i_r} 上是三维空间的线段，而不是质点，也没有位移。因之，"同一瞬间"不能理解为一个时点 w_i。

据同一律有：$a = a$，$w_i = w_i$，$x_j = x_j$。又据矛盾律：$a \neq a$，$w_i \neq w_i$，$x_j \neq x_j$ 都不成立。

把 a 的位移理解为在时段中至少有一时点 w_i，至少有两个点 x_{j_r}，x_{j_s} $(x_{j_r} \neq x_{j_s})$，满足 $f(w_i) = x_{j_r} \wedge f(w_i) = x_{j_s}$，即在时点 w_i，a 在一个地方又在另一个地方。这从现有数学看来是错误的，并为实践所否证。

把 a 的位移理解为在时段中至少有一时点 w_i，至少有一点 x_j，满足 $f(w_i) = x_j \wedge f(w_i) \neq x_{j_s}$，即在时点 w_i，a 在一个地方又不在同一个地方。这是逻辑矛盾。这样处理就根本不可能对位移说什么话。

理所当然，认为对所有 w_i 而言，至少有两个不同的点 x_{j_r} 和 x_{j_s} 与 w_i 对应；认为对所有 w_i 而言，至少有一个点 x_j，它既与 w_i 对应又不与 w_i 对应，都是错误的，都不能由之建立关于位移的数学模型。

我认为“运动是物体在同一瞬间既在同一个地方，又不在同一个地方”这个思辨的命题把位移定义为一种逻辑矛盾，是不科学的。

总之，马佩同志所举的例子不足以说明“A 是 A 又不是 A”是真的。

三　什么是辩证逻辑?

哪些理论是辩证逻辑呢？除黑格尔的《大逻辑》《小逻辑》外，我们再也找不出第二个可以得到国际、国内学术界公认的辩证逻辑理论来。在种种辩证逻辑文献里，实际上包含了五个方面的学说：①辩证法（dialecties）或辩证方法（dialectical method）；②认识论；③范畴体系；④科学方法论；⑤逻辑。这些不同的所谓辩证逻辑，并不都主张“A 是 A 又不是 A”。

什么样的理论是辩证逻辑呢？中国学术界一般能接受的定义是：辩证逻辑是“研究人类辩证思维的科学，即关于辩证思维的形式、规律和方法的科学”（《中国大百科全书·哲学》，第 49 页）。这个定义从字面上看似很明确，但事实上是极不明确的。所谓“思维的形式”与“思维形式”在西方语言中没有区别，它常有三种不同的含义：①范畴（黑格尔用语）；②思维形态（指概念、判断、推理等）；③命题形式和推理形式。上述辩证逻辑定义中的“辩证思维的形式”究竟是指辩证思维的概念、判断、推理，还是指辩证思维的命题形式、推理形式？它们与非辩证思维的概念、判断、推理，命题形式、推理形式有什么区别？这些仍然是模糊的。国际上通常认为逻辑主要是研究推理形式的科学。（《中国大百科全书·哲学》，第 534 页）这个定义既适用于演绎逻辑（形式逻辑），也适用于归纳逻辑和自然（语言）逻辑，但却未必适用于辩证逻辑。黑格尔的思辨逻辑虽然也谈到“直言推论”“假言推论”“选言推论”等，但它们都是“具体概念”即（哲学）范畴，不涉及推理形式。谁也无法根据黑格尔的理论来指导怎样有效地进行任何一种推理。正如黑格尔也谈及“机械性”“化学性”“生命”等范畴，但他的理论不是物理学、化学、生物学。黑格尔的思辨逻辑名为逻辑，实际上是借传统逻辑部分名词讲哲学，从不深入研究任一逻辑常项，因之本质上不是逻辑。逻辑研究的是一切思维的命题形式和推理形式，不管这种思维是辩证的还是非辩证的。研究思维的辩证法，或者辩证的思维，或者辩证的思维方法的学问是哲学，不是逻辑。

有一种说法是：辩证逻辑乃是作为逻辑的唯物辩证法。这是同语反复，不能说明什么问题。有的同志说辩证逻辑所体现的是马克思主义哲学的逻辑职能，从而具有逻辑科学的性质。何谓“逻辑职能”“逻辑科学的性质”？也还是不清楚的。用逻辑来说明逻辑，结果什么也说明不了。马克思主义哲学与任何哲学一样，不具备推理工具的职能，这一点可以说是清楚的。

以黑格尔的思辨逻辑为例，这是一个（哲学）范畴体系，是所谓逻辑与辩证法、认识论统一的，与历史一致的，形式结合内容的体系。它的研究对象与逻辑根本不同，因之这类辩证逻辑与形式逻辑当然不属同一系列的科学。彭漪涟同志用来说明辩证逻辑与形式逻辑不是同一系列的科学的一切论点，正好可以说明他们说的辩证逻辑并不是逻辑。（《简评有关形式逻辑与辩证逻辑关系的某些流行观点》，载《哲学研究》1993 年增刊）彭漪涟同志一方面承认辩证逻辑与形式逻辑不是同一系列的科学，另一方面又坚持辩证逻辑是逻辑。这是很难令人信服的。

现在我们知道毛泽东不赞成初高等数学的比喻，而赞成周谷城的意见——辩证法与形式逻辑不是同一系列的学问。今天有些学者也不承认形式逻辑是初等逻辑，辩证逻辑是高等逻辑的提法，却又坚持辩证逻辑是逻辑、辩证法、认识论三者统一的逻辑。我以为这种观点不但在理论上难以“吾道一以贯之”，而且仍然继承了 20 ~ 40 年代把辩证法当作唯一可能的逻辑的一系列具体论点。

四　能否建构在某种程度上限制或取消同一律、矛盾律、排中律的逻辑系统？

现代逻辑的某些分支，如多值逻辑、模糊逻辑、弗协调逻辑、直觉主义逻辑等异常逻辑系统的出现，是对逻辑中传统观念的极大冲击，这说明了逻辑绝不是唯一的，在一定程度上或一定条件下，限制或取消矛盾律或排中律是现实的。例如在三值命题逻辑中，矛盾律和排中律都不成立（这不等于说逻辑矛盾是常真的），但同一律仍成立。用三值的真值表可表示如下（0 代表真，1 代表可真，2 代表假）：

	矛盾律					排中律				同一律		
p	¬	(p	∧	¬	p)	p	∨	¬	p	p	→	p
0	0	0	2	2	0	0	0	2	0	0	0	0
1	1	1	1	1	1	1	1	1	1	1	0	1
2	0	2	2	0	2	2	0	0	2	2	0	2

当然，“A 是 A 又不是 A”在三值逻辑里得不到常真的解释。我们还应看到，这些异常的逻辑的元逻辑，还是遵守同一律和矛盾律的要求的。任何形式系统中都不允许定理及其否定同时成立。在某种程度上可以容忍逻辑矛盾的逻辑，现在已经有了，这与黑格尔辩证法思想的启示是分不开的。但是，同一律尚未受到冲击。是不是可以限制一下同一律，这需要严谨细致的研究。借口不受普通逻辑眼界的束缚，任意乱用符号、公式和推演规则，没有形式语言就来进行辩证逻辑的形式化，都是不可取的。

辩证逻辑要真正成为与形式逻辑同一系列的科学，要真正成为逻辑，就必须主要讲命题形式和推理形式，反映在形式系统中即合式公式和定理。辩证逻辑的研究一方面可以从具体到抽象，仔细分析用自然语言表达的所谓辩证判断、辩证推理，从中抽象出不同于经典逻辑的严格的思维形式来。有些文献所说的“S 是 P 又是非 P”，至少可以有以下四种不同的解释：任何 S 是 P 并且任何 S 是非 P；对任何 S 而言，它既是 P 又是非 P；有 S 是 P 并且有 S 是非 P；至少有一 S，它是 P 又是非 P。因之这个公式是没有确切含义的，它是不能解决问题的。另一方面可以从抽象到具体，即根据某种哲学考虑，从一阶逻辑中或者去掉一些东西，或者增加一些东西，纯形式地尝试建构一种可称为辩证逻辑的异常逻辑演算，并进一步建立它的形式语义学和元逻辑理论。然后再把这种逻辑用之于实践。

有一点很重要，辩证逻辑一旦真正成为逻辑，它是不会与辩证法、认识论统一的，它是不会与历史一致的，它是纯形式的。具体科学与作为意识形态的哲学，有着不可抹煞的界限。建构了在某种程度上限制或取消了同一律、矛盾律、排中律的真正可称为辩证逻辑的逻辑系统，不等于说辩证法、认识论都形式化了，历史的东西也形式化了。作为哲学概念的“矛盾”与作为逻辑概念的“矛盾”终究是不一样的。前者不能简单地化归为后者。

传统逻辑不足以充当能刻画变量的微积分的推理工具，甚至不足以充当标准的初等数学欧氏几何的推理工具。一阶逻辑是微积分的推理工具，从这个意义上来说，一阶逻辑就是动的逻辑、高等逻辑、理性逻辑、辩证逻辑。但是我们仍不妨设想建构一种与经典逻辑不大相同的异常逻辑，跟直觉主义逻辑可以充当直觉主义数学的推理工具一样。不过设想并不就是现实，即使这种设想实现了，也绝不能说明马佩同志所主张的“2加2等于4又不等于4”等几个诡辩例子是真理。

一些同志很不愿意承认上述种种异常逻辑以及一阶逻辑等是辩证的。似乎在他们心目中，辩证逻辑必须是与辩证法、认识论统一的，是与历史一致的，是形式结合内容的，既是哲学又是逻辑，甚至是马克思主义的组成部分。我看事情未必如此。

关于位移的补充*

拙文《“A 是 A 又不是 A”与辩证逻辑》（刊于《哲学研究》1994 年第 2 期）提到位移，谨补充如后。

拙文说：“a 的位移是时间对空间的函数，$f(w_1)=x_j$，并且，如果 $w_{i_r}\neq x_{j_s}$ 则 $x_{j_r}\neq x_{j_s}$。”其中“$w_{i_r}\neq x_{j_s}$”为“$w_{i_r}\neq w_{i_s}$”之误。

什么是位移？这是数学、力学问题，不是哲学、逻辑问题。位移的数学表示合乎形式逻辑，它不是逻辑矛盾，也不隐含逻辑矛盾。

轨迹［x_{j_1}，…，x_{j_2}］是 a 历时［w_{i_1}，…，w_{i_2}］的位移所生成的结果。位移本身是向量（矢量）$\overrightarrow{x_{j_1}x_{j_2}}$，不是线段 $x_{j_1}x_{j_2}$。a 于时点 w_{i_r} 在位置 x_{j_r}，仅此不足以说明 a 在“动”；还要加上速度和方向，才能表明 a 于 w_{i_r} 在 x_{j_r}“动”，这就涉及其他时点和位置。a 的“动”不能仅用一个时点、一个位置来刻画。以上述情况否认下述情况，乃是诡辩。即“动”的 a 于时点 w_{i_r} 如在位置 x_{i_r}，a 就不能不在 x_{j_r}，也不能又在 x_{j_s}。思辨不妨有时诡辩，但辩证唯物论应与诡辩划清界限。

* 原载《哲学研究》1994 年第 4 期。

更好地比较辩证逻辑与形式逻辑

——读《辩证逻辑与形式逻辑比较研究》的思考*

黎祖交教授主编的《辩证逻辑与形式逻辑比较研究》（以下简称《比较》。中共中央党校出版社，1992）根据大量翔实材料，对辩证逻辑和传统形式逻辑作了深入细致的比较研究，这对促进中国学者创建多数逻辑学家能接受的辩证逻辑体系，无疑是十分必要的理论准备。

我本人认为作为世界观和方法论的辩证法不应该称之为逻辑。传统逻辑、现代逻辑是逻辑，形式逻辑、归纳逻辑、语言逻辑是逻辑，数理逻辑、哲学逻辑是逻辑。所谓普通逻辑是一门课程的名称，不是一个逻辑分支的名称。所谓辩证逻辑，虽名为逻辑，实质上不是逻辑。我对辩证逻辑的一系列原则、原理，提出过不少的异议。（请参阅拙文《五十年来辩证逻辑研究的反思》，《云南学术探索》1992 年第 5 期）本文不谈这些实质性问题。本文仅就《比较》一书的写法（实质上是所有辩证逻辑研究的习气），提出两个问题，求证于《比较》作者以及一切关心辩证逻辑的同志。

辩证逻辑与形式逻辑的比较研究，对于不承认辩证逻辑是逻辑的逻辑学家（他们是世界上多数逻辑学家）来说，意义不大。你走你的阳关道，我走我的独木桥。一百多年来现代逻辑（请勿曲解为数理逻辑）的成就并没有叨辩证逻辑的光。然而这种比较研究对于中国逻辑学界来说，意义很大。因为 1949 年以来，中国理论界流行辩证逻辑是高等逻辑，形式逻辑是初等逻辑的说法。国内销路最大的两部形式逻辑教材《普通逻辑》（高校文

---

* 原载《六安师专学报》1994 年第 1 期。略有改动。

科教材）和《形式逻辑》（中国人民大学出版社）就持这种观点。然而，离开了形式逻辑，是谈不上什么辩证逻辑的，从黑格尔开始就一向如此。

这种比较又是十分困难的。因为除了黑格尔的体系外，至今还没有一个公认的辩证逻辑体系，可以举出来与形式逻辑相匹比的。目前中国辩证逻辑书出了不少。但人言言殊[①]，内容往往极不相同，从范畴体系到形式系统，各种花色品种都有。究竟什么是辩证逻辑的对象，《比较》的说法就不一致。一种提法是包括：①思维辩证法多；②辩证思维；③思维形态的辩证法（第 53 页）。另一种提法是辩证的思维形式（第 234 页）。辩证逻辑有无基本规律？各家众说纷纭。许许多多辩证逻辑专著，无疑都是以马克思列宁主义为指导思想的，它们是唯物的，又是辩证的；不象黑格尔，是唯心的。这些书虽然说法不一，但都有其共同点，那就是坚持辩证逻辑是逻辑；那就是黑格尔、恩格斯、列宁的有关言论。所谓辩证逻辑与形式逻辑相比较，核心内容就是拿这些名言来与形式逻辑比较。有一件事不应忘记。这些名言直接提到的往往是辩证法而不是辩证逻辑。因之，不先把辩证法与辩证逻辑比较清楚，我们就不知道应该拿什么东西去与形式逻辑相比较。大家知道，辩证法与辩证逻辑的同异，同样是莫衷一是的。只讨论辩证逻辑与形式逻辑是否同属一个系列的学科，不讨论辩证法与形式逻辑是否同属一个系列的学科，好象有点王顾左右的味道。特别是作为中国学者，谁也不会忘记，50 年代周谷城在这个问题上有所陈述，而毛泽东又是支持他的。

当辩证逻辑与形式逻辑的比较进行到具体逻辑问题时，往往是滑稽可笑的。这不是《比较》一书的过错。要知道在辩证逻辑的大旗下，什么说法都有，甚至公开奉诡辩为辩证法。（如说四减一等于三又不等于三）这里《比较》的取舍是很不容易摆平的。如《比较》既“认为将论证区分为辩证论证和形式论证，同样是不合适的”（第 143 页），但又不得不比较“辩证的充足理由律”（多数辩证逻辑著作无此一说）和形式逻辑的充足理由律（毛泽东说没有什么充足理由律，现代逻辑无充足理由律一说）；多因为有

① 应为“言人人殊”。——编者注

书这样写的么。

《比较》所谓形式逻辑，“指传统形式逻辑”（第1页），“不是现代形式逻辑、数理逻辑”（第233页）。《比较》明知当今世界上的所谓形式逻辑，与黑格尔、恩格斯、列宁所曾见的形式逻辑相比，已经不可同日而语了。但《比较》仍把20世纪80年代末中国的各种辩证逻辑的时髦说法，与19世纪末的传统形式逻辑相比较，而不是与同时代的现代形式逻辑（不是最狭义的数理逻辑）相比较。这种比较不管怎样精辟入微，也难免有替古人担忧的感觉。两相比较的一个对象似乎有点先天不足，另一个对象是明日黄花。这是我对《比较》一书不满足的地方。也许，更迫切的是应该写一部《辩证逻辑与现代逻辑比较研究》给20世纪90年代的人看。这是我提的第一个问题。

本世纪30~40年代，由于苏联批判德波林学派的政治需要，把形式逻辑等同于形而上学进行批判。全世界的马克思主义者不得不跟着全盘否定形式逻辑。采取这种态度的理论根据，是由黑格尔、恩格斯、列宁有关的论述得出的某些论点。40年代斯大林曾提出干部要学习形式逻辑，特别是1950年斯大林的《马克思主义与语言学问题》发表后，全世界的马克思主义者为形式逻辑恢复了名誉，但却留一个尾巴，认为形式逻辑是初等逻辑，而辩证法或辩证逻辑则是高等逻辑。然而，当初认定形式逻辑是形而上学的那些理论根据，没有一条被否定，反而立即转为初高等逻辑的理论根据。“文革”以后，中国学者知道毛泽东早在50年代就不赞成初高等数学的比喻。据我所知，金岳霖主编的《形式逻辑》首次不采用初高等逻辑的说法。但此书也开了一个有争议的先例：不承认数理逻辑是现代形式逻辑。《比较》不附和我国多数逻辑学家的观点，直书辩证逻辑和形式逻辑“没有低级和高级的分别”（序言第2页，第235页）。但是，那些被大多数辩证逻辑专家用来认定初高等逻辑的论点，恐怕没有一条为《比较》所否认。

《比较》说：“至于恩格斯所说的初等数学，即常数（如同周礼全先生在‘序言’中所说，应为‘常量’）的数学，而变数（如同周礼全先生在‘序言’中所说，应为‘变量’）的数学本质上不外是辩证法在数学方面的应用，同形式逻辑与辩证逻辑的关系确有相似之处。”（第235页）《比较》

认为“辩证逻辑应用的是流动范畴，这是辩证逻辑研究方法的基本特征。在辩证逻辑中，‘是’和‘否’都是流动范畴”（第59页）。“形式逻辑把范畴当作确定的东西来研究，撇开它们的内部矛盾以及它们之间的联系和转化。在形式逻辑中‘是’即‘是’，‘否’即‘否’，两者的界限分明，不允许既‘是’又‘否’。”（第58～59页）“辩证逻辑与形式逻辑的区别在于形式逻辑是以确定范畴建立起来的逻辑学说，是‘常数的逻辑’，辩证逻辑是以流动范畴建立起来的逻辑学说，是‘变数的逻辑’。”（第235页）《比较》又说“形式逻辑作为‘静态’的逻辑”，“辩证逻辑作为‘动态’的逻辑”。（第76页）《比较》又认为“形式逻辑按判断的形式特征进行分类，因而它采取的是相互并列，彼此孤立的原则，它只满足于把各种现成的判断形式列举出来和毫无关联地排列起来。与此相反，辩证逻辑则根据判断在认识过程中的不同地位和作用，由此及彼地排列出各种判断形式，使它们相互隶属，从低级形式发展到高级形式。”（第99页）《比较》还认为“辩证逻辑以对立面的统一，亦即在一定条件下A是A也是非A为其逻辑基础，着眼于处理辩证矛盾，形式逻辑则以同一律、矛盾律和排中律为逻辑的基本规律，它信守A是A，A不是非A，A或者非A。”（第234页）《比较》认为“形式逻辑从一开始就撇开了思维内容的研究，辩证逻辑则一再强调必须结合思维内容来研究思维形式”（第41页）。总之，《比较》认为“形式逻辑有其局限性，存在着‘狭隘眼界’，正因此，辩证逻辑应运而生”（第45页）。“辩证逻辑是在发展并力图克服形式逻辑的认识局限性的基础上建立的。”（第96页）（我个人认为这些论点的科学性大成问题）同样是这些论点，在多数辩证逻辑专家看来，完全可以作出初高等逻辑的结论。我不知道究竟哪个结论更具有“充足理由”。或许正如黑格尔所说，“即是一方面，任何根据都是充足的，另一方面，没有根据可以说是充足的”（《小逻辑》，商务印书馆，1980，第262页）。

70年来，人们处理形式逻辑的“政策”定性不断改变。30～40年代定性为形而上学，50年代以来定性为初等逻辑，70年代末以来有些学者放弃了初高等逻辑的说法，但仍认为辩证逻辑是逻辑。这些不同的“政策”定性背后的理论根据，似乎“吾道一以贯之”，从来没有变过，就是本文上段所引《比较》与其他辩证逻辑书共有的那些论点。我提的第二个问题是，希望《比较》作者和其他辩证逻辑专家们能讲清楚：你们以不变应万变的学术依据是什么？在我们国家里，形式逻辑的“政策”定性的大权操在辩证逻辑手里，形式逻辑自己无权定性。

[附记：1993 年版的《普通逻辑》（增订本）已删去形式逻辑是初等逻辑，辩证逻辑是高等逻辑的话。]

再谈辩证逻辑*

一　所谓“形式逻辑辩证化”

20 世纪 50 年代初我当学生时，听江天骥老师讲辩证逻辑。他说，任何科学都要用辩证法来指导，就是形式逻辑不能用辩证法来指导，因为形式逻辑辩证化是错误的。课后我细读苏联的《逻辑问题讨论集》中译本（巴克拉节等著，谢宁等译，三联书店，1954 年出版），深深体会到江老师不欺我也，他的确抓住了当时苏联逻辑学界主流思想的精神实质。但是，也从此使我对苏联逻辑学界主流思想的学风不正、心态扭曲，产生了厌恶情绪。第一，如果“形式逻辑辩证化”是错误的，为什么不公开明说，而是吞吞吐吐？第二，如此说成立，辩证法就不是普遍有效的方法。第三，这岂不是“假洋鬼子”不许阿 Q 闹革命的“逻辑”？“形式逻辑辩证化是错误的”这一论点，后来在中国几乎不见。现记于此，不仅与下文有关，亦可发人深省。

本科毕业后，我曾请教张世英老师：用辩证法来研究形式逻辑，是不是就能得到辩证逻辑？张老师回答说：不能。（请注意，他没有说这是错误的）他说：用辩证法研究形式逻辑得到的仍是形式逻辑，辩证逻辑是范畴体系。

约 40 年前后两位师长对我的教诲，永铭于心。

二　哲学是辩证逻辑的最后立足点

20 世纪 50～60 年代，形式逻辑是初等逻辑，辩证逻辑是高等逻辑的提

* 原载《河南社会科学》2006 年第 6 期。

法，如同20~30年代形式逻辑是形而上学，辩证法（或辩证逻辑）是唯一科学的逻辑的提法一样，被认为是马克思主义关于逻辑的基本观点。1986年出版的《毛泽东的读书生活》（龚育之、逄先知、石仲泉著，三联书店出版）第131页记载："一九六五年十二月在杭州，毛泽东更明确地说：说形式逻辑好比低级数学，辩证逻辑好比高等数学，我看不对。形式逻辑是讲思维形式的，讲前后不相矛盾的。它是一门专门科学，同辩证法不是什么初等数学和高等数学的关系……形式逻辑却是一门专门科学。任何著作都要用形式逻辑，《资本论》也要用。"不过此后仍有一些辩证逻辑研究者坚持初、高等逻辑之说。例如，1989年出版的，由章沛、李志才、马佩、李廉主编的《辩证逻辑教程》（南京大学出版社出版）仍说："辩证逻辑和普通逻辑（即形式逻辑——引者注）都是逻辑科学，都是研究思维规律、方法、形式的科学。它们之间的关系用一句话来概括，就是高等逻辑和初等逻辑的关系。"（第11页）进入21世纪，初、高等逻辑的提法虽不常见了，但只是引而不发，不明说罢了。

辩证逻辑专家能承认在一定意义上容忍逻辑矛盾的直觉主义逻辑、弗协调逻辑等是辩证逻辑吗？它们可绝不是关于一切物质的、自然的和精神的事物的发展规律的学说，绝不是关于世界的全部具体内容及对它的认识的发展规律的学说，绝不是对世界的认识的历史的总计、总和、结论。

作为"唯一科学的逻辑"或"高等逻辑"的辩证逻辑，从黑格尔开始就是哲学，即他的哲学范畴体系的第一部分。现在公认的是逻辑的辩证逻辑仍"缺位"。马佩先生却突发奇想，说辩证逻辑应该是逻辑而不是哲学。但是这样一来，辩证逻辑就将失去它最后的立足点。

三 逻辑的对象首先是逻辑常项

逻辑是研究思维形式的科学。这里所谓思维形式绝不是指概念、判断、推理，而是指命题形式和推理形式。说思维形式的内容是概念、判断、推理等也是不通的。命题形式只是一个框框、空架子，它们首先是由逻辑常项决定的。基本的逻辑常项分两类，一类是命题联结词"并非、或者、并且、如果……则"，一类是量词"所有、有的"。黑格尔的辩证逻辑决不研究这些“鸡零狗碎”的东西，而是研究作为哲学范畴的“质的判断（肯定判断、否定判断、无限判断），量的判断（单称判断、特称判断、全称判断），必然判断（直言判断、假言判断、选言判断），概念判断（实然判断、或然判断、确然判断）”，等等。逻辑常项根据一定的规则与变项（“逻辑变项”一词是杜撰的）相结合，形成命题形式。不同的命题形式根据一定的规律而转化，比如说，只有“并非、并且、有的”3个逻辑常项，就可以定义出其他基本的逻辑常项来。“并非、并且、有的”这些东西是简单了些，但人类对这类被黑格尔看不起的小东西所构成的庞大体系的认识，却是没有终极的，这些不都是思维形式的活生生的辩证法吗？但在20世纪50年代的苏联逻辑学界看来，就叫作犯了“形式逻辑辩证化”的错误。

思维形式的特性决定了逻辑的性质近乎数学和语法学。学习逻辑、数学、语法都是必须做习题的，辩证逻辑却是没有习题可做的，这说明辩证逻辑缺乏可操作性。马克思、恩格斯对数学发表了很多极精彩的意见，但世界上并不存在一门马克思主义数学。斯大林写过《马克思主义与语言学问题》，但世界上并不存在着一门马克思主义语言学。“普及和发展马克思主义的科学逻辑学”这种说法慎提为要。我还要追问一句：有没有非科学的逻辑学？

四 思维形式的具体内容和抽象内容

逻辑研究思维形式是纯形式的，即撇开思维内容的。这是什么意思？以“凡人皆有死，凡圣人是人，所以，凡圣人皆有死”为例，逻辑根本不必考虑“有人不死吗”“圣人是不是人呀”这些所谓思维内容方面的问题，即思维所反映的事实方面的问题。只要上述推理符合barbara的形式，推理就是正确的。严格地说，逻辑研究思维形式撇开的是思维的具体内容，即如圣人是不是人等等。记得列宁在《哲学笔记》中曾说过，关于世界的全部具体内容及对它的认识的发展规律的学说①，这里列宁用了“具体内容”一词。现在马佩先生说“思维具体内容千差万别，无限复杂”②，也用了

① 列宁：《哲学笔记》，人民出版社，1956。

② 马佩：《辩证逻辑应是逻辑而不是哲学》，《河南社会科学》2005年第1期，第43~47页。

“具体内容”一词，这并不能算误用吧？思维具体内容“千差万别，无限复杂”这是实际情况，不能妄扣“杂乱无章”的帽子。但实际情况还有另外一面，即相对于思维形式而言，的确还存在着思维的抽象（一般）内容。barbara 是一个纯形式，它的抽象（一般）内容是：如果 MP 并且 SM，则 SP。换言之即：类的包含于关系的传递性。可以说，类的包含于关系的传递性就是三段论的“客观基础”。这就是关于逻辑的实实在在的唯物论。但在 20 世纪 50 年代苏联、中国的逻辑学界看来，这应该是形而上学吧？当时流行一种说法：把逻辑规律说成事物规律就是形而上学。这种说法真是很吓人的。

数理逻辑都是形式系统，当然比传统逻辑还要抽象。对逻辑的形式系统来说，语法是纯形式的，语义即那些合式公式的内容。在逻辑系统里，定理的推导是纯形式的，即只问语法不问语义的。但形式系统不能永远不问语义，即不能永远撇开内容，语义同样是重要的。一些关于系统的元定理是语法结合语义的。这里又有许多辩证法的生动例子，不是黑格尔辈所能想象的。这里头也有唯物论，也不是黑格尔辈所能反对掉的。中国的许多辩证逻辑专家似乎不理解真要构造辩证逻辑的形式系统，首先恐怕要改变语义，而不是急于用某种图形来表示“对立统一”，而这个“对立统一”又是没有严格定义的。

五 再提“游戏规则”

辩证逻辑在中国“虽历经数十年但仍未建立公认的体系”，专家们虽“在讲述辩证思维形式时，力求使之逻辑化”，但至今不能构成真正的逻辑学，这不是辩证逻辑专家们不努力，决定性的原因在于辩证逻辑专家们还没有认识到辩证逻辑要逻辑化，必须形式化，而形式化必须要遵守形式化的“游戏规则”。

李廉先生说：“‘辩证逻辑应是逻辑而不是哲学’，是一个形式逻辑的联言判断（命题），它的形式可以用拉丁字母表示为：凡 s 是 p，并且 s 不是 q。”①

---

① 李廉：《论哲学与逻辑学的辩证关系》，《河南社会科学》2006 年第 1 期，第 25 ~ 29 页。

李先生这里提出来的形式是不合逻辑的。此形式中第一次出现的 s 前有量项而第二次出现的 s 前没有量项，为什么？

李先生接着说："辩证逻辑学的思维形式，用语言表达应是'辩证逻辑是逻辑又不是逻辑的辩证统一；辩证逻辑不是哲学又是哲学的辩证统一'。它的符号式应是（s 对立统一 p）（s 对立统一 q）。"[①] 这我就更看不懂了。我且仿李先生的说法，造一个"辩证判断"：辩证唯物论是唯物论又不是唯物论的辩证统一；辩证唯物论不是辩证法又是辩证法的辩证统一，行不行？李先生说的"辩证逻辑学的思维形式"的"符号式"中的圆括号表示什么？为什么这个"符号式"既没有量词又没有联结词？"是"与"不是"在此"符号式"中怎样表示？我用"辩证逻辑""诡辩""宗教"代入上述"符号式"应得到：（辩证逻辑对立统一诡辩）（辩证逻辑对立统一宗教）。这行不行？

贺善侃先生说："在这一推理系统（指辩证思维推理系统——引者注）中，明显地表现出多种推理类型之间的联系和过渡。这种联系和过渡主要表现为两个不同的转化系列：一是以对象的类属关系为基础的'类比推理——归纳推理——演绎推理'的转化系列，二是以对象之间多样性关系为基础的'选言推理——假言推理——关系推理'转化系列。"[②] 说类比、归纳、演绎的区分"是以对象的类属关系为基础的"，这根本不科学。辩证思维仅仅用到选言推理、假言推理、关系推理 3 种演绎推理，这不是太贫乏了吗？这 3 种推理的区分的根据——"对象之间多样性关系"究竟是什么关系？

哲学也有自己的"游戏规则"要遵守。

李廉先生对金顺福先生的一句话"形式逻辑从相对静止中断定事物间的肯定或否定"提出批评，认为其中"静止"一词用法不当，因为"'静止'或'运动'是物理学的范畴"[③]。李先生有所不知："静止、运动"也

---

① 李廉：《论哲学与逻辑学的辩证关系》，《河南社会科学》2006 年第 1 期，第 25 ~ 29 页。

② 贺善侃：《论辩证逻辑的研究对象和学科性质》，《河南社会科学》2006 年第 1 期，第 39 ~ 42 页。

③ 李廉：《论哲学与逻辑学的辩证关系》，《河南社会科学》2006 年第 1 期，第 25 ~ 29 页。

是哲学范畴。如若不信，请查恩格斯的《自然辩证法》、《联共党史》第四章第二节或者哲学辞典。李先生不也说“思维形式是思维反映客观事物运动、变化、发展的特殊规律”（同上，第27页）吗？其中的“运动”一词是物理学范畴，还是哲学范畴？

寻觅了半个世纪的辩证逻辑*

一　逻辑曾叫作辩证法，辩证法曾叫作逻辑

要回答什么是“逻辑”，可以举例说明之。在20世纪以前，可以说三段论是逻辑。在20世纪以后，可以说逻辑演算是逻辑。三段论和逻辑演算都是关于推理形式的学说，20世纪末，越来越多的中国学者终于明白了一个道理：逻辑是以推理形式为主要研究对象的科学，它不是哲学，不是意识形态。

逻辑不仅研究个别的推理形式，而且研究推理形式之间的关系和关于推理形式的系统理论的性质。亚里士多德曾用公理化方法研究三段论，现代逻辑则应用更严密的形式化方法研究推理形式。公理化方法、形式化方法本身也已成为逻辑研究的对象。

如果我们相信事物都是辩证的，那么简单如三段论，复杂一些如一阶逻辑，它们都是辩证的；只有人的思想、人的思想方法，可能是形而上学的。

在西方语言里一般没有“逻辑”和“逻辑学”的区分。“逻辑”源于古希腊语“逻各斯”，原意指世界的可理解的规律，也有语言或理性的意思。逻辑的创始人亚里士多德用“分析”或“分析学”指以三段论为中心的推理学说。公元前1世纪，古罗马的西塞罗最早使用“逻辑”一词。古罗马学者常用“辩证法”（有人曾意译为“论辩术”）指逻辑和修辞学。欧洲中世纪的学者有时用“逻辑”，有时也用“辩证法”指逻辑。近代欧洲才

---

* 原载《河南社会科学》2006年第1期。有删节。

通用“逻辑”一词。黑格尔用“逻辑科学”（一般译为“逻辑学”，笔者认为此译不甚确切）称呼他的哲学体系的第一部分。黑格尔的“逻辑科学”是一个哲学范畴的体系，其中有些范畴，是借用了传统逻辑的术语，这个体系的合理内核就是黑格尔的辩证法。黑格尔的著作大小逻辑[①]，根本不讲从什么样的前提可以得到什么样的结论这样的推理形式方面的问题，他对这种“鸡毛蒜皮”的问题毫无兴趣。他还认为，如果把类似“一些人是幸福的”隐含着“一些人不是幸福的”（《逻辑学》下卷，第319页。杨一之译，商务印书馆，1976年版）的推理当作正确推理，那就荒谬透顶了。

从历史上看“逻辑”一词大致有四个不同含义：①以推理形式为主要研究对象的科学；②研究哲学范畴的理论；③规律，如“中国革命的逻辑”；④谬论，如所谓“强盗逻辑”。

康德认为形式逻辑到了他的时代，已经完成了，没有什么新玩意儿了。黑格尔更是看不起当时的逻辑。这两位大哲学家根本不理解其17世纪的先贤莱布尼兹关于数理逻辑的创新设想的超时代意义。

莱布尼兹后约两个世纪，到了19世纪40年代，在逻辑研究中全面采取了数学方法并着重研究了数学中的逻辑问题，从而开创了逻辑发展的全新局面。布尔建立了逻辑代数，德摩根提出了关系逻辑。1879年，弗雷格建立了人类历史上第一个一阶逻辑系统，实现了莱布尼兹的设想，使逻辑的发展进入了现代阶段。在20世纪里，逻辑得到了迅猛的发展，20世纪30年代，两个“哥德尔定理”的证明，标志着现代逻辑已经成熟，至少它已经知道，什么问题是仅凭自己不能解决的。逻辑科学在20世纪中取得的成就，远远超过了以前两千多年的成果总和。

然而不幸的是，在黑格尔思想的负面影响下，从20世纪20年代开始，国际上就有一股以辩证法否定形式逻辑（实指传统逻辑，下同）的思潮掀起。到了30年代，苏联对德波林学派的政治打击导致了对形式逻辑的全盘否定。当时，全世界的马克思主义者普遍认为形式逻辑是静的逻辑，是反动的形而上学；而辩证法则是动的逻辑、辩证的逻辑甚至是唯一

---

① 指黑格尔的《逻辑学》和《小逻辑》。全书同，不赘。

科学的逻辑。

二　辩证逻辑是意识形态的产物，其基本原则在相当程度上是似是而非的。异常逻辑的兴起打破了逻辑一元论的成见

要回答什么是辩证逻辑，必须看到，普天之下，正宗的辩证逻辑至今只有一个个案：黑格尔的逻辑科学。20 世纪 50 年代之前，中国人提到辩证逻辑，与辩证法没有什么区别。50 年代以来，中国曾经有过种种不同的辩证逻辑定义，以下是其中影响较大的若干种：①辩证逻辑是辩证法或马克思主义辩证法（李志才，1955 年）；②辩证逻辑是主观辩证法或思维辩证法（江天骥，1955 年）；③辩证逻辑是把唯物辩证法运用于研究思维形式及其规律（陈昌曙，1956 年）；④辩证逻辑的主要内容就是我们在认识具体真理这一统一体的过程中所实际运用的一系列概念之相互联系，不断转化和发展的体系（张世英，1957 年）；⑤辩证逻辑是思维形式的辩证法（冯契，1981 年）；⑥辩证逻辑是思维自身矛盾运动的规律（章沛，1982 年）；⑦辩证逻辑是研究人类辩证思维的科学，即关于辩证思维证据形式、规律和方法的科学（傅季重，1987 年）；⑧辩证逻辑就是关于辩证思维的系统构成及其规律的学说（张巨青，1989 年）；⑨辩证逻辑是作为思维方法论的唯物辩证法（肖前，1990 年）。这些定义中的“思维形式”或“思维的形式”是有歧义的。在逻辑里“思维形式”应指命题形式和推理形式；在哲学里，它常指概念、判断、推理。周礼全曾提出，它们可称为“思维形态”。在黑格尔哲学里，它指哲学范畴。以上这些定义较早的直接把辩证法当作逻辑，较迟的则对辩证法和逻辑作了适度的区别。根据上述那些定义设计出来的辩证逻辑事实上有以下五个不同的方向。①辩证法或辩证方法。②认识论。③哲学范畴体系。（有人把范畴体系说成概念逻辑，这是很不确切的。逻辑所说概念，原则上指称一切概念。黑格尔的逻辑科学是哲学范畴的体系，这些范畴不等于一切概念）④科学方法论。（以上 4 个方面实际上都是把辩证逻辑当作哲学、意识形态）⑤逻辑。关于辩证逻辑的逻辑方向，又有两种不同的倾向。一是以 20 世纪 50 年代苏联教材中被歪曲了的传统逻辑为模式，寻求辩证的概念、辩证的判断、辩证的推理、辩证思维的基本规律等

等。另一种倾向是以一阶逻辑为模式，建构辩证逻辑的形式系统。很遗憾，这个方向的两种不同倾向，虽都有人做了工作，但无法取得他人的广泛认同。例如，马佩先生郑重推荐的“数理辩证逻辑”，已为张清宇先生证明“这样的辩证逻辑形式系统（指辩证命题形式公理系统DPA——引者注）是不成功的。由于这个基础系统出了问题，显然，在此基础上构造的系统理所当然地也就难以成功了”[①]。在逻辑这一行当里，真正是细节决定成败啊！半个世纪以来，中国也并没有出现过原创性的、能为逻辑学界公认的辩证逻辑。

中国学者根据不同定义设计出来的辩证逻辑体系可以有极大的区别，但在一些基本原则上，辩证逻辑专家的意见高度一致。他们认为相对形式逻辑而言，辩证逻辑有以下基本特征。①辩证逻辑是辩证法、认识论、逻辑三者的统一。②形式逻辑是常数（应译为常量）的逻辑、初等逻辑；辩证逻辑是变数（应译为变量）的逻辑、高等逻辑。③形式逻辑是以固定范畴建立起来的逻辑；辩证逻辑是以流动范畴建立起来的逻辑。④形式逻辑是形式撇开内容的纯形式的逻辑；辩证逻辑是形式结合内容的逻辑。⑤形式逻辑把各种不同的判断和推理形式列举出来，互相平列起来，毫无关联地排列起来；辩证逻辑由此及彼地推出这些形式，使它们互相隶属，从低级形式发展出高级形式。⑥在任何一个命题中，都可以（而且应当）发现辩证法一切要素的萌芽。⑦辩证逻辑是逻辑的东西和历史的东西一致的逻辑。⑧逻辑即关于真理的问题。⑨形式逻辑是知性（悟性、普通、抽象）思维的逻辑；辩证逻辑是理性（辩证、具体）思维的逻辑。显然，以上各点都是针对黑格尔名为“逻辑科学”的范畴体系说的，并不适合于作为形式科学的逻辑。作为形式科学的逻辑不可能与辩证法、认识论统一，不可能与历史一致，不可能是属于哲学的真理论。

上述辩证逻辑基本原则在相当程度上是似是而非的，笔者择其两点加以说明。

第一点，有一种颇为流行的说法，认为在形式逻辑看来，下述三个判

---

① 金顺福：《辩证逻辑》，中国社会科学出版社，2003。

断都是同一种全称肯定判断:“摩擦是热的一个源泉”“一切机械运动都能借摩擦转化为热”“在每一情况的特定条件下,任何一个运动形式都能够而且不得不直接或间接地转变为其他任何运动形式”。而辩证逻辑则认为它们是不同性质的判断,即分别为个别性判断“(单称判断”的又译)、特殊性判断(“特称判断”的又译)和普遍性判断(“全称判断”的又译)①。这种说法是似是而非的,非形式的。传统逻辑无法细致分析它们的形式,特别是第三个例子,至少包含了三个量词。在同一语境里即使它们都是全称肯定命题,但形式也不同一。正如在 barbara 中,三个全称肯定命题的形式分别是 MAP、SAM 和 SAP。用上述三个例子来批评传统逻辑肤浅,是对传统逻辑的曲解,是没有说服力的。此外,连黑格尔都知道“一切机械运动……”不是特称判断,如果允许这种随心所欲,就可以说,barbara 中的大前提是全称命题,小前提是特称命题,结论是单称命题,难道不是吗?

第二点,还有一个颇为流行的说法,那就是在“伊万是人”“树叶是绿的”“哈巴狗是狗”这样简单的判断中,就其主项与谓项而言,主项指称个别的、偶然的、现象的东西,谓项指称一般的、必然的、本质的东西,任何一个判断都蕴涵着辩证法的一切要素。② 这个说法也是似是而非的,它混淆了元素对集合的属于关系,子集对集合的包含于关系,集合之间的相容关系(注意:并非树叶都是绿的)。伊万是个别,人是一般等等,与其说是命题的辩证法,不如说是元素与集合的辩证法。如果这个流行说法成立,那么换位就成了问题。此外,我们必须承认假命题也是命题。“伊万不是人”“伊万是狗”“伊万不是狗”等命题的辩证法又是什么呢?

如前所述,辩证逻辑是意识形态的产物,不是逻辑学家提出来的问题。《中国大百科全书·哲学》虽有“辩证逻辑”专条,但并没有放在逻辑这门分支学科之中。能不能建构一个逻辑分支,它能容忍逻辑矛盾,从而在一定意义上是“辩证”的吗?

---

① 马佩等:《辩证逻辑教程》,南京大学出版社,1989。

② 中国大百科全书总编辑委员会《哲学》编辑委员会、中国大百科全书出版社编辑部编《中国大百科全书·哲学》(卷 II),中国大百科全书出版社,1987。

黑格尔批评形式逻辑的同一律、矛盾律、排中律，但没有全盘否定形式逻辑。他的辩证法是被各种各样的诡辩包装起来的。后来有人发挥他的诡辩，全盘否定形式逻辑。有科学良心的逻辑学家在反对全盘否定或故意贬低形式逻辑的斗争中，很容易看不到黑格尔辩证法的重要启示作用而陷于逻辑一元论。金岳霖在 20 世纪 60 年代就提出事物是"同一、不二、无三"的，因之形式逻辑有同一律、矛盾律、排中律。[①] 如果世界如黑格尔所说，也是"不一，兼二，有三"的，就应该有另一类逻辑。这种另类逻辑不就是辩证逻辑吗？这是笔者最近几年的新认识。

直觉主义逻辑是不承认排中律普遍有效的逻辑。圆周率是一无穷小数，不可能把整个表达式完全展开，因此既不能证明也不能否证"圆周率的小数表达式中有 7 个连接的 7"。数学家只能说这个命题既不是真的，又不是假的。直觉主义逻辑实际上是从反面来容忍逻辑矛盾的一种逻辑。

一阶逻辑不容忍逻辑矛盾，因为从逻辑矛盾可推出一切，而推出一切是无意义的。但事实上许多意见、学说、理论（例如，中国古代邓析的"两可之说"、微积分理论、直观集合论）是包含着逻辑矛盾的，又是不能推出一切的。因此，有必要容忍逻辑矛盾（这不等于承认任何逻辑矛盾都是真理），但又不能从逻辑矛盾推出一切，把逻辑矛盾局限起来使之不在系统中扩散开来，这样的逻辑就是弗协调逻辑。弗协调逻辑的创建，应该说是受了黑格尔对矛盾的态度的启发的。

大家知道多值逻辑中的矛盾律、排中律就与一阶逻辑不一样。各种异常逻辑（包括多值逻辑、直觉主义逻辑、弗协调逻辑，等等）的兴起，各有它自身的科学、哲学背景。异常逻辑开阔了我们观察世界的眼界，打破了逻辑一元论的成见。某些异常逻辑应该就是某种辩证逻辑。这正是"众里寻他千百度，蓦然回首，那人却在灯火阑珊处"。

世界是复杂的，排斥任何逻辑矛盾都是不明智的，主张任何逻辑矛盾都是真理更为荒唐。逻辑学家要发展逻辑，应该有一种像莱布尼兹、黑格尔那样高屋建瓴的创新精神，又必须有一种像弗雷格、罗素、哥德尔那样

---

① 《金岳霖文集》，甘肃人民出版社，1995。

注重细节的科学态度，两者结合自然会出成果。

三 与马佩先生商榷两点

进入21世纪，中国辩证逻辑研究事实上已经逐渐淡出人们的视野。马佩先生年年撰文为建构“是逻辑的辩证逻辑”而奋斗，精神可嘉！现仅对马先生大作《辩证逻辑应是逻辑而不是哲学》提出两点意见，就教于马先生和《河南社会科学》的广大读者。

（一）“辩证思维”究竟是不是一个逻辑上明确清晰的概念？

把思维分为普通思维和辩证思维看起来似乎很有道理，实则有一定问题。这种区分的目的在于再进一步认定普通思维的逻辑是普通逻辑、初等逻辑；辩证思维的逻辑是辩证逻辑、高等逻辑（先要说明一个小节：这里所谓普通逻辑，实际上是以传统逻辑为体，以现代逻辑为用的拼盘。“普通逻辑”在国际上仅仅是一门课程的名称，从来不是一门逻辑分支的名称）。把思维分为普通思维和辩证思维的另外一个目的，就是否认现代逻辑是“普通思维”的逻辑。

普通思维和辩证思维的区分是否合理，关键在于何谓辩证思维。这事实上是意识形态问题。《中国大百科全书·哲学》卷Ⅰ说，辩证思维是“人们通过概念、判断、推理等思维形式对客观事物的辩证发展过程的正确反映”。马佩先生说：“辩证思维是完全自觉地按照辩证法进行的思维。”辩证思维既要正确，又要完全自觉，门槛够高的。黑格尔的大小逻辑应该说是辩证思维的典型吧，它是挺自觉，却包含了不少错误。

假设存在着辩证概念、辩证命题、辩证推理，笔者的问题是：包含了辩证概念、辩证命题的推理，是不是就是辩证推理？有了辩证概念、辩证命题或辩证推理的思维是不是就是辩证思维？这个问题有点像问：有了马克思主义的词句，是不是就是马克思主义？没有辩证概念、辩证命题的推理是不是就是普通思维的推理？没有辩证概念、辩证命题或辩证推理的思维是不是就是普通思维？辩证命题有没有假的？辩证推理有没有不正确的？包含了假的辩证命题或不正确的辩证推理的思维还是不是辩证思维？如本文前面所述，逻辑研究的思维形式并不是概念、命题、推理，而是命题形式、推理形式。有没有是逻辑的辩证逻辑，关键恐怕并不在于有没有辩证概念、辩证命题、辩证推理，而在于有没有不同于一般命题形式的特殊的命题形式和不同于一般推理形式的特殊的推理形式（特别是后者）。所谓不同于一般命题形式的特殊的命题形式，所谓不同于一般推理形式的特殊的推理形式，是不是首先要有能代表“辩证性”的“辩证常项”，好像有了模态词才可能有模态命题形式？马先生说“现代科学从根本上都是辩证思维的科学”[①]。请问：以一阶逻辑为基础的现代逻辑是不是从根本上也是辩证思维的科学?!

（二）要不要按逻辑的“游戏规则”建构“是逻辑的辩证逻辑”?

笔者认为，要想在21世纪建构一个逻辑分支，不能以已经过时了的传统逻辑为模式，必须按照现代逻辑的“游戏规则”办事，更不能依照意识形态的“游戏规则”办事。

逻辑总是应形式化的。作为哲学概念的“辩证矛盾”是不能像数学概念那样用严格的公式表述的，更不可能用形式语言来表达。

同一律、矛盾律、排中律在现代逻辑中只是定理，一般不把它们当作公理。因之，从纯逻辑的角度看，很难说它们是基本规律。苏联逻辑学界在20世纪50年代曾死咬住它们是基本规律，目的在于把它们与辩证法的三条规律相对立。马先生把同一律与“对立统一思维律”相对比，并把后者“逻辑化”了，走的还是苏联的老路。这使笔者想起毛泽东在《矛盾论》正式发表时所删去的一节的标题：“形式论理的同一律与辩证的矛盾律”[②]。

且不说“A（思想）是A（思想）”既不是传统逻辑又不是现代逻辑关于同一律的表述，马先生给出的辩证思维基本规律对立统一思维律的公式笔者实在看不懂。它是“A是（$A\oplus\dot{A}$）”。按马先生的解释，“第一个A”代表辩证思想，“第二个A”代表“第一个A”中矛盾的主要方面。[③]。用同

① 马佩：《辩证逻辑应是逻辑而不是哲学——对金顺福先生主编〈辩证逻辑〉一书的评析》，《河南社会科学》2005年第1期，第43～47页。

② 龚育之等：《毛泽东的读书生活》，三联书店，1986。

③ 马佩：《辩证逻辑应是逻辑而不是哲学——对金顺福先生主编〈辩证逻辑〉一书的评析》，第43～47页。

一个符号“A”表示两个不同的东西，合适吗？后面的“$\dot{\bar{A}}$”是一个符号吗？其中的“A”与“第一个 A”、“第二个 A”是同一个符号“A”的不同出现吗？公式中的“是”是不是现代汉语中的系词？它代表属于关系、包含于关系、还是等于关系？符号“⊕”是以图形暗示对立统一，这是使用符号的大忌，因为逻辑符号不是象形文字。

马先生给出的辩证联言命题形式“S 是（P⊕$\dot{\bar{P}}$）”，笔者同样看不懂。合取词在哪里？量词在哪里？“$\dot{-}$”是什么？这里的“$\dot{-}$”好像与“A 是（A⊕$\dot{\bar{A}}$）”中的“$\dot{-}$”有区别，失去了“矛盾次要方面”的含义。这又是一个符号具有两种不同的含义的表现。

细心的读者也许会问：你在批评命题形式“S 是（P⊕$\dot{\bar{P}}$）”时问为什么没有合取词、量词，而在批评公式“A 是（A⊕$\dot{\bar{A}}$）”时为什么不问？笔者这样做的理由有两点。第一点，马先生没有说他所说的辩证思维基本规律对立统一思维律是辩证复合命题，而且，对比着马先生所说的普通思维律基本规律同一律的公式“A（思想）是 A（思想）”，它也不见得是复合命题，因之可以不问“A 是（A⊕$\dot{\bar{A}}$）”为什么没有联结词。

第二点，记得在 20 世纪 30 年代，全盘否定形式逻辑的“理论”对同一律有过这样的批判：形式逻辑本身就不按同一律“A 是 A”的模式说“青年是青年”“店员是店员”这样的废话。形式逻辑里讲的任何命题“S 是 P”的主项和谓项都是不同一的，所以才不是废话连篇。其实，这种批判根本不对。传统逻辑里基本的命题形式有 4 个：“所有 S 是 P”“有 S 是 P”“没有 S 是 P”“有 S 不是 P”。命题形式无真假。对各种形式的命题而言“S 是 S”“P 是 P”总是真的“S 是 S”，就不仅是一个形式，而且是一个常真的命题，这犹如代数里的“x = x”总是真的一样。这就是同一律的本意。它不是只承认“A 是 A”一个形式，而是说对任何 A 而言，“A 是 A”总是真的。所谓“S 是 P”是对直言命题的一个通俗说法，传统逻辑里没有这样一个命题形式。直言命题必须有量项，因之必须问：“S 是（P⊕$\dot{\bar{P}}$）”的量词在哪里？可是“A 是 A”有什么样的命题形式呢？传统逻辑的确浅陋，没有深入探究过。“A 是 A”即“A = A”，也就是“x = x”，只是写法不同。

在代数里“x = x”是常真命题，事实上它是说“任一数自身同一”。可以不必在其前说“对任何数 x 而言”，即可以没有量词。命题逻辑里的同一律“p→p”也是说：任一命题自身同一，可以不必在前面说“对任何命题 p 而言”，即可以没有量词。在现代逻辑里，有了“x = x”，运用推演规则全称量词引入律，马上就有（∀x）（x = x）。（∀x）（x = x）是一个二元关系命题：对论域中任何个体 x 而言，x 与自身同一。“=”叫作等词，是一个二元常谓词。“A 是 A”不仅是一个二元关系命题的形式，而且是一个常真的二元关系命题。“A 是 A”与“S 是 P”似乎差不多，其实是很不一样的。

现代逻辑的研究表明，命题逻辑比谓词逻辑更基本，但从马先生对辩证思维基本规律对立统一思维律和辩证联言命题形式的论述中，我们看不出辩证逻辑有没有命题逻辑和谓词逻辑两个层次。

马先生说过：“如果局限于普通逻辑的规律，辩证逻辑的规律却是讲不通的。”（《马佩文集》第 533 页）“如果局限于普通逻辑的‘眼界’，就会认为辩证逻辑的一切概念、命题、推理也都是荒谬的。”（《马佩文集》第 534 页）笔者上面指出了马先生一些不按逻辑的“游戏规则”建构辩证逻辑的例子。也许，马先生可以这样为自己辩解：不能以“普通逻辑”、初等逻辑的“眼界”来看待作为高等逻辑的辩证逻辑。如果真是这样的话，我们的讨论就缺少了共同语言，那将是“道不同，不相为谋”了。可是笔者记得，马先生也还说过这样的话：“凡是违背普通逻辑的，也一定违背辩证逻辑，凡是符合辩证逻辑的，也一定符合普通逻辑。”（《马佩文集》第 533 页）这又做何解释呢？

不按“游戏规则”讲逻辑是难以让人折服的。我们看到，马先生在讲传统逻辑时，已不断违反“游戏规则”。比如他要“修正”三段论规则，但他给出的欧拉图解，却是残缺不全的（《马佩文集》“代序”部分，1962 ~ 2003，第 16、59 ~ 70 页）。比如他说全称肯定命题的谓项可以周延（《马佩文集》“代序”部分，1963 ~ 2003，第 15、71 ~ 75 页）。比如他“否定了把演绎推论和必然性推论等同起来的观点”，混淆“必然地推出”与“必然判断的结论”，即混淆“必然地推理”与“必然性结论”的原则区别，从根本上模糊了演绎推理的本质（《马佩文集》“代序”部分，1962 ~ 2003，第

16、59～70、81～82页）。

20世纪50年代中国主流思想为形式逻辑平反后，依据苏联的提法，把形式逻辑的作用限制于思维（或初级思维、普通思维），并画下了一条底线：如果把形式逻辑规律说成事物规律，就是形而上学。此后，中国许多逻辑学家把同一律等局限为思维规律，而讳言在传统逻辑里思维规律也是事物规律，讳言事物的同一决定了思维的同一，思维的同一反映了事物的同一。进一步，不少人煞费苦心地原创出一个"客观基础"论来，说同一律等是有客观基础的，以免陷入形而上学或唯心主义的两难境地。至于什么是形式逻辑的客观基础，众说纷纭，莫衷一是。这真是天下本无事，何必自扰之啊。当时，周谷城先生意识到了中国主流思想给自己制造了一个陷阱：客观世界是辩证的，思维（或初级思维、普通思维）却是形式逻辑的；而服从形式逻辑的思维可以正确反映辩证的客观世界。[①] 笔者估计马佩先生至今也不愿承认同一律等思维规律也是事物规律，这就是他为什么要把传统逻辑同一律的公式"A是A""修正"为"A（思想）是A（思想）"的内在原因。今天我们应该理直气壮地申明：逻辑规律是事物规律的反映，在这个意义上说，逻辑规律也是事物规律。如果我们坚持唯物主义，应该承认逻辑规律首先是事物规律，然后才是思维规律。当然，这里所谓"思维规律"，是指推理形式的规律。同一律、矛盾律、排中律与barbara一样，都是关于推理形式的规律。至于"充足理由律"，笔者认为是一句伟大的废话。因为它没用，故不为现代逻辑所取。

在本文结束之际，笔者想赘言几句的是：本文对金顺福先生主编的《辩证逻辑》同样提出了批评，明眼人一看便知。马先生不断挑战逻辑的"游戏规则"，金先生则极力回避逻辑的"游戏规则"。马先生的辩证逻辑、金先生的辩证逻辑，走的是不同的路，但殊途同归，归于那些在笔者看来根本有问题的、似是而非的"道"。

---

① 周谷城：《形式逻辑与辩证法》，三联书店，1962。

第五部分

关于逻辑知识的意见

——商榷与述评

关于逻辑知识的两点意见*

《哲学研究》编辑部：

最近《哲学研究》发表了不少逻辑文章，其中有的提法似不妥。现仅指出两例，就教于作者和编辑同志。

第一，郭红和陈明灏同志在《试论充分条件假言推理在刑事侦查中的应用》（《哲学研究》1981 年第 7 期）中提出充分条件假言推理应补充两个叫作肯定后件式和否定前件式的形式，但他们并没有明确列出这两个形式来。从他们所举的例子来分析，他们心目之中所谓的肯定后件式的形式应该是：

如果 p 则 q，

q，

所以，可能 p。

按假言推理属于演绎，是从真前提必然推出真结论的推理。上述形式是从非模态命题推出模态命题，不属于一般命题逻辑的研究范围，而属于模态逻辑（仍然是演绎）的研究范围。然而我们知道，模态逻辑中不包含这一形式，或者说模态逻辑不承认这一形式的有效性。可以用下面的办法来说明它不是演绎的形式，即可以这样来说明当“如果 p 则 q”，“q”都真

---

* 原载《哲学研究》1982 年第 6 期。

时，“可能 p”不一定真：以“r 且非 r”代入“p”，以“r 或非 r”代入“q”，得到“如果（r 且非 r）则（r 或非 r）”，“r 或非 r”，这两者都是逻辑地真，而代入后得到的“可能 r 且非 r”却逻辑地不真；反之，“不可能（r 且非 r）”是逻辑地真的。

由此可知，郭、陈两位同志所说的充分条件假言推理肯定后件式是不能成立的。至于否定前件式，同样不能成立。

设“p_1，…，p_n”演绎地（必然地）推出“q”不成立。我们不能主观地认为简单改一下，从“p_1，…，p_n”演绎地（必然地）推出“可能 p”，就一定成立。当“p_1，…，p_n”都真时，“q”有时真有时假，不能据此认为从“p_1，…，p_n”可以演绎地（必然地）推出“可能 p”；我们只能说，从“p_1，…，p_n”可非演绎地（或然地）推出“q”。

记得二十年前，康宏逵同志就介绍和评论过波兰逻辑学家对这个问题的研究（《概然推理的作用》，《新建设》1961 年第 8 期）。

第二，谢洪欣同志在《悖论的不可避免性和不矛盾性》（《哲学研究》1982 年第 4 期）中企图论证：“‘p←→¬ p’是矛盾”是一个悖论命题。他推导出了逻辑矛盾：“‘p←→¬ p’不是矛盾”和“‘p←→¬ p’是矛盾”，这只能说明或者他论证的出发点不能成立，或者他推导的过程没有遵循应有的规则。由于(p←→¬ p)←→(p∧¬ p)是命题逻辑中的定理，可见 p←→¬ p等值于p∧¬ p，它就是逻辑矛盾，它不可能是定理。由此可知，谢洪欣论证的出发点，他设定的“p←→¬ p”是不能成立的。在命题演算里，A 与 B 可以置换，仅当 A←→B 是定理。既然 p←→¬ p 不是定理，因之就不能用 p 置换¬ p。在这里谢洪欣又错误地运用了置换规则。由于这两点错误并存，他的论证显然不能成立。我们只能证明 p←→¬ p 是矛盾［即(p←→¬ p)←→(p∧¬ p)可证］。不能证明 p←→¬ p 不是矛盾（即¬((p←→¬ p)←→(p∧¬ p))不可证）不要忘记，命题演算是古典一致的，语义一致的，语法一致的，它根本没有悖论，并不是什么“悖论是不可避免的”。

谢洪欣还企图论证“p 是矛盾的”←→“p 是不矛盾的”。他设定“p：p←→¬ p”这个假设有混淆之处。“p←→¬ p”中的“p”是对象语言中的符号，他的假设的冒号前面的“p”应为元语言中的符号，两者不可混。在命题演算中作证明，可用 p←→¬p 代入 p［当然在不同语境中也可用¬(p←→¬p)代入 p］，但不能在作关于命题演算的讨论时说 p 即 p←→¬p。在讨论到命题演算时，我们可以设定 A 为 p←→¬p。这个 A 必然是假的，不可能是真的；而“A 是矛盾的”是真的((p←→¬p)←→(p∧¬p)是定理)，“A 不是矛盾”是假的(¬((p←→¬p)←→(p∧¬p))不是定理)，两者绝无等值关系(((p←→¬p)←→(p∧¬p))←→¬((p←→¬p)←→(p∧¬p))不是定理)。

从逻辑学角度评《逻辑学辞典》*

我是一个逻辑工作者。我在读了《辞书研究》1984 年第 2 期上刊登的徐庆凯的文章《从辞书学角度评〈逻辑学辞典〉》后，觉得有些话不得不说一说，故而写了这篇短文。

《逻辑学辞典》① 是我国第一部逻辑专科辞书，可惜科学性相当差。作这个判断的理由如下。

第一，这本书包含了一些常识性错误。例如，“扩充三段论”，这纯粹是一种错误的说法，《辞典》却当作正确的东西介绍给读者。又如，关于命题演算的形成规则，《辞典》说：“（1）命题变元是合式公式；（2）若 p 是合式公式，则¬ p 是合式公式；（3）若 p、q 是合式公式，则（pvq）是合式公式；（4）有限次使用规则（1）（2）（3）所得到的包含命题变元、真值联结词和括号的符号序列是合式公式。（1）（2）（3）条说明，根据这三条构造出来的符号序列都是合式公式；（4）条说明，只有根据前三条构造出来的符号序列才是合式公式，此外再没有别的了。”这里有两点错误。一、形成规则应该使用语法变项来陈述，不能简单地使用对象语言中的变项来陈述，有如本书“谓词演算的合式公式形成规则”条那样。二、这里的（4）条，根本没有表达出这样的意思，即：只有根据前三条构造出来的符号序列才是合式公式，此外再没有别的了。

第二，《辞典》选词没有反映出现代逻辑的面貌。全书收词 1900 多条，

---

* 原载《辞书研究》1984 年第 6 期。

① 由《逻辑学辞典》编委会编写，1983 年由吉林人民出版社出版。——编者注

有关传统逻辑三段论的70多条，有关传统逻辑二难推理14条。似乎有点小题大做。而许多当今逻辑学常见的名词，却没有收入。除徐庆凯同志已指出的外，应收入而未收入的词目似还应有：个体词、元定理、元语言、分子、可判定性、包含关系、主目、记号、对象语言、形式系统、形式语言、判定问题、现代逻辑、构造逻辑、变元（变项）、哥德尔不完全性定理、真包含关系、高阶逻辑、集合论、属于关系、概率逻辑，等等。

第三，各词条之间不平衡。《辞典》不必要的重复太多，浪费了宝贵篇幅。例如，关于二难推理的条目，大都可以合并。既然有了“大项不当周延的逻辑错误”和“小项不当周延的逻辑错误”两词条，“大项扩大的错误”“大项非法周延的逻辑错误”和“小项扩大的错误”“小项非法周延的逻辑错误”列为虚条（没有释文）似都无必要。

有些不应分立的词条，《辞典》分立了，这反映出本书不了解这些词条的内在联系。例如，“全集”和“全类”、“空类”和“空集合”，在《辞典》中都是实条（有释文）并互不参见。看来《辞典》不知道全集就是全类，空集合就是空类。

《辞典》所提供的知识覆盖面太小。本书介绍了命题演算公理的独立性、命题演算公理系统的完备性和命题演算公理系统的无矛盾性，但对于谓词演算的相应问题，却一句话也没有说。

第四，《辞典》杜撰了一批逻辑学名词术语，例如“对象领域”“逻辑变项”“假言肢”“简单推理”，等等。

第五，全书名词、符号不统一。

名词不统一。例如，《辞典》的“公理系统的一致性”“公理系统的相容性”“公理系统的无矛盾性”都是虚条，均参见“公理系统的协调性”；但在实条“公理系统的协调性”中说：“协调性又叫作不矛盾性或相容性”，只字不提一致性和无矛盾性。在“命题演算公理系统的无矛盾性”的释文中，又只字不提一致性、不矛盾性、协调性和相容性。又如，“公理系统的完备性”是虚条，参见“公理系统的完全性”，但该实条中并不提及完备性。在实条“命题演算公理系统的完备性”中，释文却又不提完全性。

符号不统一。如在词条“充分条件假言推理”的释文中，变项用p、q；

而在词条“充分条件纯假言推理”的释文中，变项却用 A、B、C。

第六，翻译上的混乱。

《辞典》在“邱吉论题”“递归论”“一般递归函数”多数词条中提到的邱吉，与在“车尔契”条中介绍的车尔契，实为同一个人，即 Alonzo Church。词条“数理逻辑”中有“在哥德尔，邱吉，波斯特，斯柯伦，车赤，……”的文字，竟把 A. Church 写为两个人物——邱吉、车赤。“克林”和“克林尼”也有类似的混乱。

本书的词目有汉英对照，其中的英文名称，往往是杜撰的，不合名从主人的原则。例如，“对当”应为 opposition，误为 equivalent；“直接推理”应为 immediate inference，误为 direct inference；“换质位法”应为 contraposition，误为 obversion-conversion；“戾换法”应为 inversion，误为 method of distorted replacement；“带证式”应为 epichirema，误为 band proof expression of syllogism。类似错误还有好些。

总起来说，我认为：不具备科学的和完备的逻辑学知识，又缺乏辞书学基本知识，要编好一部逻辑学辞书是难于想象的；而一部辞书如果起以讹传讹的作用，是不可取的。我们要对读者负责呀！

形式逻辑教学改革问题*

——全国第三次形式逻辑讨论会简介

中国逻辑学会形式逻辑研究会于1985年8月22日至28日，在西安主办了全国第三次形式逻辑讨论会。这次学术讨论会得到了陕西省委宣传部、陕西省社联、陕西省哲学学会、陕西省委党校及其他单位的热情支持和帮助。与会的同志有160位，提交论文、资料100余篇。讨论会的中心议题是高等学校文科形式逻辑教学内容的改革。

讨论会上专题介绍了苏联、波兰、美国、日本形式逻辑教学和科研的最近情况。与会的绝大多数同志认为，现在我国高校文科所讲授的形式逻辑，是所谓传统逻辑，几十年来讲授的内容极为陈腐、贫乏、简单、浅陋。改革势在必行，而且必须吸收现代逻辑的成果。有的同志认为，目前我国形式逻辑教学大大落后于国外先进水平，也大大落后于国内水平（落后于金岳霖30年代的《逻辑》），在某些方面还落后于现行的中学教学教材（中学教学已讲逻辑代数和集合代数）。有的同志认为，目前流行的不少教材尚未摆脱四十年代末苏联斯特罗果维契的影响，从根本上说，是把传统逻辑讲歪了的。关于改革的形势，大家认为目前已从抽象的议论进到具体实践的阶段。中国逻辑学会组织的历次讨论会，对于形式逻辑教学内容改革的讨论，一次比一次深入具体。在此期间出版或再版的各种教材，不同程度地反映了吸收现代逻辑成果的意愿，并且已经取得了某些进展。关于怎样进行改革，大家比较一致地认为，要从实际出发，不要生搬硬套和一刀切；

---

* 原载《国内哲学动态》1985年第11期。

应提出不同层次（各级学校）、不同类型（各类学校）的改革方案，区别对待；允许多种教材并存和竞争。

关于改革的具体方案，大体提出了以下几种。（1）取代型。主张逐步地、稳妥地以数理逻辑——现代形式逻辑来取代传统形式逻辑。最低要求是正确地讲授传统逻辑。（2）融合型。即把传统逻辑融合到数理逻辑的框架里去，或者把数理逻辑融合到传统逻辑的框架里去。会上提出了不少这个类型的方案。也有同志提出，应以传统逻辑的基本内容和理论为基础，充实现代科学成果，特别是数理逻辑的成果，建立既不同于传统逻辑又不同于数理逻辑的现代形式逻辑。（3）合取型。主张在一门课程里先讲授传统逻辑，再讲授数理逻辑。目前已有几种这个类型的教材出版。（4）分家型。鉴于传统逻辑目前尚未“下放”到中学，因之认为高校仍应开设传统逻辑课程，有条件的再开一门数理逻辑。（5）不变型。否认数理逻辑是现代形式逻辑，认为数理逻辑与形式逻辑（实指传统逻辑）是性质不同的科学。认为形式逻辑（实指传统逻辑）是永恒的，否认我国的逻辑教学远远落后于世界先进水平。反对数理逻辑对形式逻辑的干扰和“污染”。认为讲形式逻辑就是不能讲真值函项、全集和空集。并认为充实现有形式逻辑教材的办法是要讲假言推理否定后件式、扩充三段论等。

此外，也有同志主张把形式逻辑和辩证逻辑统一为一门课程，但有的同志认为辩证逻辑不是逻辑（主要研究推理的学说）。有同志认为改革的突破口是建立形象思维的逻辑，主张建立逻辑思维和形象思维统一的逻辑课程。也有同志主张在条件不具备的情况下，可以引进比较适合我国情况的国外教材。

《中国大百科全书·哲学》卷逻辑词条中的新观点*

为了尽可能接近国际逻辑界的水准，准确地向中国广大读者介绍逻辑史、传统逻辑和现代逻辑的基础知识，《中国大百科全书·哲学》① 这一卷的逻辑词条，与国内许多甚为流行的看法，有许多不一致。具体地说，它有以下新观点。

（一）逻辑定义为关于推理形式的科学。这个定义合乎国际上通常的理解，但不同于国内习见的说法：逻辑是关于思维形式（概念、判断、推理）及其规律的科学。逻辑与美学、伦理学不同，它不是有阶级性的哲学科学。逻辑方面的词条虽然包括在《哲学》卷中，但是现代逻辑的许多词条同样也包括在《数学》卷中。现代逻辑是一门已经与认识论实现了分家的独立的学科。当然“分家”决不等于割断联系。

（二）辩证逻辑不是关于推理形式的学说，因之它不是逻辑。辩证逻辑属于哲学、认识论、思想方法论的范围。《哲学》卷另设辩证逻辑编写组负责辩证逻辑方面的编写工作。本书不提辩证逻辑与形式逻辑之间有类似于初等数学和高等数学的区别，这个比喻并不是恩格斯的原话。

（三）逻辑分为演绎逻辑和归纳逻辑两大部分。演绎逻辑就是形式逻辑。不把形式逻辑等同于传统逻辑。这样处理是考虑到国际上一般形式逻辑书中不讲归纳，讲归纳的书称为逻辑。这个区分，与国内某些书认为逻

---

* 原载《哲学动态》1987 年第 10 期。有修改。

① 原文章名如此。中国大百科全书出版社，1987。以下简称《哲学》卷。——编者注

辑分为形式逻辑、数理逻辑和辩证逻辑的说法，是大相径庭的。

（四）数理逻辑就是现代形式逻辑。国内某些逻辑书只承认数理逻辑曾是形式逻辑的一个分支，现已成为独立学科；只承认数理逻辑在工程技术上有用，至多承认数理逻辑对读懂分析哲学等现代西方哲学有用。《哲学》卷把数理逻辑当作现代逻辑的主体，介绍的重点。传统逻辑在百科全书中不占过多的篇幅，以免削弱了现代逻辑的内容。本书在叙述现代逻辑发生、发展时，不生硬地与马克思主义直接挂钩。

（五）数理逻辑分为三个层次。这种处理似比数理逻辑是边缘科学等提法更为明确而切合实际。最狭义的数理逻辑是指古典（二值外延）逻辑演算。它包括公理系统和自然演绎系统，包括一阶逻辑和高阶逻辑。这是用数学方法处理的逻辑，是数理逻辑各分支的共同基础。数理逻辑的主体是公理集合论、证明论、递归论和模型论。这是数理逻辑发展的前沿，它日益成为数学的分支。最广义的数理逻辑，包括各种非古典（非二值外延）逻辑演算。这是运用古典逻辑演算的元逻辑方法处理非古典逻辑的各种形式系统。在古典逻辑演算中增加常项或给常项以不同的解释，并增减一些公理，形成一些非古典的纯逻辑演算，如模态逻辑、多值逻辑、构造（直觉主义）逻辑、模糊逻辑等。在古典逻辑演算的基础上增加一些非逻辑（其他领域）的常项和公理，从而形成的形式系统有道义逻辑，时态逻辑等。非古典逻辑演算都是逻辑。它们并不都是应数学的要求而建立的。这一领域方兴未艾，有着广阔的发展前途。

（六）以相当多的篇幅概述了世界逻辑发展史上三大传统之一的中国古代逻辑，突出了中国出版的百科全书的特色之一。《哲学》卷没有以哲学史、认识论史或方法论史来代替中国的逻辑思想发展史。它尽可能站在现代逻辑的高度来总结中国逻辑史和中外逻辑学说交流的历史。本书同时也如实地指出，汉以后中国古代逻辑学说没有得到充分的发展：古希腊传统的逻辑理论，已成为全人类共同的精神财富。

《哲学》卷的逻辑词条，也存在着一些明显的缺点。（1）历史材料较多，最新材料比较贫乏。现代逻辑的空白点还不少，如认识逻辑等，还没有介绍。（2）与演绎逻辑相比，归纳逻辑的份量过轻。以上两点缺陷正好反映了我国学术水平不足之处。（3）由于体例的限制、习惯势力的影响，传统逻辑的小词条过多。如“选言命题”“选言推理”“假言推理”“二难推理”等条，释文往往不足千字，是全书最短的词条，似无必要单独列出。这些词条与“哥德尔不完全性定理”（不足两千字）并列，实在不得体。

尽管如此，《哲学》卷的逻辑词条为我国逻辑学的现代化，提供了一个比较坚实的新起点。

读《哲学大辞典·逻辑学卷》*

中国是世界上逻辑学三个发源地之一，可是汉以后中国古代逻辑没有得到应有的发展。17 世纪中叶西方逻辑第一次传入中国，几乎没有产生什么影响。19 世纪末 20 世纪初，西方逻辑第二次传入中国，及至 1930～1940 年代，“形式逻辑”被看成是“形而上学”的同义词而受到批判。1950 年代初，形式逻辑的科学性虽重新被认识，但现代形式逻辑——数理逻辑却仍被视为伪科学。在这种情况下，中国逻辑科学的发展，是远远落后于国际水平的。

《哲学大辞典》（主编冯契）是上海市哲学社会科学“六五”规划重点项目研究成果之一。1988 年，它的《逻辑学卷》（主编傅季重，副主编彭漪涟）已由上海辞书出版社出版。全书收有传统逻辑、现代形式逻辑、辩证逻辑、中国逻辑史、外国逻辑史、因明等方面的词目共 2200 余条，约 73 万字，其中包括附录（“逻辑史大事年表”“逻辑学名词外汉对照表”“符号表”“分类词目索引”“词目首字汉语拼音索引”）10 余万字。《逻辑学卷》为扭转我国逻辑科学的落后面貌，促进我国逻辑科学的发展，做了必要的基础工作。十一届三中全会以来，中国的科教事业，有了很大的进步，《逻辑学卷》的出版，也是近十年来中国逻辑学界研究成果的总结。

长期以来，中国逻辑学界的指导思想，囿于 1940 年代末、1950 年代初苏联逻辑课本的窠臼。《逻辑学卷》在总结逻辑科学新成果，突破极左思潮的某些老框框方面，起了很好的作用。我国许多有影响的逻辑书，都把形式逻辑与辩证逻辑的关系，比喻为初等数学与高等数学的关系。《逻辑学

---

* 原载《哲学研究》1988 年第 12 期。略有修改。

卷》虽仍强调辩证逻辑是逻辑，强调辩证逻辑的意义，但却没有重申似乎已成金科玉律的这个比喻，这就为消除半个世纪以来，困扰中国学术界的、贬低形式逻辑的倾向，作出了可贵的努力。

1950 年代初，我国把数理逻辑当作伪科学的错误，虽然很快得到纠正，但我国文科方面从事逻辑工作的同志，至今仍有人对数理逻辑抱有成见。几本有影响的逻辑教材，都不承认数理逻辑是现代形式逻辑。有人认为数理逻辑是数学，不是逻辑。有人认为数理逻辑是已从形式逻辑中分化出来的独立学科。《逻辑学卷》顺应百年来国际学术界的潮流，明确指出："数理逻辑作为形式逻辑、主要是传统演绎逻辑发展的必然结果，也就是现代的形式逻辑。"（第 218 页）"由于数理逻辑对传统的形式逻辑的思想和方法，进行了概括并加以发展，因而从根本上讲，它是传统形式逻辑发展到最新阶段的成果。"（第 498 页）同时该书也概括地叙述了不同的学术观点，指出"对于数理逻辑和形式逻辑的关系，目前人们还有各种不同的看法，如有人认为现代形式逻辑并不等于数理逻辑，但包括数理逻辑，有的人则认为数理逻辑是与形式逻辑并列的两门逻辑科学等等"（第 218 页）。那些力图贬低数理逻辑科学意义的书，主要是抓住蕴涵怪论做文章。《逻辑学卷》在论及蕴涵怪论时实事求是地指出，"数理逻辑的发展证明：在数学上或在数理逻辑中，实质蕴涵都比其他蕴涵更为适用。建筑在这个实质蕴涵上的逻辑学，是复杂精细的数学推理的基础"（第 316 页）。

我国逻辑学界流传着一种说法：在中世纪，亚里士多德的逻辑遭到了严重的歪曲，随着哲学变为神学的侍女，逻辑学也变为神学服务的纯粹形式主义的学说和用来论证宗教教义的神学工具。中世纪的神学家们，把亚里士多德奉为神明和绝对权威，打着崇奉亚里士多德的旗号，实际上所干的，却直接违背了亚氏逻辑是为认识事物、探求真理服务的这一基本原则。《逻辑学卷》根据近几十年来，国外对西方中世纪逻辑史研究所获得的丰硕成果，指出："在欧洲中世纪时期，形式逻辑作为一门独立科学也得到了发展：进一步研究了词项属性的理论，创立了推论的学说，发展了斯多葛派的命题逻辑，探讨了语义悖论及其解决方法等等。"（第 218 页）

由于在指导思想上摆脱了束缚，《逻辑学卷》的视野就大为开阔。全书内容丰富、多姿多彩。

《逻辑学卷》向中国读者提供了逻辑科学较多的新信息。从词目数量来看，现代形式逻辑与传统逻辑相比，前者共 638 条，占全书 29%；后者共 742 条（其中约 130 条与现代形式逻辑交叉），占全书 34%。该书介绍了多种非古典（非标准）逻辑分支，如：模态、规范、时态、相关、选择、信息、组合、自然、问句、直觉主义、控制论、量子论、多值、模糊、内涵、概率逻辑，等等。该书还介绍了许多当代逻辑学家，国外有苏联的马尔科夫、柯尔莫哥洛夫，美籍华裔学者王浩，美国的丘奇、奎因、克林、克里普克，罗马尼亚的杜米特留，瑞士的波亨斯基，芬兰的冯·赖特，等等；国内有胡世华、莫绍揆等。“逻辑史大事年表”记载的史实，上起公元前 11 世纪中国《易经》产生，下迄 1985 年索默斯[①]《自然语言的逻辑》、施勒辛格《认知逻辑的范围》的出版。

在释文中，《逻辑学卷》注意到了尽可能反映现代逻辑科学的新成就。如“内涵”条，不仅阐述了传统逻辑的说法，它是“对象的特有属性、特别是本质属性在概念中的反映”（第 54 页）。还阐述了现代逻辑的一种理解：它是“从可能世界到外延的函项。函项的定义域是可能世界组成的集，值域是语言表达式在相应的可能世界中的外延。”（第 55 页）对于外延，该书记载了传统的说法：“具有概念所反映的本质属性的那些对象。”（第 109 页）还告诉读者现代逻辑认为“外延是语言表达式所指称的对象”（第 55 页）。并又说明了关系的外延是 n 元组。

《逻辑学卷》相当充分地反映了学术上的不同意见。例如，关于充足理由律，该书指出，目前学术界的意见还不一致。一种意见认为，它是形式逻辑的基本规律之一，另一种意见认为，它不是形式逻辑的基本规律。对于墨家逻辑中“效”的解释，该书主要定为“立论的标准”，同时也指出“一说‘效’指建立公式。又一说‘效’指直言命题或必然命题”（第 392 页）。

长期阻碍中国逻辑科学发展的种种因素，是难于短期内清除的。如果说《逻辑学卷》有所不足的话，这就首先在于没有彻底摆脱某些外来影响

① “索默斯”今多称“索莫尔斯”（Fred Sommers），美国逻辑学家。——编者注

的局限。例如，该书关于三段论公理的欧拉图解，仍袭用斯特罗果维契有严重缺陷的说法。（第 16 页）又如，该书虽指出“关于扩充三段论能否成立的问题，在逻辑学界还有不同的意见。多数逻辑学家对此持否定态度”（第 133 页），但还是正面详述了高尔斯基所谓的“扩充三段论”。该书的失误在于，把“有的工人是青年工人，有的人是工人，所以，有的人是青年工人”和“所有唯物主义者都不是唯心主义者，所有的唯心主义者都不是主张存在决定意识的，所以，所有的唯物主义者都不是不主张存在决定意识的”，当作有效推理。其根源恐怕仍在于误认为从“凡 S 是 P”可推出“凡 P 是 S”吧。该书受了高尔斯基等人的影响，把非形式的东西当成形式的东西，误解现代逻辑的另一实例是介绍所谓的“对称关系推理，反对称关系推理，传递关系推理，反传递关系推理，相等关系推理”。

《逻辑学卷》后附各种表和索引，无疑大大有利于读者。但有些材料，尚须进一步核实。如“逻辑史大事年表”中，塔尔斯基《逻辑与演绎科学方法论导论》的中译本，新版是 1963 年，不是 1980 年。李匡武译的《工具论》是节本，不是全本。培根《新工具》的中译本早在新中国成立前就已出版。在文字上，似也有可再推敲之处。“逻辑学名词外汉对照表”不妨改为“逻辑学名词英汉对照表”。“词目分类索引”中的标题“外国逻辑史”“因明”，不妨改为“西方逻辑史”“印度逻辑史”。编纂方面的疏漏，如“分类词目索引”中缺了“王浩”条；而“非标准逻辑”项下，显然是不完全的。这些都有待继续改进。

在编辑排印方面，《逻辑学卷》省略了词目中的书名号“《　》”（释文中的书名号仍保留）。例如“逻辑”条的释文，第一义是英语 logic 的音译。第二义是书名，金岳霖著。第三义是书名，斯特罗果维契著。这样处理，于读者未必方便。

《逻辑学卷》客观上适应了当前人们在“四化”建设中加强逻辑思维和智力训练的迫切需要。它的出版必将引起广大读者及哲学界、逻辑学界的重视和欢迎，必将对中国逻辑科学的普及和发展，起到促进作用。感谢参加编写和出版该书的全体同志，他们的辛勤劳动，为我们提供了一部很好的、较大型的逻辑专科工具书。

读《中国逻辑思想史教程》有感*

杨芾孙①教授主编的国家教委统编教材《中国逻辑思想史教程》（以下简称《教程》）已由甘肃人民出版社出版②。它的出版具有深厚的基础：《教程》的全体作者都参加了由中国逻辑史研究会负责组织的《中国逻辑史资料选》（五卷本）的编选工作，并且都参加了国家“六五”计划重点项目的《中国逻辑史》（五卷本）的编写工作。它吸取了上述两部正在出版中的大书的精华和最新科研成果。《教程》有关藏传因明的介绍和“五四”到中华人民共和国建立前中国逻辑思想发展的评述，是第一次写入中国逻辑史专著中与读者见面。我读了《教程》，颇有所获，颇有所感，现提出几个问题，就教于杨老及逻辑界同仁；也包含了向广大读者推荐这本具有很高水平的教材的意思。

第一，什么是中国逻辑史的对象。古希腊的亚里士多德“首次将哲学和其他科学区别开来，开创了逻辑、伦理学、政治学和生物学等学科的独立研究”。（《中国大百科全书》）古代中国虽然也是世界三个逻辑学说发源地之一，但古代中国逻辑并“没有从政治学说和哲学思想中完全独立出来”。（《教程》第1页）因之，中国逻辑史的对象究竟是什么，从来就是一个大问题。半个世纪以来，许多学者把辩证法当作逻辑，并认为它与认识论统一。因之中国逻辑史乃至一般逻辑史的对象究竟是什么？更加众说纷纭。

---

* 原载《哲学动态》1989年第3期。

① 原书署名为杨沛荪。——编者注

② 1988年出版。——编者注

《教程》认为传统逻辑是古典形式逻辑，数理逻辑是现代形式逻辑，语言逻辑也属于形式逻辑的领域。“作为与哲学科学相区别的逻辑科学，就应当是指的形式逻辑。”（《教程》第 1 页）“我们把中国逻辑史的对象确定为主要研究中国形式逻辑关于思维形式及其规律的思想发展史。也可以说，主要是研究中国形式逻辑思想的发展史。”（《教程》第 2 页）《教程》不讲中国辩证法史，不讲中国认识论史，不讲中国辩证逻辑史，它所阐述的逻辑，不是与辩证法、认识论统一的逻辑，它不把逻辑史的范围过分放宽。这是《教程》不同于其他同类专著、教材的一个显著特点。比如，本着这个指导思想，《教程》介绍了并不是每本同类著作都提到的刘徽表现于《九章算术·注》中的逻辑思想，但不提连珠体这种并不涉及逻辑的中国特有文体。我认为这样规定中国逻辑史的对象，是合理的。但是，在具体的行文中，我认为《教程》的有些章节非逻辑的内容还是讲多了点。

第二，逻辑史除写讲逻辑的历史外，要不要包括用逻辑的历史。这也是历来颇有争议的问题。大家知道，亚里士多德的逻辑理论远不足以分析欧几里得的《几何原本》，但任何人写西方逻辑史，没有说欧几里得大大发展了亚里士多德的逻辑学说。因为亚里士多德是讲逻辑，而欧几里得是用逻辑。逻辑应用得再多，不等于讲了逻辑。《教程》认为“逻辑史主要是逻辑理论的发展史。”（第 4 页）它不同于某些书，把笔墨集中在讲逻辑上，我认为这也是正确的。应顺便提及，现代逻辑中的应用逻辑与哲理逻辑，非标准逻辑等是交叉的，它并不是这里说的用逻辑。正如应用数学是数学，数学的应用不是数学一样，现代逻辑中的应用逻辑是逻辑，而逻辑的应用（如法律逻辑、经济逻辑、教育逻辑、医疗逻辑等）不是逻辑。

第三，先秦以后，中国古代逻辑有没有重大发展。《教程》把中国古代逻辑学说称为“名辩”“名辩学”“名辩逻辑”。如果不把辩证逻辑考虑进去，这一观点恐怕逻辑界同仁基本上是可以接受的。问题在于汉以后，中国逻辑是基本上中断了，还是仍有丰富的发展？国内学者对此是有不同意见的。经过充分收集材料，细致整理提炼之后，《教程》明确指出“但自两汉以后，先秦的名辩逻辑总的来说没有得到很好的继承和发扬”（第 13 页）。我个人认为，这个结论是实事求是的。世界文化古国至少还有埃及、巴比伦，不就是只有中国、印度、希腊是逻辑学说的发源地么！某一国家有没有逻辑学说，只能根据事实材料，不能根据主观愿望。近半个世纪以来，大家怕被扣“虚无主义”帽子，却不怕丢掉了实事求是的学风，先定调子，然后去找材料，这是不科学的。

有一种意见认为公孙龙、《墨辩》都是内涵逻辑。有人认为中国古代逻辑是语言逻辑。也有人认为可以写一部中国数理逻辑史。这些看法恐怕是把古人现代化了。《教程》没有给中国古代逻辑思想贴上种种时髦标签，我认为这是稳妥的。

第四，用什么逻辑工具去研究中国古代逻辑。马克思说人体解剖是解剖猿的钥匙。我们用先进的逻辑工具去研究中国逻辑思想，才可能发现最多，理解最深，收获最大。就中国哲学界、逻辑界的整个水平来说，除少数几位专家外，还难以熟练地运用现代逻辑的成果去研究中国逻辑史。我们还停留在用西方传统逻辑的水平去比较、分析、处理中国古代逻辑思想，《教程》在这一点上也还没有取得突破性的进展。但是，对于西方传统逻辑的运用，数理逻辑某些初步知识的运用，《教程》是比同类著作有所提高的。下面举三个例子。

本文不讨论公孙龙的白马论是不是诡辩论。本文仅讨论用来研究公孙龙白马论的逻辑工具是否精良。有的书认为，在公孙龙看来，白马只能是白马，马只能是马，这是同一律所规定的。如果说“白马是马”，就不符合同一律的要求。所以，公孙龙要说“白马非马”。我认为这种说法源于黑格尔对同一律的歪曲。同一律并不要求我们只说“白马是白马”，不许说“白马是马”。整个《白马论》绝不是一大堆“A 是 A”的同语反复。“马者所以命形也，白者所以命色也。”它们是具有“S 者 P 也”形式的话。在“S 者 P 也”中，S 与 P 未必等同。命形者绝不止于马，命色者绝不止于白。公孙龙没有像有些同志想象的那样，根据同一律说“马者非所以命形也，白者非所以命色也”。我们不该盲从黑格尔对同一律的歪曲；更不必把公孙龙看成在千年之前已经对同一律作了与黑格尔相同的歪曲。《教程》认为“白马非马”中的“非”字，表达不相等关系，不表达全异关系。这表明《教程》明确“是”所表达的相等（全同）关系和包含关系之不同。《教程》

认为“白马非马”完全符合同一律的要求，因为在“白马非马”中，“白马”是“白马”，“马”是“马”，一定成立。我认为这样分析公孙龙的白马论，才忠实于同一律的原意。只要不说“白马非白马”，不论“白马马也”还是“白马非马”，都符合同一律的要求。

有的书认为《墨经》中的侔是附性法，在原命题的主谓项中各增一字，得出另一命题。如“白马，马也。乘白马，乘马也”。其公式是：A 是 B，所以 CA 是 CB。《教程》则认为侔“是由一个直言的属性命题推出一个关系命题，它相当于今天逻辑教科书中的复杂概念推理”（第 118 页）。这点细微区别，表明《教程》注意到了传统逻辑中附性法与复杂概念推理有所不同。前者属于一元谓词逻辑，后者属于二元谓词逻辑。“乘白马，乘马也”可理解为“对任何人来说，如果他乘白马则他乘马”。

有的书认为韩非的“矛盾之说”分析了矛盾律的意义，但亚里士多德的矛盾律是指同一主项不能有互相矛盾的谓项，而韩非矛盾律的两相矛盾的谓项，则分属于不同的主项。这一特点为西方矛盾律之所无者。这个说法反映了对“矛盾之说”缺乏从命题形式方面作行之有效的分析。《教程》则指出：“‘吾盾之坚是任何物刺不破的’蕴涵着‘吾盾之坚是吾矛刺不破的’，这就等值于‘吾矛是刺不破吾盾的’。而‘吾矛之利是能刺破任何物的’，这与‘吾矛不能刺破吾盾’形成了矛盾关系（单称）或反对关系（合称）。”（第 169 页）显然，《教程》的分析是深入了一大步的。

第五，西方逻辑传入中国后的遭遇。中国逻辑专著中对“五四”以后西方逻辑在中国的情况的评述，现在还是仅见于《教程》。它所介绍的一些情况，我认为非常值得大家重视。五四运动以后，中国学者的逻辑著作大量出版，一些大学、师范、高中纷纷设置逻辑课。但是西方逻辑在中国却遭受到了极其严重的曲解。像潘梓年这位《中国大百科全书》都承认的逻辑学家，还说什么“假言推理的形式是：‘如果它是炭质，它就应当烧得着，现在它烧得着（或烧不着），所以它是炭质（或它不是炭质）’”（《教程》第 308 页）。其他如说特称命题的主项有时可以周延，全称命题的主项有时可以不周延，SOP 可以换位为 POS，等等，不一而足。1920 年以后，有些人将逻辑等同于辩证法，将形式逻辑等同于形而上学，导致 1930 年发生了一场对形式逻辑的批判高潮。其消极影响一直延续到今天。这些情况，是触目惊心的，也是不应讳言的。

先秦逻辑思想有卓越成就，汉以后断若游丝。唐代因明传入中国，在中原不久就烟消云散；但是文化比较落后的西藏，流传至今不息。西方逻辑传入中国后，命运多舛。逻辑这门学问在中国其盛其衰，因果何在？这个问题是值得我们反思的。《教程》的意见虽不是定论，但它对我们是一个有益的启发。

对传统逻辑的有力挑战

——评《经典逻辑与直觉主义逻辑》*

直觉主义哲学是一种反理性主义的唯心主义哲学思潮。数学研究中的构造主义是一种有关数学基础的观点，它主张自然数及其某些规律和方法，特别是数学归纳法，是可靠的出发点，其他一切数学对象和理论都应该从自然数构造出来。所谓“构造”出来，是指：（1）对存在命题“有X具有A性质”的一个证明，必须根据该证明能找到一个特殊的对象X，X满足A；（2）只有在有一个方法能判明一命题或其否定中有一个是真的条件下，才能承认该命题或者其否定为真，不承认任一命题非真即假。直觉主义哲学家不一定建立一套构造性数学，从事构造性数学研究的数学家也不一定信仰直觉主义哲学。构造性数学是数学的一个部分。直觉主义逻辑，也称构造逻辑，是从事构造性数学研究所使用的逻辑。直觉主义逻辑诞生于20世纪初，其哲学基础为直觉主义的哲学。今天，它已经是一种充分发展了的、非经典的（非标准的，非二值外延的）、哲理逻辑的分支之一。

50年代初，直觉主义逻辑在苏联是作为反马克思主义的伪科学而被批判的。1951年苏联《哲学问题》发表的《逻辑问题讨论总结》说：“苏联逻辑学家在揭露外国逻辑中的反科学的反动思潮——直觉主义、非逻辑主义，等等——方面的巨大任务，就是批判和揭露马克思主义的敌人在逻辑构成方面的诡辩和形而上学。”（《逻辑问题讨论集》，三联书店，1954，第350页）在中国，至今有人念念不忘直觉主义逻辑的局限性阻碍了逻辑科学

* 原载《哲学动态》1990年第4期。

的发展，很少有人涉足这个有“是非”之嫌的现代逻辑分支。年轻学者冯棉同志的《经典逻辑与直觉主义逻辑》（以下简称《直觉主义逻辑》）一书，为中国学术界填补了这一门空白，已由上海人民出版社于1989年出版。

《直觉主义逻辑》指出，在数学基础研究中的逻辑主义认为，逻辑是数学的基础，数学概念可以用逻辑概念来定义，数学公理可由逻辑公理导出，从而最终地数学归约为逻辑。逻辑主义持“实无穷”的观点，即承认无穷集合是一个完成了的实体。目前我国有人认为一阶逻辑，通常所说的数理逻辑，是数学不是逻辑。按照他们的理解，“逻辑主义”似应正名为“数学主义”；“数理逻辑”似应正名为“逻辑数学”。冯棉同志关于逻辑主义的以上说明，对澄清事实真相，是有帮助的。《直觉主义逻辑》还指出，数学基础研究中的直觉主义认为逻辑只是数学的一个部分。逻辑不是数学的基础，相反，逻辑的基础是数学，逻辑的有效性依赖于数学的可构造性。因而直觉主义逻辑认为，传统逻辑中的某些推理规则是无效的。直觉主义持“潜无穷”的观点，即把无穷集合看成无限延伸着的序列。显然，直觉主义逻辑的出现是对传统逻辑的重大挑战。经过近一个世纪的发展，直觉主义逻辑已经成为被相当多的一批干练的科学家实际使用着的逻辑。它的科学地位已经牢固地确立了。对直觉主义逻辑的“批判”早已沦为笑柄。

直觉主义命题演算是经典命题演算的真子系统。如果把排中律作为公理添加到直觉主义命题演算中去，就可得到经典命题演算。直觉主义逻辑的特点之一，在于承认否定引入规则，即归谬律；而不接受否定消去规则，即间接证明律。如果把间接证明律添加到直觉主义命题逻辑的自然推理系统中去，就可得到经典命题逻辑的自然推理系统。直觉主义谓词演算是经典谓词演算的真子系统。但是，在直觉主义逻辑中，联结词和量词都不能互相定义。

现代逻辑系统是在形式语言的基础上建立起来的形式系统。未经解释的形式语言是没有意义的。一个形式系统要有实际的应用，必须具有严格的语义理论来说明它的意义。形式系统的元逻辑问题的讨论，也是离不开严格的语义理论的。《直觉主义逻辑》阐述了直觉主义逻辑的克里普克语义，并定义了有效性。进一步证明了直觉主义命题逻辑和谓词逻辑的可靠性、一致性和完全性。

《直觉主义逻辑》的另一特点是就逻辑介绍逻辑，很少涉及哲学问题的讨论。我们坚持马克思主义，反对形形色色的唯心主义哲学，包括直觉主义哲学。对于直觉主义逻辑这门现代科学，则理当尊重，并把它与直觉主义哲学这种唯心主义哲学区别开来，以科学的态度加以研究，使之顺利发展。

喜读全国高等师专教材《普通逻辑》*

党的十一届三中全会以后，我国逻辑学的发展进入了黄金时代，不仅有大量著作出版，而且它们的学术水平也日益提高。由韩铁稳同志主编的《普通逻辑》是一本关于传统题材而又富有新意的专著。该书是国家教委组编的全国高等师范专科学校教材。所谓普通逻辑相当于国内通常所说的形式逻辑。全书共分 10 章，计 214 千字。由不同单位的 6 位作者执笔，北京师范大学吴家国教授审定。北京师范大学出版社 1989 年出版。

《普通逻辑》在逻辑学领域里坚持了马克思主义的指导。遵循列宁的教导："逻辑形式和逻辑规律不是空洞的外壳，而是客观世界的反映。"[①]《普通逻辑》指出："思维的逻辑形式是从大量具体的思维中抽象概括出来的，……思维的逻辑形式归根到底是客观事物的反映，它来源于实践。思维的逻辑规律也是如此，它是在实践基础上对客观事物相对确定的反映。由此可见，普通逻辑具有客观性。唯心主义否认普通逻辑的客观性是违背事实的，是完全错误的。"（第 5 页）《普通逻辑》关于逻辑形式、逻辑规律的论述，都坚定地站在唯物主义的立场，对逻辑学领域中的唯心主义进行了批判。

恩格斯告诉我们："思维规律的理论绝不象庸人的头脑关于'逻辑'一词所想象的那样，是一成不变的'永恒真理'。形式逻辑本身从亚里士多德直到今天都是一个激烈争论的场所。"（《马克思恩格斯选集》第 3 卷[②]，第

---

* 原载《北京师范大学学报》1990 年第 6 期。

① 《列宁全集》第 38 卷，人民出版社，1959，第 192 页。——编者注

② 人民出版社，1972。——编者注

465～466页）《普通逻辑》在逻辑学领域坚持了辩证法，删除了某些陈陈相因而又缺少现实意义的说法，以经过实践检验的现代逻辑科学知识来充实了教材的内容，从而使得普通逻辑这门学科常讲常新，保持着朝气蓬勃的活力。该书阐述逻辑知识，处处密切联系建设社会主义的实际需要，使得普通逻辑这门比较抽象的学科，不致陷入空洞的公式汇编。

《普通逻辑》在充分体现国家教委审定的教学大纲所规定的教学目的，任务和基本内容的基础上，对普通逻辑这门课程的体系和某些问题的阐述作了一些重大的调整式改进。

40年来，许多同类著作体系都局限于17世界中叶法国《波尔·罗亚尔逻辑》的框架，都是概念、判断、推理方法几大块。这种安排没有突出逻辑研究的主要对象——推理形式。《普通逻辑》则把判断和推理有机结合起来讲述，讲完一种判断后，接着就讲有关该判断的推理形式。该书第三章介绍简单判断及其推理，第四、五两章介绍复合判断及其推理，第六章介绍模态判断及其推理。这样安排既突出了推理形式，又节省了篇幅，是广大教师和学生所欢迎的。

40年来，许多同类著作对推理分类都袭用如下说法：根据思维进程的方向性，演绎是由一般性前提推到个别性结论的推理，归纳是由个别前提推到一般性结论的推理，类比是由个别性前提推到个别性结论的推理。这个说法不仅不能反映演绎和归纳推理的本质，而且在许多场合下是说不通的。现代逻辑发现，如果前提中没有个别，是不可能从一般推出个别的。《普通逻辑》按照现代逻辑的观点，以前提与结论之间的联系为标准，把推理区分为演绎和归纳两大类。演绎是必然性推理，即如前提都真，结论必然真的推理，归纳是或然性推理，即如果前提都真，结论仅仅或然真的推理。该书精辟地指出普通逻辑研究演绎在于保证它的有效性，研究归纳则在于提高它的可靠性。这样区分演绎和归纳两类推理，就抓住了它们在认识过程中的根据特点。至于类比推理，并不是在演绎、归纳之外的另一类推理，从本质上看，类比也是一种或然性推理。因之《普通逻辑》是在第七章介绍归纳推理时论述类比的。

不管是否承认数理逻辑是现代形式逻辑，近10年来几乎所有的逻辑读物中都或多或少地出现了数理逻辑的特定符号。有些书引用它们仅仅是作为辅助性的表达工具，而不采用这些符号所体现的数理逻辑的理论。数理逻辑的符号对这些书来说是可有可无的，不是逻辑理论的有机组成部分。《普通逻辑》在引用数理逻辑符号的同时，也把数理逻辑对传统形式逻辑的发展介绍给了读者。在论及复合命题及其推理时，《普通逻辑》把真值表方法与推理规则联系起来。该书还用专节介绍了重言式的判定。这就是把复合命题的联结词当作真值函项处理，把关于复合命题的有效推理形式当作重言式处理，从而解决了命题逻辑的判定问题。近年来逻辑学界对于在普通逻辑课程中要不要介绍真值表方法，是有不同意见的。争论的焦点就在于联结词能不能当作一种函数、一种函项、一种映射来处理。如果不把复合命题的联结词当作真值函项处理，是不可能解决命题逻辑的判定问题的，而命题逻辑判定问题的解决，是数理逻辑超越传统形式逻辑的成果之一。

《普通逻辑》为了增强师专学生在未来的教学工作中正确地运用普通逻辑知识去解决实际问题的能力，不仅在有的章节中经常提及教学中的逻辑问题，而且还在第十章中专门阐述了普通逻辑知识在教学中的应用。例如该书指出，任何判断形式都由逻辑常项和变项两部分组成。“所有”“有的”“是”“不是”“并且”“或者”“要么”“并非”“如果，则”“只有，才”“必然”“可能”等都是逻辑常项。任一具体判断的性质，都由其逻辑常项决定。教师要引导学生准确地理解所教学科的具体判断，特别是那些重要的或容易引起误解的判断，关键是要抓住这些逻辑常项（第 241 ~ 242 页），这个意见体现了普通逻辑判断理论的精髓，并且为生动灵活地进行推理，作了准备。

《普通逻辑》在革新教材的大道上，向前跨出了一大步。当然该书也不可避免地存在着一些缺点。这些缺点在目前我国的同类著作中，往往具有一定的普遍性。例如，《普通逻辑》与其他许多著作相同，给普通逻辑下的定义是：研究思维的逻辑形式、逻辑规律和简单逻辑方法的科学（第一章第一节）用逻辑形式，逻辑规律，逻辑方法来定义逻辑，在某种意义上说绝对正确，因为逻辑总是研究逻辑的科学嘛，但是这没有真正说清什么是逻辑。这样的定义是应该得到改进的。

又如，从现代逻辑来看，复合判断及其推理要比简单判断及其推理简单。任何一个学过普通逻辑的学生都会感到假言推理、选言推理，等等，要比三段论容易。在论述简单判断及其推理时，必须用到有关复合判断及其推理的知识。因此，应该先介绍命题逻辑，然后介绍词项逻辑或谓词逻辑，再介绍模态逻辑，这样才先易后难，顺理成章。但《普通逻辑》还是有点从俗，先阐述简单判断及其推理，后阐述复合判断及其推理。这个先后次序的改变，不是一个体系安排中的枝节小问题，而是逻辑观念上的大变革。这个变革还有待于今后继续努力去完成。

《普通逻辑》在现有教学大纲的基础上作了极大努力去创新，吸收了许多现代逻辑的成果，在很大程度上改变了我国文科逻辑教材的落后面貌。《普通逻辑》的问世，一定会促进我国文科逻辑教学的进一步现代化，跟上世界先进科学水平的。

知己知彼，发展逻辑学

——介绍《今日逻辑科学》*

三中全会以来，出版的逻辑著作，可以说是琳琅满目的了。但是，还缺少一种全面介绍国内外逻辑研究和教学现状的工具书。最近，天津教育出版社出版了《今日逻辑科学》一书，它正好为我们了解世界及中国逻辑科学的近况提供了一把钥匙。当我们在争论“充足理由律”是不是形式逻辑基本规律，有没有“扩充三段论”之余，不妨了解一点国际逻辑学界在关心什么样的问题。《今日逻辑科学》由崔清田任主编，潘道江任副主编，它是20多位执笔者共同劳动的结晶。

《今日逻辑科学》共分5个部分，合计40余万字。

该书第一部分题为“逻辑科学概观”。在回顾了亚里士多德所开创的西方古典逻辑、中国古代逻辑、印度古代逻辑之后，即转入介绍近代真正为逻辑学带来新生的莱布尼兹，以及由他所开创的现代逻辑。作者指出现代逻辑以数理逻辑为主干，是形式化的逻辑。二战以来，逻辑科学迎来了一个空前繁荣的新阶段。该书接着分析了现代逻辑的一些重要方面和基本倾向，如数学化、可能世界语义学、哲学逻辑（包括归纳）的兴起、回到自然语言等。此外，还介绍了国内外一些有影响的逻辑科学分类名目。

第二部分是逻辑科学各分支的简介。基本逻辑部分介绍了概念论、定义理论、三段论、古典逻辑演算、集合论、递归论、模型论和证明论。在非经典逻辑部分，除了介绍众所周知的模态逻辑外，还介绍了对话逻辑、

---

* 原载《哲学动态》1990年第10期。

非单调推理（关于相信的逻辑）等 22 个分支学科。另外这一部分还介绍了归纳逻辑、非形式（的）逻辑（研究日常生活中的论证）、谬误理论、论辩的逻辑、逻辑符号学、科学研究的逻辑、辩证逻辑，以及中国、西方、印度逻辑史。

第三部分是逻辑科学研究与教学现状的简介，关于西方国家逻辑研究的现状，着重介绍了弗协调逻辑和内涵逻辑。关于苏联逻辑研究情况，强调指出 70 年代以来苏联逻辑学界加强了国内外的各种联系，跳出了旧框框，重视非古典逻辑的研究。该书还概述了 1978 年第一届全国逻辑讨论会以来，中国逻辑学界的兴旺景象。在这一部分里，还介绍了国外逻辑教学情况，包括美国、澳大利亚、加拿大、西德①、苏联著名大学逻辑课程的设置。

第四部分是逻辑重要文献、期刊简介。包括自怀德海和罗素的《数学原理》以来国外重要逻辑著作 48 部，文集 10 部，以及手册、辞典、杂志、百科全书有关条目等，还有 1968 年以来中国重版和新版逻辑著作 34 部。

第五部分是附录，包括当代国际逻辑学界的 67 个研究课题，历届国际逻辑、方法论与科学哲学会议情况，中国逻辑学会及著名逻辑学家简介，国外著名逻辑学家简介。

康德认为逻辑本应是纯形式的，而他以为他当时所见的传统逻辑已经是形式逻辑的顶峰。黑格尔嘲笑、挖苦、批判了纯形式地研究逻辑的必要性。他们都不理解先贤莱布尼兹为未来逻辑发展所指明的方向。现代逻辑幸而未被康德、黑格尔所言中，全面运用数学方法从而取得了极其辉煌的成绩。无论在知识的广度还是深度上，逻辑都在一日千里地前进。这称之为知识爆炸，是一点也不过分的。《今日逻辑科学》相当全面地反映了当代逻辑科学发展的方方面面，这是该书的突出优点。10 多年来，中国逻辑科学也有很大收获，但对比世界先进水平，距离还相当大。我们只有奋起直追的义务，而没有因循徘徊的权利。《今日逻辑科学》介绍了当代逻辑科学的各个生长点，但是我们没有看到国际上有所谓按传统形式逻辑的本来面目发展形式逻辑的方向。这不是该书作者的偏见所致，而是客观事实如此。

① 指 1990 年统一之前的德意志联邦共和国。——编者注

这一点是值得我国逻辑界同仁重视的。

逻辑（辩证逻辑除外）的性质与数学、语言学相近，它是具体科学。各门科学固然都会受到不同哲学观点的影响，但是这不应成为某种现成哲学结论可以充当科学知识裁判的理由。反之，正确的哲学观点应该是科学知识的总结和概括。《今日逻辑科学》没有根据某种固定的哲学模式来褒贬作为人类知识共同财富的逻辑科学新成就，实事求是地对待各国逻辑学家的研究成果，我认为这是该书的第二个显著优点。

《今日逻辑科学》成书比较仓促，不免有些不足之处。例如，译名（包括人名、著作名、术语）有时不大统一。如“变元”“变项”两词混用，有时竟误植为“变量”（第 103 页）。“完构式”“合式公式”也是同物异名。“非形式逻辑”一词，对于不了解原文的读者来说，易引起误会，不妨译为“非形式的逻辑”。

根据什么原则来介绍国际逻辑名著，似乎不够明确。第一部分关于逻辑史的介绍，实质上是简述中国、印度、西方逻辑史，而不是介绍当代研究逻辑史的进展。“近年来，……首先，翻译出版了《工具论》、《新工具》等重要原著”（第 325 页），这句话应当补正。李匡武译的《工具论》是节本，不是全本，不能以讹传讹。《新工具》在新中国成立前就有汉译本，近年又出版了新的译本。

应按照逻辑的本来面目讨论逻辑

——评《形式逻辑与数理逻辑比较研究》*

我国通常所说的形式逻辑，是指恩格斯、列宁著作中提到的形式逻辑，即流行于欧洲19世纪中叶教本中的传统逻辑。马克思、恩格斯的时代，正值数理逻辑开始建立；1930年后，数理逻辑已趋成熟。我们不能要求革命导师恩格斯、列宁大量接触刚露头角、专业性很强的数理逻辑；但中国今天的马克思主义者，在论及形式逻辑时，仍局限于传统逻辑而忽视数理逻辑，应该说是严重脱离实际的。因为国际上早就把数理逻辑看作是形式逻辑的现代形态。中国目前正在普及现代逻辑知识，对传统逻辑和数理逻辑作比较研究，以期促进我国逻辑科学的发展和繁荣，的确是一件有意义的事。

杜岫石同志主编的《形式逻辑与数理逻辑比较研究》（以下简称《比较》，吉林人民出版社1987年10月出版）一书，就抓住了上述重大题材，进行了分析、比较、研究。该书申明，它所谓“数理逻辑”，“主要指两个演算，即命题演算和谓词演算”（第1页）。而它所谓“形式逻辑”，我的体会仅指旧形式逻辑——传统逻辑。《比较》的主题是：用数理逻辑取代形式逻辑是根本错误的。可是，据我所知，国内只有人提倡在高等教育、科学研究中应以数理逻辑取代传统逻辑。从来没有人说过“数理逻辑必须取代形式逻辑，形式逻辑可以消灭了”（《写在前面》）。

《比较》认为数理逻辑不是现代形式逻辑。它引用了一些现代外国逻辑

---

* 原载《世界科学》1991年第6期。有删改。

著作中译本（如楚巴欣《形式逻辑》，肖尔兹《简明逻辑史》，苏佩斯《逻辑导论》等）里的话，来加强自己论点的说服力。然而作者却没有告诉读者，这些外国逻辑书都承认数理逻辑是形式逻辑的现代发展。

在《比较》看来，数理逻辑研究特种函数关系，因而不是逻辑而是数学，数理逻辑与形式逻辑是两门性质根本不同的科学。现代力学系统地运用数学方法，力学定理也表述为函数关系：但力学并不因之而不成其为力学，变成了数学。甚至，现代经济学也愈来愈广泛使用“函数”概念，但人们并不担心它会演变为数学。

对于《比较》的主题及其基本论点，本文不拟多说什么。我只想在此短文中指出：《比较》没有按照传统逻辑和数理逻辑的本来面目述说它们。

《比较》对传统逻辑的理解，是与传统逻辑大相径庭的。例如，它认为，有些肯定命题的谓项周延：有些 A 命题可以换位为 A 命题。这在传统逻辑看来，都是违反逻辑的错误。《比较》认为推理诸前提之间是析取（旧译选言）关系而非合取（旧译联言）关系。这也是与新旧形式逻辑不相符合的。该书还认为假前提不能构成演绎推理。这是 1960 年代在逻辑争论影响下，某些同志认为前提假，推理形式一定错的荒谬说法的延伸。《比较》建议，演绎推理应添加从“如 A 则 B，B”推出“可能 A”的形式；归纳推理应添加结论是特称命题的简单枚举法，并由此推翻演绎是必然的，归纳是或然的定论。关于演绎，该书既没有看到“如 A 则 B，B”都真时，“可能 A”没有真的必然性，又误以为结论是可能命题的推理，就失去了推理的必然性。说到归纳，所谓结论是特称的简单枚举法，完全不合乎来自培根归纳法的基本精神——求得全称命题。“张三有死”推不出“有人有死”；而“张三是人，张三有死”推出“有人有死”，是极简单的演绎，无须并入归纳。

《比较》谈到许多一阶逻辑演算的公式和定理。但都出诸己见，毫不顾及它们的原意。

在日常语言的符号化方面，《比较》没有根据百多年来所形成的规范，而随心所欲。该书屡次论及“所有事物都是运动发展的”这一命题，并把它符号化为 $\forall x\ (Sx \rightarrow Px)$。（第 29 页）但通常认为这个命题的正确符号化应该是 $\forall xPx$。《比较》没有注意到不是由联结词和命题变元构成的 Fx，

$\forall xFx$，$\exists xFx$，R（x，y），等等，也是一阶逻辑的公式，并具有重要的直观意义。该书硬说对任何命题形式的"任何分析的结果总表达为由真值联结词加上命题变元而构成的结合体"。（第166页）《比较》认为如果把$p\lor\neg p$叫作排中律，就可以由"太阳是卫星"的假推出"地球是行星"的真，又可以由"地球是行星"的真推出"太阳是卫星"的假；但这是不合逻辑的，因之$p\lor\neg p$不是排中律。这表明该书误把"太阳是卫星或者地球是行星"符号化为$\neg p\lor p$，而不是正确地符号化为$p\lor q$。

《比较》说把命题变元p的值T（真）、F（假）代入定理$p\rightarrow p$，可得$F\rightarrow T$。因之把$p\rightarrow p$解释为同一律，"就会遇到一个不可克服的困难，即导致'真'、'假'同一的悖论"（第313页）。由此看来，该书运用命题逻辑的代入规则，给命题逻辑公式赋值，都是别出心裁而不依据科学的。

人们所熟知的、传统逻辑里除模态推理以外的一切演绎形式，都相当于带等词的一阶逻辑演算的定理。带等词的一阶逻辑演算是语义完全的。《比较》则认为推理形式与逻辑演算的定理有本质的不同。"推理的结构并非都表现为演算的结构。"（第228～241页）在该书看来，传统逻辑中的附性法、不相容的选言推理、二难推理、有关对当关系的推理、SEP的换位乃至全部三段论，都"不能在数理逻辑中用定理的形式来加以表述"（第232页）。其实，$\forall x(Sx\rightarrow Px)\rightarrow\forall x(Qx\land Sx\rightarrow Qx\land Px)$就是《比较》反复研究的附性法。的确，数理逻辑认为不能从传统逻辑的全称命题直接推出特称命题。全称命题必须加上存在命题，才能推出特称命题。数理逻辑揭示了传统逻辑所隐含着的前提，这是数理逻辑比传统逻辑更严密、更概括之处，而不是数理逻辑比传统逻辑贫乏的缺陷。更不能说，数理逻辑丢掉了传统逻辑的精华。本文没有篇幅一一指出《比较》所说的那些推理形式相当于一阶逻辑演算中的哪些定理。

另一方面，命题演算又是可靠的，即凡定理都是重言式；而重言式是命题逻辑里有效推理形式的对应物。

《比较》认为"演算的结构并非都是推理的结构"（第241～243页），其理由是："重言式据其本来含义是同语反复"，"同义反复在形式逻辑中是不能允许的"（第242页）。用"重言式（tautology）"原意为"同义反复"，来论证一阶逻辑演算的定理不是有效推理形式的抽象，是不严肃的。这里，该书已经忘记了在它的前几页中，曾想用$((p\to q)\wedge p\to q)\vee((\neg p\to q))$ $(\neg p\to q)$的重言性，来使读者相信它就是二难推理的形式。(第204页)

《比较》又提到了一些一阶逻辑演算的元定理，但对它们的评价，却是扭曲而否定的。例如，该书认为命题演算公理独立性的证明，由于采用了不同的解释，表明了数理逻辑"不可能研究具体的思维的形式结构"(第61页)。难道传统逻辑能处理公理独立性这个自古希腊以来就存在着而解决不出的难题吗?《比较》又认为一阶逻辑的判定问题不可解，因此不可能依据它来完成传统逻辑所担任的"检验逻辑论证"的任务。(第295页)该书似乎有意不告诉读者，命题逻辑是可判定的；一元谓词逻辑也是可判定的。在检验推理是否有效方面，数理逻辑的能力是传统逻辑所望尘莫及的。数理逻辑能证明自己有解决不了的问题。这说明它对自己有某种自知之明。而《比较》所描绘的形式逻辑，虽然号称"以整个思维形式系列为研究对象，它全面地研究每一类思维形式所具有的整体特征"(第21页)，但却不具备上述那种自知之明。

《比较》提出的问题是重要的，但它对传统逻辑和数理逻辑的理解是远离两者的实际情况的，因此该书的结论"二者是两门各自独立的学科，是不能也不必由谁取代谁的"(《写在前面》)，是难以令人信服的。

勇敢者的心路

——评王方名学术论文选《逻辑探索》*

1950年8月斯大林的《马克思主义和语言学问题》发表之前，在一般的马克思主义者看来，形式逻辑就是形而上学。金岳霖晚年曾说：“解放前一些人士一直是骂形式逻辑的。这件事当然不好办。骂可以，可是要骂得言之成理，又要引用形式逻辑。因此骂也只得乱骂一阵。”（《琐记》，《清华校友通讯》第5期，1982年4月）新中国成立后除了最早的几篇逻辑时文外，逻辑文章可以说分成两类。一类的代表是马特的《论逻辑思维的初步规律》（《新建设》1953年第9~10期，1954年第1期）它是要重建形式逻辑的哲学基础。这就是要为从全盘否定形式逻辑到承认形式逻辑是科学的大转变，给出一个似能自圆其说的理论根据。另一类的代表是李志才的《关于形式逻辑与辩证逻辑问题》（《哲学研究》1955年第3期）和江天骥的《形式逻辑与辩证法》（《新建设》1955年第6期）。这是要把辩证法说成逻辑，并且是高等逻辑，以防止形式逻辑翘尾巴。那时候人们写文章，免不了都自以为是马克思主义的，不论他们彼此的意见可能极其对立。1956年半路里杀出一位程咬金，他就是著名历史学家周谷城。他写了一篇文章向当时流行的、人人皆以为是马克思主义的逻辑观点提出了挑战。10多年后我们得知，周谷城“离经叛道”的观点得到毛泽东的支持。同年，王方名也向“正统”逻辑观点提出了自己的挑战，并被毛泽东视为周谷城的同盟军。（参见龚育之等《毛泽东的读书生活》，三联书店，1986，第124、

---

* 原载《哲学动态》1994年增刊。有删节。

135 页）

王方名教授的学术论文选集《逻辑探索》（以下简称《探索》，中国人民大学出版社，1993 年）经过作者生前的收集整理；又经已故张兆梅教授，最后还有苏越教授的编纂加工，才得以与世人见面。我作为后辈，抱着敬慕的心情，来说说自己读后的感受。

王方名的研究范围很广。我知识浅陋，对于巴甫洛夫学说、思维史等知之甚少，不敢妄加议论。关于有没有形象思维以及不同于抽象思维的形象思维逻辑，我认为与有没有人体特异功能类似，是实证科学的问题，不宜于从某种观点出发，把它们的存在从哲学中推导出来，也不宜于从某种观点出发，从哲学上去否定它们的存在。王方名关于逻辑的思想中最有价值的部分，我认为还是他在 50 年代对形式逻辑若干根本问题的质疑。即收集在《论形式逻辑问题》（中国人民大学出版社，1957 年）中对形式逻辑的对象、客观基础、性质、内容体系、研究方法的 5 篇质疑文章。《探索》则收了其中的 3 篇。

50 年代初中国学术界普遍认为形式逻辑是研究正确思维的初步规律和形式的科学。王方名正确地指出，所谓“初步”“正确”这些形容词都是不必要的或者模糊不清的。他一针见血地指出“形式逻辑主要是研究推理和证明的”（《探索》，第 10 页）。思维规律和思维形式不是“两个平列的对象”，所谓思维规律，实质上是思维形式的结构（或称逻辑形式）的规律。形式逻辑主要是研究推理的科学，这个观点正好是周谷城的基本主张之一。这个认识要到 30 年后《中国大百科全书 · 哲学》1987 年出版，才成为学术界相对权威的提法。

从全盘否定形式逻辑转变到肯定形式逻辑是科学，必须找出形式逻辑的客观基础来表明转变后的主张坚持了唯物论。50 年代流行一种解释，形式逻辑的客观基础是客观事物的相对稳定性和质的规定性。王方名指出了这个源于普列哈诺夫的说法的种种困难。他认为客观事物的相对稳定性和质的规定性是任何真实概念、判断的客观基础，很难说它又是概念、判断之间的推论中的逻辑联系（即思维形式的结构）的客观基础。逻辑形式（即思维形式的结构）离开了语言材料就根本不可想象。因之，他提出逻辑形式的客观基础要从思维的社会历史性质方面来探讨。他进一步提出“思维的社会制约性”作为形式逻辑规律的客观基础。(《探索》，第24页)这个提法曾被马特痛斥为唯心主义。20多年后，马特已谢世。王方名在第二次全国逻辑讨论会上说：“今天我公开申明我的用语不确。但我当时模糊感到的社会关系中思想交流的客观必然性，今天完全可以用历史唯物主义认识论原理进行科学论证了。”[①] 他还说：“逻辑理论只是摆出了思维反映现实的特殊性和既成思想在社会轨道上进行广泛交流的基于‘社会关系的总和’的社会必然性。”[②]

在我看来，上面两种关于形式逻辑客观基础的不同说法，在某种意义上说是彼此等价的。因为两者都认为“硬要为A=A在客观事物中找对应关系，这是把思维的形式结构强加于客观事物”(《探索》，第25页)。两者都认为“逻辑形式的规律本来是一种具体的科学规律，一经搬到存在规律和认识规律中，就成了典型的形而上学思想”(《探索》，第52~53页)。争论的双方事实上都还是把形式逻辑与辩证法对立起来；在思维的某一领域，为形式逻辑圈一块保留地。传统形式逻辑一向把同一律、矛盾律、排中律首先当作事物规律，然后才是认识规律和逻辑规律、语义规律。我们难以设想事物没有自身同一性而只是“思维形式的结构”才有自身同一性，如果我们愿意做一个唯物主义者的话。周谷城说形式逻辑客观基础问题是不成问题的问题。这话很有道理。我认为在这个问题上还是金岳霖的下述意见更为合理：形式逻辑规律反映客观事物的确实性，而这种确实性是同一、不二、无三的。

关于形式逻辑的性质，王方名指出了逻辑学界关于哲学科学、认识科学、阶级性的一大堆模糊观念。他认为“形式逻辑的基本原理并不是哲学科学”[③]。这个观点也要到80年代后期才为逻辑学界许多同仁所接受。

“我们有一种揣测，假如恩格斯对于形式逻辑的发展能像今天的马克思主义者这样比较容易深入了解的话，他有可能会认为现代数理逻辑和古典

① 《全国逻辑讨论会论文选集(1979)》，中国社会科学出版社，1981，第43~44页。

② 《说话写文章的逻辑》，教育科学出版社，1980，第242页。

③ 《论形式逻辑问题》，中国人民大学出版社，1957，第23页。

形式逻辑是高等数学和初等数学的关系；而辩证法和形式逻辑是哲学和数学的关系。”（《论形式逻辑问题》，第24页）他大概没有意识到这个揣测事实上否定了辩证法就是辩证逻辑。王方名在数理逻辑刚刚脱去“在帝国主义时代为垄断资产阶级利益服务的伪科学”的帽子时，就对数理逻辑有如此的评价，是十分难能可贵的。不幸的是这点灵感在他晚年被偏执心态所淹没了：“据说逻辑科学中有的逻辑是先进的逻辑，请拿出实践标准来肯定它的先进地位！”[①]

王方名还认为形式逻辑应是一门实证科学。他说：“关于形式逻辑到底是哲学学说还是实证科学。经过了20多年，我深深感到形式逻辑的的确确正在逐渐实证科学化。”[②]“逻辑学应该迅速从哲学学说转变为实证科学。”[③]这一认识应该说是不正确的。形式逻辑是一门形式科学，它不是实证科学。它的定理只能依靠证明，不能依靠证实。

关于形式逻辑的内容，王方名正确地提出了两点。第一，人们一方面“说逻辑是关于思维的形式结构的科学，另一方面又说逻辑是关于世界的全部内容及对它的认识的发展规律的学说，逻辑 = 关于真理的问题”[④]。他认为这是对逻辑学内容的混淆不清的说法。

第二，形式逻辑即演绎逻辑，它不包括归纳逻辑。但是对归纳逻辑王方名还进一步主张：“归纳逻辑事实上是以形而上学的唯物主义为基础的经验科学的逻辑。”[⑤]“归纳逻辑不是以客观事物的普遍联系运动发展的辩证法性质为基础，而是以客观事物的所谓‘相对稳定性’的形而上学的性质为基础。”[⑥]这是要把形式逻辑与辩证法的对立，修正为归纳逻辑与辩证法的对立。这是要把形式逻辑等同于形而上学，修正为把归纳逻辑等同于形而上学。

关于研究形式逻辑的方法，王方名认为“不仅是要坚持唯物主义路线，

① 《全国逻辑讨论会论文选集（1979）》，第33页。

② 《探索》，第3页。

③ 《探索》，第4~5页。

④ 《探索》，第26页。

⑤ 《探索》，第62页。

⑥ 《探索》，第6页。

而且要坚持辩证唯物主义路线"[1]。问题的困难在于，有人从马克思主义出发，认为王方名的某些观点是唯心主义的；而王方名同样从马克思主义出发，认为那些反对他的意见是形而上学的。王方名与许多人一样始终未能摆脱这样的梦魇。形式逻辑的"根本性原理和唯物辩证法的原理总有许多纠缠不清之处"[2]。

在王方名晚年，他又说由物质到精神的过程的逻辑是归纳逻辑。精神交往和精神交流的过程的逻辑是形式逻辑。他又把形式逻辑叫作说理论证的逻辑，等等。

王方名说："今天以前的哲学家和逻辑学家只是用不同方式说明形式逻辑，而问题却在于要指导形式逻辑的发展。"（《论形式逻辑问题》，第 39 页。）王方名和其他一些逻辑学家都忙于说明形式逻辑，并认为只有自己的说明是马克思主义的。他们还来不及把发展形式逻辑提到日程上来。事实上，两千年来形式逻辑并没有停滞不前。特别是一百多年以来，形式逻辑冲破了康德、黑格尔的成见，有了翻天覆地的大发展。具有讽刺意味的是：我们忙于批判逻辑学中的唯心主义、形而上学；而别人却忙于发展逻辑科学。

在 50、60 年代，逻辑学界许多同仁不理解周谷城、王方名。动不动要批判他们两位。这说明在学术上要说几句与众不同的大实话，是多么的不容易！

王方名治逻辑学有一个当时许多逻辑学家的通病，即不仅与逻辑学的当代发展隔离开了，而且对传统逻辑的理解，也是十分表面的。他们对具体的逻辑问题没有钻研的兴趣，以为那是雕虫小技。他们热衷的是紧跟某些哲学口号乃至政治口号。例如："两肯定前提没有否定结论" 作为三段论规则的必要性，王方名始终缺乏认识。又如，他似乎从未想到所谓"直接推理"也是演绎推理。"并非""并且"这两个联结词似乎尚待进入他的视野。这种不拘小节使得王方名强调逻辑技巧技能训练的好主意无法落到实处。而且还使得他无法理解形式逻辑有比说话写文章更多的意义，即无法

---

① 《论形式逻辑问题》，第 42 页。

② 《探索》，第 4 页。

理解形式逻辑作为形式科学的重要的方法论意义。

50~60年代热闹了一阵子的逻辑争论，不是逻辑的内因引起的，是偏离了世界逻辑发展史的主航道的，是30年代一些人士一直骂形式逻辑的后遗症。从思想史、文化史的角度来看，这场大争论具有独特的、丰富的内蕴。王方名的全部学术著作所留给我们后学的财富，不在于他提出了多少新的逻辑知识，而在于他敢于向“正统”挑战的批判精神。《探索》一书是一位老共产党员、老干部、老教授怎样在50~80年代里孜孜不倦地探索真理的记录。这是他努力突破某种思维定式，但又深陷于某种思维定式的记录。他的困惑、他的信仰、他的愤慨、他的希望、他的失与得，都历历在目。

关于直言命题的换位*

朴基珉同志《论换位推理的规则》（以下简称《朴文》。《延边大学学报》哲社版，1991 年第 3 期）提出了直言命题换位的新方法和新规则。我认为其基本论点是不正确的。

《朴文》所根据的事实是错误的（不正确的、无效的）推理的例子。《朴文》不是指出它们的错误所在，而是把它们说成是正确的（有效的）推理的例子。

《朴文》所谈全称肯定命题换位的例子："所有的大学生都是学生，所以，有些学生不是大学生"（SAP，所以，POS）；"所有具有意识的生物都能劳动，所以，所有能劳动的生物都具有意识"；"所有的人都是理性动物，所以，所有的理性动物是人"（SAP，所以，PAS）；都是无效推理。《朴文》所举特称否定命题换位的例子："有些中学生不是共青团员，所以，有些共青团员不是中学生"（SOP，所以，POS）；"有些动物不是牛，所以，所有的牛都是动物"（SOP，所以，PAS）；也都是无效推理。这些例子虽然前提结构都真，但推理形式无效，因此都是无效推理。正因为它们前提、结构都真，也就容易迷惑没有经过严格逻辑训练的人。逻辑教学的目的之一，就是要帮助学生摆脱这类无效推理。

《朴文》还把不表达推理的并列复句，叫作有效推理，来论证不合逻辑的东西合乎逻辑。"一切原料都是劳动对象，但并非任何劳动对象都是原料"；"所有的金子都发光，但并非所有发光的东西都是金子"；"所有概念

---

* 原载《延边大学学报》（哲学社会科学版）1994 年第 1 期。

都是语词，但并非所有的语词都是概念”；“所有的判断都是语句，但并非所有的语句都是判断”；“一切分类都是划分，但并非所有的划分都是分类”。这些并列复句根本不表达推理。

《朴文》用以处理上述两类事实的理论，也是错误的。我们根据下列定义：

S 全同 P 当且仅当 SAP 并且 PAS。

S 真包含于 P 当且仅当 SAP 并且 POS。

S 真包含 P 当且仅当 PAS 并且 SOP。

S 交叉 P 当且仅当 SIP 并且 SOP 并且 POS。

S 全异 P 当且仅当 SEP。

以及合取交换律和代入规则，得知下列 5 种互推关系成立。

S 全同 P，所以，P 全同 S。

S 真包含于 P，所以，P 真包含 S。

S 真包含 P，所以，P 真包含于 S。

S 交叉 P，所以，P 交叉 S。

S 全异 P，所以，P 全异 S。

我们不能根据这 5 种互推关系，来证明下列无效推理形式为有效：

SAP，所以，PAS。

SAP，所以，POS。

SOP，所以，POS。

SOP，所以，PAS。

《朴文》引用其他逻辑书，也不能说明上述无效推理形式为有效。

《朴文》引用金岳霖主编的《形式逻辑》，曲解了该书的原意。我作为作者之一，必须严肃指出：我们绝不认为“我们不但可以说：有最发达的大脑的动物都是能思维的动物，而且我们也可以说：能思维的动物都是有最发达的大脑的动物”；绝不认为从“凡有最发达的大脑的动物都是能思维的动物”可推出“凡能思维的动物都是有最发达的大脑的动物”。相反，该书强调：“我们认为，就 SAP 的谓项 P 是周延性与演绎推理的必然性这两方面来考虑，SAP 都是不能换位成 PAS 的。”（第 149 页）

《朴文》在引用中国人民大学哲学系逻辑教研室编的《形式逻辑》（修订本）时，也是断章取义的。在引述了该书的话“在已知‘S 与 P 外延相等’的情况下，SAP 和 PAS 都可以成立”，之后却不引紧接着的关键性的话：“但仅仅已知‘所有的 S 是 P’真，却不能立即判明‘所有的 P 是 S’真。因此，从 SAP 换位，只能得 PIS，不能得 PAS。”（第 160 页）

有少数人不理解换位，不理解形式逻辑，这不能改变直言命题的换位是有定论的局面。德国克劳斯《形式逻辑导论》、日本井上昌计《论理学》、杜岫石《形式逻辑导论》关于换位的论述是有错误的，却为《朴文》所采纳，《形式逻辑导论》中译者之一的康宏逵在“中文版译者的话”中指出了这一错误，但为《朴文》所不顾。

《朴文》对有效推理的理解，也是有问题的。《朴文》认为：“一个换位推理能够成为必然性的推理，它必须要具有 3 个条件。”其中两个条件是完全不需要的，即前提真、结论真并不是有效推理的必要条件。只有一个条件是有效推理所必需的，即《朴文》所说“推理过程要有合理的逻辑程序”。任何推理（不限于换位）是有效的，当且仅当，其形式是有效的。前提、结论都真的推理不一定有效。前提假的推理也可以是有效的，结论假的推理也可以是有效的。但是，前提都真而结论假的推理一定是无效的。

《朴文》说“如果断定换位结论是假，那就要对它进行否定”云云，恐怕是混淆了否定一个命题跟推出其负命题的区别。从前提 B 推不出结论 C，不等于从前提 B 可以推出结论并非 C。例如，SAP 推不出 POS，不等于 SAP 可推出并非 POS。命题 B 真而 C 假，不等于从 B 可以推出并非 C。这就是前提、结论都真而形式不必有效的另一表现。《朴文》对这一点大概是很不明确的。

传统逻辑讲换位，有2条规则，3种形式。《朴文》讲换位，A、E、I、O就至少会有A_1，A_2，E_5，I_1，I_2，I_3，I_4，O_3，O_4，$O_5$10种。规则3条，前提14种，方法2种，形式11种。《朴文》所使用的符号、公式与众不同，又不加任何解释。即使《朴文》关于换位讲对了，又怎能“减轻在换位推理中的难度，在一定程度上提高换位推理的效率”呢?

单称命题不是A、E、I、O命题，它们的换位不能混同于A、E、I、O命题的换位。这里不再赘述。

《朴文》否定传统逻辑换位的两条规则，把无效推理说成有效推理，无论从理论上还是从实践上来说，都是不能成立的。现代逻辑比传统逻辑严密而丰富，关于A、E、I、O的换位，实质上只添加了一条规则：在前提中周延的概念在结论中也周延。删去了一个形式，即SAP推不出PIS。换位只有“SIP，所以，PIS”和“SEP，所以，PES”两个有效形式。

向现代逻辑前进

——介绍论文集《传统逻辑与现代逻辑》*

上海市逻辑学会自1980年以来每年推出一本逻辑论文集，这使我们在商海的大潮中，还能定期看到一点常常不讨人喜欢的清规戒律——逻辑。这一系列论文展示了上海逻辑学家前进中的风范。为了这样一本论文集的“物质基础”，主其事者营营碌碌是在所难免的。开明出版社1994年出版的《传统逻辑与现代逻辑》就是该会新编的一本论文集，它有幸得到香港学者黄展骥先生的热心资助。希望黄先生再接再厉，1995年的论文集，在他的鼎力相助下，如期与读者见面。

该书收集了28篇论文。它的名称似乎暗示了上海市逻辑学家的教学和研究的重心，已经开始从传统逻辑向现代逻辑倾斜。这个转型是必须完成的，如果我们真诚希望与国际学术界接轨的话。朱水林访问香港浸会学院的报导，就完全能说明这一点。

论文集中许多文章对整个世纪以来哲学界、逻辑学界一些耳熟能详的说法，提出了质疑。冯棉的《逻辑研究中有待澄清的若干问题》、江显芸的《关于判断的理论与应用问题的一些思考》都是如此。

冯棉的文章提到虚概念和实质蕴涵。

现代逻辑重视空集，重视虚概念。金岳霖主编的《形式逻辑》介绍了虚概念，但也引起了一些混乱。“概念有两个重要的方面，这就是概念的内涵和外延。”（第22页）“概念的外延，就是具有概念所反映的特有属性的

---

* 原载《自然辩证法研究》1995年增刊。有修改。

事物。”（同上）“虚假概念，由于客观世界中不存在相应的事物，是没有外延的。”（第 24 页）“一个概念的外延，是由具有这个概念所反映的特有属性的那些事物所组成的类。虚假概念是没有外延的，在客观世界中没有一个相应于虚假概念的事物类。”（同上）这里有一个逻辑矛盾：概念都有外延，但虚概念没有外延。又有一处混淆，概念的外延是事物，概念的外延是事物类。如果我们把概念的外延理解为它的所指，外延应是相应的集合，而不是组成集合的元素（集合的元素可以是个体，也可以是集合；所谓个体，可以如苏格拉底、孔丘，也可以是 1，2，3，…）外延是事物类而不是事物。虚概念的外延就是空集，在任何论域中都存在着空集，但是这个集合是没有元素的。这样说是不是更妥当？虚概念有外延，即空集，但这个集合中没有事物。同一个词所指的集合在不同的可能世界中可以是空集，也可以不是空集。更彻底地说，词项的内涵、涵义就是概念，它是思维对事物特有属性（不一定是本质属性）的反映。词项的外延、所指是集合。专名没有内涵，它不表达概念，所以说无所谓单独概念。专名在具体的语境中有所指，它的所指是个体，不是集合。句子的内涵，含义是命题而非判断。国际上流行把真值当作句子的外延，这是一种说法。我们也可以说句子的外延是事物情况，即集合之间的关系。在通常情况下，逻辑研究的是命题而不是判断，断定逻辑则是专门研究判断的逻辑。

大家都知道实质蕴涵与“如果，则”有距离，但直到今天，逻辑学家还是把包含实质蕴涵怪论的一阶逻辑当作基本逻辑来使用，其原因在于一阶逻辑不仅是完全的，而且是一致的；它的命题逻辑部分是可判定的，只含一元谓词的公式（相当于三段论）也是可判定的；它是目前用起来最方便的一种逻辑。这也是一俊遮百丑吧！

我曾请教过多位对现代逻辑有造诣的逻辑学家。他们承认“2 + 2 = 4”实质蕴涵是“雪是白的”；但他们不承认“2 + 2 = 4”是“雪是白的”的充分条件。究竟什么是充分条件？在物理方面，它可能常指逻辑的推出关系或因果关系。承认“如果 2 + 2 = 4 那么雪是白的”为真的人，大约都不会承认从“2 + 2 = 4”可以推出“雪是白的”，大约都不会承认“2 + 2 = 4”是“雪是白的”的原因。人们知道用实质蕴涵还不足以把“如果，则”解释透。可是现在人们却把充分条件解释为实质蕴涵。金岳霖主编的《形式逻辑》（成书于1965年）开始这样做了。“文革”期间，王宪钧师和晏成书师写的教材《形式逻辑（讨论稿）》（北京大学内部发行）最明显地把实质蕴涵等同于充分条件。现在很多同仁已经觉得这样处理不妥。金岳霖主编的《形式逻辑》以“如果李同志（实质上这里的‘李同志’等于‘某人’，是一个变元——引者）得肺炎，那么，他会发烧”为例，在每一具体情况下，是可以说明当前件假时，整个假言命题是真的。例中的蕴涵词，是在全称词的辖域中的。仅仅用实质蕴涵恐怕还不足以说明人患肺炎是人发烧的充分条件，至少还应加上全称量词。这里顺便说一下，金岳霖主编的《形式逻辑》说条件可以分为充分条件、必要条件与充分必要条件3种，决定了假言命题也相应地分为3种。这是不确切的。

虚概念和实质蕴涵都不是新问题，但在中国似还可以深入一步探讨。这些问题不解决好，中国的许多逻辑学家心里就不踏实，学习现代逻辑的劲头就不高。

目前中国有些哲学、逻辑学家又回到黑格尔那里，主张不区分逻辑矛盾与辩证矛盾。我认为把逻辑矛盾与辩证矛盾区别出来是一种进步。不主张这种区分的人，似乎从来就没有仔细想一想，是不是一切对立统一都应该表达为逻辑矛盾？是不是一切逻辑矛盾都是对立统一，从而使得任一命题及其负命题都是真的？对许多人来说，从定义上来区别逻辑矛盾和辩证矛盾是很容易的，但在具体事例面前，他们又把握不住两者的不同。朱志凯的《再论逻辑矛盾与辩证矛盾》谈的虽然是老问题，但对分不清逻辑矛盾和辩证矛盾的人来说，仍是颇有启迪的。

彭漪涟的《评黑格尔关于辩证逻辑包含形式逻辑的观点》，可以说是算清了一笔老账，黑格尔的辩证逻辑里面没有包含传统形式逻辑，从前者不能抽得后者；把黑格尔的辩证逻辑中的辩证法成分排除掉，得到的并不就是传统形式逻辑。据我看来，黑格尔哲学体系中的“主观性”部分排除掉辩证法后，得到的只是一堆乱七八糟的传统逻辑术语。我们怎么能够相信从黑格尔哲学体系的“客观性”部分中可以抽得物理学和化学，从“理念”部分中可以抽得生物学？

假设有一种在某种程度上可以允许逻辑矛盾的逻辑系统，如弗协调逻辑，它是在一阶逻辑的基础上，增加了某些逻辑词项，引进了某些新的公理，甚至增加了新的推演规则。如果这样的系统可以叫作辩证逻辑的话，那么它是包含了形式逻辑的。如果不能证明凡形式逻辑的定理都是辩证逻辑的定理，就不能说辩证逻辑包含了形式逻辑，这就是逻辑的清规戒律。

我们的教学与研究正处于从传统逻辑到现代逻辑的过渡期，作者对现代逻辑不甚熟悉是可以理解的，这本论文集中有的文章讨论关系命题虽然用了一阶逻辑的公式，却忽略了全称命题是蕴涵命题，存在命题是合取命题这个基点。有的文章用集合代数来讲“广义三段论”，但却没有对“广义三段论”下一个明确的定义。

应该说逻辑的应用是随时可以找到实例的。逻辑之所以招人讨厌，原因之一就在于此。在我看来，承认“改革开放必然产生腐败”没有什么可怕。(参阅该书第 195、197 页）这里的腐败总是对人而言的。“必然产生腐败”可理解为“必然有人腐败”，事实证实了这一点，我们不能否认。好在这个命题推不出“有人必然腐败”，承认后者就有宿命论之嫌。承认了“必然有人腐败”，除加强思想教育外，还需从法制上严加防范和惩处，这有什么不好呢？讲逻辑讲到“改革开放必然产生腐败”是逻辑错误，老百姓对逻辑能有好感么？

黄展骥先生研究逻辑多年，勤于写作。他对谬误学和悖论特别有兴趣。《传统逻辑与现代逻辑》收有黄先生写的 15 段（概括为 3 组）这方面的小品，其中不乏引人入胜的例子和具有启发性的评析，读起来使人兴趣盎然。

金岳霖诞辰一百周年纪念大会和学术讨论会概述*

1995 年欣逢中国现代著名哲学家、逻辑学家金岳霖诞辰一百周年。

8 月 24 日在中国社会科学院举行了金岳霖诞辰一百周年纪念大会。出席的海内外各界人士有 180 多位。

在纪念大会上，发言者高度评价了金岳霖对中国现代哲学和逻辑的发展所做的突出贡献。金先生是最早把现代逻辑介绍到中国来的学者之一，是使逻辑和认识论意识在中国发达起来的第一人。他把西方哲学与中国哲学相结合，建立了独特的哲学体系。这不但在旧中国哲学界是凤毛麟角，而且在国际哲学界也有一定影响。对金先生的哲学体系，我们要认真研究，吸取其中的一切合理因素，这对于发展马克思主义哲学是有重要意义的。马克思主义者对不是马克思主义的学术著作一概采取唾弃的态度是错误的。当然，如果认为既然我们也重视非马克思主义的学术著作，那么坚持马克思主义的立场、观点和方法就没有意义，这种态度也是错误的。我们研究非马克思主义的学术著作，其目的是为了吸取，吸取的过程是一个批判地继承的辩证过程，把批判和继承形而上学地对立起来，不是马克思主义者的态度。

发言者一致赞扬金先生的治学精神和爱国情操。金先生毕生热爱祖国，追求真理，努力学习马克思主义，自觉地用马克思主义来指导自己的研究工作；不断探索与创新，与时俱进。他发扬了严谨求实、古今贯通、中西

---

* 原载《哲学研究》1995 年第 10 期。

融合的学术传统。他从不以权威自居，虚怀若谷，崇尚学术民主；同时又不唯书，不唯上，敢于坚持真理。

8月25～26日，在北京市密云县举行了纪念金岳霖诞辰一百周年学术讨论会。60多位海内外专家、学者到会，提交的论文有51篇。参加学术讨论会的专家、学者就以下几个方面各抒己见，互相切磋。

第一，金岳霖的哲学体系是中国传统哲学和现代西方哲学的融合。与会者指出，《论道》是金先生的本体论，它通过对共相和殊相的分析建立起自己的哲学体系。“式”是典型的西方哲学概念，而“能”却主要是中国哲学概念。“道”是中国文化的象征，是中国传统哲学至上的概念、最高的境界。“式”是“道”的组成方式，被置于“道”之下，这体现了金先生力求站在中国哲学的基本立场上来融会中国传统哲学与现代西方哲学。由“式”与“能”构成的“道”的形而上学体系既有西方哲学的严谨，又有中国哲学的空灵和智慧，体现了现代中国哲学所达到的新的高度。他的“无极而太极”的思想把历史从循环论和退化论中解放了出来。“道”演进的最终目标是至真至善至美至如的太极。但是太极又是一种悲观的理想主义。

与会者认为，金先生的《知识论》是在西方学术框架里创造性地发挥了他自己的思想。他坚持了中国传统哲学天人合一的思想，使该书超越了西方文化中的人类中心观和自我中心观，抛弃了西方人类中心的知识论和主观唯心主义。该书是以实在论为基础的。他在处理感性与理性的关系时，较好地克服了西方现代某些哲学家割裂两者的缺陷，是对中国古代认识论优秀传统的延续和复归。

金先生追求哲学家与哲学合一的终极目标。因而从根本上说，他是一位地道的中国哲学家。

第二，金岳霖在新中国成立前后哲学思想的变化。专家、学者们分析金先生所处国难深重的时代及那一代知识分子的爱国心态，结合他的性情人格，对他接受马克思主义的划时代转变，运用历史的观点做出了比较客观的评价。金先生思想的转变，客观的情况起了决定作用，但不能简单地说这种转变是被迫的。他之所以比较顺利地实现了转变，有他本身的思想根源。金先生的哲学观点不是一般的客观唯心主义，而是动摇于唯心、唯物之间。他反对主观唯心主义，承认认识对象的客观实在性，承认对象的存在不依赖认识主体。他对真理符合说的论证和对反对意见的反驳，已经站在实践观点的门口了。这些思想就为他转向辩证唯物主义搭起了桥梁。金先生科学的治学态度是和辩证唯物主义的科学性相通的。他追求哲学和政治的统一、哲学家和哲学的统一，也是他比较容易接受马克思主义的原因之一。

新中国成立以后，金先生自觉运用马克思主义的实践观点、阶级观点、群众观点和批判精神指导自己的研究工作，规范自己的行为，批判自己也批判别人，使自己的思想提高到一个新境界。金先生晚年坚定地批判“四人帮”，拥护拨乱反正和改革开放，渴望把失去的时间抢回来，为祖国的现代化事业做出新贡献。

第三，金岳霖研究哲学的方法。与会者认为他研究哲学的方法主要是逻辑分析方法。中国传统哲学缺乏分析精神，是从感性具体直接进入理性具体，跨越了知性分析这一环节。金先生则是从概念到概念，从抽象到抽象，他不关注思维的具体内容，这个方法是形式的、抽象的、空架子的。他所使用的名词术语力求有精确的定义，他所提出的命题力求有严密的论证，但是它们都与具体的思维内容和认识对象无关。这是金先生建构哲学体系的一个特点。另外，金先生所说的“式”，“是析取地无所不包的可能”。可能是逻辑上的可能，无矛盾即可能。穷尽一切可能就是必然，“逻辑必然”就是“穷尽可能”。这个思想来自经典命题逻辑的定理都有其析取范式。事实上金先生把逻辑当作宇宙的根本规律。

金先生对怎样撰写中国哲学史的意见，充分体现了他的逻辑分析方法。他认为首先应弄清楚先秦诸子讲的是不是哲学。如果是，就不能用“一种主张”去写他们。他认为“哲学要成见，而哲学史不要成见”，不能用一种成见去形容其他成见。其次，他认为要弄清先秦诸子讲的是不是“空架子的逻辑”。他认为思想有实质有架构，哲学作为说出个道理来的成见就是以逻辑的方式组织对于各个问题的答案。

与会者认为，中国传统学术思想强调一切事情，当下受用；忽视抽象的分析精神。影响所及，中国虽有精湛的技艺而缺少严密的自然科学。西方科学的发达与其重视逻辑分析有着内在的联系。金岳霖所提倡的逻辑分析方法正好是“无用之大用”，值得我们借鉴。

第四，展望21世纪中国哲学、逻辑的发展前景。与会者指出，怎样接着金先生往下说，而不是照着金先生往下说，是后辈对前人的最好纪念方式。与会者对在21世纪建立马克思主义的、有中国特色的哲学思想，充满信心。

此外，到会的专家、学者还对金岳霖的逻辑思想做了评述，回顾了半个世纪以来中国逻辑科学发展的曲折历程，报告了逻辑研究中的一些新成果和新设想。

评《逻辑学》*

中国人民大学哲学系逻辑教研室曾编过两本《形式逻辑》(1959，1980)。《逻辑学》(中国人民大学出版社，1996)是该教研室在上述两本书的基础上，重新编写的第三本高校逻辑教材。前两本书在国内发行量很大，产生过深远的影响。《逻辑学》比起那两本书来，无论在观念上还是在内容上都有引人注目的突破和提高：而篇幅却精简了近1/10。相信这本教材会在我国科教兴国的事业中发挥良好的作用。

该书取名《逻辑学》：并申明“以传统逻辑学为基础，同时吸收了若干数理逻辑(主要是一阶逻辑)的内容”。又说“形式逻辑经历了从传统逻辑到现代逻辑的发展”。“现代逻辑是指数理逻辑。”“逻辑学研究的核心课题，是推理及其有效性的制定。”这样的提法首先是放弃了1980年版《形式逻辑》的说法“数理逻辑……它原是形式逻辑的分支，现已成为独立学科”，终于承认了数理逻辑乃现代形式逻辑。其次，把前两本《形式逻辑》推崇为高等逻辑的辩证逻辑，排除在逻辑之外。这些便是该书观念上的大转变。该书的提法也存在一些问题。例如，按该书的意见，形式逻辑包括归纳逻辑。但是，许多学者(如王方名、王宪钧等)认为传统形式逻辑并不包括古典归纳逻辑；世界上几乎没有学者认为广义的数理逻辑包括现代归纳逻辑。读者看了该书后很可能会产生一个疑问：逻辑与形式逻辑究竟是什么关系？

关于逻辑的对象，该书不用“思维形式”这个充满歧义的词，也不用

---

* 原载《自然辩证法研究》1997年增刊。

“逻辑形式”这个有同语反复之嫌的词，而是说“逻辑学是研究思维的形式结构及其规律的科学”。这里所说的规律应该理解为形式结构的规律，它并不等同于思维的规律。所谓“思维的形式结构”实际是指推理形式，而不是指概念、判断、推理。

在体系安排方面，该书把原来的“判断”和“演绎推理”融为一体，重新组合为以推理的有效性为主的“命题逻辑”“词项逻辑”“谓词逻辑”“模态逻辑”四章。除“词项逻辑”是传统逻辑演绎推理的基本内容外，其他三章都是对现代逻辑知识的初步介绍。90 年代以来，这种安排已蔚然成风，其合理性自不待言。该书在大大增加真正的逻辑知识的同时，也对逻辑中非形式部分的阐述有所充实，这特别表现在增加了“谬误”一章。该书删去了“论说文逻辑分析”和“逻辑简史”两个附录，增加了数量不少的练习题。这对学生是很有好处的。

该书也有不尽如人意之处。

我认为该书对传统逻辑的核心内容三段论写得不够严谨。“直言三段论是以一个共同词项为中介，将两个直言命题的前提联系起来，从而推出一个新的直言命题为结论的间接推理。”如果不谈假言三段论和选言三段论，就说三段论得了，不必提及直言三段论。特别应指出的是，上述定义不能把以下这些有效推理排除出三段论：

MAS，SAM，所以，SAS。

MAP，SAM，所以，QAQ。

MAP，SAM，所以，PAP。

所谓三段论公理，尽管它在历史上起过积极作用，现在看来完全是蛇足。该书所述三段论公理，比前两本《形式逻辑》已经有了相当的改进，但仍未脱离斯特罗果维契的窠臼。其欧拉图解，是残缺不全的，没有考虑到 M 与 P、S 与 M 可能是全同关系。三段论规则是三段论有效的充要条件；但三段论各格的特殊规则仅是二段论有效的必要条件而非充要条件。这点说明应增加为是。

我认为该书没有处理好传统逻辑与现代逻辑的接茬，其困难在于词项逻辑，即一元谓词逻辑。该书介绍了文恩图解，但没有指出它根本不适用于传统逻辑的词项逻辑。传统逻辑即使偶尔谈到论域，也没有意识到在分析命题形式时，一个命题的主、谓项缺乏统一的论域时会发生什么困难。现代逻辑从一个完整的证明中考察词项、命题、推理，因而必须具有统一的论域。传统逻辑中的量词是常项“所有”“有的”。现代逻辑中的量词包含了个体变项。传统逻辑中的一切有效推理形式是否都在现代逻辑的形式系统中有所反映？该书对这些重大问题的交代似不够充分而易引起误解。

该书的某些措辞，或有不当之处。常项有逻辑常项、物理常项、数学常项等之别。变项则未闻有什么逻辑变项、物理变项、数字变项的区别。任一种语言都是一个符号系统。因此把自然语言与符号语言对举，恐不恰当。该书“结论”章对对象语言和元语言的论述与“论证”章的行文不相吻合。说传统逻辑和数理逻辑的对象语言都是自然语言，这牵涉逻辑的对象究竟是推理形式还是自然语言。该书坚持概念反映事物的本质属性这一有疑问的提法，似迎合了某种哲学论断而忽视了人类思维的实际情况。该书没有明确区分个体（如北京）与单元集（如{北京}）；大概也没有体察到“确定某一概念的内涵，也就相应地确定了这个概念的外延”，是会遇到麻烦的。“事物情况之间的条件关系，分为充分条件关系、必要条件关系、充分必要（简称‘充要’）条件关系三种”这个分类的子类是相容的，因而是违反分类规则的。变项 p、q 的值域究竟是命题，还是真值？p→q 究竟是命题形式、符号形式，还是真值形式？该书对这些问题缺少明确的交代。“逻辑矛盾”这一重要术语在该书中是有点模糊的，它说“构成逻辑矛盾的两个思想不能同真，必有一假，也可能假”。模糊性还表现在该书认为“矛盾律适应于反对关系和矛盾关系命题，排中律适用于矛盾关系和下反对关系命题”。源于苏联著作的“科学归纳推理”，是杜撰的名词。传统逻辑中的归纳部分都是科学方法，尽管它不见得很完善。“证明”这个重要概念在该书中的用法，是不符合现代逻辑和数学的。该书说“逻辑基本规律不是事物自身的规律”，又针对“A 是 A”这个不严格的公式提出了“逻辑同一”与“形而上学同一”的区别。这是一个创新。但这个区分未必能真正说清楚形式逻辑与形而上学、辩证法的区别。如果“A是A”对客观事物是愈来愈不适用了，那么何以承认“A是A”的形式逻辑，能够正确反映不适用“A是A”的客观事物呢？看来，形式逻辑的哲学基础，还不是十分巩固的。

试析“亦此亦彼”和“可此可彼”

——评黄、马之争*

学友嘱我对《人文杂志》上一连串关于“亦此亦彼”和“可此可彼”的辩论表示点看法。[①] 现将鄙意略述于后，请各位批评指教。

“亦此亦彼”和“可此可彼”的争论就是逻辑矛盾和辩证矛盾的争论，这并非仅仅是逻辑问题，更是一个本体论问题，目前还是一个心态问题。亚里士多德把逻辑规律首先看成是事物规律。恩格斯和列宁也认为两者是一致的。但是黑格尔和恩格斯不严格区别形而上学与传统逻辑，他们把传统逻辑看成辩证法的对立面，认为传统逻辑或者根本不成立或者效用日减。20 世纪 30 年代的一些马克思主义哲学家更认为传统逻辑就是形而上学，应判死刑；而唯一科学的逻辑就是辩证法。50 年代以来，这些马克思主义哲学家承认传统逻辑是科学，承认逻辑矛盾（$p \wedge \neg p$，读作“p 并且非 p”，即任一命题与它的否定的合取）是要排除的；并认为辩证法是高等逻辑而形式逻辑只是初等逻辑。这个大转变使得形式逻辑必须重新奠定哲学基础。可是以前全盘否定传统逻辑的那些“理论根据”仍被奉为金科玉律，只是传统逻辑的处境有所改善。

逻辑是关于推理和证明的科学，辩证法是哲学。逻辑一开始就是公式化的，现代逻辑的许多分支是形式化的；而辩证法是不能公式化的，尤其

---

* 原载《人文杂志》1997 年第 2 期。

① 参看《人文杂志》1994 年第 6 期，1995 年第 3 期，1996 年第 2、4、5 期及增刊（增刊内载有邓晓芒、桂起权的两文），1997 年第 1 期。

不能形式化。我赞成芝生（冯友兰）师的意见，哲学不是科学。天文学认为宇宙有限，哲学认为宇宙无限。哲学不必批判天文学是形而上学，并自称自己是“辩证天文学”。两者各不相干。可惜，黑格尔的辩证法是以反传统逻辑起家并自名为逻辑的。这就迫使逻辑与辩证法不断地冲突。黑格尔的辩证法对创建异常逻辑是有启发作用的。但辩证法绝不是推理和证明的工具。

黑格尔辩证法的基本原则是哪儿来的？我同意经济学家顾准的意见。如果它们是演绎得来的，那么它们就不是最基本的。如果它们是归纳得来的，那么它们就是不可靠的。

逻辑公理是从哪儿来的？我认为它们是“逆演绎”来的。设某一逻辑理论中已有命题 B_1，…，B_n。我们对每一 $B_i(i \leqslant n)$ 进行颠来倒去的演绎推导，最终得到一组命题 A_1，…，$A_m(m < n)$。任一 $A_j(j \leqslant m)$ 可以是某一 B_i，也可以不是任一 B_i。从 A_1，…，A_m 出发作演绎推导，可以得出全部 B_1，…，B_n。我们就把 A_1，…，A_m 叫作该理论的公理，如果承认了 B_1，…，B_n，就不得不跟着承认 A_1，…，A_m。这就是逻辑公理的由来。黑格尔辩证法的基本原则不是如此“逆演绎”得来的。

芝生师讲他的哲学用的是传统逻辑。龙荪（金岳霖）师讲他的哲学用的是罗素的逻辑斯蒂。直觉主义数学用的是直觉主义逻辑。弗协调理论用的是弗协调逻辑。黑格尔在理论上反对传统逻辑；他在讲哲学时又常常违反传统逻辑，但是否有时也用传统逻辑？解放初艾思奇三进清华园，在大会上批判传统逻辑用的还是传统逻辑，否则不会被龙荪师噎住。毛泽东说《资本论》也要用形式逻辑。研究、宣传辩证法要不要用逻辑，应该用哪种逻辑？至今并不很明确。

传统逻辑的同一律、矛盾律和排中律本来就有本体论、认识论、逻辑、语义学四方面的含义，而本体论含义是最根本的，如果我们坚持唯物论的话。本文着重从本体论的角度来讨论“亦此亦彼”和“可此可彼”；本文用的还是经典逻辑。

传统逻辑和经典逻辑都是二值的，这就决定了它们必定有矛盾律（不允许既真又假）和排中律（不允许既不真又不假）。三值逻辑除真假外还另有一值“第三者”，因之矛盾律和排中律在三值以上的逻辑中都不成立。二值逻辑里的逻辑矛盾在多值逻辑里既不是常假的又不是常真的。这个道理很平淡，无需争论上百年。

“亦此亦彼”本来是一个并不关于逻辑矛盾的本体论问题。“一切差异都会在中间阶段融合，一切对立都会经过中间环节而互相转移，对自然观的这样的发展阶段来说，旧的形而上学的思维方法就不再够了。辩证法同样不知道什么僵硬的和固定的界线，不知道什么无条件的普遍有效的‘非此即彼!’，它使固定的形而上学的差异互相转移，除了‘非此即彼!’又在恰当的地方承认‘亦此亦彼!’并且对立相互联系；这样辩证法是唯一在最高度地适合于自然观的这一发展阶段的思维方法。自然，对于日常应用，对于科学上的小买卖，形而上学的范畴仍然是有效的。”（恩格斯：《自然辩证法》）如果事物 a 与 b 之间一定有中间环节 c，那么 a 与 c 之间，c 与 b 之间是否一定又有中间环节 d 和 e 呢？统一物的两对立面 a 与 b 之间是否也有中间环节 c？如果有 c，a 与 b 还能称为对立面吗？就自然数而论，0 与 1 之间没有中间环节。就实数而论，任一 a 与 b 之间必定有可数无穷个实数作为中间环节。就实数而论，任一 a 与 b 之间，恰好有一个实数 c。$c=(a+b)/2$。资产阶级与无产阶级之间的中间环节是哪个阶级？我认为“亦此亦彼”也不是普遍有效的，在适当的场合还得承认“非此即彼”。

“亦此亦彼”中的“此”不等于“非彼”，“彼”不等于“非此”。黄展骥说的橙是有红又有黄，橙不是有红又无红，橙不是有黄又无黄。“亦此亦彼”不等同于逻辑矛盾。黄展骥所谓的“辩证派”是常常不顾这些形式上的“细节”的；黄展骥所说的“形式派”在这些地方都是十分顶真的。

不知怎的“亦此亦彼”被“辩证派”既当作辩证矛盾，又当作逻辑矛盾了。邓晓芒似乎就是这样的。他又回到了黑格尔和恩格斯，主张矛盾只有一种，用不着区别什么逻辑矛盾和辩证矛盾。我认为这个意见是大谬不然的。两种不同性质的矛盾的区分是进步不是退步。至少从辩证矛盾这方面来看，生产力和生产关系、经济基础和上层建筑、资产阶级和无产阶级，无论如何不能归结为形式上有严格定义的逻辑矛盾。一切逻辑矛盾都反映了辩证矛盾，从而都是真的吗？一切辩证矛盾都应该表述为逻辑矛盾吗？

邓晓芒不需要仔细捉摸这两个与科学有关的问题，因为他搞的是哲学，不是科学。在他看来，任何确定的东西又是不确定的，反之亦然。100℃也是冷，因为还有200℃在。－273.15℃也是热，因为还有－373℃在。40年代初我曾当面向前辈马克思主义理论家潘梓年问道：为什么不能超过光速？在他的思想里，光速比起每秒40万公里来，慢多了。我总觉得邓晓芒还没有把辩证法讲彻底。如果讲彻底的话，他应该承认他的全部著作都是片面的。只有把他的全部著作加以否定，再与原著作合取起来，才真正达到了他所说的辩证法。

什么是黄展骥用来修正"亦此亦彼"的"可此可彼"？我认为他太着重于命名，这是语义问题，不是本体论问题。理论上可以订出一个绝对精确的客观标准，例如规定摄氏多少度以下叫作冷。光波多少多少范围里叫作红。但它对现在讨论的问题缺乏实际意义。而且有些东西无法绝对精确地下定义。所以我们需要模糊数字、模糊逻辑。黄展骥提出的"可此可彼"仅适用于"含混区"，不适用于"确定区"。我理解这个"可此可彼"就是并非普遍有效的"亦此亦彼"。它似可表述为：$\exists x\ (Fx \wedge Gx)$（读作：论域中至少有一个体x，x有性质F又有性质G）。

我用这个公式来说明"可此可彼"有三点理由。第一，这是本体论问题，不是命名问题。第二，不牵涉模态。第三，这不是逻辑矛盾。但是这个公式太缺乏想像力了。也许黄展骥主张在"含混区"应该有：$\exists x\ (Fx \wedge \neg Fx)$（读作：论域中至少有一个体x，x有性质F又没有性质F）。

这就是逻辑矛盾。如果要它不常假，就必须找出一种不同于经典逻辑的解释来。

马佩与邓晓芒有些区别。马佩口头上强调逻辑矛盾不同于辩证矛盾。可是他又坚持"A是A又是非A"这个逻辑矛盾就是辩证矛盾。马佩为自己辩护说"A是A又是非A"不是逻辑矛盾时（请注意：马佩有时并不作这样的辩护），他可以说上述公式中的"…是非A"是"A中暗藏有对立面非A并且必然要转化为非A"。这就是赤裸裸的诡辩了！根据语义学的要求，上述公式中的"…是非A"即"…不是A"，亦即"…是A"的否定；绝不能作别的解释。再说，如果马佩的解释的确是放之四海而皆准的话，那么他讲的辩证法也应该是“暗藏有对立面形而上学并且必然要转化为形而上学”的。“辩证派”之所以为“辩证派”就在于他们明里暗里把辩证矛盾等同于逻辑矛盾。马佩与邓晓晓芒的另一个不同点是：马佩常有冒充辩证法的诡辩例子。例如他断定“4 - 1 = 3 并且 4 - 1 ≠ 3”，等等。他可以称得上是“辩证数学”的创始人。

马佩关于形式逻辑局限性的宏论，我也实在不敢领教。难道他讲的“辩证逻辑”可以“告诉人们，在两个相互矛盾的判断中，究竟何者为假”么？他把所谓“同样属性”“同一情况”“同时”“同一主题”都当作形式逻辑的局限性，怪不得他的“辩证逻辑”可以任意解释“A 是 A 又是非A”。

黄展骥说本世纪 20 ~ 40 年代“辩证派”在中国占绝对主导地位。这是不确实的。那时的逻辑学家绝少信仰“辩证派”的理论。到了 90 年代，自以为是高等逻辑的“辩证逻辑”的阵地正在日益缩小。请读 1996 年中国人民大学哲学系逻辑教研室编的《逻辑学》，哪里还能见到“辩证逻辑”对逻辑科学的主导地位？

澳门中国哲学会主办“中国名辩学与方法论”研讨会*

由澳门中国哲学会主办、中国社会科学院哲学研究所协办的“中国名辩学与方法论”研讨会于1997年12月29～30日在澳门举行。有35位学者莅会，收到学术论文35篇。研讨会开始时由澳门中国哲学会会长岑庆祺、澳门文化司副司长王增扬、新华社澳门分社顾问冼为铿、中国社科院哲学所逻辑室主任张家龙分别致辞，并宣读了著名哲学家张岱年、中国社科院哲学所所长陈筠泉的贺信。会议结束时中国社科院哲学所研究员刘培育做了总结。这次研讨会的特点是内地与港、澳、台学者共聚一堂，体现了中华民族的团结、奋进。研讨会的另一特点是，研究现代逻辑、中国古代名辩、因明和哲学的专家，一起探讨共同关心的课题。学者们通过争鸣，促进了学术交流，这对中华民族传统文化的认同和发展，是极为有益的。

会上宣读的论文大致有以下六个方面。

第一，名学、辩学、名辩学与逻辑学、符号学的关系。周云之（中国社科院哲学所）认为名辩学是名学和辩学的有机结合，其主要内容是中国古代逻辑学说。崔清田（南开大学）认为名辩学只是名学和辩学的合称，没有既非名学又非辩学的名辩学。它们不是一种证明的学科，与西方形式逻辑是两回事，应更注重对它们作历史的分析与文化的解释。李先焜（湖北大学）的意见是名学属语义学，辩学就是语用学，两者都属于符号学。

* 原载《哲学研究》1998年第2期。有微调。

刘培育指出先秦有一个名辩学体系，名辩学虽然也讨论了推理，却是不系统的；其核心是逻辑学，但也包括认识论和论辩术等，与政治和伦理也有十分密切的关系。

第二，对名家逻辑思想的评述。周山（上海社科院哲学所）批评今人对名家的研究时有牵强比附的情况发生；缺少整体上的准确把握；解释多有主观随意性。叶锦明（香港科技大学）认为，说“二无一”是诡辩而肯定“白马非马”是使用了双重标准。韩学本（兰州大学）论述了名辩思潮产生的历史境域以及正名的时代强音。

第三，对墨家逻辑思想的评述。张家龙给出了《墨经》提出的侔式推理“白马马也，乘白马乘马也”等例子的严格证明，引起了与会者的普遍注意。孙中原（中国人民大学）认为侔是类比，是用“白马马也，乘白马乘马也”类比推出“骊马马也，乘骊马乘马也”。张忠义（佳木斯市委党校）认为《墨经》在论及侔时说到的“是而然”中的“是”和“然”是变元。张建军（南京大学）否认先秦典籍提出过严格意义上的悖论，他指出中国古代只有半截子悖论，如《墨经》的“以言为尽悖”。陈道德（湖北大学）认为名辩学中最重要的论辩方式是《墨经》着重讨论的“譬”，它不是具必然性的演绎类推。周柏乔（香港公开大学）指出谭戒甫研究《墨经·大取》的“得”在于率先采用了先讲义理后考订的办法。其“失”在于拟定的义理有偏失，因而没有编出可读性更高的《大取》。

第四，对几位现代逻辑学家的评述。诸葛殷同（中国社科院哲学所）认为金岳霖的本体论中的“式”源于命题逻辑里的合取范式，是把问题简单化了。1949 年后金岳霖坚持了逻辑的常识。这是与黑格尔的不一、兼二、有三思想对立的。张尚水（中国社科院哲学所）论述了沈有鼎在建立各种逻辑演算、提出“所有有根类的类”悖论和两个语义悖论方面的贡献。李小五（中国社科院哲学所）着重介绍并发挥了沈有鼎“直观逻辑”的思想。王丽娟（昆明高等师范专科学校）全面肯定了沈有鼎的意见：现行六篇《公孙龙子》受了道家的洗礼，是晋代的刑名家按自己的形象改造过的。周山则认为《公孙龙子》是先秦著作已有定论。张象（南开大学）概括了温公颐研究中国逻辑史的特点。董志铁（北京师范大学）陈述了虞愚的意见：

因明优于逻辑。

第五，中国传统文化与逻辑。吴志雄（中山大学）指出中国传统文化中不乏逻辑。但传统文化经常拒斥逻辑。岑庆祺认为中国的传统逻辑是辩证逻辑。《老子》大多数章节是直接讲辩证逻辑的。《易经》中也有辩证观点。周敦颐的《太极图说》更提出系统的辩证逻辑。赵继伦（东北师范大学）论述了《墨经》所呈现的中国古代思维方式的特点。田立刚（南开大学）认为先秦名辩学说中的理基本上属于经验真理或事实真理，与西方逻辑所讲的推理真理或逻辑真理有别。彭漪涟（华东师范大学）说，中国传统哲学的弱点是忽视方法论和形式逻辑。中国近代对逻辑和方法论的探索的失误与不足是：对经学方法和独断论的批判不力，以致它在新形势下改头换面地出现；对近代逻辑思想的演变和方法论探索的特点缺乏科学分析和清醒认识，严重阻碍了数理逻辑的传入和应用；对一些理论问题研究不够。

第六，中国传统哲学的方法论特点。杨国荣（华东师范大学）认为中国传统哲学的方法论原理包含于以物为法，通过会通与一贯、分与合、疏通源流与明势见理、虚会与实证的统一，达到十分之见。周桂钿（北京师范大学）强调研究中国哲学必须研究社会现实。袁保新（台湾南华管理学院）认为老子对名言的批判并非否定语言的记述功能，而是批判其规范功能在一定条件下所形成的价值盲点。万俊人（北京大学）认为西方伦理与儒家伦理都具有各自的理论合理性和文化解释力，两者都能进入现代社会，区别只在于各自进入现代社会的方式、程序和差别。儒家伦理既有文化合理性，也具有理论局限，它的现代转化课题的研究必须警惕过度的知识论诱惑。李宗桂（中山大学）认为冯友兰的抽象继承法把哲学继承归结为对某些哲学命题的继承有失偏颇①，但后来又把哲学继承归结为对哲学体系的继承，也失之片面。蒋国保（安徽社科院哲学所）介绍了方东美研究中国哲学的方法，是从“形上学的途径”诠释中国哲学的精神，说到底，也就是从“人文的途径”研究中国哲学。

---

① “有失偏颇”应为“失之偏颇”，原文如此，未改。——编者注

此外，阿旺丹增（西藏大学）认为陈那的新因明是二支论式。因三相理论不可能是陈那以前就有的。刘延寿（甘肃人民出版社）总结了近 20 年甘肃人民出版社出版的名辩、因明著作的内容与意义。王经伦（广东社科院）介绍了广东省开发创新思维的成绩。

侔，诡辩和制约逻辑*

向容宪在本刊1989年第4期上，发表《“侔式推论”质疑》（以下简称《质疑》）一文。读后我得到一点启发，也产生三点疑问，特提出，请向先生及方家指正。

先谈三点疑问。第一点，《质疑》对“是而然”的侔的分析，是否合理？《质疑》把“是而然”的侔

（1）白马，马也；乘白马，乘马也。

译成现代汉语

（2）若白马是马，则某人乘白马就是某人乘马。

再形式化为

（3）$p(x) \land q(x) \to p(x) \vdash r(y,x) \land p(x) \land q(x) \to r(y,x) \land p(x)$。

（2）是一个假言命题，不是一个推理。（2）的前半句既没有明确“白马马也”与“臧人也”的区别，也没有明确“凡白马马也”与“有白马马也”，“白马即马也”的区别。（2）的后半句至少没有区别以下4个不同的命题：

* 原载《贵阳师专学报》（社会科学版）1990年第2期（总第20期）。

(4) 对任何人来说，至少有一匹白马，如果某人乘白马则他乘马。此命题未表明对每一匹白马来说，某人乘白马即乘马。

(5) 对任何白马来说，至少有一个人，如果此人乘白马则他乘马。此命题未表明对每个人来说，乘白马就是乘马。

(6) 对任何人来说，如果人乘白马则人乘马。此命题中被乘的白马未必即被乘的马。

(7) 对任何白马来说，如果人乘白马则人乘马。此命题中乘白马的人未必是乘马的人。

《质疑》用来分析侔的工具不是经典逻辑（标准逻辑），而是制约逻辑，因之没有量词。

(3) 实际上就是制约逻辑的命题逻辑中的

(8) $p \wedge q \rightarrow p \vdash r \wedge p \wedge q \rightarrow r \wedge p$。

不用量词，恐怕不能深入分析“是而然”的侔。《质疑》认为“是而不然”“不是而然”都不是推理，而只是复合命题。这也透露了《质疑》的分析只停留在命题逻辑层次上的消息。

(3) 和 (8) 都是对象语言，元语言“混合结构”的表达式。从 (2) 到 (3) 的形式化是略有瑕疵的。(8) 应相当于用对象语言表达的

(9) $(p \wedge q \rightarrow p) \rightarrow (r \wedge p \wedge q \rightarrow r \wedge p)$。

与 (9) 对应的经典逻辑中的合式公式是

(10) $(p \wedge q \rightarrow p) \rightarrow (r \wedge p \wedge q \rightarrow r \wedge p)$。

(10) 在经典逻辑中可证是显然的，但 (9) 在制约逻辑中是否可证，似不

能不加以说明。

(10) 是经典的命题逻辑中的可证公式，而经典的命题逻辑中的可证公式与重言式重合。重言式是命题逻辑有效推理形式的对应物。因此，(10) 在经典逻辑中可证，就表明像 (10) 那样的推理是有效的，即《质疑》所谓“这种推论是正确的”。[当然，绝不能说 (10) 可证，(1) 就是有效的] 但是，制约逻辑没有严格的语义理论，我们还不知道什么是制约逻辑中的常真公式，不知道制约逻辑中的常真公式与可证公式有什么关系，我们何以知道 (9) (8) (3) “这种推论是正确的” 呢?

制约逻辑是一种没有量词的相干逻辑。我觉得把 (1) 分析为 (3) 是不充分的。当然，我的意思绝不是说不能用相干逻辑的谓词逻辑来分析 (1)。

第二，有效性等同于推理，是否合理?

设有语句

(11) 盗，人也；杀盗，杀人也。

(12) 盗，人也；杀盗，非杀人也。

对现代学者来说，凡承认 (11) 表达了有效推理者都否认 (12) 表达了有效推理；凡承认 (12) 表达了有效推理者都否认 (11) 表达了有效推理。凡否认 (12) 表达有效推理者都不把 (12) 当作推理分析。例如沈有鼎先生，他在《墨经的逻辑学》中陈述了 (12) 不表达推理的理由：“《小取篇》就在结论的主词与谓词中间插入一个‘非’字，这样就把原来那错误的肯定结论改为正确的否定判断，同时把推论关系取消了。”(第 61 页) 沈先生说“把错误的肯定结论改为正确的否定判断”，不说“把错误的肯定结论改为正确的否定结论”。可见他是把 (11) 当作推理而不把 (12) 当作推理。沈先生明确说 (11) 这种推理关系被《墨经》用一个“非”字给取消了。当然《墨经》已不把 (12) 当作推理。沈先生认为《墨经》不把 (12) 当作推理；沈先生自己会不会把 (12) 当作推理呢? 当然不会。像沈先生这样学兼中外、博通古今的学者，即使一时失察，也决不至于误认为 (12) 表达的“推理也是正确的”。

《质疑》认为在两次出现的“人”保持同一的解释下，（11）是推理。在两次出现的“人”不同一的解释下，（11）不是推理。《质疑》说：“无必然联系即无必然性关系的任意两命题之间不存在前提与结论的关系，……不存在前提与结论关系的任意两命题不构成推论，哪怕是一个所谓‘错误的推论’。”我以为《质疑》仅仅陈述了（11）在第二种情况下不表达有效推理的理由，没有说明它根本就不表达推理的理由。按照《质疑》对“推论”的用法，一切无效推理都不是推理；反过来说，凡推理就都是有效的。这样定义推理，把它与有效性等同起来，是否合理，是一个问题。这是否反映了在制约逻辑那里，有效性与推理的关系，是不明确的？

关于（11）（12）的讨论，是“是而不然”的问题。“不是而然”的问题与此雷同，兹不赘述。《质疑》还把“一是而一非”也归到有关侔的问题中加以讨论，则未必妥帖。《小取》说：“夫物或乃是而然，或是而不然，或不是而然，或一周而一不周，或一是而一非也。”如果“一是而一非”跟“是而然”“是而不然”“不是而然”一样，是讲侔的；那么为什么“一周而一不周”就不是讲侔的呢？

第三，“杀盗非杀人也”是真命题吗？

诡辩不一定都有逻辑错误，或者说诡辩不一定都有形式上的错误。《墨经》说“盗，人也，……杀盗非杀人也”。有人认为这是诡辩，有人认为这不是诡辩。关键在于

（13）杀盗非杀人也。

真不真。如果我们不受干扰地，按通常的古汉语习惯用法来看，应该承认（13）是假的。荀子就认为（13）是假的，它是“惑于用名以乱名”。但《墨经》认为（13）是真的，《质疑》也是这样。《质疑》把（13）译成现代汉语

（14）杀盗不是杀（一般的）人。

又译成

(15) 杀盗并不是杀一般的（即无辜的）人。

不能认为概念“人”和概念“一般的人”在外延上有区别，而概念“一般的人”与概念“无辜的人”在外延上则区别甚大。

把（13）译为

(16) 杀盗不是杀一般的人。

跟译为

(17) 杀盗不是杀人。

不应该有实质性的不同。但把（16）等同于

(18) 杀盗不是杀无辜的人。

却是传统逻辑所谓的偷换概念。应该说（16）（17）都假，而（18）却真。

我虽对《质疑》一文有所疑惑，但《质疑》也给我一个很有意义的启发：(1)（11）究竟是不是推理？我们怎么知道它们是不是推理？设有一串命题 A_1，…，A_a，B。经逻辑学家研究，从 A_1，…，A_a 可推出 B。A_1，…，A_a，B 就一定是一个推理吗？一串命题是不是事实上的推理，并不决定于它们的形式，更重要的是心理因素，但这却不是逻辑学家所关注的要点。研究古代文献，困难更多。拿《墨经》来说，未必有亚里士多德所有的那样明晰的“推理”概念。

第六部分 附 录

诸葛殷同著述目录

一　论文

1.《矛盾律是否可以违反?》,《光明日报》1957 年 4 月 24 日。

2.《从什么是三段论谈到演绎推理应包括哪些推理形式》,《光明日报》1958 年 4 月 20 日。

3.《怎样明确概念》,《光明日报》1959 年 3 月 29 日。

4.《从 EAO 能否得结论所想到的一些问题》,《光明日报》1959 年 11 月 22 日。

5.《再谈 EAO 式及其他》,《光明日报》1962 年 3 月 3 日。

6.《关于演绎推理前提假，形式是否正确等问题的一些意见》,《光明日报》1961 年 9 月 29 日。

7.《略论判断形式和形式逻辑的抽象》,《光明日报》1962 年 7 月 6 日。

8.《关于周延和假言判断的几个问题》,《哲学研究》编辑部编《逻辑学文集》，吉林人民出版社，1979。

9.《关于语言形式、思维形式和思维内容》，逻辑与语言研究会编《逻辑与语言研究》(1)，中国社会科学出版社，1980。

10.《试论命题形式的若干问题》,《全国逻辑讨论会论文选集（1979)》，中国社会科学出版社，1981。

11.《关系逻辑与日常语言》，逻辑与语言研究会编《逻辑与语言研究》(2)，中国社会科学出版社，1982。

12.《关于逻辑知识的两点意见》,《哲学研究》1982 年第 6 期。

13. 《传统逻辑的局限》,《逻辑与语言学习》1982 年第 1 期。

14. 《重言式》,《逻辑与语言学习》1982 年第 5 期。

15. 《复合命题和命题联接词》,《逻辑与语言学习》1982 年第 2 期。

16. 《命题逻辑的推理规则》,《逻辑与语言学习》1982 年第 4 期。

17. 《讲逻辑要合乎逻辑》,《光明日报》1983 年 9 月 26 日。

18. 《关于逻辑证明和实践证明的一些质疑》,中国逻辑学会形式逻辑研究会编《形式逻辑研究》,北京师范大学出版社,1984。

19. 《从逻辑学角度评〈逻辑学辞典〉》,《辞书研究》1984 年第 6 期。

20. 《关于周延问题的答辩》,《南阳师专学报》(社会科学版)1985 年第 2 期。

21. 《再谈讲逻辑要合乎逻辑》,中国逻辑学会形式逻辑研究会编《(1983)形式逻辑研究》,湖南人民出版社,1985。

22. 《形式逻辑教学改革问题——全国第三次形式逻辑讨论会简介》,《国内哲学动态》1985 年第 11 期。

23. 《近两年形式逻辑读本的新动向》,《国内哲学动态》1986 年第 7 期。

24. 《充分条件和必要条件的定义——简答李全元、邓光汉两同志》,《逻辑与语言学习》1987 年第 6 期。

25. 《对"充分条件""必要条件"的理解——向辞书学习到的》,《思维与智慧》1987 年第 3 期。

26. 《试论"或者"和"要么"》,《清华大学学报》(哲学社会科学版)1987 年第 2 卷第 2 期。

27. 《试谈金岳霖先生解放后的逻辑思想》,中国社会科学院哲学研究所编《金岳霖学术思想研究》,四川人民出版社,1987。

28. 《形式逻辑只管形式,不管内容》,《逻辑科学》1988 年第 4 期。

29. 《澄清对同一律的某些误解》,《云南教育学院学报》1989 年第 4 期。

30. 《说侔》,《中国哲学史研究》1989 年第 4 期。

31. 《〈中国大百科全书·哲学〉卷逻辑词条中的新观点》,《哲学动态》1987 年第 10 期。

32.《读〈哲学大辞典·逻辑学卷〉》，《哲学研究》1988 年第 12 期。

33.《读〈中国逻辑思想史教程〉有感》，《哲学动态》1989 年第 3 期。

34.《二难推理的迷惑》，《思维与智慧》1990 年第 6 期。

35.《前事不忘，后事之师》，《哲学动态》1990 年第 11 期。

36.《半个悖论和一个怪论》，《逻辑科学》1990 年第 1、2 期。

37.《侔，诡辩和制约逻辑》，《贵阳师专学报》（社会科学版）1990 年第 2 期。

38.《对传统逻辑的有力挑战——评〈经典逻辑与直觉主义逻辑〉》，《哲学动态》1990 年第 4 期。

39.《喜读全国高等师专教材〈普通逻辑〉》，《北京师范大学学报》1990 年第 6 期。

40.《知己知彼，发展逻辑学——介绍〈今日逻辑科学〉》，《哲学动态》1990 年第 10 期。

41.《辩证逻辑究竟是不是逻辑？——两部高校辩证逻辑教材读后感》，《哲学动态》1991 年第 5 期。

42.《关于中国逻辑史研究的几点看法》，《哲学研究》1991 年第 11 期。

43.《戾换有问题说明什么?》，《逻辑与语言学习》1991 年第 4 期。

44.《应按照逻辑的本来面目讨论逻辑——评〈形式逻辑与数理逻辑比较研究〉》，《世界科学》1991 年第 6 期。

45.《再议辩证逻辑》，《哲学动态》1992 年第 4 期。

46.《形式逻辑教材中的主要缺点》，《现代哲学》1992 年第 4 期。

47.《五十年来辩证逻辑研究的反思》，《云南学术探索》1992 年第 5 期。

48.《“A 是 A”和“A 是‘A 又非 A’”——与孙显元先生商榷》，《浙江社会科学》1993 年第 3 期。

49.《“多数”和“少数”》，《逻辑与语言学习》1993 年第 1 期。

50.《郑重推荐三本逻辑新教材》，《逻辑与语言学习》1993 年第 3 期。

51.《“A 是 A 又不是 A”与辩证逻辑》，《哲学研究》1994 年第 2 期。

52.《更好地比较辩证逻辑与形式逻辑——读〈辩证逻辑与形式逻辑比较研究〉的思考》，《六安师专学报》1994 年第 1 期。

53.《勇敢者的心路——评王方名学术论文选〈逻辑探索〉》，《哲学动态》1994 年增刊。

54.《关于直言命题的换位》，《延边大学学报》（哲学社会科学版）1994 年第 1 期。

55.《关于位移的补充》，《哲学研究》1994 年第 4 期。

56.《向现代逻辑前进——介绍论文集〈传统逻辑与现代逻辑〉》，《自然辩证法研究》1995 年增刊。

57.《金岳霖诞辰一百周年纪念大会和学术讨论会概述》，《哲学研究》1995 年第 10 期。

58.《金龙荪师动员我学逻辑》，金岳霖学术基金会编《金岳霖的回忆与回忆金岳霖》，四川教育出版社，1995。

59.《学习毛泽东建国后关于逻辑的思想的一些体会》，中国社会科学院哲学所逻辑室编《理有固然——纪念金岳霖先生百年诞辰》，社会科学文献出版社，1995。

60.《中国逻辑史研究中的比附之风》，《中国哲学史》1995 年第 1 期。

61.《中国 50 ~ 60 年代的逻辑争论》，中国逻辑学会编委会编《逻辑今探》，社会科学文献出版社，1999。

62.《评〈逻辑学〉》，《自然辩证法研究》1997 年增刊。

63.《试析“亦此亦彼”和“可此可彼”——评黄、马之争》，《人文杂志》1997 年第 2 期。

64.《金岳霖的逻辑学说》，《哲学研究》1998 年增刊。

65.《澳门中国哲学会主办“中国名辩学与方法论”研讨会》，《哲学研究》1998 年第 2 期。

66.《周谷城先生对中国逻辑学界的宝贵贡献》，《复旦学报》（社会科学版）1998 年第 5 期。

67.《当代中国的逻辑学》（原名《逻辑学》），任俊明、安启民主编《中国当代哲学史》（1949 ~ 1999），社会科学文献出版社，1999，第 9 章第 3 节和第 22 章。

68.《试论“白马论”》，中国社会科学院哲学所逻辑室编《摹物求比——沈有鼎及其治学之路》，社会科学文献出版社，2000。

69.《“吸收论”的两种归宿——中国高校文科逻辑教学走向何处》，《南京社会科学》2000 年第 8 期。

70.《再谈辩证逻辑》，《河南社会科学》2006 年第 6 期。

71.《寻觅了半个世纪的辩证逻辑》，《河南社会科学》2006 年第 1 期。

72.《学习周礼全先生的道德文章》，王路、刘奋荣主编《逻辑、语言与思维——周礼全先生八十寿辰纪念文集》，中国科学文化出版社，2002。

73.《略谈沈有鼎先生对逻辑在中国的发展所作的两点贡献》，胡军编《观澜集》，北京大学出版社，2004。

二 合著/参编

1. 金岳霖主编《形式逻辑》，人民出版社，1979。
2. 诸葛殷同、张家龙、张尚水等：《形式逻辑原理》，人民出版社，1982。
3. 周礼全主编《逻辑——正确思维和有效交际的理论》，人民出版社，1994。
4. 周礼全主编《逻辑百科辞典》，四川教育出版社，1994。
5. 刘培育主编《金岳霖思想研究》，中国社会科学出版社，2004。

三 合译

〔美〕P. 苏佩斯：《逻辑导论》，宋文淦、宋文坚、诸葛殷同等译，中国社会科学出版社，1984。

后 记*

我退休已经三十年了，衷心感谢社科院、哲学所各级领导提议并核准出版我的文章，感谢逻辑室各位同仁的支持，并由逻辑室夏素敏同志负责进行具体工作。

从一定角度来说，逻辑学是人类思维的语法学。它主要研究推理形式，当然它是客观规律的反映。它不属于意识形态，类同于数学，没有阶级性。逻辑只管如果前提都真，那么，它推出的结论一定也是真的。究竟前提真不真，一般说逻辑学是管不着的。前提假的推理并不都是无意义的，归谬法和反证法都是以假前提出发进行推理和论证的。金岳霖先生说，逻辑不管前提真假，只管形式对错。这是至理名言，并不是含有贬义的形式主义（在逻辑学发展史中，逻辑形式主义有特指，并不总是一个贬义词）。

敬请读者对拙著严加批评指正。

诸葛殷同

2017 年 10 月 29 日

于医院病床

* 本后记是诸葛先生住院期间手写而成，受身体状况所限，写得比较简短。

小 记

夏素敏*

这本文集是在刘培育研究员的提议下，我征得诸葛先生同意之后，搜集文件资料、整理录入的。其间得到了张家龙研究员、刘新文研究员、杜国平研究员及哲学所科研处、老干部办公室诸位老师的鼓励和支持。刘新文提供了重要的著述目录；家龙师不仅提供了文章线索，还亲力亲为录入、校对了一部分文字，特别是对一些有了历史的文献材料的查找与校对做了不可或缺的指导，并字斟句酌地为本书写了推荐信和序言。文集中分量最重的两部分是在家龙师和培育师指导下完成的。逻辑室硕士研究生闫佳亮也为文字录入做出了贡献。特别感谢清华大学王路教授，他郑重而热情地为本书写了推荐信。本书的完成更离不开中国社会科学院老年科研基金的资助和支持，以及社会科学文献出版社胡晓利、徐琳琳老师的辛勤工作。

诸葛老师是我的师长，更是好朋友，自从他住进老年公寓，我带孩子去看他的次数也增多了。每次去老年公寓看望他，我都登记为“学生”，但诸葛总是坚持向别人介绍我是他的同事，介绍我的女儿是他的好朋友。在我眼里，诸葛老师是一位执着倔强的学者，是一个精致讲究的老上海，也是和蔼可亲的老爷爷。

诸葛老师师从王宪钧先生，致力于现代逻辑研究，曾经做了很多工作，但之前并没有自己的文集。近些年来，诸葛老师的记忆力减退明显，有时候特别健忘。但他仍念念不忘的就是周延问题和存在问题，这两个问题无

* 夏素敏，1978 年 4 月生，现为中国社会科学院哲学研究所副研究员。

疑体现了从传统逻辑发展到现代逻辑的必要性和重要性，诸葛老师之所以印象深刻，与他所经历的曾经的学术争论有关。

诸葛老师年轻时接触金岳霖先生比较多，学术观点也深受其影响，但他常常提起，自己对金先生的哲学思想理解不够。整理这本文集的时候，我请他为年轻的逻辑学者提些建议，他说："其实我自己的认识也已经落后了，就我所了解的，我认为非经典逻辑是将来的发展趋势。"

这本文集收录的文章并不十分完全，有些文献资料年代较为久远，诸葛老师年事已高，有些只能尽力查找、比对。因此，整理录入也难免有失误之处。希望大家批评指正。

2019 年 4 月 28 日

图书在版编目（CIP）数据

逻辑学若干问题研究 / 诸葛殷同著. -- 北京 ：社会科学文献出版社，2020.10
（中国社会科学院老年学者文库）
ISBN 978-7-5201-6140-4

Ⅰ.①逻… Ⅱ.①诸… Ⅲ.①逻辑学-文集 Ⅳ.①B81-53

中国版本图书馆 CIP 数据核字（2020）第 025929 号

中国社会科学院老年学者文库
逻辑学若干问题研究

著　　者 / 诸葛殷同

出 版 人 / 谢寿光
责任编辑 / 姚冬梅　胡晓利
文稿编辑 / 徐琳琳

出　　版 / 社会科学文献出版社
地址：北京市北三环中路甲 29 号院华龙大厦　邮编：100029
网址：www.ssap.com.cn
发　　行 / 市场营销中心（010）59367081　59367083
印　　装 / 三河市尚艺印装有限公司

规　　格 / 开　本：787mm × 1092mm　1/16
印　张：28.75　字　数：432 千字
版　　次 / 2020 年 10 月第 1 版　2020 年 10 月第 1 次印刷
书　　号 / ISBN 978-7-5201-6140-4
定　　价 / 128.00 元

本书如有印装质量问题，请与读者服务中心（010-59367028）联系